レクチャーノート/ソフトウェア学

43

ソフトウェア工学の基礎 XXIV

日本ソフトウェア科学会FOSE 2017

吉田 敦・福安直樹 編

編集委員：武市正人
　　　　　米澤明憲

近代科学社

日本ソフトウェア科学会

・本書の複製権・翻訳権・譲渡権は株式会社近代科学社が保有します.
・ JCOPY 〈(社) 出版者著作権管理機構 委託出版物〉
本書の無断複写は著作権法上での例外を除き禁じられています.
複写される場合は,そのつど事前に (社) 出版者著作権管理機構
(電話 03-3513-6969, FAX 03-3513-6979, e-mail: info@jcopy.or.jp) の
許諾を得てください.

まえがき

プログラム共同委員長　　吉田 敦 * 福安 直樹 †

　本書は，日本ソフトウェア科学会「ソフトウェア工学の基礎」研究会 (FOSE: Foundation of Software Engineering) が主催する第 24 回ワークショップ (FOSE2017) の論文集です．ソフトウェア工学の基礎ワークショップは，ソフトウェア工学の基礎技術を確立することを目指し，研究者・技術者の議論の場を提供します．大きな特色は，異なる組織に属する研究者・技術者が，3 日間にわたって寝食を共にしながら，自由闊達な意見交換と討論を行う点にあります．第 1 回の FOSE は，1994 年に信州穂高で開催し，それ以降，日本の各地を巡りながら，毎年秋から初冬にかけて実施しており，今回で 24 回となります．本年は，福井県のあわら温泉での開催となります．あわら温泉は，関西の奥座敷と呼ばれる福井県屈指の温泉であり，名湯百選にも選ばれています．温泉でリラックスしながら活発な議論がされることが期待されます．

　本年もこれまでと同様に，以下の 3 つのカテゴリで論文および発表を募集しました．
　　(1) 通常論文　　　　　(2) ライブ論文　　　　　(3) ポスター・デモ発表
(1) 通常論文では，フルペーパー (10 ページ以内) とショートペーパー (6 ページ以内) の 2 種類を募集しました．投稿は，フルペーパーに 25 編，ショートペーパーに 8 編あり，それぞれ 3 名のプログラム委員による並列査読，および，プログラム委員会での厳正な審議を行いました．その結果，フルペーパーとして 9 編，ショートペーパーとして 20 編の論文を本論文集に掲載しました．(2) ライブ論文では，2 ページ以内の原稿による速報的な内容を募集しました．20 編の応募があり，すべて採録となりました．ワークショップでは，論文内容についてポスター発表が行われます．(3) ポスター・デモ発表では，本論文集には掲載されない形でのポスター発表やデモンストレーションで，27 件の発表を予定しています．なお，日本ソフトウェア科学会の学会誌「コンピュータソフトウェア」において，本ワークショップと連携した特集号が企画されています．ワークショップでの議論を経てより洗練された論文が数多く投稿されることを期待します．

　基調講演では，名古屋大学の河口信夫教授により「時空間 IoT ビッグデータの収集と分析・可視化基盤」という話題で講演を予定しています．ユビキタス社会の実現において必要な情報通信技術や環境センシング技術，またその応用についての最新の話題を提供していただきます．

　最後に，本ワークショップのプログラム委員の皆様，ソフトウェア工学の基礎研究会主査の門田暁人教授，レクチャーノート編集委員の武市正人教授，米澤明憲教授，近代科学社編集部および関係諸氏に感謝いたします．

---

*Atsushi Yoshida, 南山大学

†Naoki Fukuyasu, 和歌山大学

プログラム委員会

共同委員長

吉田 敦　　　(南山大学)
福安 直樹　　(和歌山大学)

委員

青山 幹雄　　(南山大学)	沢田 篤史　　(南山大学)
鰺坂 恒夫　　(和歌山大学)	杉山 安洋　　(日本大学)
阿萬 裕久　　(愛媛大学)	関澤 俊弦　　(日本大学)
飯田 元　　　(奈良先端科学技術大学院大学)	高田 眞吾　　(慶應義塾大学)
石尾 隆　　　(奈良先端科学技術大学院大学)	立石 孝彰　　(日本 IBM)
石川 冬樹　　(国立情報学研究所)	田原 康之　　(電気通信大学)
市井 誠　　　(日立製作所)	張 漢明　　　(南山大学)
伊藤 恵　　　(公立はこだて未来大学)	中島 震　　　(国立情報学研究所)
伊原 彰紀　　(奈良先端科学技術大学院大学)	名倉 正剛　　(日本大学)
今井 健男　　(LeapMind)	野呂 昌満　　(南山大学)
岩間 太　　　(日本 IBM)	萩原 茂樹　　(東北公益文科大学)
上田 賀一　　(茨城大学)	花川 典子　　(阪南大学)
鵜林 尚靖　　(九州大学)	林 晋平　　　(東京工業大学)
梅村 晃広　　(NTT データ)	深澤 良彰　　(早稲田大学)
上野 秀剛　　(奈良高専)	福田 浩章　　(芝浦工業大学)
大西 淳　　　(立命館大学)	本位田 真一　(国立情報学研究所)
岡野 浩三　　(信州大学)	前田 芳晴　　(富士通研究所)
小笠原 秀人　(東芝)	松浦 佐江子　(芝浦工業大学)
小野 康一　　(日本 IBM)	丸山 勝久　　(立命館大学)
尾花 将輝　　(大阪工業大学)	森崎 修司　　(名古屋大学)
亀井 靖高　　(九州大学)	門田 暁人　　(岡山大学)
岸 知二　　　(早稲田大学)	山本 晋一郎　(愛知県立大学)
小林 隆志　　(東京工業大学)	吉岡 信和　　(国立情報学研究所)
権藤 克彦　　(東京工業大学)	鷲崎 弘宜　　(早稲田大学)
佐伯 元司　　(東京工業大学)	

基調講演

時空間 IoT ビッグデータの収集と分析・可視化基盤
  河口信夫 (名古屋大学) 1

アーキテクチャ, 品質評価

コンテキストアウェアネスを考慮した組込みシステムのためのアスペクト指向アーキテクチャの設計
  江坂篤侍, 野呂昌満, 沢田篤史 (南山大学), 繁田雅信, 谷口弘一 (富士電機) 3

OSS 事前品質評価における重み付け手法の実証実験
  中野大扉, 亀井靖高, 佐藤亮介, 鵜林尚靖 (九州大学), 高山修一, 岩永裕史,
  岩崎孝司 (富士通九州ネットワークテクノロジーズ) 13

テスト, デバッグ支援

再生可能スタックトレースによる Java Web アプリケーションの例外発生過程の調査
  宗像聡, 梅川竜一, 上原忠弘 (富士通研究所) 23

Stack Overflow を利用した自動バグ修正の検討
  廣瀬賢幸, 鵜林尚靖, 亀井靖高, 佐藤亮介 (九州大学) 33

ばねモデルに基づいた要求カバレッジ可視化ビューアの構築
  松井勝利, 中川博之, 土屋達弘 (大阪大学) 43

プログラミング教育, プログラム改善

プログラミング演習用プルーフリーダの試作
  蜂巣吉成, 吉田敦, 桑原寛明, 阿草清滋 (南山大学) 53

決定木を用いた Java メソッドの名前と実装の適合性評価法の提案
  鈴木翔, 阿萬裕久, 川原稔 (愛媛大学) 63

プログラム解析, 機密解析

実行時のログを利用した DB を介した業務アプリケーションの影響波及分析
  倉田涼史, 加藤光幾, 安家武 (富士通研究所) 73

オブジェクト指向言語の情報流解析における機密度のパラメータ化
　　吉田真也 (立命館大学), 桑原寛明 (南山大学), 國枝義敏 (立命館大学) 83

デバッグ支援, 機密・権利保護

ランダムフォレストによる名前難読化の逆変換
　　磯部陽介, 玉田春昭 (京都産業大学) 93

検索エンジンを用いたソフトウェアバースマークによる検査対象の絞り込み手法
　　中村潤, 玉田春昭 (京都産業大学) 99

ソフトウェアバグの行レベル予測の試み
　　福谷圭吾, 門田暁人, Zeynep Yucel (岡山大学), 畑秀明
　　(奈良先端科学技術大学院大学) 105

機密を保持したままソフトウェア開発データの分析を行う方法についての一考察
　　齊藤英和, 門田暁人 (岡山大学) 111

フレームワーク, アーキテクチャ

多様な IoT デバイスとの接続を容易とするインタラクションフレームワークの設計
　　松井真子, 満田成紀, 福安直樹, 松延拓生, 鯵坂恒夫 (和歌山大学) 117

ウェブサイトデザインのためのフレームワーク組み合わせ手法の提案
　　島藤大誉, 満田成紀, 福安直樹, 松延拓生, 鯵坂恒夫 (和歌山大学) 123

インタラクティブシステムのための共通アーキテクチャの設計
　　江坂篤侍, 野呂昌満, 沢田篤史 (南山大学) 129

マイニング

GitHub における README 記述項目の分析
　　池田祥平, 伊原彰紀, ラウラ ガイコビナ クラ, 松本健一
　　(奈良先端科学技術大学院大学) 135

ソフトウェア開発に利用するライブラリ機能の分析
　　桂川大輝, 伊原彰紀, ラウラ ガイコビナ クラ, 松本健一
　　(奈良先端科学技術大学院大学) 141

ソフトウェア開発履歴情報からの API Q&A 知識の自動抽出
　　西中隆志郎, 鵜林尚靖, 亀井靖高, 佐藤亮介 (九州大学) 147

開発工程管理, テスト

ソフトウェア開発工数の二段階予測方法の実験的評価
　　木下直樹, 門田暁人 (岡山大学), 角田雅照 (近畿大学) 153

ソフトウェア開発プロジェクトにおける開発者のリスク認識の分析
村上優佳紗, 角田雅照 (近畿大学) 159

OSS 開発における不具合修正プロセスの改善に向けたモジュールオーナー候補者推薦
柏祐太郎, 山谷陽亮, 大平雅雄 (和歌山大学) 165

形式手法, 数理モデル

ドメイン仕様モデルからの FMEA 抽出
大森洋一, 荒木啓二郎 (九州大学) 171

STAMP/STPA を用いたアーキテクチャパースペクティブにおける形式仕様記述向け辞書活用
日下部茂 (長崎県立大学), 大森洋一, 荒木啓二郎 (九州大学) 177

MVC アーキテクチャのメタレベル適用による形式仕様モデルに関する考察
張漢明, 野呂昌満, 沢田篤史 (南山大学) 183

3 次元満足度行列における層の数理モデル
佐藤慎一 (青山学院大学) 189

要求分析, プロダクトライン

フィーチャモデルの記述の妥当性に関する考察
岸知二 (早稲田大学), 野田夏子 (芝浦工業大学) 195

GSN を利用したゴール指向要求分析における要求間の依存性の検証手法に関する提案
岡野道太郎 (筑波大学) , 中谷多哉子 (放送大学) 201

顧客による要求記述の支援で用いる既存記述の分析手法の検討
滝沢陽三 (茨城工業高等専門学校), 小形真平, 岡野浩三 (信州大学) 207

ライブ論文

企業向け Web アプリ開発時の利用を想定したソースコードから画面設計書を生成するツール
是木玄太, 前岡淳 (日立製作所) 213

ソースコード編集操作履歴中のセンシティブな情報のマスキング
大森隆行 (立命館大学) 215

実行トレース間のデータの差異に基づくデータフロー解析ツール
神谷年洋 (島根大学) 217

GotAPI を用いた予測システム構築手法の提案

長田直也, 満田成紀, 福安直樹, 松延拓生, 鯵坂恒夫 (和歌山大学) 219

テスト自動化におけるキーワード駆動の適用

加賀洋渡 (日立製作所) 221

CMMI のプロジェクト管理と支援区分に着目した PBL における定量的学習評価手法の提案

日戸直紘, 伊藤恵 (公立はこだて未来大学) 223

形式仕様記述を利用したスマートコントラクトの設計と実装

齋藤新, 天野俊一, 岩間太, 立石孝彰, 吉濱佐知子 (日本 IBM) 225

Web アプリケーションのクライアントサイド開発におけるソフトウェア設計モデルの適用

榊原由季, 満田成紀, 福安直樹, 松延拓生, 鯵坂恒夫 (和歌山大学) 227

ソースファイルに対する保守作業者の精通度評価について —トピックモデルを用いた評価法の検討—

矢野博暉, 阿萬裕久, 川原稔 (愛媛大学) 229

ランキング上位者のプログラミング作法の評価

大西臣弥, 門田暁人 (岡山大学) 231

GitHub 上のプログラマ名鑑の作成に向けて

池本和靖, 門田暁人 (岡山大学) 233

分岐条件に基づく関数呼出し簡略化による記号実行のパス爆発抑制手法

大林浩気, 鹿糠秀行, 鈴木哲也, 岡本周之 (日立製作所) 235

異なるカリキュラム重複運用による PBL 習得スキルへの影響の一調査

伊藤恵, 松原克弥, 奥野拓, 大場みち子 (公立はこだて未来大学) 237

E-mail データマイニングに基づく適任開発者の推薦手法の検討

福井克法, 大平雅雄 (和歌山大学) 239

時系列モデルを用いた遅延相関分析の評価

蘆田誠人, 大平雅雄 (和歌山大学) 241

初学者によるワイヤレスセンサネットワーク構築における無線通信方式選定手法の検討

高野幹, 小口真澄, 外山祥平, 平山雅之 (日本大学) 243

概念モデル設計学習における類似度に基づいた学習者への自動フィードバックツールの初期評価

一戸祐汰, 橋浦弘明 (日本工業大学), 田中昂文 (東京農工大学), 櫨山淳雄
(東京学芸大学), 高瀬浩史 (日本工業大学) 245

機械学習を用いた自動解消のためのコンフリクト再現と教示データ生成
七海龍平, 伊藤恵 (公立はこだて未来大学) 247

ストレッチ計測システムの開発及び移植性の検討
金子亮介, 吉田廉, 小川優, 平山雅之 (日本大学) 249

共同作業における概念モデル洗練支援ツールの試作
丸山美咲, 小形真平, 岡野浩三, 香山瑞恵 (信州大学) 251

時空間IoT ビッグデータの収集と分析・可視化基盤

河口 信夫[*]

IoT の発展により，多様な実世界センシング情報を容易に収集可能な環境が整いつつある．安価な大量の IoT デバイスからのデータ収集が可能であり，さらに，実世界で取得されたデータには，必ず「いつ」「どこで」といった時空間情報を付与することができるため，収集されたデータを「時空間 IoT ビッグデータ」と呼ぶ．しかし，実際の時空間 IoT ビッグデータを対象とした研究開発には，大きな課題がある．

まずデータ分析のノウハウは，大学や研究機関が中心になって研究開発を進めることになるが，そこには，データが存在しない．データを収集するためには，IoT デバイス・ツールが必要になるが，いくら安価といっても大学・研究機関では大量のデバイス保有は困難であり，ソリューションプロバイダ等が対応せざるを得ない．

また，データ収集を行うためには，現場が必要であるが，大学・ソリューションプロバイダの双方は，データ収集の現場を保有していない．つまり，データを収集できる場所と，ツール，そしてノウハウを同時に所有できる立場の組織がほとんど存在していないため，研究開発が難しいのが現状である．

NPO Lisra(位置情報サービス研究機構) や名古屋大学が中心となり，この課題を解決するため，自らオープンな実証実験を通じて時空間 IoT ビッグデータを収集し，分析・可視化を行うための基盤開発を進めている．本講演では，G 空間 EXPO や，名古屋のセントラルパークなどで行った実証実験とその成果と，現在構築中の分析・可視化基盤を紹介する．

---

[*]Nobuo Kawaguti, 名古屋大学大学院工学研究科，NPO 法人位置情報サービス研究機構 代表理事

コンテキストアウェアネスを考慮した組込みシステムのためのアスペクト指向アーキテクチャの設計

Describing Embedded System's Structures using Context Oriented Programming

江坂 篤侍 * 野呂 昌満 † 沢田 篤史 ‡ 繁田 雅信 § 谷口 弘一 ¶

あらまし モバイル計算の実用化にともない，組込みシステムは移動体として設計・実現されることが多くなってきた．このような組込みシステムはそれを取り巻く環境を反映する内部状態をコンテキストとし，コンテキストに応じてその振舞いを変化させる．一方，組込みシステムでは並行性，実時間性，耐故障性などの非機能特性についても適切なモジュール化が重要となる．本論文では，コンテキストおよび非機能特性を横断的コンサーンとして統一的に扱う組込みシステムのためのアーキテクチャを設計し，その有用性について議論する．自己適応のためのアーキテクチャパターンとして PBR(Policy-Based Reconfiguration) パターンを定義し，このパターンを用いてコンテキストおよび非機能特性を統一的に扱うことを可能とした．アーキテクチャとコードの理解，変更が容易になるだけでなく，ライブラリ等を大きな粒度で再利用する枠組みが提供できた．

1 はじめに

　組込みシステムは，並行に動作するハードウェアの集合によって実現される．近年，組込みシステムを，取り巻く外部環境に応じて自己適応的に設計・実現する試みが盛んに行われている [1]．すなわち，外部環境を反映するシステムの内部状態をコンテキストとし，コンテキストアウェアネス [2] 実現を試みている．モバイル計算が実用化され，組込みシステムを移動体として設計・実現する場合，この傾向はより顕著になる．加えて，組込みシステムの開発では，実時間性，耐故障性などの非機能特性も設計し，実現しなければならない [3] [4]．我々は過去の開発経験から，組込みシステムにおいてこれらの非機能特性をセルフアウェアネス [2] 実現することが自然との認識に至った．以上をまとめると，オブジェクト指向を支配的分割 (以下，コアコンサーン) とし，コンテキストおよび非機能特性は横断的コンサーンとして，適切なモジュール化を行なうことが重要となる．

　本研究は，アーキテクチャ中心開発の基盤となる組込みシステムのためのアーキテクチャを設計することを目的とする．この目的を達成するために，横断的コンサーンを分離した組込みシステムのためのアスペクト指向アーキテクチャを設計する．我々はコンテキストアウェアネスおよびセルフアウェアネスを統一的に扱うために，自己適応のためのアーキテクチャパターンとして PBR(Policy-Based Reconfiguration) パターンを定義した．コンテキストおよび非機能特性の実現を PBR パターンの具体化の問題として取り扱う．

　本論文で提案するアーキテクチャは，実際の組込みシステム開発に適用し実用性を確認したアーキテクチャ [5] を改版したものである．PBR パターンを適用することで，アーキテクチャとアプリケーションの設計，およびコードの理解，変更が容易になるだけでなく，ライブラリ等を大きな粒度で再利用する枠組みが提供できた．

---

*Atsushi ESAKA, 南山大学理工学部ソフトウェア工学科

†Masami NORO, 南山大学理工学部ソフトウェア工学科

‡Atsushi SAWADA, 南山大学理工学部ソフトウェア工学科

§Shigeta Masanobu, 富士電機株式会社

¶Taniguchi Kouichi, 富士電機株式会社

2 アーキテクチャ設計

OASIS のアーキテクチャの定義 [6] が一般的なアーキテクチャの設計・運用の枠組みを定義しているとの認識に立ち，これに基づいてアーキテクチャについて議論する．アーキテクチャ設計にあたり，横断的コンサーンを統一的に扱うために，自己適応のための PBR パターンを定義し，これを適用してアーキテクチャを設計する．

Theme/UML [7] は UML を拡張して定義されたアスペクト指向モデリングのための一般的な記法である．Theme/UML では，アスペクトの構造をクラス図とシーケンス図を用いて表現し，アスペクト間記述をパッケージ図を用いて bind 関連線によって表現する．我々は，アスペクト間記述を含めたアスペクト全体の構造を見渡すために，Theme/UML の略式記法を用いて設計を記述する．アスペクトの構造をクラス図とコラボレーション図を用いて表現し，Theme/UML において bind 関連線で表現されるアスペクト間記述を，関連クラスに置き換えてこれらの図内に表現する．例えば，図 2(a) では，*Object* 間のメッセージ通信に *Policy* へのメッセージ通信を付加するアスペクト間記述を関連クラスを用いて表現している．

2.1 参照モデル

山本は一般的な組込みシステムの参照モデルを示している [8]．我々は，この参照モデルを組込みシステムの設計および実現の観点から抽象化した構造を定義した．我々が定義した参照モデルを図 1 に示す．参照モデルの含意するところは，以下の通りである．

– 複数のセンサとアクチュエータが協調する．
– モニタにより，センサとアクチュエータは並行に動作する．
– 使用者はユーザインタフェースを介して，センサとアクチュエータに対する操作を行なうとともに，モニタに対して並行実行処理等に関する操作を行なう．

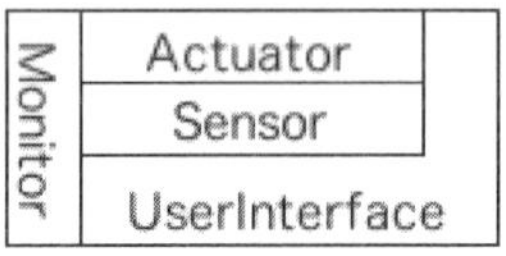

図 1: 組込みシステムのための参照モデル

図 1 では，隣接する階層間でメッセージの授受があることを示している．

2.2 PBR パターン

自己適応のためのアーキテクチャパターンとして PBR パターンを設計した．AspectJ のアドバイス記述を抽象化して設計した．設計にさいしては，単純な構造を定義することを一義とした．これまでに記述されてきた AspectJ コードを観察した結果，アドバイスには，アスペクトモジュールの機能を考慮してその構成と起動に関連する記述がなされることを確認した．この構造を素直にモデル化した．

以下にウィーブパターンのカタログを示す．

[名前] PBR パターン
[目的] 自己適応ソフトウェアの設計支援
[課題] 自己適応は動的再構成に換言できる．すなわち，特定のポリシー (コンテキストの変化を含む) に応じて，ソフトウェアの構成を動的に変更することを指す．このさい，特定のポリシーと再構成の仕組みを独立に記述するというフォースを考察しなければならない．
[解決策] 動的再構成の代表的な方法としては，以下の 2 つが考えられる．

– 動的再構成のポリシーをメッセージ通信に付加し，分散して局所的に記述する．
– 動的再構成のポリシーを大域的にモジュール化して記述する．

我々はオブジェクト指向との親和性が高いのは，局所的に記述する方法であると考え，これを採用する．

ポリシーと再構成の仕組みをそれぞれコンポーネント化し，動的再構成を実現する．PBR パターンの静的構造と動的振舞いを図 2(a), (b) に示す．コンテキストの変

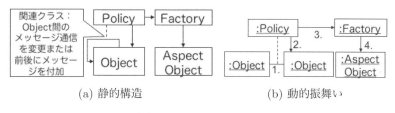

(a) 静的構造　　(b) 動的振舞い

図 2: PBR パターン

化を含むポリシー (Policy)，ポリシーに応じて変化する再構成後のオブジェクト群を代表するアスペクトオブジェクト (AspectObject)，再構成の仕組みとして，アスペクトオブジェクト (AspectObject) のインスタンス生成を行なうファクトリ (Factory) から構成される．ポリシー (Policy) がその記述に従ってファクトリ (Factory) を起動する関係となり，ファクトリ (Factory) はアスペクトオブジェクト (AspectObject) を生成する関係となる．Object 間のメッセージを横取りし，Policy で，Factory に AspectObject のインスタンスを生成させ，このインスタンスにメッセージを送る．

[バリエーション] PBR パターンには，以下のバリエーションがある．
- **セルフアウェアネスパターン (アスペクト指向)**：ポリシーにより自己の状態を識別し，識別された状態に応じてファクトリによりアスペクトオブジェクトのインスタンスを再生成するものとして特殊化する．このパターンを適用することで，セルフアウェアネス実現が可能となる．
- **コンテキストアウェアネスパターン**：ポリシーによりコンテキストを識別し，識別された状態に応じてファクトリによりアスペクトオブジェクトのインスタンスを再生成するものとして特殊化する．このパターンを適用することで，コンテキストアウェアネス実現が可能となる．

2.3 参照アーキテクチャ

コンテキストおよび複数の非機能特性を横断的コンサーンとし，これらを統一的に扱う参照アーキテクチャを設計した．

2.3.1 組込みシステムの横断的コンサーン

組込みシステムは，物理的な対象を制御し，これらは並行に動作するので，一般にソフトウェア上で並行に動作するオブジェクトの集合として定義されている [9]．実時間性，耐故障性などの非機能特性も設計し，実現しなければならない [3] [4]．上述したように，移動体としての組込みシステムを考えた場合，コンテキストアウェアネス組込みシステムとして実現することは有用である [1]．これらをまとめると，オブジェクト指向はコアコンサーンであり，並行性コンサーン，コンテキストコンサーン，実時間性コンサーン，耐故障性コンサーンは横断的コンサーンとなる．

2.3.2 参照アーキテクチャの概要

図3に参照アーキテクチャの概要を示す．並行性コンサーンおよびコンテキストコンサーンは組込みシステム全体に横断し，実時間性コンサーンおよび耐故障性コンサーンは，一部に横断する．以下，横断的コンサーンについては，コンテキストコンサーンに対してコンテキストアウェアネスパターン，非機能特性に関するコンサーンに対してセルフアウェアネスパターンを適用した設計を示す．

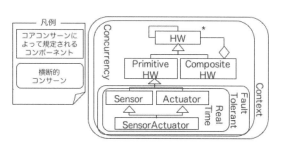

図 3: コアコンサーンと横断的コンサーンとの関係の概略

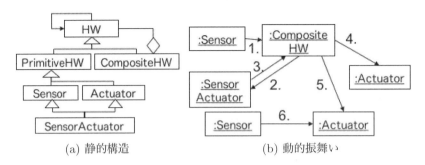

(a) 静的構造　　(b) 動的振舞い

図 4: ハードウェア

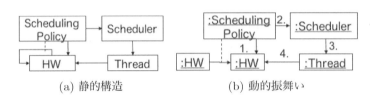

(a) 静的構造　　(b) 動的振舞い

図 5: 並行性

2.3.3　オブジェクト指向 (コアコンサーン)

組込みシステムでは，並行に動作する物理的なハードウェアに対してオブジェクトを定義する．このハードウェア (HW) の集合として設計した静的構造と動的振舞いを図 4(a), (b) に示す．ハードウェア (HW) は，参照モデルに示されたようにセンサ (Sensor) とアクチュエータ (Actuator) に分類されるので，これらを多相型として定義した．センサ (Sensor) とアクチュエータ (Actuator) 両方の性質を持つもの (SensorActuator) に対しては多重 is-a 関係を用いて定義した．これら原始ハードウェア (Primitive HW) と複数の原始ハードウェアから構成される複合ハードウェア (Composite HW) を多相型として定義した．

2.3.4　並行性

PBR パターンを適用し，並行プロセス間の同期に関わる記述を分離する．並行処理は，オブジェクト指向との親和性から，バッファ付きの非同期通信チャネル方式で実現することとした．並行性コンサーンを分離することで，コアコンサーンでは同期に関わる記述を考慮しなくて良くなる．並行性コンサーンに関する静的構造と動的振舞いは，スケジューリングのポリシーの変更を独立して行えることを目的として設計する．この静的構造と動的振舞いを図 5(a), (b) に示す．並行性アスペクトをスケジューリングポリシー (SchedulingPolicy)，並行実体としてのスレッド (Thread)，スレッドの生成および活性化と非活性化を行なうスケジューラ (Scheduler) から構成した．HW 間のメッセージ通信を横取りし，SchedulingPolicy 内でメッセージをバッファに格納する．Scheduler は，SchedulingPolicy に定義されるポリシーに従って Thread の生成および活性化と非活性化を行なう．この Thread は，活性化されたらバッファからメッセージを取得し，処理する．

2.3.5　コンテキスト

PBR パターンを適用し，コンテキストに関連する記述を分離する．コンテキスト指向プログラミング言語にあるように，コンテキストとこれに応じた振舞い，この振舞いを活性化する手続きを分離し，独立に変更できるようにする．この静的構造と動的振舞いを図 6(a), (b) に示す．PBR パターンを適用し，ポリシーをコンテ

Describing Embedded System's Structures using Context Oriented Programming

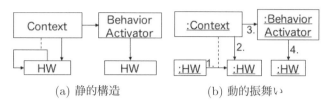

(a) 静的構造　　(b) 動的振舞い

図 6: コンテキストアウェアハードウェア

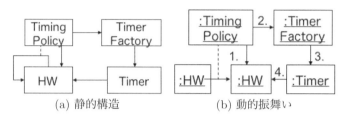

(a) 静的構造　　(b) 動的振舞い

図 7: 実時間ハードウェア

キスト (Context)，ファクトリを振舞い活性化手続き (BehaviorActivator) とした．HW 間のメッセージ通信を横取りし，Context の状態を変化させる．

2.3.6　実時間性

PBR パターンを適用し，実時間制約に関連する記述を分離する．このさい，タイマを用いて局所的に実現する方式と大域的なモニタを用意しこの中で実現するが考えられる．モニタによる実現は，計算モデルに関連する実現方法である．オブジェクト指向と親和性が高いタイマを用いる方法を採用することとした．実時間性コンサーンに関する静的構造と動的振舞いは，実時間制約を実現するポリシーの変更を独立して行えるようにすることを目的として設計する．この静的構造と動的振舞いを図 7(a)，(b) に示す．実時間アスペクトを，実時間処理のポリシー (TimingPolicy)，タイマファクトリ (TimerFactory)，タイマ (Timer) から構成した．HW 間のメッセージ通信を横取りし，RealTimePolicy に従って，TimerFactory により Timer のインスタンスの生成，Timer の起動を行なう．

2.3.7　耐故障性

PBR パターンを適用し，耐故障処理に関連する記述を分離する．一般に耐故障処理は，判定器によってバリアントを実行する．耐故障性コンサーンに関する静的構造と動的振舞いは，実行結果の受け入れ基準やバリアントの変更を独立して行えるようにすることを目的として設計する．この静的構造を図 8(a)，(b) に示す．耐故障アスペクトを，耐故障処理のポリシ (AcceptancePolicy)，耐故障ハードウェアファクトリ (F.T.HWFactory)，ハードウェア (HW) から構成した．HW 間のメッセージ通信を横取りし，AcceptancePolicy は，HW の処理結果を受理可能かどうか判断し，受理できない場合は代替ハードウェア (HW) にメッセージを送る．

以上をまとめると，PBR パターンを用いることで，横断的コンサーンを分離して統一的に記述でき，変更に対して柔軟に対応可能なものとして構造が設計された．

2.4　具象アーキテクチャ

具象アーキテクチャは，実現技術を選択し，参照アーキテクチャの構造を詳細化したものである．実現技術とは，製品特有のモジュール構成法，プロトコル，コー

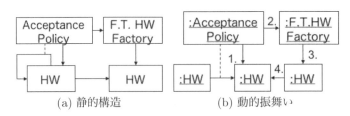

図 8: 耐故障ハードウェア

ド記述方法を指す．我々が過去に開発した紙状のものを搬送・管理するシステム（以下，紙状物体搬送システム）は，非機能特性およびコンテキストを扱う組込みシステムであることから，これを例題として具象アーキテクチャを説明する．

2.4.1 組込みシステムに適用される実現技術

対象とする組込みシステムにおける実現技術を整理すると以下の通りである．

- **モジュール構成法**：ハードウェアの構成法と，自己適応に関連する構成法がある．ハードウェアは一般に状態遷移機械としてモデル化される [10]．自己適用技術に関連する構成法は，C2 [11]，Weaves [12] がある．層モデルなど構造が明確なものを指向する場合は C2 [11] を，オブジェクト指向スタイル [13] など構造の自由度が高い場合は Weaves [12] を用いるべきであることが知られている．
- **プロトコル**：アプリケーションフレームワークやライブラリが提供されているとして，これらのアクセス方法が分かれば，アプリケーションを実装することができる．これをプロトコルの問題とする．並行プロセスの同期のためのプロトコルの代表的なものとして，Signal-Wait や PV 命令が選択可能である．耐故障処理のためのプロトコルの代表的なものとして，リカバリブロック，N バージョン，自己検査 (Self Checking Programming) が選択可能である [3]．コンポーネント間のメッセージ通信のプロトコルの代表的なものとして，リアクティブ (push 型) とポーリング (pull 型) が選択可能である．
- **コード記述方法**：アスペクトの記述方法の代表的なものとして，Java を基本とした AspectJ がある．

紙状物体搬送システムは，ハードウェアの構成が固定である．したがって，自己適用に関連するモジュール構成法として，C2 を選択した．前述のとおり，ハードウェアは，一般に状態遷移機械としてモデル化されることから，これに従った．

実現技術は従属的である．1 つの実現技術の選択により，別の実現技術の選択が決定する．例えば，プログラミング言語として，Java を選んだ場合，通常 Thread クラスライブラリを用いて並行処理を実現する．この Thread クラスを用いれば，必然的に同期のためのプロトコルは Signal-Wait となる．Java を用いて実現すること念頭に置いているので，Signal-Wait を選択した．状態遷移機械と従属的なメッセージ通信のプロトコルとして，リアクティブ (push 通信) を選択した．

組込みシステムではメモリ制約があり，プログラムの冗長性を許容することができない．したがって，実行時のコードサイズが小さくなる実現技術を選択しなければならない．このことから，リカバリブロックを選択した．

以上をまとめると，次の実現技術を選択した．

- プログラミング言語：Java (AspectJ)
- 自己適用技術に関連する構成法：C2
- モジュールの構成法：ハードウェアを状態遷移機械としてモデル化
- 並行性に関するプロトコル：Signal-Wait
- 耐故障性に関するプロトコル：リカバリブロック
- アスペクト記述法：AspectJ

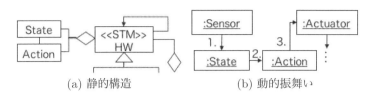

図 9: ハードウェア

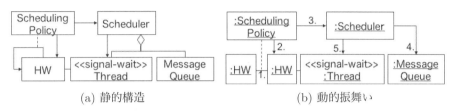

図 10: 並行性

– コンポーネント間通信：リアクティブ

以下，これらの実現技術を前提とした具象アーキテクチャを設計する．

2.4.2 オブジェクト指向 (コアコンサーン)

ソフトウェアの保守性を考慮し，ミーリ型状態遷移機械を導入する．すなわち，現在の状態に応じたイベントとアクションの対を定義する．状態およびアクションや状態遷移の変更を独立して行なうことを目的として設計する．静的構造と動的振舞いを図9(a), (b) に示す．状態とアクションを別のモジュールとして定義した (*State*, *Action*)．これによりそれぞれのモジュールの独立性を確保する．多相型については，図4と同じなのでここでは省略する．状態 (*State*) はイベントに応じてアクション (*Action*) を実行し，遷移後の状態 (*State*) を返すことで状態遷移を表現する．

2.4.3 並行性

並行性コンサーンに関する静的構造と動的振舞いは，並行処理のためのライブラリの差替えを独立して行なうことを目的として設計する．この静的構造と動的振舞いを図10(a), (b) に示す．複数の並行に動作するオブジェクトからのメッセージを順に処理するために，このメッセージを管理するものとしてMessageQueueを導入した．各オブジェクトをメッセージキューでラッピングすることにより，Java の Thread クラスライブラリをそのままコンポーネントとして再利用可能とした．

2.4.4 コンテキスト

コンテキストコンサーンに関する静的構造と動的振舞いは，コンテキストに依存して変化する差分のみを定義するようにすることを目的として設計する．静的構造と動的振舞いを図11(a), (b) に示す．ハードウェア (*HW*) を状態遷移機械として実現することから，この振舞いをコンテキストに応じて変更するために，コンテキストに依存したアクションの集合 (*BehaviorSet*) を持つ状態遷移機械ファミリ (*STM-Family*) を定義した．*Context* の状態に応じて *BehaviorActivator* は，*BehaviorSet* の持つ *Action* を組み合わせて *HW* を構築させる．これにより，差分となるアクションのみを独立して定義し，この組み合わせによってコンテキストに応じた構成を定義できるようになった．

2.4.5 実時間性

実時間性コンサーンに関する静的構造と動的振舞いは，実時間制約の変更や実時間計測のためのライブラリの再利用を独立して行なうことを目的として設計する．静的構造と動的振舞いを図12(a), (b) に示す．ハードウェア (*HW*) に応じたタイマ

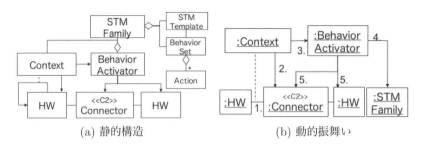

(a) 静的構造　　(b) 動的振舞い

図 11: コンテキストアウェアハードウェア

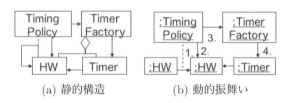

(a) 静的構造　　(b) 動的振舞い

図 12: 実時間ハードウェア

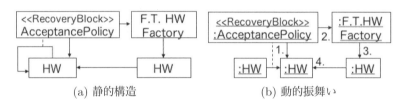

(a) 静的構造　　(b) 動的振舞い

図 13: 耐故障ハードウェア

(*Timer*) を起動するために，*TimerFactory* は *HW* と *Timer* の組を持つように設計した (図 12(a) 中の包含関係)．*TimingPolicy* は，計測時間や時間切れ時のアクションおよび *HW* と *Timer* の関係をパラメータとして *TimerFactory* に与えてインスタンスを生成することで，*TimerFactory* と *Timer* の再利用が可能となった．

2.4.6 耐故障性

耐故障性プロトコルはそれぞれ *AcceptancePolicy* の内で実現するものとして定義した．静的構造と動的振舞いを図 13(a)，(b) に示す．*AcceptancePolicy* の内でプロトコルを実現していることから，この差し替えによりプロトコルの変更を容易に行なうことができ，バリアントはそのまま再利用することが可能である．

3 考察

我々が調査した範囲では，コンテキスト指向技術を組込みシステムの設計・実装に応用する研究は行われているが [1]，非機能特性とコンテキストを統一的に扱う試みは行われていない．以下，PBR パターンを適用することによる利点を説明する．

3.1 理解容易なアーキテクチャ

参照アーキテクチャ設計においては，PBR パターンを用いて非機能特性とコンテキストの横断的コンサーンを統一的に扱う構造が提示できた．動的振舞いに関しても PBR パターンだけを理解すれば，挙動を把握できる．

PBR パターンは，コアコンサーンと横断的コンサーンのモジュール分割のパターンであると同時に，分割されたモジュール群の協調に関連する記述を分離したものである．すなわち，コアコンサーンによって規定されるハードウェアの集合において，メッセージ通信の前後に横断的コンサーンによって規定されるモジュールへのメッセージ通信を付加する構造を示すものである．さらにすべての横断的コンサーンにおいても，協調に関連する記述や構造を標準化して定義した．このように定義したアーキテクチャにおいては，すべてのコンサーンについて，[14] で示されたアーキテクチャの利点を保証することとなる．我々の設計した参照アーキテクチャは組込みソフトウェアに特徴的な非機能特性とコンテキストをハードウェア間の構造と分離して互いに独立に記述し，その織込み方法を示したものとまとめられる．

3.2 コードレベルで統一的な取り扱い

PBR パターンは，コードレベルでは，プログラミング言語のコード記述方式を定義するものである．PBR パターンに従うことでコードの標準化が可能となる．PBR パターンを適用しない場合は，アスペクト毎に適切なモジュール化がされず，その実現だけでなく変更が困難となることがある．PBR パターンの *Policy* は，アドバイス記述に相当し，ここに状況に応じて *AspectObject* の生成を行なうためのメッセージおよび生成された *AspectObject* へのメッセージを記述することを規定している．この規定がなければ，アドバイス記述にオブジェクトに局所化されるべき処理をここにすべて記述することもでき，すべてのオブジェクトを代表するオブジェクトへのメッセージのみ記述することもできる．このように自由度が高いことから，コードが標準化されず，保守は難しくなる可能性がある．

3.3 既存の自己適応技術を説明可能

PBR パターンはアーキテクチャレベルの自己適応のためのパターンである．Salehie ら [2] は，自己適応を 14 の観点 (Facet) から分類している．アーキテクチャレベルではモジュール化，適応対象，および適応方法の観点が関連する．モジュール化の観点から，PBR パターンは自己適応記述をファクトリとポリシーとして分離するものとして分類できる．適応対象や適応方法については，ファクトリおよびポリシーの記述により決定される．すなわち，適応対象はファクトリが指定するアスペクトオブジェクト群となり，適応方法はポリシー記述によって決定される．

PBR パターンは，メタアーキテクチャパターンである．すなわち，そのコンポーネントであるファクトリやポリシー記述を入れ替えることで，[2] で参照されている既存のアーキテクチャに具体化できる．PBR パターンのファクトリの生成対象をコンポーネントとし，リアクティブに適応を実行するポリシーを記述すれば CASA [15] となる．一方，この生成対象をコンポーネント間の関連とすれば Rainbow [16] となり，プロアクティブに適応を実行するポリシーとして記述すれば K-Components [17] となる．

3.4 大きな粒度でのライブラリ等の再利用が可能

PBR パターンを適用し，すべての横断的コンサーンについて独立して構造を導出することで，大きな粒度での再利用を可能とする利点を持つ．例えば，2.4 で示したように，Java の Thread クラスライブラリを用いて並行性を実装する．この場合，各オブジェクトをメッセージキューでラッピングすることにより Java の Thread クラスライブラリがそのままコンポーネントとして再利用可能になる．

4 おわりに

本研究では，組込みソフトウェアに必要とされる非機能特性とコンテキスト指向の概念を統一的に扱うために，PBR パターンを定義し，これを用いて参照アーキテクチャと具象アーキテクチャを設計した．PBR パターンにより，アーキテクチャの理解が容易になるだけでなく，コンポーネントを再利用する枠組みが提案できた．

謝辞 本研究の成果の一部は，科研費基盤研究 (C) 16K00110，2017 年度南山大学パッヘ研究奨励金 I-A-2 の助成による．

参考文献

[1] Abhay Daftari, Nehal Mehta, Shubhanan Bakre, and Xian-He Sun. On design framework of context aware embedded systems. In *Monterey workshop on software engineering for embedded systems: From requirements to implementation*, 2003.

[2] Mazeiar Salehie and Ladan Tahvildari. Self-adaptive software: Landscape and research challenges. *ACM transactions on autonomous and adaptive systems (TAAS)*, Vol. 4, No. 2, p. 14, 2009.

[3] Christo Angelov, Nicolae Marian, Krzysztof Sierszecki, and Jinpeng Ma. Model-based design and verification of embedded software. In *Proc. of the 5th European Workshop on Research and Education in Mechatronics*, 2004.

[4] Pao-Ann Hsiung, Shang-Wei Lin, Chih-Hao Tseng, Trong-Yen Lee, Jin-Ming Fu, and Win-Bin See. Vertaf: An application framework for the design and verification of embedded real-time software. *IEEE Trans. Softw. Eng.*, Vol. 30, No. 10, pp. 656–674, 2004.

[5] 江坂篤侍, 野呂昌満, 沢田篤史, 繁田雅信, 谷口弘一. コンテキストアウェアネスを考慮した組込みシステムのためのアスペクト指向アーキテクチャの適用と実現. ソフトウェア工学の基礎, Vol. 23, pp. 175–180, 2016.

[6] C Matthew MacKenzie, Ken Laskey, Francis McCabe, Peter F Brown, Rebekah Metz, and Booz Allen Hamilton. Reference model for service oriented architecture 1.0. *OASIS standard*, Vol. 12, p. 18, 2006.

[7] Siobhàn Clarke and Elisa Baniassad. *Aspect-oriented analysis and design*. Addison-Wesley Professional, 2005.

[8] 山本修一郎. 要求工学 (第 102 回) 参照モデルに対する保証ケース. ビジネスコミュニケーション, Vol. 50, No. 4, pp. 66–70, 2013.

[9] Edward A Lee. Embedded software. *Advances in computers*, Vol. 56, pp. 55–95, 2002.

[10] Daniel D. Gajski, Samar Abdi, Andreas Gerstlauer, and Gunar Schirner. *Embedded System Design: Modeling, Synthesis and Verification*. Springer Science & Business Media, 2009.

[11] Richard N Taylor, Nenad Medvidovic, Kenneth M Anderson, E James Whitehead, Jason E Robbins, Kari A Nies, Peyman Oreizy, and Deborah L Dubrow. A component-and message-based architectural style for gui software. *IEEE Transactions on Software Engineering*, Vol. 22, No. 6, pp. 390–406, 1996.

[12] Michael M. Gorlick and Rami R. Razouk. Using weaves for software construction and analysis. In *Proceedings of the 13th International Conference on Software Engineering*, ICSE '91, pp. 23–34, Los Alamitos, CA, USA, 1991. IEEE Computer Society Press.

[13] Mary Shaw and David Garlan. *Software architecture: perspectives on an emerging discipline*. Prentice Hall Englewood Cliffs, 1996.

[14] Novoseltseva Ekaterina. 15 benefits of software architecture. https://www.linkedin.com pulse/15-benefits-software-architecture-ekaterina-novoseltseva/.

[15] Arun Mukhija and Martin Glinz. Runtime adaptation of applications through dynamic recomposition of components. *Systems Aspects in Organic and Pervasive Computing-ARCS 2005*, pp. 124–138, 2005.

[16] David Garlan, S-W Cheng, A-C Huang, Bradley Schmerl, and Peter Steenkiste. Rainbow: Architecture-based self-adaptation with reusable infrastructure. *Computer*, Vol. 37, No. 10, pp. 46–54, 2004.

[17] Jim Dowling and Vinny Cahill. Self-managed decentralised systems using k-components and collaborative reinforcement learning. In *Proceedings of the 1st ACM SIGSOFT workshop on Self-managed systems*, pp. 39–43. ACM, 2004.

OSS事前品質評価における重み付け手法の実証実験

An Empirical Study on Weighting Techniques for Open Source
Software Assessment Models

中野 大扉* 亀井 靖高† 佐藤 亮介‡ 鵜林 尚靖§ 高山 修一¶
岩永 裕史‖ 岩崎 孝司**

あらまし ソフトウェア開発企業がオープンソースソフトウェア（OSS）を製品開発に利用することが増えている．OSS の品質に起因する製品品質の低下を回避するため，OSS の品質を事前に比較することが望ましい．開発者が OSS に求める品質は，利用する OSS の種類や開発内容，OSS の導入方法などの開発形態によって異なることが考えられる．本研究では，開発形態ごとに開発者が OSS に求める品質の違いをアンケートにより調査する．アンケート結果を考慮した OSS 事前品質評価を行い，その効果を実証的に調べる．
本研究では，OSS の事前品質評価を企業に導入する際の知見，及び，課題を明らかにするために，富士通九州ネットワークテクノロジーズ株式会社の開発プロジェクトで利用した OSS を対象に調査を行った．アンケートの準備として，開発者が OSS に求める品質はどのようなものかについてヒアリングを行い，開発者が OSS に求める品質を 7 つのカテゴリに分類した．ヒアリング結果から，開発形態が異なる複数の開発者から OSS に求める品質を調査する必要があるという知見が得られた．開発形態ごとに重要視する品質に差があるかについて，開発者にアンケート調査を行った結果，開発形態の違いによって「重要視する」，「やや重要視する」と答えられた割合に 30 ポイント以上の差がある項目は平均 3.5 項目存在し，開発形態ごとに重要視する評価項目を考慮した評価が可能であるという知見が得られた．開発形態ごとのアンケートをもとに評価項目ごとに重みを設定して評価を行った結果，開発者が問題ありと評価したカテゴリのうち，本手法でリスクが高いと評価したカテゴリは 7/12（58%）であり，開発者が重要視する評価項目を正しく評価することがリスク予想の成功に繋がると分かった．

1 はじめに

ソフトウェア開発企業が OSS を製品開発に利用する事例が増えてきている．全国のソフトウェア会社や情報処理サービス会社のうち，66.8% が OSS を利用し，51.6% が顧客向けのシステムに OSS を利用している [10]．企業が製品開発に OSS を利用する利点として「低価格で顧客に提供できること」や「多くの種類の OSS から自社にあったものを利用できること」などがあげられる [10]．

OSS の利用が必ずしも低価格化や品質向上に繋がるわけではなく，OSS の品質が原因となり製品自体の品質を低下させてしまうこともある．例えば，OSS にバグが混入していることが開発途中で判明した場合，OSS には「緊急時の技術的サポートが得にくい」や「バグの改修や顧客からの要請対応に手間がかかる」という欠点が存在する [10] ため，バグ修正に想定外のコストがかかってしまうことがある．

---

*Nakano Daito, 九州大学,nakano@posl.ait.kyushu-u.ac.jp

†Kamei Yasutaka, 九州大学,kamei@ait.kyushu-u.ac.jp

‡Sato Ryosuke, 九州大学,sato@ait.kyushu-u.ac.jp

§Ubayashi Naoyasu, 九州大学,ubayashi@ait.kyushu-u.ac.jp

¶Takayama Shuichi, 富士通九州ネットワークテクノロジーズ株式会社

‖Iwanaga Hiroshi, 富士通九州ネットワークテクノロジーズ株式会社

**Iwasaki Takashi, 富士通九州ネットワークテクノロジーズ株式会社

OSS の品質に起因する OSS 導入のコスト増加を防ぐため，OSS 自体の品質を事前に明らかにすることが望ましい．そのため OSS の事前品質評価に関する研究が，これまでに取り組まれてきた [1,3–5,7]．一般的な OSS の事前品質評価は，評価項目に対応する評価指標を取得し，スコアリングすることで評価を行っている．スコアリングの際には，開発形態などの特徴を反映した重み付けを評価指標に対して行う．

本研究では，重み付けを系統的に行うための第一歩として，品質に対する開発者のアンケート結果に基づいて重み付けを行い，その効果を実証的に調べる．本研究では，開発者が OSS に求める品質はどのようなものかについて，有識者の協議と開発者へのヒアリングによる調査を行う（アンケート項目の作成）．開発形態ごとに重要視する評価項目が異なるなら，開発形態を考慮した評価が可能であると考えられるため，開発形態ごとに重要視する品質に差があるかについて，開発者にアンケート調査を行う（重み付けデータの取得）．アンケート調査から，開発形態ごとに重要視する評価項目に差異があれば，アンケートをもとに重みを算出し，開発形態を考慮した評価方法の調整を行う（重み付けによる事前品質評価）．

本研究では，OSS の事前品質評価を企業に導入する際の知見，及び，課題を明らかにするために，富士通九州ネットワークテクノロジーズ株式会社（以降，富士通 QNET）の開発プロジェクトで利用した OSS を題材とする．また，富士通 QNET 内のプロジェクトにおいてヒアリングとアンケートを行った．さらに，重み付けを行うことによって，OSS の品質をうまく評価できているかを調査するために，評価対象 OSS を利用した富士通 QNET の開発者に OSS の品質に関する質問を行った．

以降，2 章では，本研究における背景として関連研究を述べる．3 章から 5 章では，本研究において行った調査について述べる．具体的には，3 章では，開発者が OSS に求める品質はどのようなものかの調査について述べる．4 章では，開発形態ごとに重要視する品質の調査について述べる．5 章では，開発形態を考慮した評価方法の調整について述べる．6 章では，本研究のまとめと今後の課題について述べる．

2 　研究背景

OSS の事前品質評価手法として，Open Source Maturity Model（OSMM）[3]，Open Business Readiness Rating（OpenBRR）[7]，Qualification and Selection of Open Source software（QSOS）[1]，OpenSource Maturity Model（OMM）[5]，RepOSS [4] などが存在する．これらの手法では，導入の容易さなどの評価項目ごとの指標群が定義されており，評価指標に基づき評価項目ごとにスコアを算出して OSS の品質を評価する．これらの従来手法のうち，OSMM [3] と OpenBRR [7] では，評価を行う開発者が品質項目ごとにどれだけ重要視するかを基に各評価項目に重みを設定し，その重みを用いて評価結果を調整する方法が採用されている．これらの方法は，評価結果が重みの設定を行った開発者の判断に依存する．本研究では，評価結果に対する開発者一人の判断の依存度を低くするために，品質項目に対する重みの設定に開発形態ごとのアンケート結果を用いる．

OSS の事前品質評価手法を評価する取り組みも存在する [2,6]．例えば，Depez と Alexandre の研究 [2] では QSOS と OpenBRR のスコアリング手順と評価基準を比較し，各手法の利点と欠点をまとめている．Petrinja と Succi による研究 [6] では，OMM を用いて 6 つの OSS を評価し，OMM は有効であると示した．

我々の既存研究として，ソフトウェア開発企業へ OSS の事前品質評価手法を導入するための取り組み [8,9] が存在する．本論文では，これらの研究を開発形態を考慮した評価という観点から発展させた．本研究では，重み付けを行う上で富士通 QNET での開発形態を考慮するために，開発者にアンケートを実施する．プロジェクトの開発形態ごとに重要視する品質に特徴が見られれば，評価方法の調整を行う必要があると考えられる．開発形態としては，開発目的や OSS の導入方法，開発する製品の種類，利用する OSS の種類などが考えられる．本研究では，著者らの協議

表1　開発者へのヒアリング結果の一例

プロジェクト	開発目的	導入方法	OSS に求める品質
1	研究試作	ブラックボックス	メーリングリストなど，不具合情報などの監視が容易．
2			OSS のユーザが多く，Web 上に使い方が豊富にあるもの．
3			サンプルコードが豊富にある．性能測定が容易にできる．
4			正常系が問題なく動作する．
5			インストールが容易．API が充実している．
6			サンプルコードが充実している．性能測定が容易にできる．
7	商用開発	ホワイトボックス	ドキュメントや書籍が揃っている．
8		ブラックボックス	OSS 採用時に高い品質の OSS を求めている．
			OSS の導入事例が多いことを重視している．

の結果，初期調査として開発目的と OSS の導入方法の 2 つに限定して調査を行う．算出した重みを実際の開発現場で利用された OSS に適用し，評価結果を OSS を利用した開発者の意見と比較することで評価の有用性を調査する．

3　開発者が OSS に求める品質はどのようなものか

3.1　概要

開発形態を考慮した事前品質評価手法の実施のために，本研究ではアンケート調査によって重み付けを行う．アンケートを実施する上で，実施する組織の開発形態をより反映したアンケート項目を作成するため，開発者らにヒアリングを行ってアンケート項目の作成を行う．

3.2　アプローチ

本研究では，開発者が OSS に求める品質の調査として開発者へのヒアリングを行った．開発者へのヒアリングを効率的に行うために，OSS に求める品質の素案を作成した．この素案は，富士通 QNET 内の開発経験が 10 年前後の有識者複数名による協議によって作成した．

開発者へのヒアリングは，富士通 QNET 内の 8 プロジェクトに対して行った．ヒアリングは 1 プロジェクトに対して約 30 分行った．ヒアリング内容は，1）プロジェクトの開発形態，2）OSS に求める品質，の 2 点に関して行った．開発形態のうち，開発目的は「商用開発」，「研究試作」のいずれかである．OSS の導入方法は，OSS のソースコードを理解した上で利用する「ホワイトボックスとして利用」とソースコードを理解せずに利用する「ブラックボックスとして利用」のいずれかである．

開発者へのヒアリング結果を基に，開発者が OSS に求める品質を項目として抽出した．システム・ソフトウェア製品品質（JIS X 25010:2013）の品質カテゴリを参考にカテゴリを選定し，著者らの協議によって抽出した項目の分類を行った．

3.3　結果と考察

開発者へのヒアリング結果の一例を表1に示す．ヒアリング対象プロジェクトの内，開発目的が研究試作のものは全てブラックボックスとして OSS を利用していた．これらのプロジェクトが OSS に求める品質は，研究試作の場合は「サンプルコードが豊富にある」などの OSS を使用する際の容易さに関するものが多く見られた（プロジェクト 3，4，5，6）．一方，商用開発の場合は「OSS の導入事例が多い」といった OSS の信頼性に関するものが多かった（プロジェクト 7，8）．

ヒアリングの結果をもとに 18 個の品質要求を抽出し，7 つのカテゴリに分類を行った．抽出した品質要求とカテゴリを表2に示す．これらの品質要求を本研究における OSS 事前品質評価の評価項目とした．品質要求の内容は，表2の 1 番から 6番のような OSS の動作内容に関する要求が多い傾向にある．また，17 番や 18 番のような要求は，OSS のソースコードを理解して利用する場合にのみ必要となる要求であり，これらの品質要求はソースコードを理解せずに OSS を利用する際には必要とされない．このことから，同じ企業の開発者から抽出した品質要求であっても，開

表2 本研究で作成した品質要求（評価項目）

カテゴリ	番号	評価項目
機能適合性	1	OSS自体が実現したい機能を満たしている
	2	OSSのリリースが迅速で早期に機能を利用できる
	3	正常系が正しく動作しており，早期に機能を実現できる
性能効率性	4	OSS自体が想定されるリソースで動作する
	5	OSSが指定された性能を満たすことができる
	6	性能測定のための環境作りが容易にできる
互換性-移植性	7	他のOSSやシステム内の機能と共存して利用可能である
	8	他の代替可能なOSSがある
使用性	9	OSS自体の操作性が利用者の要求を満たしている
	10	OSSを組み込む際に容易に実施できる
	11	ドキュメントや書籍が揃っていて，十分な情報が得られる
	12	OSS利用例が多い
信頼性	13	サポートするコミュニティがしっかりしていて保守されている
	14	OSSのバグ情報や対応状況が把握できる
	15	OSS自体の品質が良い
セキュリティ	16	脆弱性が少ない
保守性	17	OSSのプログラム構造が容易でホワイトボックス化しやすい
	18	ソースコード内のコメントが豊富で読解性が良い

発形態によって重要度が変化する項目が存在することが考えられる．よって，OSSの事前品質評価を企業に導入する際は，開発形態が異なる複数の開発者からOSSに求める品質を調査する必要があるという知見が得られた．

> 開発者がOSSに求める品質を機能適合性，性能効率性，互換性-移植性，使用性，信頼性，セキュリティ，保守性という7つのカテゴリに分類でき，また，開発形態が異なる複数の開発者からOSSに求める品質を調査する必要があるという知見が得られた．

4 開発形態ごとに重要視する品質に差があるか

4.1 概要

従来のOSS事前品質評価に関する研究[1,3–5,7]において，取得した評価指標を画一的に用いるのではなく，開発形態に応じて重み付けすることが推奨されている．本研究では，その重み付けのために，開発者に対して実施するアンケート結果を活用する．本研究では，開発者が各評価項目をどれだけ重要視しているかについて富士通QNET内の開発者にアンケートを行うことで，開発形態ごとに重要視する品質について調査する．

4.2 アプローチ

本研究では，開発形態ごとに重要視する品質の調査として富士通QNET内のプロジェクトマネージャー30人を対象にアンケートを行った．アンケート内容は，1) プロジェクトの開発形態，2) 評価項目の重要度の2点である．このアンケートから，各開発形態において重要視する品質に違いがあるかを調査する．

アンケートの回答方法は，1) プロジェクトの開発形態は，開発目的が「商用開発」か「研究試作」の2択と，OSSの導入方法が「ホワイトボックスとして利用」と「ブラックボックスとして利用」の2択である．2) 評価項目の重要度は，a) 評価項目ごとの重要度，b) 重要度が最上位の評価項目の2つの質問を行った．a) 各評価項目に対してどれだけ重要視しているかは，「重要視する」，「やや重要視する」，「やや重要視しない」，「重要視しない」の4択で回答する質問である．b) 重要度が最上位の評価項目は，表2に示した18の評価項目から重要度が高い項目を上位5つまでを選ぶ質問である．

4.3 結果と考察

各評価項目の重要度． 開発者が「重要視する」または「やや重要視する」と答えた割合を比較する．表3は開発形態によって「重要視する」または「やや重要視する」

表 3 開発形態による重要度の差が 20 ポイント以上の評価項目

	評価項目	商用開発	研究試作	差
開発目的	4	100%	66%	34%
	7	91%	56%	35%
	10	53%	78%	25%
	16	100%	78%	22%

	評価項目	ホワイトボックス	ブラックボックス	差
導入方法	6	64%	85%	21%
	7	64%	89%	25%
	8	45%	10%	35%
	9	100%	68%	32%
	17	55%	16%	39%
	18	55%	21%	34%

図 1 評価項目 7 番のアンケート結果　　図 2 評価項目 6 番のアンケート結果

と答えられた割合の差が 20 ポイント以上の評価項目を示している．

　プロジェクトの開発目的で比較すると，図 1 にも示す評価項目 7 番（他の OSS やシステム内の機能と共存して利用可能である）は，商用開発では 91%，研究試作では 56%，4 番（OSS が想定されるリソースで動作する）は，商用開発では 100%，研究試作では 66% であり，商用開発で重要視されている傾向が見られた．一方で，評価項目 10 番（OSS を組み込む際に容易に実施できる）は，商用開発では 53%，研究試作では 78% であり，研究試作で重要視されている傾向があることがわかった．

　表 3 に示すように，開発目的によって「重要視する」または「やや重要視する」と答えられた割合に 30 ポイント以上の差がある項目は 2 項目，20 ポイント以上かつ 30 ポイント未満の差がある項目は 2 項目存在した．

　OSS の導入方法で比較すると，評価項目 17 番や 18 番のようなソースコードに関する項目に加え，評価項目 8 番（他に代替可能な OSS がある）は，ホワイトボックスでは 45%，ブラックボックスでは 10% であり，ホワイトボックスとして利用しているプロジェクトで重要視されている傾向がある．一方で，図 2 にも示す評価項目 6 番（性能測定のための環境作りが容易にできる）は，ホワイトボックスでは 64%，ブラックボックスでは 85%，評価項目 7 番（OSS が他の OSS やシステム内の機能と共存して利用可能である）は，ホワイトボックスでは 64%，ブラックボックスでは 89% であり，ブラックボックスとして利用しているプロジェクトで重要視されている傾向が見られた．

　表 3 に示すように，OSS の導入方法によって「重要視する」または「やや重要視する」と答えられた割合に 30 ポイント以上の差がある項目は 4 項目，20 ポイント以上かつ 30 ポイント未満の差がある項目は 2 項目存在した．このことから，OSS の事前品質評価を企業に導入する際は，開発形態ごとに重要視する評価項目を考慮した評価が可能であるという知見が得られた．

重要度が最上位の評価項目．上位 5 つに選ばれた回数をカウントし，回数が多い順に上位 5 位までの評価項目を表 4 に示す．プロジェクトの開発目的で比較すると，開発者は評価項目 1 番（OSS 自体が実現したい機能を満たしている）と評価項目 3 番（正常系が正しく動作しており，早期に機能を確認できる）をどちらも重要視していることがわかる．OSS の導入方法で比較すると，順位は異なるものの，上位 5 つの評価項目が全てが同じであることから導入方法による重要度が最上位の評価項目はほとんど見られなかった．このことから，どの開発形態でも重要度が最上位の

表 4　開発目的/OSS の導入方法ごとの上位 5 つに選ばれた回数が多い評価項目

開発形態	順位	番号	評価項目
商用開発の順位	1 位	1 番	OSS 自体が実現したい機能を満たしている
	2 位	15 番	OSS 自体の品質が良い
	3 位	3 番	正常系が正しく動作しており，早期に機能を確認できる
	4 位	5 番	OSS が指定された性能を満たすことができる
	5 位	4 番	OSS 自体が想定されるリソースで動作する
研究試作の順位	1 位	1 番	OSS 自体が実現したい機能を満たしている
	2 位	3 番	正常系が正しく動作しており，早期に機能を確認できる
	3 位	9 番	OSS を組み込む際に容易に実施できる
	4 位	11 番	OSS 自体にドキュメントや書籍が揃っていて，十分な情報が得られる
	5 位	12 番	OSS 利用例が多い
ホワイトボックスの順位	1 位	1 番	OSS 自体が実現したい機能を満たしている
	同率 2 位	15 番	OSS 自体の品質が良い
	同率 2 位	3 番	正常系が正しく動作しており，早期に機能を確認できる
	4 位	4 番	OSS 自体が想定されるリソースで動作する
	5 位	5 番	OSS が指定された性能を満たすことができる
ブラックボックスの順位	1 位	1 番	OSS 自体が実現したい機能を満たしている
	2 位	3 番	正常系が正しく動作しており，早期に機能を確認できる
	3 位	15 番	OSS 自体の品質が良い
	同率 4 位	5 番	OSS が指定された性能を満たすことができる
	同率 4 位	11 番	OSS 自体にドキュメントや書籍が揃っていて，十分な情報が得られる

評価項目は共通していることがわかった．

> 開発形態の違いによって「重要視する」，「やや重要視する」と答えられた割合に 30 ポイント以上の差がある項目は平均 3.5 項目存在し，開発形態ごとに重要視する評価項目を考慮した評価が可能であるという知見が得られた．

5　開発形態を考慮した評価方法の調整

5.1　概要

　4 章において開発形態ごとに開発者が各評価項目をどれだけ重要視しているかを調査した．この調査結果から，開発形態によって重要視する評価項目には，重要度が最上位の評価項目は共通しつつも，各々の評価項目の重要度については開発形態によって差異が見られた．本研究では，4 章の結果をもとに開発形態ごとに評価項目に対する重みを算出し，算出された重みを品質評価に適用することで開発形態を考慮した評価方法の調整を行った．

　本研究では，重み付けによる事前品質評価の効果を調べるために富士通 QNET 内で利用された OSS6 件について事前品質評価を適用した．さらに，各 OSS を利用した富士通 QNET の開発者へ OSS の品質に関する質問を行い，その回答と評価結果を比較した．また，開発形態ごとに重みを設定した場合の効果を調査するため，開発形態を考慮した評価と考慮しない評価を比較した．

5.2　アプローチ

　本研究では，アンケート結果に基づく重み付けによる評価方法の調整を行う．調整を行うためには，評価項目のスコアと開発形態ごとの重みが必要となる．以下に評価項目のスコア算出方法と重みの算出方法を示す．

評価項目のスコア算出方法． 評価項目のスコアを算出するための指標として，評価項目に対応する評価指標を決定した．評価指標は，OSS 品質評価の関連研究 [1,3–5,7] の中から，最も多くの種類の指標を利用している RepOSS [4] の指標群から選定した．選定は著者らの協議によって，評価項目に対応する指標を 34 種類選択した．評価項目のスコアを算出するためには，スコア情報（表 5 に示すような評価指標の値をスコアに変換するための情報）とマッピング情報（表 6 に示すような評価項目と評価指標を対応付けるための情報）が必要である．スコア情報は開発者が評価対象 OSS の評価指標データを取得し，そこからスコアを算出する際に必要である．マッピング情報は評価指標を評価項目へマッピングし，各項目を評価する際に必要である．

表5 スコア情報の一例

評価指標	1	2	3	4	5
月ごとの平均コミット数	43 未満	43 以上 74 未満	74 以上 120 未満	120 以上 158 未満	158 以上
パッケージインストーラの有無	無し	-	-	-	有り

表6 マッピング情報の一例

評価項目	評価指標	関連度
OSS のバグ情報や対応情報が把握できる	バグトラッキングシステムの有無	5
	メーリングリストの流量	3
ソースコード内のコメントが 豊富で読解性がいい	コメント行数	5
	コード行数に占めるコメント行割合	5

　スコア情報は評価指標を数値データと2値データに分けて作成した．数値データは指標の値が数値のものであり，例として月ごとの平均コミット数や関連書籍数があげられる．数値データの指標は富士通 QNET 内で利用された 120 件の OSS の指標値の分布に基づきスコアを決定する．月ごとの平均コミット数の場合，表5内に示すように，評価指標の数値に応じてスコアが決定される．2値データの例としてメーリングリストの有無やパッケージインストーラの有無があげられる．2値データの指標は，「有り」の場合は 5，「無し」の場合は 1 とする．

　本研究に用いるマッピング情報の作成方法を記す．評価項目は3章にて作成したものを利用する．各評価項目に対応する評価指標は著者らの協議によって決定した．

　評価項目に対して関連が強い評価指標のスコアを，評価項目のスコアにより大きく反映させるために，各評価指標に関連度を設定した．関連度はその評価指標が対応している評価項目にどれだけ関連が強いかを基に 1 から 5 までの数値で設定している（数値が大きい方が関連が強い）．表6に示す「OSS のバグ情報や対応情報が把握できる」という評価項目の場合，この評価項目はバグトラッキングシステムの有無に大きく関係しているという考えから関連度を 5 にし，メーリングリストの流量が多ければ，確実ではないがバグ情報を取得できる可能性が高いという考えから関連度を 3 にしている．評価項目にマッピングされている評価指標の数を n，データを取得できなかった評価指標の数を n_0，i 番目の評価指標のスコアを E_i，関連度を R_i とすると，各評価項目のスコア S は次の式を基に算出される．

$$S = \frac{\sum_{i=1}^{n} E_i * R_i/5}{n - n_0} \tag{1}$$

重みの算出方法．4章において行ったアンケート結果をもとに評価項目ごとの重みを算出する．アンケート結果を得点化し，その得点をもとに重みを算出する．各評価項目の重要度のアンケート結果を「重要視する」，「やや重要視する」，「やや重要視しない」，「重要視しない」をそれぞれ5点，4点，2点，1点とする．これらの得点を合計し，各評価項目のアンケート得点とする．全評価項目数を n とする時，i 番目の評価項目のアンケート得点を A_i，重み W_i は次の式によって算出する．

$$W_i = A_i / \sum_{j=0}^{n} A_j \tag{2}$$

本研究では，開発形態を考慮する場合としない場合で結果の比較を行うため，2種類の重みを算出した．開発形態を考慮する場合は，アンケート結果を開発内容と OSS の導入方法の組み合わせで4つに分類した後に，式 (2) に各分類のアンケート結果を与えることで，分類に対応する開発形態の重みを算出する．開発形態を考慮しない場合は，全アンケート結果を式 (2) に与えることで重みを算出する．重要度が最上位の評価項目に関するアンケート結果は，4章において開発形態によらず共通していることがわかったことから，重みには反映させないこととする．評価結果の効果を調べるために各 OSS を開発内で利用した富士通 QNET の開発者へ OSS の品質に

表 7　OSS6 件の評価結果と開発者の評価

カテゴリ	OSS1 研究試作-ホワイトボックス			OSS2 研究試作-ホワイトボックス		
	考慮する	考慮しない	開発者の評価	考慮する	考慮しない	開発者の評価
機能適合性	2.43	2.42	×	1.46	1.40	×
性能効率性	1.62	1.61	×	0.91	0.90	×
互換性-移植性	2.00	2.00	△	0.85	1.05	△
使用性	2.86	2.89	×	1.88	1.88	×
信頼性	3.31	3.28	△	2.29	2.27	△
セキュリティ	3.00	3.00	○	-	-	○
保守性	2.05	2.05	×	2.11	2.10	×

カテゴリ	OSS3 商用開発-ブラックボックス			OSS4 商用開発-ブラックボックス		
	考慮する	考慮しない	開発者の評価	考慮する	考慮しない	開発者の評価
機能適合性	1.67	1.67	○	1.74	1.74	○
性能効率性	1.10	1.10	○	1.53	1.52	○
互換性-移植性	0.57	0.53	○	0.67	0.67	○
使用性	1.91	1.96	○	2.22	2.27	○
信頼性	0.90	0.90	○	1.75	1.76	○
セキュリティ	1.00	1.00	○	1.00	1.00	○
保守性	-	-	○	3.06	3.08	○

カテゴリ	OSS5 商用開発-ブラックボックス			OSS6 商用開発-ブラックボックス		
	考慮する	考慮しない	開発者の評価	考慮する	考慮しない	開発者の評価
機能適合性	2.05	2.04	○	1.41	1.41	×
性能効率性	2.07	2.10	○	0.87	0.88	○
互換性-移植性	0.57	0.53	○	1.16	1.05	×
使用性	1.88	1.89	○	1.85	1.89	×
信頼性	2.62	2.65	○	1.80	1.80	○
セキュリティ	1.00	1.00	○	1.00	1.00	○
保守性	2.34	2.34	○	2.10	2.10	×

○：問題なし　　△：多少問題あり　　×：問題あり

ついて質問を行った．質問の内容は，OSS の品質を表 2 に示すカテゴリごとに，問題あり，多少問題あり（多少問題はあったものの，開発に大きな支障はなかった），問題なしの 3 択で評価してもらうものである．

5.3　結果と考察

OSS6 件の評価結果と OSS を利用した開発者への質問の回答を表 7 に示す．表 7 内の「考慮する」とは，開発形態を考慮した重み付けを行った場合の評価結果を示し，「考慮しない」とは，開発形態を考慮せずに重み付けを行った場合の評価結果を示している．各 OSS 番号の横に書いてある開発形態は，その OSS を利用した開発の開発形態を示している．また，「-」はカテゴリ内の全ての評価項目においてスコアの算出ができなかったことを表している．スコアが算出できない理由は，評価項目に割り当てられている評価指標が，全て取得できなかったからである．以下に，本手法の評価と開発者の評価の比較を行い，本手法の改善案について述べる．加えて，開発形態を考慮した場合と考慮しない場合の比較について述べる．

5.3.1　本手法の評価と開発者の評価の比較

評価結果のスコアは OSS を利用する上でのリスクを表している．本研究では，評価スコアが 2 以上のカテゴリをリスクが低い，2 未満のカテゴリをリスクが高いと判断した．この時，開発者の評価で問題ありとしたカテゴリ 12 件中，リスクが高いと評価されたカテゴリは 7/12（58%）であった．リスクの判定が成功した 7 カテゴリは，評価項目 1 番（OSS 自身が実現したい機能を満たしている）や 3 番（正常系が正しく動作しており，早期に機能が確認できる）といった開発形態に関わらず重要視されている評価項目のスコアが低くなっていることが共通点として挙げられる．リスク判定が成功した OSS の評価項目 1 番と 3 番のスコア平均は 1.8 と 0.6 であり，それ以外の OSS の評価項目 1 番と 3 番のスコア平均は 2.6 と 1.5 となっている．よって，開発者が重要視する評価項目を正しく評価できたことがリスク判定の成功につながったと考えられる．

OSS1 の機能適合性，使用性，保守性，OSS2 の保守性，OSS6 の保守性は，開発者の評価では問題ありとされたものの，リスクは低いと評価されている．本手法の評価と開発者の評価の間に差が見られた原因について考察する．

OSS1,2,6 の保守性. 本研究では，保守性は OSS に改良を加える際の容易さを評価するために Cyclomatic 複雑度やコード行数に対するコメント行数を基に算出している．一方で，開発者は OSS に修正を加える際に資料が不足していたことから問題ありと回答している．よって，本手法の評価では，コードの解析結果に基づいて評価しているが，開発者は OSS に関する資料から問題ありと評価を行っているため，評価結果に差が生まれたと考えられる．対策として，コードの修正を行う際（保守活動を行う際）にはその機能に関するドキュメントを読む必要があるため，使用性の評価に利用しているドキュメントの有無という指標を保守性を評価するための指標としても利用することが考えられる．

OSS1 の機能適合性. OSS の機能適合性は，月ごとのコミット数が高いこと，ビジネスへの適用事例が存在することから本手法での評価が 2.43 と高くなっている．一方で，開発者は OSS に改良を加えなければいけなくなり評価項目 1 番（OSS 自体が実現したい機能を満たしている）に関して問題ありと回答している．このことから，開発者が求めている機能が評価指標で評価できる機能に含まれていなかったため，本手法の評価と開発者の評価に差が生まれたと考えられる．解決方法として，RepOSS [4] では利用されていない評価指標の追加が考えられる．この場合は，仕様書やマニュアルなどのデータから，自然言語処理によって開発者が求める機能を満たしているかどうかを分析した結果を評価指標として利用することが考えられる．

OSS1 の使用性. OSS1 の使用性について，開発者は評価項目 11 番（ドキュメントや書籍が揃っていて，十分な情報が得られる）を満たしていなかったことが原因で問題が発生したとしている．しかしながら，本研究では OSS1 はマニュアルが存在することや書籍数が多いことから 2.84 と高く評価されている．この事例では，マニュアルや書籍の中に開発者が求めている情報が存在しなかったため，本手法の評価と開発者の評価に差が生まれたと考えられる．

OSS3,4,5 内には，開発者からは問題なしと評価されているが事前品質評価の結果が低いカテゴリも存在する．その理由について考察する．

OSS3,4. OSS3 及び OSS4 は，OSS プロジェクトのサイトに動作確認された OS やスペックの表記がなかったことやバグトラッキングシステムが公開されていないことなどが影響して事前品質評価の結果が低くなっている．今回の調査では開発者は OSS3 及び OSS4 を利用する上で問題が発生しなかったとしている．しかしながら，この事例では OSS の利用頻度の影響で問題が発生しなかったが，OSS を開発で利用し続けていく上でのリスクが存在している可能性も考えられる．

OSS5 の互換性-移植性. OSS5 の互換性-移植性は，公開されている OSS のバージョン間の互換性が公開されていないこと，マルチ OS への対応情報が提示されていないことが原因で低く評価されている．一方で，開発者はこのカテゴリに関して問題は発生しなかったとしている．この理由として，互換性や移植性に関する品質は開発環境の変化などに伴って要求される品質であり，リスクが実際の問題として発生する場合が限られることが考えられる．

5.3.2 開発形態を考慮した場合と考慮しない場合の比較

評価を行った 40 項目ごとに 2 つの評価結果の差の絶対値を取ると，平均が 0.03，中央値が 0.005，分散が 0.003 であった．また，評価結果の差が 0.1 より大きくなったカテゴリは 2/40（5%）であった．

評価結果の最大点が 5 点であることを考慮すると，開発形態を考慮するかどうかで評価結果の差は生まれないことが分かる．評価結果に差が生まれなかった理由として，同じカテゴリに含まれる評価項目間で最大値と最小値の差を取ると，平均が 1.21，中央値が 1.30，分散が 0.71 であり，スコアに大きな差が生まれなかったことが考えられる．例として，OSS1 の性能効率性というカテゴリに含まれる品質項目は 3 つ存在するが，それらのスコアは 2.4，1.2，1.2 であり，品質項目ごとに重みを変化させても結果に大きな影響が出ないことが分かる．

OSS のリスク予想が成功しているカテゴリの傾向から，開発者が重要視している

評価項目を正しく評価することが，リスク予想の成功に繋がることが分かった．一方で，アンケート結果では開発形態ごとに重要視する品質に差は存在したが，開発形態を考慮した場合と考慮しなかった場合の比較では評価結果に大きな差は出なかったことから，重み付けの算出方法が課題として挙げられる．

> OSS6件を評価した結果から，OSSを利用中に問題が発生したカテゴリのうち本手法でリスクが高いと評価したカテゴリは7/12（58%）であり，重要視する評価項目を正しく評価することがリスク予想の成功に繋がると分かった．

6 まとめと今後

　本研究では，OSSの事前品質評価方法を企業に導入する際の知見，及び，課題を明らかにするために，開発者がOSSに求める品質はどのようなものかについてヒアリングを行った．結果として，開発者がOSSに求める品質を7つのカテゴリに分類し，また，開発形態が異なる複数の開発者からOSSに求める品質を調査する必要があるという知見が得られた．開発形態ごとに重要視する品質に差があるかについて，開発者にアンケート調査を行い，開発形態の違いによって「重要視する」，「やや重要視する」と答えられた割合に30ポイント以上の差がある項目は平均3.5項目存在し，開発形態ごとに重要視する評価項目を考慮した評価が可能であるという知見が得られた．開発形態ごとのアンケートをもとに評価項目ごとに重みを設定し，OSS6件に対して評価を行った結果，開発者が問題ありと評価したカテゴリのうち，本手法でリスクが高いと評価したカテゴリは7/12（58%）であり，開発者が重要視する評価項目を正しく評価することがリスク予想の成功に繋がると分かった．

　今後の課題として，一対比較法を用いた重みの算出方法の適用が考えられる．一対比較法とは，判断対象となる複数の選択肢のうち任意の2つに対してどちらが優れているかというアンケートの結果を基に，選択肢の重みを決定する手法である．また，5章にて，OSSの利用頻度の影響で事前品質評価ではリスクが高いと評価したものの実際の開発内では問題が発生しない事例が存在した．これを解決するために，開発者がOSSに求めている機能を満たしているかどうかを判断するために，RepOSS [4]内では利用していない評価指標の追加を行うことが課題として挙げられる．

参考文献

[1] Atos. Qualification and selection of open source software (QSOS), version 2.0. 2013. http://backend.qsos.org/download/qsos-2.0_en.pdf.

[2] Jean-Christophe Deprez and Simon Alexandre. Comparing assessment methodologies for free/open source software: OpenBRR and QSOS. In *Proc. of the International Conference on Product-Focused Software Process Improvement (PROFES)*, pp. 189–203. 2008.

[3] Frans-Willem Duijnhouwer and Chris Widdows. Open source maturity model. 2003. https://jose-manuel.me/thesis/references/GB_Expert_Letter_Open_Source_Maturity_Model_1.5.3.pdf.

[4] OSS Northeast Asia. RepOSS: A flexible OSS assessment repository. 2012.

[5] Etiel Petrinja, Ranga Nambakam, and Alberto Sillitti. Introducing the opensource maturity model. In *Proc. of International Workshop on Emerging Trends in Free/Libre/Open Source Software Research and Development*, pp. 37–41, 2009.

[6] Etiel Petrinja and Giancarlo Succi. Assessing the open source development processes using OMM. *Adv. Software Engineering*, Vol. 2012, pp. 1–17, 2012.

[7] Tony Wasserman and Ashutosh Das. Using flossmole data in determining business readiness ratings. In *Proc. of the Workshop on Public Data about Software Development (WoPDaSD)*, 2007.

[8] 岩崎考司, 高山修一, 岩永裕史, 鵜林尚靖, 亀井靖高. OSS事前評価による開発リスク特定の取組み. ソフトウェア・シンポジウム2017(SS), pp. 85–94, 2017.

[9] 松本卓大, 山下一寛, 亀井靖高, 鵜林尚靖, 大浦雄太, 岩崎孝司, 高山修一. 開発現場への導入を想定したOSS事前品質評価手法確立に向けた調査. 第23会ソフトウェア工学の基礎ワークショップ (FOSE), pp. 3–12, 2016.

[10] 独立行政法人情報処理推進機構. 第3回オープンソースソフトウェア活用ビジネス実態調査. 2010.

再生可能スタックトレースによる Java Web アプリケーションの例外発生過程の調査

Replayable Stack Trace for Investigating of Exception Occurrence Processes of A Java Web Application

宗像 聡[*]　梅川 竜一[†]　上原 忠弘[‡]

あらまし　Java Web アプリケーションの運用中や性能テスト中に実行時例外が発生した場合，限られたログからは例外発生までの詳細な動きと値が確認できないため，問題の切り分けに時間がかかる．Selective Capture/Replay 手法を使うと，事前に選んだモジュールから採取した実行履歴に基づいて，任意の時点のモジュールの動きと値を再生調査することができる．しかし，モジュールへの全入力を外部出力する負荷が大きいため，再生対象のモジュールを少数だけ事前に選ぶ必要があることから，予期しない実行時例外の調査には適さない．

本論文では，より多数のモジュールについて例外発生までの動きと値を再生調査できる実行履歴の低負荷な採取手法として「再生可能スタックトレース」を提案する．提案手法は，モジュール内の一部コードの直近の実行結果を常にメモリに一時記憶しておき，例外発生時にコールスタックを辿り一時記憶中の値を外部出力するものである．実行履歴に基づき，例外発生までの各コードの直近の実行結果を再生し提示することで，呼出階層を跨ぐ例外発生までの詳細な動きと値が確認できる．

1　はじめに

　実行時例外はドキュメントの記載が不十分である [7]．そのため，Java Web アプリケーションの運用中や性能テスト中などログ出力レベルを抑えた実行中に開発者の予期しない実行時例外が発生した場合，問題を切り分けるためには，限られたログからソースコードを探し出し実行結果を読み解く必要があるため時間がかかる．

　Java Web アプリケーションの動作を調査する方法として，実行履歴に基づく再生デバッグ手法が挙げられる [1–5,12]．これはアプリケーション実行中に各コードの実行順序と実行結果を外部出力し，別の実行環境上で任意の時点のアプリケーション状態を再生するもので，再生範囲と性能負荷のトレードオフが異なる 2 種類がある．Omniscient Debugging 手法 [1–3,12] では，「アプリケーション実行中の全てのコードの実行順序と実行結果が再生できる」ように実行履歴を採取することで，後から任意の時点のアプリケーション状態を再生できる．しかし，実行履歴採取の負荷が大きいことに加え，JVM のベリフィケーション機能を無効化したり [12]，JDK（Java Development Kit）等システムライブラリへインストルメンテーションしたり [1] する必要があるため，商用利用が難しい．一方，Selective Capture/Replay 手法 [4,5] では，事前に選んだモジュールにだけインストルメンテーションし実行履歴を採取することで，選んだモジュールの任意の時点の動作状態を再生できる．しかし，モジュールへの全入力を実行履歴として外部出力する負荷が大きいことから，数個〜数十個と少数のモジュールだけを再生対象として事前に選ぶ必要がある．そのため，数千〜数万のモジュールから構成されうる現代の Java Web アプリケーションでは，予期しない実行時例外を調査する目的での使用は難しい．

　本論文では，実行時例外発生直後の初期調査に有効な再生デバッグ手法の確立を目的に，既存の再生デバッグ手法よりも多数のモジュールについて例外発生までの動きと値を再生調査できる実行履歴の低負荷な採取手法として「再生可能スタック

---

[*]Satoshi Munakata, 株式会社富士通研究所 システム技術研究所

[†]Ryuichi Umekawa, 株式会社富士通研究所 システム技術研究所

[‡]Tadahiro Uehara, 株式会社富士通研究所 システム技術研究所

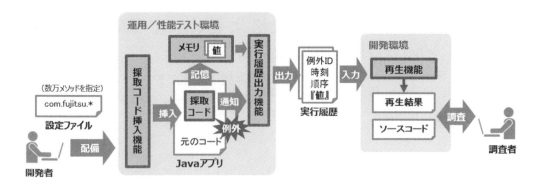

図1 提案手法の概要

トレース」を提案する．提案手法は，再生時に他のコードの実行結果からは導出できない値を生じうる一部コードについて，実行結果を常にメモリ（正確にはコールスタック上のスタックフレーム）に一時記憶しておき，例外発生時にコールスタック上に残っていた一時記憶中の値を実行履歴として外部出力するものである．実行履歴に基づき，例外発生までの各コードの直近の実行結果を再生することで，呼出階層を跨ぐ例外発生までの詳細な動きと値を，開発環境で繰り返し確認することができる．なお，「直近の実行結果」は各コードに一つだけ残るとは限らない．再帰呼び出し等により，コールスタック上に同じモジュールの異なるスタックフレームが複数残っていた場合には，一つのコードに対して複数回分の実行結果が再生されうる．提案手法は既存手法に比べて，「例外発生時にコールスタック上に残っていたモジュール内の動きと値しか再生できない」，「モジュール内のループ処理における前段の動きと値を確認できない」デメリットがある代わりに，「より多数のモジュールを再生対象に選んだ場合にも遅延が抑えられる」「任意の深さの呼出階層内の動きと値をほぼ確実に再生できる」メリットがある．提案手法を実装し，複数の OSS Java Web アプリケーションに適用した結果，Web アプリケーションの 30,934 メソッドを再生対象に 286 万回/秒以上のメソッド実行を観測したとしても遅延は 10％程度に抑えられること，実際の故障事例を含む 228 件以上の例外発生過程がほぼ確実に（約 97〜100％）再生できることを確認した．

本論文の主な貢献は以下の3つである．
1. より多数のモジュールについて例外発生までの各コードの直近の実行結果を再生調査できる実行履歴の低負荷な採取手法を示したこと．
2. 任意の深さの呼出階層から例外発生までの各コードの直近の実行結果をほぼ確実に再生し提示する手法を提案し，ツールの実装方法を示したこと．
3. 複数の OSS の Java Web アプリケーションに適用することで，提案手法が幅広く適用可能であることを定量的に示したこと．

2 提案手法

本章では，再生範囲と性能負荷の新たなトレードオフを持つ再生デバッグ手法として提案する「再生可能スタックトレース」と，ツールの実装方法について説明する．

2.1 概要

提案手法の狙いは，運用中や性能テスト中などログ出力レベルを抑えた実行中に開発者の予期しない実行時例外が発生した場合でも，特別な再現環境を構築することなしに，例外発生に至るまでの実際の動きと値を確認できるようにすることである．ログにスタックトレースが含まれる場合，調査担当者はまずそれらが指し示す

ソースコードを探し出し，読み解くことで，例外発生に至るまでの実行経路と値の流れを考察する．しかし，Web アプリケーションに多く存在する外部入出力や環境設定など，ソースコードだけからは考察できない値をアクセスログ等複数のログファイルから拾い集め考察するのは効率が悪いと考える．提案手法は，「例外発生時にのみ再生用の実行履歴を外部出力することで，例外発生時にコールスタック上に残っていたモジュール内の，各コードの直近の実行結果が確認できる」ものであり，既存の再生デバッグ手法の様に「例外発生前から実行履歴を外部出力し続けることで，例外発生時にコールスタック上に残っていなかったモジュール内についても，各コードの任意の時点の実行結果が確認できる」ものではない．しかし，数千～数万のモジュールから構成されうる現代の Java Web アプリケーションにおいては，ロジック，アプリケーション状態，環境設定，外部入出力，外部環境などの複数ある問題候補をより早く確認し切り分けることが重要なため，まずスタックトレースに対応するモジュールについて実際の動きと値とソースコードとを紐付けながら確認できる仕組みが必要であると我々は考えた．

　提案手法は，図1のとおり，アプリケーションを運用／性能テストするための実行環境で実行する「採取コード挿入機能」「実行履歴出力機能」と，実行履歴に基づいて各コードの実行結果を再生し提示する「再生機能」の3機能から構成される．

2.2　採取コード挿入機能
　アプリケーションを構成する各モジュール（メソッド，コンストラクタ，クラスイニシャライザ）内のコードに，実行履歴を採取するための「採取コード」を挿入する．採取コードの目的は，モジュールが実行されている間，再生に必要な値をメモリ（ローカル変数）に一時記憶しておき，例外発生時に「実行履歴出力機能」を呼び出すことである．

　採取コードは，次の9種類に分類できる（d, j は読み間違いを防ぐため除外）．
- **(a)** オリジナルコードの実行結果をローカル変数に代入するもの．
- **(b)** throw 文の直前に「実行履歴出力機能」を呼び出すもの．
- **(c)** catch 節の直後に「実行履歴出力機能」を呼び出すもの．
- **(e)** オリジナルコードに対応する一意な通番（以降，コード番号）をローカル変数に代入するもの．
- **(f)** ループの繰り返し回数をローカル変数に代入するもの．
- **(g)** オリジナルの catch 節の直後に採取コード (e) で一時記憶した値をローカル変数に代入するもの．
- **(h)** オリジナルの catch 節の直後に採取コード (f) で一時記憶した値の総和をローカル変数に代入するもの．
- **(i)** モジュール実行開始直後に採取コード (a,e,f,g,h) が用いるローカル変数を初期化するもの．
- **(k)** 全ての検査／非検査例外を検出し再送出するもの

2.2.1　採取コード (a)
　再生時に他のコードの実行結果から決定（再計算）できない値を生成しうるオリジナルコードについて，直近の実行により生成された値を複製し，メモリに一時記憶する．値がオブジェクト型の参照の場合，一時記憶用にオリジナルコードに追加したオブジェクト型配列の要素として格納する（xASTORE 命令）．値がプリミティブ型の場合，Boxing の負荷を避けるため，同様に追加した同じ型のローカル変数に代入する（xSTORE 命令）．一時記憶が必要な値には次の8種類があり，値の複製方法，正確には JVM のオペランドスタック先頭に値を配置する方法が異なる．
1. **再生対象のモジュールに渡された仮引数の値**：モジュール冒頭で仮引数が指す値を読み出す．Java での仮引数はローカル変数と同じ扱いのため，ALOAD 等の xLOAD 命令により読み出せる．
2. **呼出先オブジェクト（Callee）と実引数の値だけでは決定できないメソッド呼び

出しの戻り値：メソッド呼び出しの復帰直後，すなわち INVOKEVIRTUAL 等の INVOKEx 命令の実行直後にオペランドスタック先頭に存在する戻り値を DUP（または DUP2）命令により複製する．例えば，System.currentTimeMillis() の戻り値は決定できないため一時記憶する必要がある．本稿では，random メソッドを除く戻り値がプリミティブ型である Math クラスのクラスメソッド全てと，String クラスの 15 個のインスタンスメソッド，StringBuilder ／ StringBuffer クラスの append メソッドは戻り値が決定できるものとした．

3. クラス／インスタンスフィールドを読み出した時の値：クラス／インスタンスフィールドの読み出し直後，すなわち GETSTATIC，GETFIELD 命令の実行直後にオペランドスタック先頭に存在する値を DUP 命令により複製する．

4. 配列要素を読み出した時の値：配列要素の読み出し直後，すなわち BALOAD 等の xALOAD 命令の実行直後にオペランドスタック先頭に存在する値を DUP 命令により複製する．

5. オリジナルの catch 節で検出された例外オブジェクトの参照：catch 節直後にオペランドスタック先頭の例外オブジェクトの参照を DUP 命令により複製する．

6. モジュール内で生成されたオブジェクトの参照：生成されたオブジェクトの複製が初期化された直後，すなわち NEW 命令実行後に DUP 命令で複製されたオブジェクトが INVOKESPECIAL 命令で初期化された直後に，オペランドスタック先頭に存在するオブジェクトの参照を DUP 命令により複製する．

7. モジュール内で生成された配列：配列が生成された直後，すなわち NEWARRAY 等の xNEWARRAY 命令の実行直後にオペランドスタック先頭に存在する配列オブジェクトの参照を DUP 命令により複製する．

8. ループ内で再代入されうるローカル変数を読み出した時の値：値がローカル変数に再代入された直後，すなわち ALOAD 等の xLOAD 命令の実行直後にオペランドスタック先頭に存在する値を DUP（または DUP2）命令により複製する．ただし，再代入が IINC 命令で実施される場合には，IINC 命令実行直前に ILOAD 命令により値を読み出す．

2.2.2　採取コード (b,c)

メモリに一時記憶した値を実行履歴として出力するためのクラスメソッド「writeError(Throwable)」を呼び出す．

2.2.3　採取コード (e,f,g,h)

ステップインと例外ジャンプの再生に必要な情報を一時記憶する．

採取コード (e) は，メソッド呼び出し復帰直後と，ループの開始または繰り返し直後に直前に実行されたオリジナルコードのコード番号を一時記憶する．これにより，どのメソッド呼び出し中に例外送出が起きたのかを再生時に特定できる．

ループの繰り返し回数を一時記憶する採取コード (f,g,h) のために，制御フロー解析によりループ検出を行い，各ループに 1 つの整数型ローカル変数を割り当てる．これにより，ループの何回目の実行で例外送出が起きたのかを再生時に特定できる．

2.2.4　採取コード (i)

採取コード（a,e,f,g,h）が使うローカル変数を，モジュール冒頭で初期化する．ただし，採取コード (a) が使うプリミティブ型のローカル変数については，モジュール冒頭で初期化する必要はない．

2.2.5　採取コード (k)

モジュール内で発生した全ての例外を検出するためにオリジナルコード全体を try-catch 節で囲み，メモリに一時記憶した値を実行履歴として出力するためのクラスメソッド「writeError(Throwable)」を呼び出す．

2.2.6　採取コードの挿入例と実行例

採取コードの挿入例を図 2 に示す．図中のコメント書きとローカル変数名は，採取コードの分類 (a)～(k) を表している．ただし，採取コード挿入はバイトコードに対して行われるもののため，挿入後のコードを Java ソースコードとして正確に表現

行	オリジナルコード	コード番号	採取コードの挿入後
10	void parent(String[] names) {		void parent(String[] names) {
			Object[] $A = new Object[3]; // (i)
			$A[0] = names; // (a)
			int $A3, $A4, $E = -1, $F = 0, $G =-1, $H = -1; // (i)
			try { // (k)
11	int n = 0;	0	int n = 0;
12	while (true) {	1	while (true) { **$E = 1; $F++; // (e, f)**
13	try {		try {
14	if (names[n].length() > 0) {	3, 2	if ((**$A[1] =** names**[$A3 =** n**]**).length() > 0) { **// (a)**
15	canNotDo();	4	canNotDo(); **$E = 4; // (e)**
16	}		}
17	n++;	5	**$A4 = n;** n++; **// (a)**
18	} catch (Exception ex) {	6	} catch (Exception ex) { **$A[2] = ex; $G = $CE; $H = $F; writeError(ex); $E = 6; // (a, g, h, c, e)**
19	print("Error!");	7	print("Error"); **$E = 7; // (e)**
20	}		}
21	}		}
			} catch (Throwable $EX) { writeError($EX); throw $EX; } // (c, k)
22	}		}

図2　ループ内に **try-catch** 節が存在する場合の採取コード挿入例（太字が採取コード）

実行順序	コード番号	一時記憶した値								
		$A[0]	$A[1]	$A[2]	$A3	$A4	$E	$F	$G	$H
0		String[] @ 111 ["", "Text"]	null	null	未初期化	未初期化	-1	0	-1	-1
1	0	String[] @ 111	null	null	未初期化	未初期化	-1	0	-1	-1
2	1	String[] @ 111	null	null	未初期化	未初期化	1	1	-1	-1
3	2	String[] @ 111	null	null	0	未初期化	1	1	-1	-1
4	3	String[] @ 111	String @ 222 ""	null	0	未初期化	1	1	-1	-1
5	5	String[] @ 111	String @ 222	null	0	0	1	1	-1	-1
6	1	String[] @ 111	String @ 222	null	0	0	1	2	-1	-1
7	2	String[] @ 111	String @ 222	null	1	0	1	2	-1	-1
8	3	String[] @ 111	String @ 333 "Text"	null	1	0	1	2	-1	-1
9	4	String[] @ 111	String @ 333	null	1	0	1	2	-1	-1
10	6	String[] @ 111	String @ 333	InChildException@444	1	0	6	2	1	2

図3　コード実行ごとの一時記憶した値の変遷．（色塗りマスが実行履歴出力直前の値）

することはできない．採取コードの実行例として，図2のプログラムを1行ずつ実行した時の一時記憶値の変遷を図3に示す．実行例では，コード番号1に対応するwhileループの2回目の繰り返し中に，コード番号5に対応するcanNotDoメソッドの呼び出しで例外が送出された結果，コード番号6に対応するcatch節で例外が検出され実行履歴が出力されたことを想定している．図3の色塗りマス中の値が，図2中18行目のwriteError()により実行履歴に出力される値である．

2.3　実行履歴出力機能

採取コード(a)がローカル変数に一時記憶した値を読み出し，実行履歴として外部出力する．具体的には，採取コード(c,k)からクラスメソッド「writeError(Throwable)」が呼び出されると，コールスタック上に残っていた各モジュール（正確にはスタックフレーム）のローカル変数に一時記憶された値を読み出し，各値の型に応じた文字列表現を生成し，発生コンテキストと合わせて1つのファイルに外部出力する．値の型に応じた実行履歴出力内容を表1に示す．表中の「再生に必要なログ内容」は，再生時にプリミティブ値またはオブジェクトを生成するために必要な情報を意味す

表 1　一時記憶した値の型ごとの実行履歴出力内容

値の型	再生に必要なログ内容	調査に有用なログ内容
(1) プリミティブ型	プリミティブ値	
(2) ラッパー型	識別子，型名	プリミティブ値
(3) String 型	識別子，型名，表現文字列	
(4) Class 型	識別子，型名，完全修飾名	
(5) Enum 型	識別子，型名，名前	
(6) 配列型	識別子，型名，サイズ	
(7) Collection 型	識別子，型名	サイズ
(8) File 型	識別子，型名	ファイルパス
(9) Properties 型	識別子，型名	キー，バリュー
(10) RequestFacade 型	識別子，型名	リクエスト URI
(11) ResponseFacade 型	識別子，型名	応答コード

```
エラーID： 5e6273c3-6c5e

発生コンテキスト：
  発生時刻： 2017-05-19
  スレッド名： 0_main
  例外オブジェクト： InChildException@444
  スタックトレース：
    深さ0： Child.canNotDo(行：89)
    深さ1： Parent.parent(行：15)

スタックフレーム：
  深さ1：
    クラスの識別子： 100
    メソッドの通番： 2
    this： Parent@555
    $A[0]： String[]@111
      サイズ： 2
    $A[1]： String@333
      表現文字列： "Text"
    $A[2]： InChildException@444
    $A3： 1
    $A4： 0
    $E： 1
    $F： 2
    $G： 1
    $H： 2
```

図 4　実行履歴の例

```
エラーID： 5e6273c3-6c5e の再生を開始します.
深さ1： Parent.parent(String[])の再生を開始します
[行：---] メソッド引数 names の値は String[]@111 でした.
[行：11] ローカル変数 n に 1 が代入されました
[行：12] この行は 2 回実行されました.
[行：14] ローカル変数 n の値は 1 でした.
[行：14] 配列要素の値は "Text" でした.
[行：14] メソッド length() の戻り値は 4 でした.
[行：14] 2つの値の比較結果は true でした.
[行：14] 15行目に条件分岐します.
[行：15] メソッド canNotDo() の呼び出し中に例外が発生しました.
[行：18] 検出された例外 ex の値は InChildException@444 でした.
再生を終了します.
```

図 5　再生結果の提示例（太字が値を復元したもの）

る．例えば，ArrayIndexOutOfBoundsException を再生するためには，(6) の配列型オブジェクトのサイズが必要である．表中の「調査に有用なログ内容」は，再生自体には必要無いものの，原因の仮説を立てる際に有用だと本稿第一筆者が考えた情報を意味する．例えば，ファイル処理中に不具合が発生した場合には，(8) の File 型オブジェクトが示すファイルパスはまず確認したい情報であると考える.「再生に必要なログ内容」は，アプリケーションの種類に限らず将来的にも変更がない．一方,「調査に有用なログ内容」は，アプリケーションの種類に応じて設定する方が望ましい．図 2 の採取コードで出力される実行履歴の例を図 4 に示す．

Java では，例外送出は大域脱出など正常系の処理の制御にも使用されるため，全ての例外送出について実行履歴を出力するのは効率が悪い．そのため，検出された例外オブジェクトの型名と発生箇所の同値性に基づいて，最後に出力してから一定回数以上出力していない例外についてのみ出力する．

2.4　再生機能

オリジナルのクラスファイルと実行履歴に基づいて，JVM の 1 スレッドの動作をエミュレートすることで，再生対象モジュール中の各バイトコードの実行順序と実行結果を再生する．JVM はスタックマシンであり，1 つのモジュールの動作をオペランドスタックと，ローカル変数レジスタと，プログラムカウンタで管理する．1 つのモジュールの動作は，JVM の仕様に従ってバイトコードごとに「値をオペ

ランドスタックまたはローカル変数レジスタから読み出す」,「値をオペランドスタックまたはローカル変数レジスタに書き込む」,「プログラムカウンタを更新する」を繰り返すことでエミュレートすることができる. ただし, 2.2.1 節で挙げた値は, オリジナルコードだけからは生成することができない. そのため, 採取時に実行結果を一時記憶するバイトコードについては, 実行履歴に記録された値をオペランドスタックに PUSH することで実行をエミュレートする. プリミティブ型の値では, 実行履歴中の値の表現文字列を Integer.parseInt() などの対応するラッパークラスでパースすることで値が復元できる. しかし, JVM の ILOAD・ISTORE 命令では, boolean 型・char 型の値を int 型と同等に扱うため, ILAOD・ISTORE 命令のエミュレート時には明示的に型を相互変換する必要がある. 一方, オブジェクト型の値では, 実行履歴中の型名と識別子に対応するデータレコードを生成し, 以降で識別子が同値であるオブジェクトをバイトコードで処理する場合には, このデータレコードを再利用する. データレコードに, 実行履歴として採取した「配列のサイズ」「表現文字列」を記録しておくことで, 範囲外の配列要素へのアクセス時に ArrayIndexOutOfBoundsException を送出したり, String.length() などの戻り値を再計算したりする動作がエミュレートできる.

　メソッド呼び出し中に例外が発生していた場合, 再生対象のメソッド内で検出 (catch) した際に生じる例外ジャンプを再生する必要がある. そのため, メソッド呼び出しに対応するバイトコードをエミュレートする際に, そのバイトコードを囲む try-catch 節の中に, 直前に実行されたコード番号とループの繰り返し回数が一致するものがある場合には, メソッド呼び出しではなく例外送出と検出をエミュレートする. 例外送出と検出は, プログラムカウンタを catch 節冒頭に更新し, オペランドスタックを一旦空にした後に例外オブジェクトを PUSH することでエミュレートできる. 図 5 に, 図 4 の実行履歴からエミュレートした場合の再生結果の例を示す.

2.5　ツールの実装

　提案手法を Java 8 向けのツールとして実装した.「採取コード挿入機能」には, 代表的なバイトコード変換用の OSS ライブラリである ASM [14] を用いた.「実行履歴出力機能」は, JVMTI エージェントとして実装した.「再生機能」は Eclipse プラグインとして実装した. 本稿では説明を省略したが, 再生結果をより直観的に提示するための「ステップ再現実行機能」と「データフロー可視化機能」, も実装している. 独自開発部分の規模（実行数）は Java が 9,074 行, C 言語が 365 行程度である.

　ASM [14] には, クラスファイルのベリフィケーションのためのスタックマップフレームを自動生成する機能が存在し, AspectJ や多くの動的解析ツールから利用されている. しかし, この自動生成機能には, 変換対象のクラスファイルが利用している各型について共通の祖先型が解決できなければならないという強い制約が存在する. 多数のクラスローダーが協調動作する現代の Java Web アプリケーションにおいては, 無視できない数のクラスでクラスローディング時にこの制約を満たすことができない結果, バイトコード変換に失敗するかアプリケーションがクラッシュしてしまう. 本ツールでは, 本手法の範囲内で独自にスタックマップフレームを自動生成することで, 任意のクラスが安全に変換されるように工夫した.

3　ケーススタディ

　提案手法の有用性を評価するために実施したケーススタディについて説明する. 端的に結果を述べると,「多数のモジュールを再生対象に指定しても現実的な遅延に抑えられること」,「実際の故障事例を含む多数の例外発生過程がほぼ確実に再生できること」,「実際の故障事例の再生結果から原因の仮説が立てられること」が確認できた. しかし, 従来手法に比べて本手法がどれぐらい原因調査を効率化させるのかという進歩性については, まだ十分に根拠を提示できてない.

3.1 適用・評価方法

次の3つの評価項目 (Evaluation Item) に対応する適用・評価を実施した.

EI-1) 例外発生を観測中のアプリケーションはどれぐらい遅延するか?: 開発現場へのヒアリングでは,観測による遅延は10%以内までしか許容されないことが多い.そのため,Java Web アプリケーションを計測対象とするベンチマークツールを使って,Web アプリケーション全体を観測した/しない場合の実行時間を比較した.

EI-2) どれぐらいの割合で例外発生過程を再生できるか?: 例外の発生過程は,確実に再生できることが望ましいと考えられる.そのため,実際の故障事例を含む Java Web アプリケーションの例外発生時の動作を実行履歴として多数採取し,その内再生に成功したものの割合を求めた.

EI-3) 再生結果から調査に有用な情報を獲得できるか?: 本手法はモジュール内の各コードの直近の実行結果しか確認できないものである.そのため,実際の Java Web アプリケーションの故障事例を再生させた結果から確認できる範囲で,調査に有用だと本稿第一著者が判断した情報を抽出した.

3.2 適用・評価結果と考察

3.2.1 EI-1) 例外発生を観測中のアプリケーションはどれぐらい遅延するか?

OSS の Java ベンチマークツールである Dacapo [9] に収録されている,株取引用 Web アプリケーションの DayTrader を対象にしたベンチマークケースを使って,本ツールで Web アプリケーション全体を観測した場合と,観測しない場合のスコア(実行時間)を比較した.DayTrader は,クライアントアプリケーション,サーバーアプリケーション,RDB から構成され,Small ケースでは48ユーザが並列に実施する一連のトランザクションを処理した場合の実行時間が提示される.

クライアントアプリケーションとサーバーアプリケーションの全クラスを再生対象に指定して,Small ケースをウォームアップを含めて50回繰り返し各実行時間を計測した結果,計4,499クラスの計30,934メソッドが再生対象として採取コードが埋め込まれ,1ケース当たり約688,498回の再生対象メソッドが実行され,最終的に計49件の例外発生過程が計28.4MB の実行履歴として出力された.本ツールを適用しない場合,ウォームアップ期間を除く後半の30回の計測の実行時間は平均218.6ms であり,本ツールを適用した場合には平均240.2ms だったため,本ツールにより導入された遅延は+9.9%であると評価した.実行時間の比較を図6に示す.計測環境は CPU:Intel Core-i7-4610M 3GHz × 2,MEM:16GB,SSD:472GB,OS:Windows 10 Pro 64bit のラップトップ PC を使い,Java 実行環境には,Oracle Java Hotspot 64bit Server VM 1.8.0_66 を使った.ただし,本手法では発生箇所が等しい例外はサンプリングして実行履歴に出力するため,後半の30ケースでは実行履歴の出力がほぼ無い状態であることを考慮する必要がある.つまり,上記遅延は安定した正常系の動作に導入される遅延を表すものである.

3.2.2 EI-2) どれぐらいの割合で例外発生過程を再生できるか?:

ベンチマークツールの Dacapo [9],コンテンツ管理用の OSS Web アプリケーションである HippoCMS [10],ペットショップを模した OSS Web アプリケーションである JPetStore [13] から採取した計228件の実行履歴(内訳は49件,125件,54件)を対象に,各々の例外発生過程の再生を試みた.再生が成功しているかどうかは,各モジュール動作のエミュレーション実行により,スタックトレース中の位置と同じ箇所で次の呼出階層へのステップインまたは例外送出が行われるかどうかで判断した.例えば,異なる位置でエミュレーションが停止したり,無限ループに陥った場合には,再生に失敗したと判断した.

Dacapo と JPetStore については,全例外の全呼出階層の動作が再生した(すなわち,再生率は100%).一方,HippoCMS については,実際の故障事例1件を含む計121件は再生したものの,計4件で各々1つの呼出階層の再生に失敗した(すなわち,再生率は97%).失敗した4件は,取得された実行履歴中の値が間違って

Replayable Stack Trace for Investigating of Exception Occurrence Processes of A Java Web Application

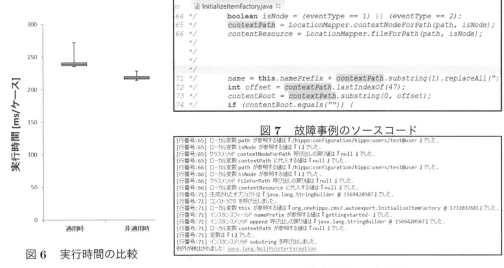

図 6 実行時間の比較

図 7 故障事例のソースコード

図 8 故障事例の再生結果

いたものであり，ループの継続条件に使われたローカル変数の値が期待と異なるために，無限ループに陥っていた．解明できていないが，分岐予測によるアウトオブオーダー実行により，最後のループ変数値（すなわち，ループから脱出した時の値）が一時記憶されなかった結果，前段のループ変数値が実行履歴として取得されてしまったとの仮説を立てている．

3.2.3 EI-3) 再生結果から調査に有用な情報を獲得できるか？：

OSS のコンテンツ管理用 Web アプリケーションである HippoCMS [10] の実際に Issue として報告されている故障事例 1 件 [11] を再生させた時の再生結果から，Issue 報告と一致する情報が獲得できるかどうかを本稿第一著者が目視で判断した．本事例は，名前に「@」文字を含むユーザの登録依頼をクライアントアプリケーションから HTTP 要求すると，非同期のイベント処理を経た後，最終的に NullpointerException がアプリケーションログ中に記録されユーザ登録に失敗するものである．調査を進めるには，アクセスログ等から対応する情報を拾い集める必要がある．

再生結果からは，図 7 と図 8 に一部示すとおり，「@」文字を含むリクエスト文字列に起因して発生した Null 値に対して，Null チェック無しにメソッド呼び出しが試みられた結果，NullPointerException が発生していることが確認できる．また，このリクエスト文字列は，より深い呼出階層においてイベントオブジェクトの内部状態として受け取ったものであることも確認できた．

4 議論

内的妥当性への脅威：性能調査では，DayTrader のクライアントアプリケーションとサーバーアプリケーションを構成するクラス全体を再生対象としたが，RDB も再生対象とした場合には膨大な回数実行される Indexer の影響により大幅に遅延する（+102%）．観測が難しいモジュールを判別・除外する等のキャリブレーションが必要であると考える．提案手法は，コードの実行結果をメモリに常に一時記憶するため，メモリ使用量に影響があると考えられるものの，本稿では定量評価できていない．ただし，一時記憶値はメソッドの実行終了直後から GC 可能になるため，ヒープの OLD 領域に置かれることは稀であるとの仮説を立てている．

外的妥当性への脅威：本稿では，実際の欠陥・故障事例を使った再生結果についてはまだ 1 件しか報告できていないため，実際の調査場面での有用性を論じるには

根拠が不十分である．また，提案手法はスタンドアローン型のアプリケーションにも適用できると考えられるものの，実用規模での有用性をまだ評価できていない．

5　関連研究

本研究は，(a) 実行履歴に基づく再生デバッグ手法を基礎として，(b) シンボリックに基づく再生デバッグ手法と相補する関係に位置付けられる．

(a) 実行履歴に基づく再生デバッグ手法：Scarpe [4] は，実行履歴に基づいて選択したモジュール内の詳細な振舞いを再生する．しかし，論文中のケーススタディでは，高々数クラスのモジュールを選び観測する場合にも+3%〜+877%遅延することが報告されている．REMViewer [5] は，クラスファイルと実行履歴を使ってモジュール内の詳細な振舞いをエミュレートする．ただし，実行履歴採取負荷を下げる工夫は入っていない．本研究では，各コードの直近の実行結果を再生するエミュレーション方法を新たに提案し，実行履歴採取負荷が下げられることを示した．

(b) シンボリック実行に基づく再生デバッグ手法：STAR [6] は，例外発生時のスタックトレースをシンボリック実行の起点として，例外を再生させうる実行経路と入力値を推論する．「実行履歴採取が必要ない」利点がある一方で，「深い呼出階層までの再生が難しい」「再生率が平均59%と低い」という欠点がある．本研究では，各呼出階層に一時記憶した値をJVMTIで全て回収することで，実行履歴採取の負荷を抑えながらも深い呼出階層までほぼ確実に再生できることを示した．

6　おわりに

本研究では，より多数のモジュールについて例外発生までの各コードの直近の実行結果が再生調査できる再生デバッグ手法を提案した．複数の OSS の Java Web アプリケーションを使ってケーススタディを実施し，提案手法が有用である主な根拠として，株取引 Web アプリケーションの30,934メソッドを再生対象にした場合は再生対象メソッドが1秒間に286万回以上実行されたとしても現実的な遅延（+10%程度）に抑えられること，実際の故障事例を含む228件以上の例外発生過程がほぼ確実（約97〜100%）に再生できること，を確認した．今後の課題には，再現率の向上に加えて，多様な故障事例で有用性を検証することが挙げられる．

参考文献

[1]　Bell, J., et al.: *Chronicler: Lightweight recording to reproduce field failures*, The 35th International Conference on Software Engineering pp.362-371 (2015).

[2]　Jiang, Yanyan., et al. *CARE: cache guided deterministic replay for concurrent Java programs*, The 36th International Conference on Software Engineering, (2014).

[3]　Zhou, Jinguo., et al. *Stride: search-based deterministic replay in polynomial time via bounded linkage*, The 34th International Conference on Software Engineering, (2012).

[4]　Joshi, Shrinivas., et al.: *Scarpe: A technique and tool for selective capture and replay of program executions*, The International Conference on Software Maintenance, (2007)

[5]　松村俊徳, 石尾隆, 鹿島悠: *REMViewer: 複数回実行された Java メソッドの実行経路可視化ツール*, コンピュータソフトウェア, 32.3: p.137-148 (2015).

[6]　Chen, Ning., et al. *STAR: Stack trace based automatic crash reproduction via symbolic execution*, IEEE Transactions on Software Engineering, 41.2: p.198-220 (2015).

[7]　SENA, Demstenes, et al.: *Understanding the exception handling strategies of Java libraries: An empirical study*, the 13th Working Conference on Mining Software Repositories, p.212-222 (2016).

[8]　https://docs.oracle.com/javase/8/docs/api/java/lang/instrument/package-summary.html

[9]　http://www.dacapobench.org/daytrader.html, (2017/07/21 に参照).

[10]　https://www.onehippo.org/, (2017/07/21 に参照).

[11]　https://issues.onehippo.com/browse/CMS-9466, (2017/07/21 に参照).

[12]　http://chrononsystems.com/what-is-chronon/performance, (2017/07/21 に参照).

[13]　http://www.mybatis.org/jpetstore-6/ja/, (2017/07/21 に参照).

[14]　http://asm.ow2.org/, (2017/07/21 に参照).

Stack Overflow を利用した自動バグ修正の検討

Toward Automatic Program Repair using Knowledge extracted from Stack Overflow

廣瀬　賢幸[*]　鵜林　尚靖[†]　亀井　靖高[‡]　佐藤　亮介[§]

あらまし　ソフトウェアを開発する上で，バグの修正は避けて通れない問題である．そこで，人間がバグを修正するのではなく，機械が自動でバグを修正する研究が行われている．Kim らが提案する PAR（Pattern-based Automatic program Repair）では，Eclipse JDT の 62,656 件のパッチから修正のためのテンプレートを 10 種類作成し，それを用いて自動でバグを修正している．我々は，Stack Overflow の投稿データから，修正テンプレートを自動で生成することで，自動修正できるバグの種類を増やすことを考えている．そこで，Stack Overflow の投稿データのテンプレート化の実現性と有効性，PAR との違いを調べるために，Android タグを持つ投稿データ 984,533 件から，TF-IDF（Term Frequency - Inverse Document Frequency）に基づくスコアリングでタグの関連度が高い上位 10,000 件を選び，調査対象とした．投稿データからテンプレートを自動で生成することを想定して，投稿データを機械的にふるい分け，目視調査を行った．調査の結果，テンプレート化できそうなデータは 28 件，何らかの修正に役立ちそうなデータは 42 件であった．また，それらのデータを利用して PAR では修正できないバグの修正が期待できる．

1　はじめに

　ソフトウェアを開発する上で，バグの修正は避けて通れない問題である．そこで，人間がバグを修正するのではなく，機械が自動でバグを修正する研究が行われている．PAR（Pattern-based Automatic program Repair）[5] という手法では，Eclipse JDT プロジェクトの 62,656 件のパッチから修正のパターンを抽出し，パターンでの編集操作を 10 種類の修正テンプレートとしてまとめ，それらをソースコードに適用することでバグ修正を試みている．

　そこで我々は，Stack Overflow という Q&A サイトの投稿データから，修正テンプレートを自動で生成することで，自動で修正できるバグの種類を増やすことを考えている．Stack Overflow は，プログラミング技術に特化した Q＆A サイトで，プログラミングでの問題解決のために利用されることが多い．Stack Overflow の投稿データのテンプレート化の実現性と有用性を調べるために，2008/8/7 から 2017/3/13 までの期間の投稿データから，一例として Android タグを持つ投稿データ 984,533 件から，TF-IDF（Term Frequency - Inverse Document Frequency）に基づくスコアリングでタグの関連度が高い上位 10,000 件を対象にした．これらの投稿データからテンプレートを自動で生成することを想定して，投稿データを機械的にふるい分け，目視調査を行った．調査の結果，現在の我々の手法でテンプレート化できそうなデータは 28 件，何らかの修正の役に立つものは 42 件であった．PAR のテンプレートと投稿データでの編集操作を比較した結果，投稿データからのテンプレートは PAR とは異なる修正効果が見込めそうであった．また，PAR のテンプレートとは違い，文を挿入，削除，変更する編集操作を 1 ステップとして，修正に複数ステップの編集操作が必要であるバグの修正が期待できる．

　以降，第 2 章では，関連研究について紹介する．第 3 章では，今回対象とした投稿データについて述べる．第 4 章では，投稿データの調査アプローチについて述べ

---

[*]Masayuki Hirose, 九州大学, hirose@posl.ait.kyushu-u.ac.jp

[†]Naoyasu Ubayashi, 九州大学, ubayashi@ait.kyushu-u.ac.jp

[‡]Yasutaka Kamei, 九州大学, kamei@ait.kyushu-u.ac.jp

[§]Ryosuke Sato, 九州大学, sato@ait.kyushu-u.ac.jp

る．第5章では，投稿データのテンプレート化の実現性，投稿データから生成した
テンプレートがどういったバグの修正に使えるのか，PARのテンプレートとの比較
について述べる．最後に第6章では，本研究のまとめと今後の課題について述べる．

2　関連研究

ソフトウェアを開発する上で，バグの修正は避けて通れない問題である．現状，
バグの修正は，多くの場合で人間が手作業で行っている．このため，バグの修正に
は，多くのコストがかかっている．ソフトウェアの規模が大きくなるにつれて，バ
グの数も増加していくので，全てのバグを人手で修正するのには膨大なコストがか
かってしまう．そこで，バグ修正のコストを削減するために，人間がバグを修正す
るのではなく，機械が自動でバグを修正する研究が行われている．

自動でバグを修正する手法の一つとして，Weimerら [6] は，GenProgという遺伝
的アルゴリズムを利用して自動でバグを修正する手法を提案している．GenProgで
は，欠陥位置の特定にテストケースを利用し，遺伝的アルゴリズムに従って，修正
候補の生成と選択を行う．遺伝的アルゴリズムは，生物の進化の過程を真似たアル
ゴリズムで，人工的な進化を繰り返し，最適なデータを探索するアルゴリズムであ
る．GenProgでは，この進化の過程の中で，修正対象自身の中に既に存在するコー
ド片を欠陥箇所に移植することでバグの修正を試みている．Barrら [1] の調査によ
ると，43%のバグは既存のコードを移植することで修正可能であり，GenProgの修
正対象自身の中に既にあるコードを移植する手法は，有効に働くことが予想される．
一方で，残りの57%のバグは既存のコードの移植では，修正できないので，既存の
コード以外の情報を利用して修正を行わなければならない．

別の手法として，Kimら [5] は，人間が書いたパッチからパターンを抽出し，それ
を用いて自動でバグを修正するという手法PARを提案している．Kimらは，Eclipse
JDTプロジェクトのパッチからパターンを抽出し，上位30%を占める6つのパター
ンでの編集操作を10種類の修正テンプレートとしてまとめ，それらをソースコー
ドに適用することでバグ修正を試みていた．また，Kimらは，パターンをさらに増
やし，多くのテンプレートを適用することで，より多くのバグを修正できるのでは
ないかと考察していた．

そこで，我々はテンプレートを自動で生成することで，自動で修正が可能なバグの
種類を増やす手法を考えている．テンプレートの生成に利用する情報源として，Kim
らはEclipse JDTのパッチを利用したが，我々はQ&AサイトであるStack Over-
flow[1]の投稿データを利用しようと考えている．Stack Overflowはコンピュータや情
報技術，中でも特にプログラミング技術に特化したQ＆Aサイトである．

ChenとKim [3] は，既存の静的解析では検出が困難な欠陥を検出するために，Stack
Overflowの投稿データのコード片を利用して，ソースコードの欠陥を検出すること
を試みた．ChenとKimは，投稿データのコード片とソースコードの一致する部分
をタイプ2のコードクローン検出技法によって見つけ出し，欠陥の可能性があるコー
ドを絞り込んでいる．ChenとKimは，この手法を実際のオープンソースプロジェク
トに適用し，他の静的解析ツールを適用した場合との比較を行い，良い結果を得る
ことができたと報告している．このことから，Stack Overflowの投稿データは，バ
グを自動で修正するための情報源としての有効性を期待できると考えている．Chen
とKimの論文では，Stack Overflowの情報を利用して欠陥の検出を行っていたが，
自動バグ修正の段階には至っていない．これを踏まえて，我々は修正テンプレートを
自動で生成することを想定して，Stack Overflowの投稿データの調査を行い，我々
の手法の実現性と有効性を調べた．

---

[1]http://stackoverflow.com

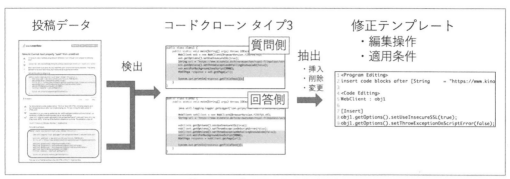

図1 修正テンプレート自動生成の概要

3 対象の投稿データ
3.1 調査課題
　図1のような方法で投稿データをテンプレート化することを我々は考えている．まず，投稿データ中の質問側のコード片と回答側のコード片の間でコードクローンを検出する．次に，見つかったコードクローンの情報をもとに，バグを修正するために必要な文の挿入，削除，変更といった編集操作を抽出する．最後に，抽出された編集操作の適用条件を計算し，修正テンプレートとしてまとめる．このような手順で，投稿データから修正テンプレートを自動で生成することを想定して，次のようなResearch Questionを設定し，Stack Overflowの投稿データを調べた．

RQ1.　投稿データを自動でテンプレート化できるのか
Stack Overflowの投稿データは，説明文とコード片が混ざりあっており，バグの修正に必要な情報だけを抽出できるかは分からない．そのため，すべての投稿データの内，どのくらいのデータが修正テンプレートに使えそうか調べる必要がある．

RQ2.　投稿データから生成されたテンプレートはどのような修正に使えそうか
Stack Overflowの投稿の内容は，バグの修正に関するものだけではなく，実装方法に関するものやプログラミング用語についてなど様々なものがあり，テンプレート化できたとしても，バグ修正に有用でないかもしれない．そのため，投稿データをテンプレート化したならば，それがどのような修正に使えるのか調べる必要がある．

RQ3.　投稿データとOSSからのテンプレートはどう違うか
Kimら[5]がテンプレートを作る際に参考にした情報は，Eclipse JDTのパッチであり，我々が参考にする情報は，Stack Overflowの投稿である．そのため，生成されるテンプレートの特徴が異なると考えられ，どういう違いがあるのかを調べる．

3.2 データセット
　Stack Overflowの2008/8/7から2017/3/13までの期間の投稿データを利用した．これらの投稿データの内，Androidタグを持つ984,533件から，TF-IDFに基づくスコアリングでタグの関連度が高い上位10,000件の投稿を対象とした．Androidはスマートフォンの主要なOSであり，Android向けアプリケーションの開発は盛んに行われている．そのため，バグ修正の需要は大きいと考えられる．

4 アプローチ
　テンプレートを自動生成することを想定し，機械的に処理できる条件を設定して，次のステップで調査を行った．
ステップ1　投稿データのふるい分け
ステップ2　条件を満たす投稿データでタイプ3のコードクローンを検出
ステップ3　クローンとして検出された投稿データの内容を目視で調査

```
1 /*1つまたは複数のメソッド定義用*/        1 /*1つまたは複数のステートメント用*/
2 public class Main {                      2 public class Main {
3     /*insert here*/                      3     public static void main(String args[]) {
4 }                                         4         /*insert here*/
                                            5     }
                                            6 }
```

図 2 抽象構文木の構成補助のためのスケルトンコード

4.1 条件によるふるい分け

投稿を自動でテンプレート化するために，次のような機械的に処理できる条件を設定した．

条件 1 ベストアンサーが存在すること

Stack Overflow の投稿データは，1 つの質問部分とそれに対応する複数の回答部分からなっている．ベストアンサーは，質問者により，いくつかの回答の中から 1 つ選ばれる．我々の手法では，投稿データを 1 つの質問と 1 つの回答のペアとして扱う．そのため，投稿データに複数の回答が存在する場合に，ペアとする 1 つの回答を選ぶために条件 1 を設定した．

条件 2 質問と回答の両方にコード片が埋め込まれていること

我々の手法では，投稿データ中に埋め込まれているコード片を利用してテンプレートを生成しようと考えているので，条件 2 を設定した．

条件 3 埋め込まれているコード片が構文解析可能であること

我々の手法では，編集操作を抽出するために，タイプ 3 のコードクローンを Scorpio [4] というツールで検出し，利用する．タイプ 3 のコードクローンは，文の挿入，削除，変更が行われていてもコードクローンとして検出されるので，投稿データに固有なコードの影響を吸収して，類似したコード片を見つけられる．Scorpio は，PDG（Program Dependency Graph）を利用するので，コード片が構文解析可能である必要がある．このため，条件 3 を設定した．

3 つの条件を満たすデータを絞り込むために，まず，全ての投稿データの中で，条件 1 を満たすものをふるい分けた．次に，条件 1 を満たし，条件 2 を満たすものをふるい分けた．最後に，条件 1，2 を満たし，条件 3 を満たすものをふるい分けた．条件 3 のふるい分けを行う際に，多くの投稿がふるい落とされてしまった．これは，投稿データ中のコード片が断片的で，抽象構文木が構成できなかったためであった．そのため，埋め込まれているコード片を抽象構文木に変換する際に，簡単な前処理を組み合わせて，構文的に正しくなるようにコード片に編集を加えた．前処理としては，図 2 のような，2 種類のスケルトンコードにコード片を挿入する編集である．コード片が 1 つのクラス定義として不完全であるものがあったためである．2 つのスケルトンコードを順番に試して，抽象構文木が構成できたコードを採用した．

4.2 タイプ 3 のコードクローンの検出

バグ修正に必要な編集操作を抽出するために，投稿データのコード片からのコードクローン情報を利用する．投稿データ中の質問側コード片には，バグが含まれており，回答側コード片では，そのバグが修正されていると仮定する．Stack Overflow では，質問者のコード片をベースとして，修正するための編集を施したコード片を掲載する回答がある．回答のコード片と質問のコード片には類似性があるので差分を取れば，バグ修正のための編集操作が抽出できると考えられる．

しかしながら，単純に差分を抽出し，テンプレートを生成しても，変数名や修正に無関係な文の挿入など，投稿データのコードに固有の部分がテンプレートの有効性を下げてしまう．このコード固有の部分の問題を解決するために，コードクローン検出を利用する．コードクローンを利用すれば，コード固有の部分の影響を吸収した修正テンプレートが生成できるはずである．

コードクローンは，次の 3 つのタイプに分類される [2]．

図3 投稿データのふるい分けの結果

表1 コードクローンの検出結果

コードクローンの有無	件数
コードクローンあり	121
コードクローンなし	293

表2 最小検出行数ごとのクローン件数

最小検出行数	2	3	4	5	6	7	8
件数	121	76	53	38	31	22	17

タイプ1 空白，改行位置など，コーディングスタイルのみが異なるコードクローン
タイプ2 変数名，関数名や変数の型など，識別子のみが異なるコードクローン
タイプ3 文の挿入，削除，変更が行われたコードクローン

タイプ3のコードクローンは，類似するコードの途中に関係ない文が挿入されていてもコードクローンとして検出される．タイプ3は他のタイプよりもコード固有の部分の影響を吸収できるので，テンプレートの生成には，タイプ3を利用する．

コードクローンが検出される投稿データを絞り込むため，すべての条件を満たしている投稿データに対して，Scorpioを使って，質問側のコード片と回答側のコード片の間でコードクローン検出を試みた．

4.3 目視による内容の調査

どのような目的を持った投稿があるのか調べるために，全ての条件を満たし，コードクローンが検出された投稿データに対して，目視で内容確認し，その内容によってバグ修正・実装・その他の3つに分類した．そして，修正に関する内容を持つ投稿データに関して，コードクローンが編集操作の情報を含んでいるか調べた．また，修正に関する内容を持つ投稿データの内容を目視調査し，そのバグの原因，行なわれている編集操作，どのような修正の役に立つかを分類した．

5 結果

5.1-5.3に各ステップを実行し得られた結果，そして5.4に各RQに対する回答結果を述べる．

5.1 条件によるふるい分けの結果

10,000件の投稿から上の条件をすべて満たすものをふるい分けた結果を図3に示す．これらのふるい分けの結果，すべての条件を満たす投稿は，414件であった．

質問の投稿者は，自分の書いているコードを全て掲載するわけではなく，質問内容に関係ありそうな部分のコードを掲載している．回答の投稿者も，回答に関係ある部分のコードだけを掲載している．そのため，投稿データ中のコード片は，あるメソッドの定義だけであったり，あるメソッドの呼び出しを行う1文だけであったりするので，1つのクラス定義としては不完全であり，抽象構文木が構成できないことがあった．これらのコード片は，条件を満足させるために，スケルトンコードを用いた補正を行った．

5.2 質問・回答間でのコードクローン検出

すべての条件を満たしている414件の投稿データに対して，質問側のコード片と回答側のコード片の間でコードクローンを検出した結果を表1に示す．Scorpioには，コードクローン検出の最小検出行数を設定できるのだが，最小検出行数は2行で検出を行った．表2に示すように，最小検出行数を大きくするにつれて，コードクローンが検出される投稿データの数が少なくなっていくためである．また，検出さ

表 3　投稿データのコードクローン検出結果

投稿内容	件数
バグ修正	45
実装	65
その他	11

表 4　バグ修正 45 件中の編集操作情報

クローン中の編集操作	件数
全て含む	2
部分的に含む	26
含まない	17

```
3    if (column == 0){
4        String adjustment = "r"+col1drop+"c1";
5        View Row1Adjust = (ImageView)this.findViewById(R.id.r6c2);
6  -     Row1Adjust.setBackgroundResource(R.drawable.adjustment);
7        col1drop++; //declared earlier on
8    }
```

```
10    if (column == 0){
11        String adjustment = "r"+col1drop+"c1";
12        View Row1Adjust = (ImageView)this.findViewById(R.id.r6c2);
13  +     int resourceId = getResources()
14  +         .getIdentifier(adjustment, "drawable", getPackageName());
15  +     Row1Adjust.setBackgroundResource(resourceId);
16        col1drop++;
17    }
```

図 4　コードクローン検出範囲の中の差分

れるコードクローンの質に関しても，最小検出行数が小さいときの検出結果が最小
検出行数の大きいときの検出結果を内包しており，検出されるコードクローンの質
に変化はないといえるためである．質問のコード片と回答のコード片との間でコー
ドクローンが検出されたのは，121 件であった．機械的にふるいをかけた段階で，全
投稿データの 98.8%がふるい落とされた．

5.3　目視調査の結果の概要

どのような目的を持った投稿があるのか調べるために，コードクローンが検出さ
れた 121 件の投稿データを目視で調査し，投稿の内容によってバグ修正・実装・そ
の他の 3 つに分類した．表 3 に，分類した結果を示している．45 件の投稿データは，
バグ修正に関するものであった．これらの投稿データは，質問側にバグを含むコー
ド片，回答側にバグが修正されたコード片が含まれていると考えられ，投稿データ
にあまり手を加えることなく，バグ修正のための編集操作を抽出でき，テンプレー
ト化できると考えられる．

一方で，65 件は実装に関するものであった．それらは，修正に関する投稿データ
とは違い，質問側にバグを含むコード片がない．そのため，バグ修正のための編集
操作を抽出することが難しいと考えられる．自動バグ修正のためには使えないが，
実装方法の推薦など別の用途に使える可能性が高い．

その他の項目には，リファクタリング，GUI の調整などがあり，これらは，リファ
クタリングの推薦など別の用途での利用が期待できる．

5.4　各 RQ の結果
5.4.1　RQ1. テンプレート化の実現性

コードクローンを利用して，投稿データでの編集操作を抽出できるかを調べるた
め，コードクローン検出の結果を目視調査した．表 4 には，投稿データの中で修正
のために行われた編集操作の情報が，検出されたコードクローンに含まれているか
を示している．コードクローン中に編集操作の情報を全て含んでいる投稿データは
2 件であった．これらは，「メソッドの引数を変更するも」と「別オブジェクトの同
名メソッド呼び出しに変更するもの」であった．

編集操作の情報を部分的に含んでいるものは，26 件であった．コードクローンを
利用した修正のための編集操作の抽出の理想例として，図 4 のように，編集操作が
クローン検出範囲内の差分として現れているものがあった．一方で，コードクロー
ン検出範囲外に編集操作があるものもあり，別の方法（例：コード片以外の説明文
に自然言語処理の適用）を組み合わせる必要がある．

投稿データのバグの原因とそれを修正するために行っている編集操作を調べるこ
とで，テンプレート化が可能か見ていく．修正として分類された投稿データをその
原因と修正のために行われた編集操作によって分類した結果を表 5 に示す．

原因として，API の知識不足が 22 件，制御フローの間違いが 8 件と他の原因より

表5 修正に関する投稿データの原因と編集操作

編集操作	原因									合計
	API の知識不足	制御フローの間違い	Null Pointer	引数の間違い	参照の間違い	条件式の間違い	Java の知識不足	SDK のバグ	その他	
メソッドの呼び出し順序の変更	2	5	1	0	0	0	0	0	0	8
別のメソッドの呼び出しの追加	7	0	0	0	0	0	0	0	0	7
メソッドの引数の変更	3	0	0	3	0	0	0	0	0	6
複数の編集操作の組み合わせ	5	0	0	0	0	0	0	1	0	6
Null チェックの追加	0	0	3	0	0	0	0	0	0	3
別オブジェクトの同名メソッド呼び出しに変更	1	0	0	0	2	0	0	0	0	3
コードの削除	1	0	0	0	0	1	0	0	1	3
条件式の置換	1	0	0	0	0	0	1	0	0	2
return 文の挿入	0	1	0	0	0	0	0	0	0	1
else ブロックの挿入	0	1	0	0	0	0	0	0	0	1
if を else if に変更	0	1	0	0	0	0	0	0	0	1
返り値の変更	1	0	0	0	0	0	0	0	0	1
Override された メソッドの書き換え	0	0	0	0	1	0	0	0	0	1
オブジェクトの初期化	1	0	0	0	0	0	0	0	0	1
編集操作なし	0	0	0	0	0	0	0	0	1	1
合計	22	8	4	3	3	1	1	1	2	45

多かった．また，編集操作として，メソッドに関係した編集操作が多かった．Zhong と Su [7] は，Java の 6 つのプロジェクトの 9,000 件以上のバグを調査し，バグ修正の半分では API の知識が必要であると報告している．Android の開発も Java を用いて行われているので，45 件の原因のうち，半数の 22 件が API の知識不足によるものであり，45 件の編集操作のうち，25 件がメソッドに関係したものであるという，Zhong と Su の報告と同様の傾向が見られた．

具体的な事例を見ながら，テンプレート化の実現性を判断する．編集操作の複雑さ，テンプレート適用条件の導きやすさを基準とした．

図 4 の例では，setBackgroundResource メソッドに渡す引数が適切でなく問題が発生していた．そのため，適切な引数を参照し setBackgroundResource メソッドへ渡すといった，引数を変更する編集操作を行っていた．編集操作としては，新しく int 型の変数を用意し，getResoueces().getIdentifier(String 型変数, "drawable", getPackage-Name()); といったコードで代入を行い，その後，setBackgroundResource へ int 型の変数を渡すもので，複雑ではない．編集操作の適用条件も，setBackgroundResource が呼び出されているか，getIdentifier へ渡す String 型の変数がスコープ内にあるかという条件だけである．そのため，テンプレート化するのは容易である．

1 番件数の多い原因である，API の知識が不足しているものについては，Android の開発では，Google が公開している Android Software Development Kit（Android SDK）に含まれている API を呼び出すことが多い．これらの API は，Android 特有のものが多く，ある API に関して呼び出し順序などが存在するため，不慣れな API を使う際に問題が発生していた．例として，図 5 があげられる．図 5 では，setContentView の後に requestWindowFeature が呼び出されているが，この 2 つのメソッドには呼び出しの順序があり，requestWindowFeature の後に，setContentView が呼び出されなければならない．そのため，修正のための編集操作として，2 つのメソッドの呼び出し順序を入れ替える編集が行われていた．編集操作は単純で，適用条件も setContentView の後に requestWindowFeature が呼び出されているということであり，テンプレート化は可能である．

図 6 の例では，AdRequest というオブジェクトをインスタンス化しようとしている．Builder オブジェクトの build メソッドを呼び出すことで，AdRequest オブジェクト生成されるのだが，AdRequest にダミーデバイスを設定しなければならなかった．ダミーデバイスを設定するために，Builder オブジェクトの addTestDevice メソッドを呼び出し，その後 build メソッドを呼び出している．編集操作としては，

```
3  @Override↵
4  protected void onCreate(Bundle savedInstanceState) {↵
5      super.onCreate(savedInstanceState);↵
6      setContentView(R.layout.activity_main);↵               13      this.requestWindowFeature(Window.FEATURE_NO_TITLE);↵
7      this.requestWindowFeature(Window.FEATURE_NO_TITLE);↵   14      setContentView(R.layout.activity_main);↵
```

図 5   メソッドの呼び出し順序

```
3   AdView mAdView = (AdView) findViewById(R.id.adView);↵       9   AdRequest adRequest = new AdRequest.Builder()↵
4   AdRequest adRequest = new AdRequest.Builder().build();↵    10      .addTestDevice(AdRequest.DEVICE_ID_EMULATOR)↵
5   mAdView.loadAd(adRequest);↵                                11      .addTestDevice("asdfasdfasd234234")↵
                                                               12      .build();↵
                                                               13  adView.loadAd(adRequest);↵
```

図 6   別メソッド呼び出しの追加

表 6   修正できそうなバグの種類

番号	何の修正の役に立つか	例	件数
1	特定のクラスのメソッド呼び出しの問題	Intent クラスのメソッド呼び出しの問題	13
2	インスタンス化・メソッド呼び出しの順序の問題	onCreate 外でのインスタンス化の問題	7
3	GUI のコンポーネントを参照する際の問題	findViewById で GUI コンポーネントが参照できない問題	4
4	Override されたメソッドの実装の問題	onTouch の返り値の問題	3
5	if 文の制御フローの修正	意図しないコードが実行される問題	3
6	インスタンス化の問題	初期化時に渡す引数の問題	3
7	Null チェック	Null Pointer Exception が発生する問題	3
8	GUI のイベント処理の問題	正しい Handler を参照できていない問題	2
9	無限ループの修正		1
10	String の比較の問題		1
11	変数の型宣言の修正		1
12	final 変数の更新に関する問題の修正		1
13	その他		3

Builder().build() の Builder と build の間に，addTestDevice を呼び出す処理を追加するものである．適用条件は，AdRequest のインスタンス化が行われているかであり，テンプレート化は可能である．

> コードクローンだけを利用した手法では 45 件のうち 28 件（2 件 + 26 件）がテンプレート化できそうであった．IDE のクリーンビルドを行うという，編集操作が施されていない 1 件の投稿データを除き，他の 44 件は，編集操作の抽出ができれば，テンプレート化できそうであった．

5.4.2　RQ2. テンプレートで修正できるバグ

　修正として分類された投稿データをどのようなバグの修正に利用できるかを分類した結果を表 6 に示す．何らかの修正の役に立つ投稿データは 42 件であった．表 6 の上位の項目はメソッドやインスタンス化に関するものが多く，Stack Overflow の投稿データから生成されたテンプレートは，API の利用に関する問題を解決するのに役立つことが期待できる．

　図 4 の例は，あるクラスのメソッド呼び出しの問題で，View クラスのメソッドである setBackgroundResource で drawable オブジェクトを設定できないバグの修正に役立つ．View クラスは，アプリケーションの画面に何か表示するときに使われるクラスであり，背景画像を設定するために setBackgroundResource が使われる．このため，多くの Android アプリケーションで使用される機会があり，それだけこのバグが発生する可能性がある．この投稿データから生成したテンプレートは，このようなバグの修正に役立つだろう．

　図 5 の例は，インスタンス化・メソッド呼び出しの順序の問題の修正に役立つ．具体的には，メソッドの呼び出し順序によりアプリケーションが停止してしまうバグの修正に役立つ．この例での setContentView メソッドは，画面にテキストやボタンなどを配置するメソッドである．requestWindowFeature は，アプリケーションのタイトルバーを変更するメソッドで，この例では，タイトルバーを消す処理をしている．これらのメソッドも Android アプリケーションでよく使われるものであり，バグの発生頻度が高く，テンプレートとして役立つことが期待できる．

図6の例は，AdRequestクラスをインスタンス化できないというインスタンス化の問題の修正に役立つ．AdRequestクラスは，広告を利用するためのクラスで，アプリケーションに広告を導入するために利用される．この例では，広告機能の開発のためにダミーデバイスを登録する処理を追加している．従来のテンプレートは，テンプレートの生成に手間がかかっていたため，できるだけ多くのケースに適用できるように汎用化が重要であった．しかし，テンプレートが自動で生成されるならば，汎用・ニッチを問わず数多くを用意し，幅広く自動バグ修正に役立てることが自然である．この投稿データは，広告にダミーデバイスを登録するようなニッチな状況で役立つといえる．

> 修正に役立つ投稿データは45件のうち42件であり，APIの利用に関連する問題の解決に役立ちそうである．

5.4.3 RQ3. PARのテンプレートとの比較

Kimら[5]がテンプレートを作る際に参考にした情報源は，Eclipse JDTプロジェクトのパッチであり，我々が参考にする情報源は，Stack Overflowの投稿である．PARでのテンプレートと投稿データ内で修正のために行われた編集操作を比較することで，テンプレートの特徴を見る．PARでのテンプレートと表5の編集操作を比較した結果を表7に示す．

PARのテンプレートと対応している編集操作を含む投稿データは15件であった．PARのテンプレートのうち5種類のものは，投稿データでの編集操作にはなかった．このことから，投稿データからテンプレートを生成して，自動バグ修正を行った場合，PARとは異なる修正効果が現れると予想できる．PARのテンプレートと対応しなかった30件の編集操作のうち，メソッドの呼び出し順序を変更するものが8件，複数の編集操作を組み合わせたものが6件あった．文を挿入，削除，変更するという操作を1ステップと数えるなら，これらの編集操作は，複数ステップかかるものであり，この複数ステップの編集操作がPARのテンプレートと違う特徴である．このため，新しい種類のバグを修正する期待ができる．

これは，情報源の違いと生成への姿勢の違いによると考えられる．情報源として，Stack Overflowの投稿データの方が，Eclipse JDTプロジェクトのパッチよりも広い範囲をカバーすることできることが要因の1つである．また，PARでは10種類のテンプレートに限定していたが，本論文では見つかった投稿データ全てからテンプレートを生成することを仮定していることも違いの要因であると考えられる．

> 投稿データからのテンプレートは，PARとは異なるバグの修正効果が見込め，複数ステップの編集操作を行うものは，新しい種類のバグ修正を期待できる．

5.5 妥当性への脅威

ふるい分けられた投稿データに対する妥当性への脅威として，ベストアンサーを含むという条件の設定がある．投稿データを機械的にふるい分けるために，この条件を設定したが，半数の投稿データがふるい落とされ，データ件数が減ってしまった．質問者がベストアンサーを選択し忘れているものが多かったか，まだ解決していない投稿もあったのかもしれない．また，ベストアンサーを選択するのが質問者であるので，質問者の開発経験が浅い場合に，ベストアンサーが最適のものであるか疑問が残る．今回の調査でベストアンサーがある投稿がテンプレートになりうる割合は，0.63%であった．そのため，ベストアンサーだけでなく，回答のスコアも考慮して，質問と回答のペアを作る必要があるかもしれない．

6 まとめと今後

Andoidタグを持つ投稿データ10,000件に対し，機械的な処理でふるい分けを行った結果，121件が残った．このうちの45件が修正に関するものであり，コードク

表7 **PAR のテンプレートと投稿データでの編集操作の比較**

番号	PAR のテンプレート	投稿データでの編集操作	件数
1	メソッドの引数の変更	メソッドの引数の変更	6
2	同じ引数で別メソッド呼び出しに変更	別オブジェクトの同名メソッド呼び出しに変更	3
3	Null チェックの追加	Null チェックの追加	3
4	条件式の置換	条件式の置換	2
5	オブジェクトの初期化	オブジェクトの初期化	1
6	条件式への追加・削除	なし	0
7	引数を増減して，別の Overload されたメソッドを呼び出す	なし	0
8	配列の境界チェックの追加	なし	0
9	コレクションのサイズチェックの追加	なし	0
10	クラスキャストチェックの追加	なし	0
11	なし	メソッドの呼び出し順序の変更	8
12	なし	別のメソッドの呼び出しの追加	7
13	なし	複数の編集操作の組み合わせ	6
14	なし	コードの削除	3
15	なし	return 文の挿入	1
16	なし	else ブロックの挿入	1
17	なし	if を else if に変更	1
18	なし	返り値の変更	1
19	なし	Override されたメソッドの書き換え	1

ローンだけを使った方法で，テンプレート化できそうなものは28件であり，より多くの投稿データをテンプレート化するためには，コードクローンと別の方法とを組み合わせる必要がある．編集操作の抽出がうまくできれば，44件がテンプレート化できそうであった．修正の役に立ちそうなものは42件あり，特に API の利用に関連する問題の解決に役立ちそうであった．PAR のテンプレートと投稿データでの編集操作を比較すると，PAR のテンプレート10種類のうち，5種類が同じような編集操作を行うものであった．一方で，複数ステップの編集操作という，別の特徴を持つものが14件見つかった．これらは，PAR では修正できなかったバグの修正が期待できる．現状の方法で役立ちそうな投稿データの数は，10,000件のうち28件と数が少ない．このため，生成されるテンプレートの数を増やすことを考えると，投稿データのベストアンサー以外の回答も利用したほうが良いかもしれない．

　今後の展開として，今回の調査結果を踏まえて，投稿データから実際にテンプレートを生成して，どのくらいのテンプレートが自動生成可能であるか見る必要がある．また，生成したテンプレートを OSS などの実プロジェクトを対象に適用して，どういうバグをどれくらい修正できるのか評価する必要がある．

参考文献

[1] E. T. Barr, Y. Brun, P. Devanbu, M. Harman, and F. Sarro. The plastic surgery hypothesis. In *Proceedings of the 22Nd ACM SIGSOFT International Symposium on Foundations of Software Engineering*, FSE 2014, pp. 306–317, New York, NY, USA, 2014. ACM.

[2] S. Bellon, R. Koschke, G. Antoniol, J. Krinke, and E. Merlo. Comparison and evaluation of clone detection tools. *IEEE Trans. Softw. Eng.*, 33(9):577–591, Sept. 2007.

[3] F. Chen and S. Kim. Crowd debugging. In *Proceedings of the 2015 10th Joint Meeting on Foundations of Software Engineering*, ESEC/FSE 2015, pp. 320–332, New York, NY, USA, 2015. ACM.

[4] Y. Higo, U. Yasushi, M. Nishino, and S. Kusumoto. Incremental code clone detection: A pdg-based approach. In *Proceedings of the 2011 18th Working Conference on Reverse Engineering*, WCRE '11, pp. 3–12, Washington, DC, USA, 2011. IEEE Computer Society.

[5] D. Kim, J. Nam, J. Song, and S. Kim. Automatic patch generation learned from human-written patches. In *Proceedings of the 2013 International Conference on Software Engineering*, ICSE '13, pp. 802–811, Piscataway, NJ, USA, 2013. IEEE Press.

[6] W. Weimer, T. Nguyen, C. Le Goues, and S. Forrest. Automatically finding patches using genetic programming. In *Proceedings of the 31st International Conference on Software Engineering*, ICSE '09, pp. 364–374, Washington, DC, USA, 2009. IEEE Computer Society.

[7] H. Zhong and Z. Su. An empirical study on real bug fixes. In *Proceedings of the 37th International Conference on Software Engineering - Volume 1*, ICSE '15, pp. 913–923, Piscataway, NJ, USA, 2015. IEEE Press.

ばねモデルに基づいた要求カバレッジ可視化ビューアの構築

A Requirements Coverage Visualization Viewer Based on a Spring Model

松井 勝利* 中川 博之† 土屋 達弘‡

あらまし 大規模なソフトウェア開発では，要求，つまり機能が増え，実施すべきテストケースの数も増加する．結果的に，テスト工程における限られたリソースに対して適切にテストを計画するのが困難となってくる．筆者らは，検査すべき要求に対してテストが効果的に計画，あるいは実施されていることを，各要求項目とテストケース記述との類似度に着目し，要求に対してのテストの網羅性をグラフ化して可視化する手法を提案してきた．本研究では，テストの網羅性のグラフについて，より効果的に表示するビューアを提案する．本手法を実ソフトウェア開発現場におけるテスト実施結果に対して適用し，構築したビューアを使用した結果，各要求に対するテスト実施の網羅性を可視化する1つの手段となり得ることが確認できた．

1 はじめに

　ソフトウェア開発において，ソフトウェアの不具合を発見するためにテストが行われる．通常，テスト実行のために多くのテストケースが用意されるが，開発するソフトウェアが大規模化するにつれて，実装すべき機能が増大し，実施すべきテストケース数も併せて増加する．そのため，ソフトウェアに対する要求群に対して，適切にテストを計画し，実施することは困難となってくる．著者らは，自然言語で記述されたテストケース記述集合に対し，各テストケース記述がどの要求に対して実施されるテストであるかを文書間の類似度に基づいて俯瞰的に分析し，可視化する手法を提案してきた．この研究では，簡易にトレーサビリティリンクを発見できるような自動発見手法を用い，効果的な可視化を実現するために，ばねモデルを用いた可視化を実現している [1] [2]．今回，このばねモデルにおいて要求とテストケース記述間のトレーサビリティを詳細に確認する方法として，これまでの可視化手法に合わせたインタラクティブビューアを構築した．本手法の有効性を評価するために，ソフトウェア開発現場において実際にテストされたテストケースを用いた実証実験を実施し，各機能に対してのテスト実施の網羅性を可視化した．その結果，提案手法による網羅性の可視化が概ね正しいことと，構築したビューアが効果的にカバレッジの概要および詳細情報を提供することが確認できた．

　本論文の構成は以下の通りである．2節では研究背景として本研究の目的と関連する研究について述べる．3節では筆者らがこれまで提案してきた可視化プロセスについて詳説する．4節では，構築したビューアの機能について述べる．5節では，本研究で実施した評価実験とその結果について論じ，最後に6節で本論文をまとめる．

2 研究背景

　ソフトウェア開発において，要求定義やテスト工程などの各工程で構築した文書間の関係を明確にすることは，ソフトウェアの品質管理の点で重要である．その関係を明確にするためには，それらの文書間にトレーサビリティ [3] を確立する必要

---

*Matsui Shori, 大阪大学

†Hiroyuki Nakagawa, 大阪大学

‡Tatsuhiro Tsuchiya, 大阪大学

がある．トレーサビリティの確立は，かつては人手で実施される場合が多かったが，近年では，両者間の関係性を発見し，トレーサビリティリンクを定義するような自動，もしくは半自動のアプローチが提案され，多くの研究成果が報告されている [4]．これらのトレーサビリティに関する研究の中には，検索技術の応用により，自然言語の記述を対象とした手法も多い．本研究では，可視化を目的としているため，簡易なトレーサビリティリンク自動発見プロセスを用いているが，これらの研究成果を利用することもできる．

一方で，トレーサビリティの可視化については，トレーサビリティマトリクス [5] [6] が用いられていることが多い．トレーサビリティマトリクスは，トレーサビリティ関係を構築すべき 2 つの項目に対して，関連項目をそれぞれ行と列に記載した表を作成し，項目間において関連が存在する場合，行と列に記載された項目の交差するセルにその関連を記載する可視化手段である．トレーサビリティマトリクスは，詳細なトレーサビリティ関係を把握するのに有効な手段である．しかし，各対象が複雑になると，表の各行，各列の要素数が増え，俯瞰的な情報把握が困難となる．また，トレーサビリティマトリクスは関係の有無を表現するのに適した視覚化の手段であるが，二値化ができない情報，例えば [0,1] 間の実数値などを記載すると，表全体の可読性が低下してしまうという欠点もある．本研究では，トレーサビリティリンクを俯瞰的に把握できる可視化手法を用いている．

大規模なソフトウェア開発におけるトレーサビリティ可視化の試みについても，多くの研究成果が報告されている．Chen ら [7] はトレーサビリティ関係のツリーマップと階層的な木構造を結合した視覚化手法を提案している．また，Merten らは [8] は Sunburst と Netmap を用いた視覚化手法を提案している．これらの先行研究は，より精度の高いトレーサビリティの可視化を目的としている点で，本研究と類似している．しかし，いずれも要求記述とテストケースの関係や，要求に対するテスト実施の網羅性に着目した可視化を行う訳ではないため，本研究とは可視化を行うに当たっての目的や手法が異なる．

本研究では，要求記述とテストケース記述を扱い，各要求に関連付けられると推測されるテストケースを機械的に同定し，その関係のみを表示することで，各要求に対するテスト実施の網羅性の効果的な可視化を実現する．また，要求に対するテスト実施の網羅性を効果的に可視化する方法としてばねモデルを用いたグラフ化を行い，可視化ビューアを用いて表示する．これにより，テスト計画に対する要求の網羅性や，各要求に対して計画されているテスト内容，テストが計画されていない要求を把握することができる．

3 類似度の算出

本節では，筆者らがこれまで提案してきた可視化プロセスで用いている類似度算出方法について説明する．大規模なソフトウェア開発において，トレーサビリティリンク発見を手動で行うことはコストがかかり，困難となってくる．そこで，本研究では，簡易なトレーサビリティリンク自動発見プロセスを用いている．本プロセスでは，まず，自動でトレーサビリティリンクを発見するために，要求記述とテストケース記述間の類似度を算出し，カバレッジ情報の直感的な可視化のために，要求記述間の類似度も算出する．本研究で扱う要求記述は，求められる機能の内容を機能単位で表した文書であり，テストケース記述は，テストで実施すべき項目がシナリオごとに記述された文書である．その後，得られた算出結果を基に，モデル間のトレーサビリティリンクを推定し，要求記述間の類似度も考慮しながら推定結果を効果的に可視化する．なお，すでに正確なトレーサビリティリンクが構築できている場合は，その結果を用いることもできる．

本節では以降，先行研究で用いてきた類似度算出方法について説明する．この類似度算出方法では，各文書の特徴をベクトル化し，ベクトル間の類似度を測定する

ことで，文書間の類似度を計測し，その値の高い文書間にトレーサビリティリンクを定義する．要求記述とテストケース記述の類似度の算出方法は以下の5つのステップから成る．

1. **特徴語の抽出**：各要求記述とテストケース記述を形態素解析し，特徴語として名詞と動詞のみを抽出する．
2. **文書のベクトル化**：特徴語の出現回数を数え，TF-IDF 値 [9] を計算し，各文書をベクトル化する．
3. **要求記述間の類似度算出**：各要求記述に対応するベクトルについて，他の各要求記述のベクトルとの類似度を cosine 類似度により算出する．
4. **要求記述 - テストケース記述間の類似度算出**：各テストケース記述のベクトルについて，各要求記述のベクトルとの類似度を cosine 類似度により算出する．
5. **トレーサビリティリンク確立**：各テストケース記述のベクトルについて，類似度が高くなった要求記述を関連する要求記述であると判定する．

　ステップ1において，品詞判定なども考慮し，形態素解析には Mecab [10] を用いる．また，特徴語を抽出する際には，一般的によく使われる語や分類に必要ない語をストップワードとして除外する．ステップ2において，各特徴語の TF-IDF 値を算出し，出現回数のベクトルを作成する．ステップ3及びステップ4におけるベクトル間の類似度の算出には，cosine 類似度を用いる．cosine 類似度とは，ベクトル空間モデルにおける文書の類似度の計算法の1つである．ベクトル間の類似度を算出するにあたって，ベクトル間の cosine 値は，2つのベクトル同士のなす角度の大きさを表すため，1に近づくほど2つの文書は類似し，0に近づくほど2つの文書は類似していないとすることができる．

　ステップ5において，各テストケース記述 T_i について，類似度が最大となった要求記述 $Req_{max(T_i)}$ と，定閾値以上の類似度となった要求記述 Rcq_j を関連する要求記述であると判定する．トレーサビリティリンク確立の条件は (1) 式によって表される．

・VT_i：テストケース記述 $T_i (1 \leq i \leq M)$ における単語の出現回数のベクトル
・$VReq_j$：要求記述 $Req_j (1 \leq j \leq N)$ における単語の出現回数のベクトル
・θ：閾値

$$cos(VT_i, VReq_j) \geq cos(VT_i, VReq_{max(T_i)}) \times \theta \tag{1}$$

以上のステップより，各要求記述とテストケース記述間の類似度及び各要求記述間の類似度が算出され，要求記述とテストケース記述間のトレーサビリティリンクが定義される．

　なお，本研究では，名詞だけでなく動詞も文書から抽出しているが，これは，「取り込む」などの行為を表す動詞もテストケース記述を特徴づける語と考えられるためである．また，形態素解析においては，通常名詞が連続する場合は，全て分解されて抽出されるが，本研究では，例えば「発注限度」などの複合語は，「発注」「限度」のような一般的な用語だけではなく，追加で複合語として「発注限度」も用語として抽出した方が，要求やテストの内容を明確に掴むことができると考えたため，複合語も合わせて抽出するように変更している．例えば，「発注限度数」が文書中に出現した場合，「発注」「限度」「数」「発注限度」「限度数」「発注限度数」の3つの単語と3つの複合語を特徴語として抽出する．

4　可視化ビューア

　本研究では，提案プロセスによって定義されているトレーサビリティリンクをグラフ化し，可視化する．この可視化には dot 言語で書かれたグラフのインタラクティブビューアである xdot.py を拡張利用している．dot 言語 [11] は，データ構造としてのグラフをテキスト形式で表すために言語である．本ビューアは，要求に対して適切にテストが計画されているかを判断できるソフトウェア開発者を想定ユーザとし

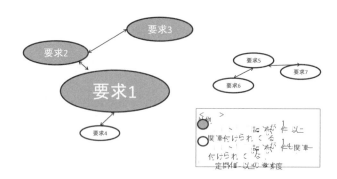

図 1 グラフイメージ

ている．

4.1 グラフ化

提案プロセスによって定義されるトレーサビリティリンクを1つ1つ精査する場合，ソフトウェアの規模が大きくなるにつれ，手間と時間を要する．そこで，どの要求記述が類似し，各要求記述に対するテストがどの程度計画されているのかを一目で理解できるように，ばねモデルを用いてグラフ化する．本研究では，各要求記述のベクトルについて，他の各要求記述のベクトルとの類似度と各要求記述に分類されたテストケース記述の数をばねモデルを用いてグラフ化する．このグラフは dot 言語で記述される．図 1 は出力されるグラフのイメージである．色付けされたノードは，テストケース記述が関連付けられた要求記述であり，ノードの大きさは関連付けられたテストケース記述数に比例する．白抜きのノードは，テストケース記述が関連付けられていない要求記述である．また，要求記述間の類似度が閾値以上となる場合，それらのノード間に辺を定義する．例えば，図 1 では，要求 1-要求 2 間に辺が定義されているため，これらの要求は，相応に類似したものであり，関連があると考えられる．一方，要求 1 と要求 3 間には辺が定義されていないため類似度が低く，従って関連は低いと考えられる．提案する可視化手法では，このようにして構築したグラフをばねモデルに基づいて描画する．ばねモデルに基づくことで，関連のない要求については離れて配置されることが期待できる．ばねモデル上で上記の割り当てをすることで，要求に対するテストの網羅性を俯瞰することが可能となる．例えば，図 1 では，要求 4 についてテストケース記述が関連付けられていないが，要求 4 と要求 1 の類似度が高いことから，要求 1 に関連付けられたテストケース記述群の中に要求 4 に関連するテストケース記述が存在する可能性がある．一方で，要求 5〜要求 7 については，それぞれ類似しているが，これらに関連付けられたテストケース記述は 1 件も存在しない．つまり，類似要求のテスト実施状況を利用して，該当要求のテスト実施の確からしさを視覚的に提供する．

4.2 追加機能

本研究では，dot 言語で書かれたグラフのインタラクティブビューアである xdot.py に提案手法において生成されるばねモデルのグラフを解析するのに適した機能を追加した．追加した機能は以下の 2 つである．これらの機能により，どの要求に対してどのようなテストが計画されているのか，またどの要求に対してのテストが不足しているかを把握することができる．

1. **3 分類表示機能** テストが計画されている仕様と，テストが計画されていない仕様を一目で把握するために，それぞれを色分けして表示する．
2. **テストケース記述表示機能** 各要求に対してどのようなテストが計画されているかを把握するために，要求記述に関連付けられたテストケース記述を一覧で

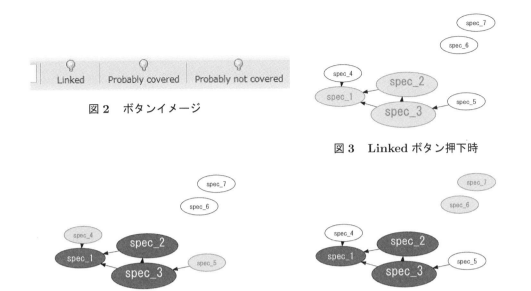

図2 ボタンイメージ

図3 Linked ボタン押下時

図4 Probably covered ボタン押下時

図5 Probably not covered ボタン押下時

　表示する．この時，テストケース記述が関連付けられていない要求記述については，近似する要求記述に関連付けられたテストケース記述を一覧で表示する．
　機能1の3分類表示機能について，要求記述を以下の3つの分類に分ける．各分類により，テストが関連付けられている要求，テストが関連付けられていないが，テストが計画されている可能性のある要求，テストが計画されている可能性の低い要求をそれぞれ一目で把握することができる．
1. **Linked** テストケース記述が関連付けられた要求記述 (例：図1の要求1〜要求3)
2. **Probably covered** テストケース記述が関連付けられていない要求記述のうち，多くのテストケース記述が関連付けられた要求記述に近似する要求記述 (例：図1の要求4)
3. **Probably not covered** テストケース記述が関連付けられていない要求記述のうち，少ないテストケース記述が関連付けられた要求記述に近似する要求記述及び，テストケース記述が関連付けられた要求記述に近似しない要求記述 (例：図1の要求5〜要求7)

また，機能1の実装に際して，図2のようなボタンを画面上部に新たに実装した．対応するボタンを押下すると，それぞれに該当する要求記述のノードの色が変更される．図3は，Linkedボタン押下時の表示例であり spec_1, spec_2, spec_3 についてはテストが計画されていることが分かる．図4は，Probably coveredボタン押下時の表示例であり，spec_4, spec_5 については，それぞれ近似している spec_1, spec_3 に関連付けられたテストケースで同時にテストが計画されていることが推測される．図5は，Probably not coveredボタン押下時の表示例であり，spec_6 及び spec_7 については，テストが関連付けられた要求に類似しないため，テストが計画されていると推測できる．

　機能2により，Linkedに分類された要求記述に関連付けられたテストケース記述一覧を表示することで，その要求に対するテストが計画されているかどうかの把握を支援する．提案ビューアでは，テストケース記述が関連付けられた要求記述のノードを押下すると，図6のようなサブウィンドウを表示し，関連付けられたテス

図6 機能2:サブウィンドウ出力イメージ(テストが関連づけられた要求)

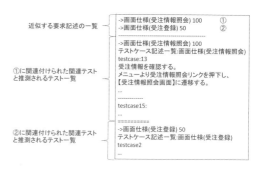

図7 機能2:サブウィンドウ出力イメージ(テストが関連づけられていない要求)

トケース記述の一覧が表示される．テストケース記述の内容を一覧表示しているため，その内容を読み取ることにより，その要求記述に対して，どのようなテストが計画されているのかを確認することができる．一方で，テストケース記述が関連付けられていない要求記述について，他の近似する要求記述に関連付けられたテストケース内で同時にテストが計画されている可能性がある．そこで，テストケース記述が関連付けられていない要求記述のノードの場合，図7のように，近似する要求記述の一覧と近似する要求記述に関連付けられたテストケース記述の一覧を表示することで，押下したノードの要求記述に対して同時にテストを計画されていないかを調べることができる．この機能により，各要求記述に対してどのようなテストが計画されているのかを確認することができる．

以上の提案プロセス及びインタラクティブビューアの機能により，要求記述とテストケース記述のトレーサビリティの可視化を提供する．システム設計者はどの要求に対してどの程度テストが計画されているのかを俯瞰的に把握することができ，テスト設計者は各テストがどの要求に対してテストを行っているのかを理解することができる．また，要求Aに対して設計したテストが他の要求Bについても関連しているなどの推測を支援することが期待でき，テストが計画されている要求，テストが不足している要求を把握することができる．

5 評価実験

本研究では，構築したビューアの有効性を評価するために，3つの実ソフトウェア開発現場で用いられたテストケース記述と要求記述群を用いた評価実験を実施した．実験1では，可視化手法の精度を評価する．実験2及び実験3では，ビューアの有効性とスケーラビリティを評価する．

本評価実験では，同開発プロジェクトで作成された機能要求群とテストケース記述群を可視化プロセスへの入力とすることで，可視化された分析結果を確認した．本実験では，仕様書に記載されている各機能を各要求とし，要求記述群として機能仕様書を用いた．また，本実験では一般的な語に加えて，作成者名等の不要と思われる語377語のストップワードを登録した．各テストケース記述について最も類似度の高かった機能仕様と，その類似度の値の3/4以上の類似度の値となった機能仕様にテストケースを関連付けた．この閾値は実験的に設定したものである．

5.1 実験1

1つ目のソフトウェアは，商品の船積を管理するWebアプリケーションである．可視化プロセスに与えた機能要求数とテストケース記述数は，それぞれ6件，28件

図 8　ソフトウェア 1 の可視化結果

である．図 8 はばねモデルを用いた可視化の結果である．本実験により生成されたグラフを見ると，全ての仕様に対してテストケース記述が関連付けられていることが分かる．また，ノードの大きさを見ると，船積，請求に関する画面仕様のノードが大きくなっている．つまり，これらの仕様について多くのテストが計画されていることが分かる．各ノード間にエッジが配置されていないことから，これらの仕様同士が，あまり関連していないことが分かる．同開発プロジェクトの関係者がビューアの機能 2 を用いて，各機能要求に関連付けられたテストケース記述を見たところ，各機能に対するテストが正しく関連付けられていることが確認できた．以上のことから，このソフトウェアの機能仕様については，それぞれテストが計画されていることが分かった．また，適合率は 0.797 で，再現率は 0.964 となっており，高い精度でトレーリビリティが確立できていることが分かる．適合率は式 (2)，再現率は式 (3) によって表される．本実験のシステムにおける，確立されるべきトレーサビリティは開発者へのインタビューから得た．

TP : 正しく確立されたトレーサビリティの数
FP : 誤って確立されたトレーサビリティの数
FN : 本来確立されるべきトレーサビリティの数

$$Precision = \frac{TP}{TP + FP} \quad (2)$$

$$Recall = \frac{TP}{TP + FN} \quad (3)$$

図 9 は画面仕様 (スケジュール確認画面) についてのテストケース記述 6 件を除外して同様にばねモデルを用いて作成したグラフである．除外した画面仕様 (スケジュール確認画面) について，機能 1 により，Probably not covered に分類された．つまり，この仕様についてはテストが計画されていないことが分かる．よって，要求記述に対するテストケースのカバレッジが正しく可視化されていることが確認できた．

5.2　実験 2

次に，機材の再利用を管理する Web アプリケーションを対象に可視化プロセスを適用した．可視化プロセスに与えた機能要求数とテストケース記述数は，それぞれ 159 件，2181 件である．図 10 は可視化の結果である．本実験により生成されたグラフである図 10 の A 内には，画面仕様群を表現するノードが密集し，これらが色付けされていることから，画面仕様群に対しては多くのテストが実施されていることがわかる．また，A 内には多くのバッチ仕様に関するノードが存在している．そのうち，4 つのバッチ仕様の白抜きノード (図 10 の矩形 D 内) について，類似要求に関連付けられたテストケース記述を見たところ，特定の類似要求に関連付けられたテストケースで同時にテストが行われていることが推測できた．開発者のインタビュー

図 9　ソフトウェア 1 の可視化結果 (一部テストケース記述を除外した場合)

から，全てのバッチ仕様に対してテストが用意されており，これらの 4 つのバッチ仕様については，正しくリンクが関連付けられていなかったものの，類似要求のテストケースで同時にテストが行われていることが確認できた．これらをビューアで確認したところ，機能 1 によって，これら 4 つのバッチ仕様は，Probably covered に分類され，また，機能 2 によって，それぞれの類似要求に関連付けられたテストケース記述を即座に見ることができた．

図 10 中の B に位置している集合には，ファイル仕様に関するノードが多く集まっている．ファイル仕様について同様に頂点が近くに存在し，各ファイル仕様間は非常に類似しているが，多くのノードは白抜きであり，テストケース記述が関連付けられていないことが分かる．実際の開発者へのインタビューにより，テストが実施されていないことが確認できた．ビューアの有効性の評価として，ビューアの機能 1 を使って分類を行ったところ，これらの白抜きのファイル仕様全てが Probably not covered に分類された．つまり，これらの仕様については，テストが計画されていないことがビューアにより推測できる．

図 10 中の C 内には，帳票仕様に関するノードが多く集まっている．ファイル仕様と同様に，帳票仕様について同様の頂点が近くに存在し，それぞれが非常に類似しているが，すべての頂点が白抜きであり，テストケース記述が関連付けられていないことが分かる．実際の開発者へのインタビューにより，テストが用意されていなかったことが分かった．同様にビューアの機能 1 を用い，分類を行ったところ，これらの白抜きの帳票仕様全てが Probably not covered に分類された．つまり，これらの仕様についても，テストが計画されていないことがビューアにより推測できる．

本実験では，18 件の仕様についてテストが計画されていないことがビューアから推測できた．これらの中には，前述のファイル仕様及び帳票仕様が 14 件含まれていたが，残りの 4 件については，画面仕様に関する仕様であった．実際の開発者へのインタビューから，これらの画面仕様については，テストが計画されており，提案手法ではこれらの画面仕様に対しては関係するテストケース記述を発見できていないことが分かった．本手法では，要求記述とテストケース記述の関連付けについて，一定値以上の類似度を持つ記述間に関連付けを定義している．本実験では，この際に用いる閾値を適切な値に変更することで，本来テストを行っている仕様に関連付けられることが確認できた．ただし，閾値を必要以上に下げると，本来テストを行っていない仕様にテストケース記述が関連付けられる可能性も高まるため，この点も考慮して閾値を設定する必要がある．適切な閾値の設定やトレーサビリティリンク確立の精度向上は今後の課題である．

5.3　実験 3

最後に商品の受注や出荷，売上を管理する Web アプリケーションに対して可視化プロセスを適用した．与えた機能要求数とテストケース記述数は，それぞれ 159 件，2181 件である．

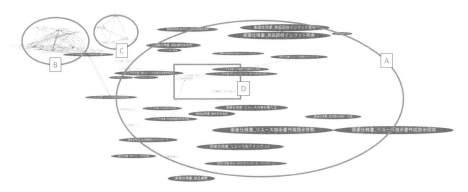

図 10 ソフトウェア 2 の可視化結果 (矩形 D 内にはバッチ仕様に関する白抜きのノードが存在)

　図 11 は可視化の結果である．図 8 中 A 内には，画面仕様群を表現するノードが密集し，A 内ノードが大きいことから，画面仕様群に対しては多くのテストが実施されていることがわかる．そのうち，A1 には売上や出荷に関する仕様が集まり，A2 には発注や入荷に関する仕様が集まっており，近似する内容の仕様が近くに位置していることが確認できた．A1 や A2 の付近に存在する矩形 B 内の白抜きのノードについても，A1 や A2 の多くのテストケース記述が関連付けられたノードの仕様についてのテストと同時に行われている可能性が高いことが読み取れる．例えば，A2 内に，バッチ仕様の白抜きのノードが存在するが，付近に多くのテストケース記述と関連付けられている仕様が存在するため，これらのテストケース記述において，このバッチ仕様のテストが同時に計画されている可能性があることが推測される．実際の開発者へのインタビューにより，該当するテストケース記述を確認したところ，1 つの画面仕様内でこのバッチ仕様についてのテストが同時に計画されているテストケース記述が発見できた．また，ノードの大きさに注目すると，画面仕様 (受注情報照会) や画面仕様 (出荷情報照会) など，受注や出荷，売上の情報を照会，登録修正等を行う画面に対しての関連付けられたテストケース記述数が多くなっていることが読み取れる．これらのテストが多く実施されているということは，同システム開発者も同様の認識であった．

　一方で，テストケース記述が 1 件も関連付けられなかった仕様は，35 件あった．機能 1 により，そのうち，11 件の仕様については Probably covered に分類され，テストが計画されていると推測される．25 件の仕様が Probably not covered ボタンで表示され，これらの仕様については，テストが計画されていないと推測される．しかし，開発者へのインタビューによると，Probably not covered で表示された仕様のうち，画面仕様については，テストが行われているということが分かった．つまり，提案手法では関係するテストケース記述が発見できなかったということである．実験 2 と同様に，設定した閾値の値を適切な値に変更することで，本来テストが計画されている仕様に関連付けることができるようになることが見込まれる．また，実験 2 と同様に実験結果を詳細に確認することで得られる情報がビューアによって簡便に得ることができた．

　以上 3 つの実ソフトウェア開発における機能要求群とテストケース記述群に対するばねグラフを用いたグラフ化及び構築したビューアでのグラフ表示によって，カバレッジの俯瞰的な可視化を行い，構築したビューアの有効性を示すことができた．

6　まとめと今後の課題

　本論文では筆者らがこれまでに提案してきた可視化プロセスを効果的に可視化するインタラクティブビューアについて示した．実際のソフトウェア開発における

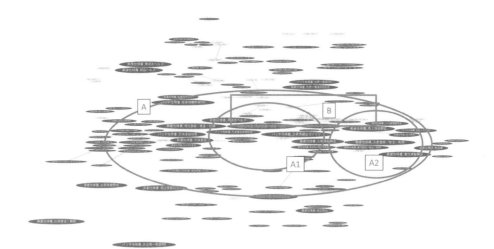

図 11　ソフトウェア 3 の可視化結果 (矩形 B 内には白抜きのノードが複数存在)

要求記述群とテストケース記述群に対して実験を行い，構築したインタラクティブビューアの評価を行ったところ，本手法による可視化及びの構築したインタラクティブビューアの有効性を確認できた．今後はトレーサビリティリンク推定の精度向上を進める予定である．

謝辞　本研究は，サントリーシステムテクノロジー株式会社との共同研究により実施されたものである．本研究に際して各種データと分析に関する知見を提供くださった，同社の長谷川壽延様，森嶋崇様に感謝する．また，本研究の一部は電気通信普及財団の助成を受けた．

参考文献

[1] 松井勝利, 中川博之, 土屋達弘. テスト計画に対する要求カバレッジ可視化手法の提案. ソフトウェア工学の基礎ワークショップ FOSE 2016, pp. 211–216, 2016.
[2] Hiroyuki Nakagawa, Shori Matsui, and Tatsuhiro Tsuchiya. A visualization of specification coverage based on document similarity. In *Proc. of the 39th International Conference on Software Engineering (ICSE'17), Companion Volume*, pp. 136–138. IEEE CS, 2017.
[3] Orlena C. Z. Gotel and Anthony C. W. Finkelstein. An analysis of the requirements traceability problem. In *Proc. of the First International Conference on Requirements Engineering (RE '94)*, pp. 94–101. IEEE CS, 1994.
[4] J. Cleland-Huang, B. Berenbach, S. Clark, R. Settimi, and E. Romanova. Best practices for automated traceability. *IEEE Computer*, Vol. 40, No. 6, pp. 27–35, June 2007.
[5] Ian Sommerville. *Software engineering (9th Edition)*. Addison-Wesley, 2010.
[6] Chuan Duan and Jane Cleland-Huang. Visualization and analysis in automated trace retrieval. In *Proc. of the 1st International Workshop on Requirements Engineering Visualization (REV '06)*, pp. 1–9. IEEE CS, 2006.
[7] J. G. Hosking X. Chen and J. Grundy. Visualizing traceability links between source code and documentation. In *In IEEE Symposium on Visual Languages and Human-Centric Computing(VL/HCC)*, pp. 119–126, Sep 2012.
[8] D. Juppner T. Merten and A. Delater. Improved representation of traceability links in requirements engineering knowledge using sunburst and netmap visualizations. In *In 4th Workshop Managing Requirements Knowledge (MARK),*, pp. 17–21, 2011.
[9] Christopher D. Manning, Prabhakar Raghavan, and Hinrich Schütze. *Introduction to Information Retrieval*. Cambridge University Press, New York, NY, USA, 2008.
[10] Mecab: Yet another part-of-speech and morphological analyzer. http://taku910.github.io/mecab/.
[11] dot: a language to draw directed graphs. http://www.graphviz.org/pdf/dotguide.pdf.

プログラミング演習用プルーフリーダの試作

A Prototype of Proofreader for Programming Exercises

蜂巣 吉成 * 吉田 敦 † 桑原 寛明 ‡ 阿草 清滋 §

あらまし For *the discipline of writing well programs* in exercises, we propose a prototype of program proofreader, which checks learners' programs against learning objectives. In programming exercises, learners sometimes tend to think that their tasks were accomplished when their programs were executed in the same ways as sample test cases. However, their programs sometimes are not *well-writtern* one, that is, they lack simplicity, clarity, and generality, and are unsuitable codes for exercises' objectives. To find *poorly-written* programs, we have implemented a program proofreader which compares learners' programs to a model program written by a teacher from views of learning objectives.

1 はじめに

プログラミング作法 [1] の第 1 章に次の一節がある.「プログラムを書くということは、正しい構文を使い、バグを直し、それなりに高速に動くようにすれば済むわけではない。プログラムはコンピュータだけでなくプログラマにも読まれるからだ。きれいに書かれたプログラムは汚く書かれたプログラムよりも読んで理解しやすいし、修正するのも簡単になる。きれいに書く修行はコードが正しく動く可能性を高める。さいわいこれはそれほどつらい修行ではない。」

大学などのプログラミング演習では，作成すべきプログラムの仕様となる課題文章と実行例が示され，学習者は構文などを学びつつ，プログラムを作成していく．学習者は少なくとも実行例通りに動作するプログラムを作成できるようにはなるが，それが「汚く書かれたプログラム」(以降,「きれいではない」プログラムと呼ぶ) であることも少なくない．

プログラミング演習において「きれいに書く修行」を行うことはそれほど簡単なことではない．一般論として「きれいに書かれたプログラム」(以降,「きれいな」プログラムと呼ぶ) の解説をしても，学習者がそれを自分のプログラムに応用できるとは限らない．そもそも，応用できるならば，適切に書かれた教科書の例題だけを見せていれば，学習者は「きれいではない」プログラムを書くことはない.「きれいではない」プログラムの学習者一人ひとりに対して教育者が指導すれば効果があると考えられるが，教育者の負担が大きい．コーディングチェッカを用いて，学習者のプログラムをチェックする方法もあるが，一般的なコーディング規約には違反していなくても，課題のプログラムとしては「きれいではない」プログラムの場合もある．

われわれは，プログラミング演習の課題では一般に問題作成者 (教育者) が模範解答プログラムを作成することに着目し,「きれいな」模範解答プログラムと比較して「きれいではない」プログラムを判定する方法を提案した [3]．プログラミング作法 [1] では，良いコードの基本原則として簡潔性 (simplicity)，明瞭性 (clarity)，一般性 (generality) を挙げている．演習課題にはその課題を通して教育者が学習者に学ばせたい教育意図があり，学習者がその意図に合った記述をすることによって，プログ

---

*Yoshinari Hachisu, 南山大学理工学部

†Atsushi Yoshida, 南山大学国際教養学部

‡Hiroaki Kuwabara, 南山大学情報センター

§Kiyoshi Agusa, 南山大学大学院理工学研究科

ラミング言語の構文や基本原則を満たした「きれいな」プログラムの書き方などを学んでいく．教育意図は課題毎に異なるが，条件分岐や繰返し，配列などの学習単元が同じ課題ならば，教育意図は似たものになると考えて，C言語の代表的な教科書[7]の例題などを分析し，ifやforなどの制御文，およびその条件式の有無，繰返し中に計算される変数の初期化の有無などを「学習項目」として判断基準を設定する方法を提案した．教育者が学習項目を選択すると，それに対応した判断基準で模範解答プログラムと学習者のプログラムを比較するツールを試作した．ツールは学習者が完成したと考えたプログラムのチェックを行うので，ツールの入力となるプログラムはコンパイルエラーがなく，課題に提示された実行例通りに動作するものとする．最低限の動作確認がなされたプログラムに対して，「きれいな」プログラムであるかを教育意図という意味的な観点からチェックするので，このツールをプルーフリーダと呼ぶ．[3]のプルーフリーダは，プログラムの判定基準をあらかじめ定めることで，教育者に負担をかけないことを意図していたが，課題によっては制御構造だけでは「きれいな」プログラムであるかを判定できない場合もある．

　本研究では，制御構造に加えて，式などの細かい粒度で教育者が判断基準を独自に追加できるカスタマイズ機能と，識別子名などの特定の字句の出現回数を計測して，「きれいな」プログラムかどうかを判断する方法を提案する．提案方法に基づいたプルーフリーダを試作し，数人規模ではあるが実際にプルーフリーダを用いたプログラミング演習を行ったので，それについて報告する．

　本稿の構成は次の通りである．2節で筆者らがプルーフリーダが必要と考えた動機を述べ，提案するプルーフリーダについて3節で説明する．4節でプログラミング演習におけるプルーフリーダについて評価を行い，5節でプルーフリーダの実用化に関して考察する．6節で関連研究を挙げ，7節でまとめる．

2　動機

　本節では，学習用プルーフリーダが必要と考えた動機について述べる．プログラミング演習の課題例として，実数配列に入力して，平均と最小値を求めるプログラムを取り上げる．

課題　配列の平均と最小値

8個の実数値を配列に入力し，その平均値と最小値を出力するプログラムを作成しなさい．

実行例:
```
input data: 56.7 85.9 45.9 98.9 88.4 74.3 66.6 53.3
avg=71.250000, min=45.900000
```
下記に示したマクロや関数を定義し，利用すること．

```
/* 実数値の個数 */
#define DATASIZE 8

/* 要素数 size の実数配列 d に入力する */
void readDoubleArray(double d[], int size)

/* 要素数 size の実数配列 d の平均値を求める */
double avgDoubleArray(double d[], int size)

/* 要素数 size の実数配列 d の最小値を求める */
double minDoubleArray(double d[], int size)
```

ソースコード 1 模範解答プログラム

```c
#define DATASIZE 8

void readDoubleArray(double d[], int size)
{
    int i;

    for (i = 0; i < size; i++) {
        scanf("%lf", &d[i]);
    }
}

double avgDoubleArray(double d[], int size)
{
    int i;
    double sum;

    sum = 0;
    for (i = 0; i < size; i++) {
        sum += d[i];
    }
    return sum/size;
}

double minDoubleArray(double d[], int size)
{
    int i;
    double min;

    min = d[0];
    for (i = 1; i < size; i++) {
        if (d[i] < min) {
            min = d[i];
        }
    }
    return min;
}

int main(void)
{
    double data[DATASIZE];
    double avg, min;

    printf("input␣data:␣");
    readDoubleArray(data, DATASIZE);
    avg = avgDoubleArray(data, DATASIZE);
    min = minDoubleArray(data, DATASIZE);
    printf("avg=%f,␣min=%f\n", avg, min);

    return 0;
}
```

この課題の教育意図は次の通りである.
 1. 繰返しを用いた計算を利用できる.
  - 繰返しで計算される変数を繰返しの前に初期化する.
  - 繰返しにおいて不要な計算をしない(繰返し中では必要な計算のみを行う).
 2. 配列の典型的な走査方法を利用できる.
  - 配列の先頭要素から最後の要素まで走査する.
  - 配列の先頭要素を処理した後で,次の要素から最後の要素まで走査する.
 3. 関数を定義し,利用できる.
 4. マクロを定義し,利用できる.
 「きれいな」模範解答プログラムをソースコード 1 に,学習者にありがちな「きれいではない」プログラムをソースコード 2〜7 に示す.ソースコード 2〜7 では,関

ソースコード 2 minDoubleArray 関数 1

```c
double m;
m = 100;
for (i = 0; i < size; i++)
    if (d[i] < m) m = d[i];
return m;
```

ソースコード 3 minDoubleArray 関数 2

```c
double min;
min = d[0];
for (i = 0; i < size; i++)
    if (d[i] < min) min = d[i];
return min;
```

ソースコード 4 avgDoubleArray 関数 1

```c
double s,a;
s = d[0];
for (i = 1; i < size; i++)
    s = s + d[i];
a = s/size;
return a;
```

ソースコード 5 avgDoubleArray 関数 2

```c
double sum, avg;
sum = 0;
for (i = 0; i < size; i++) {
    sum = sum + d[i];
    avg = sum/size;
}
return avg;
```

ソースコード 6 main 関数

```c
double data[DATASIZE];
double avg, min;

printf("input data: ");
readDoubleArray(data, 8);
avg = avgDoubleArray(data, 8);
min = minDoubleArray(data, 8);
printf("avg=%f, min=%f\n",
       avg, min);
```

ソースコード 7 readDoubleArray 関数

```c
for (i = 0; i < DATASIZE; i++) {
    scanf("%lf", &d[i]);
}
```

数頭部や int i; の変数宣言などは省略している．変数名は学習者によって異なる可能性があるので，プログラム例では変数名を統一していない．

この課題では 100 未満のデータの実行例を載せているが，これを読んだ学習者は入力データがその範囲と思い込み，最小値を求める際に最初に最小値を 100 に初期化するなどの実行例に依存したソースコード 2 を作成する場合がある．他の実行例を提示したとしても，その入力データの範囲から勝手に制約を設けて，一般性のないプログラムを作成する学習者は経験上存在する．

ソースコード 3 は配列の先頭要素 (d[0]) を最小値と仮定し，i=0 から i<size まで繰り返しているが，i=0 のときが冗長な繰り返し処理となっている．配列は先頭要素から最後の要素まで順に処理することが多く，プログラムの処理の細部まで考えずにプログラミングするとこのような記述に陥りやすい．

学習者が，模範解答プログラムの配列の最小値を求める処理を理解した後に，配列の平均値を求めるプログラムを作成すると，ソースコード 4 のように記述する場合がある．合計を計算する際に先頭要素を特別に処理する必要はなく，簡潔性，一般性に欠ける．

ソースコード 5 は繰返し本体で合計の計算をした後に size で割り，平均値を求めている．最終的に平均値は求められるが，最後の繰返し以外は無駄な計算である．

ソースコード 6 はマクロを適切に使用していない．配列宣言の要素数にマクロを用いることが多いが，マクロを使用することの意義をきちんと理解していないと，このような記述をする可能性がある．

ソースコード 7 もマクロを必要以上に使用しており，適切に使用していない例である．関数の引数について十分に理解していないとも言える．

われわれのプログラミング演習におけるこれらの経験から，学習者のプログラムは，実行結果は実行例通りで，制御構造も大まかには記述できているものの，詳細に見ると教育意図や簡潔性，明瞭性，一般性などの観点から「きれいではない」プログラムの場合があり，それらを学習者に気付かせるためのプルーフリーダが必要であるとの考えに至った．プルーフリーダは，学習者自身が課題を通じて何を学ぶ

のかを理解し，計算手順や処理内容について論理的に考えて，プログラムを「きれいに書く修行」を行うための助けになる．

ソースコード1のavgDoubleArray関数とソースコード4は配列の先頭要素を処理した後で，次の要素から最後の要素まで繰返して処理を行っているが，一方は適切で，もう一方は不適切なコードである．一般的なコーディングチェッカでこれらを区別してチェックするのは難しい．

3 プログラミング演習用プルーフリーダの提案

3.1 学習項目に着目したプルーフリーダ

われわれは，演習課題の模範解答プログラムは教育意図に従って「きれいな」プログラムとして作成されていることを前提とし，学習者のプログラムを模範解答プログラムと比較してチェックするプルーフリーダを既に提案した [3]．

課題の教育意図が反映されたプログラム箇所を抽象化した記述を「意図パターン」と呼び，プログラムの意図パターンにマッチしたコード断片を「評価コード」と呼ぶ．評価コードの抽出においては変数名などの抽象化が行われる．学習者のプログラムと模範解答プログラムの評価コードを比較することで，教育意図に合ったプログラムかをチェックする．

教育意図は課題毎に異なるが，教育者の負担を減らすために，教育者が課題毎に意図パターンを記述するのではなく，「学習項目」毎に意図パターンをあらかじめ記述しておく方法を採用した．われわれは，条件分岐，繰返し，配列の学習単元に対して，C言語の代表的な教科書 [7] の例題や演習問題などから教育意図を分析し，学習項目を (学習単元，条件式の有無，初期化の有無) の3つの組合わせとして定義した．学習単元がif や while, for などの文単位でチェックすべき制御構造を表し，条件式や初期化の有無が式単位でチェックすべき値などを表す．

条件式の有無 if 文や while 文の条件式，for 文の3つの式が教育意図に該当するかどうかを表す．繰返しの範囲などが教育意図に含まれるならば「有」となる．「無」の場合は，if 文や for 文などの制御文が模範解答プログラムと同じように記述されているかのみのチェックとなる．

初期化の有無 繰返し中に計算される変数の初期化式 (例えば，配列の最小値や合計の初期化式など) が教育意図に含まれるかどうかを表す．

学習項目毎にプログラムから教育意図の箇所を抽出する意図パターンを定義した．例えば，ソースコード8は (繰返し，条件式有，初期化有) の学習項目に対応する意図パターンであり，繰返しの範囲，繰返し中に計算される変数の初期値をパターンとして表している．$VAL, $REL_OP, $OP は，それぞれ値 (リテラル)，関係演算子，演算子を表すメタ記号であり，プログラム中の該当する字句にマッチし，その字句が評価コードとして抽出される．OR は「または」である．[] は配列参照を表すメタ記号で，マッチすると [] が評価コードとして抽出される．$var は変数参照を表すメタ記号で，マッチすると $var が評価コードとして抽出される．

教育者が選択した学習項目から意図パターンが決まり，プルーフリーダは模範解答プログラムと学習者のプログラムに意図パターンを適用し，評価コードを抽出する．

例えば，2節の課題では繰返しによる配列の走査について調べたいので，(繰返し，条件式有，初期化有) の学習項目を選択して，ソースコード8の意図パターンをソースコード1に適用すると，ソースコード9が得られる．1行目は関数 readDoubleArray, 2行目は関数 avgDoubleArray, 3行目は関数 minDoubleArray の評価コードになる[1]．ソースコード2, 3, 4, 5, に対してソースコード8の意図パターンを適用すると，それぞれソースコード10, 11, 12, 13 の評価コードが得られる．

学習者プログラムの評価コード10, 11, 12 と模範解答プログラムに対する評価

---

[1]実際の評価コードは { の後や } の前で改行されているが，紙面の都合で1行で記述している．

ソースコード 8　意図パターンの例
| ```
$var=$VAL OR [];
for(=$VAL; $REL_OP; $OP) {
  $var=;
}
``` |

ソースコード 10　ソースコード 2 の評価コード
| ```
$var=100; for(=0;<;++){$var=;}
``` |

ソースコード 11　ソースコード 3 の評価コード
| ```
$var=[]; for(=0;<;++){$var=;}
``` |

ソースコード 9　ソースコード 1 の評価コード
| ```
for(=0;<;++){}
$var=0; for(=0;<;++){$var=;}
$var=[]; for(=1;<;++){$var=;}
``` |

ソースコード 12　ソースコード 4 の評価コード
| ```
$var=[]; for(=1;<;++){$var=;}
``` |

ソースコード 13　ソースコード 5 の評価コード
| ```
$var=0; for(=0;<;++){$var=;}
``` |

コード 9 の該当箇所を比べると異なっており，学習者のプログラムは模範解答のように「きれいな」プログラムではないことがわかる．しかし，[3] の方法は制御構造と制御式，繰返しにおける変数の初期化に注目しているので，繰返し中の不要な計算を行っているソースコード 5 の評価コード 13 は模範解答プログラムの評価コードと同じになり，「きれいではない」プログラムとして判定できない．意図パターンはマクロに関してのチェックを行わないので，ソースコード 6，7 も「きれいではない」プログラムとして判定できない．

3.2　カスタマイズ可能なプルーフリーダの提案
3.2.1　概略
　われわれは，プログラミング演習の課題に共通する教育意図や基本原則は制御構造と制御式，繰返しにおける変数の初期化で表されると考えて，従来のプルーフリーダを設計した．これにより，教育者が意図パターンを記述せずにチェックができるが，各課題特有の教育意図はチェックできない．
　本研究では，従来のプルーフリーダに課題毎に教育意図をチェックするための機能を追加する．学習用プルーフリーダに求められる機能を明確にするために，C 言語の教科書 [7] の章立てを基に従来のプルーフリーダ [3] では判定できない学習単元を「関数・マクロ」，「構造体」，「文字列」，「ポインタ」の 4 つに分類し，その代表的な教育意図を次のように定めた．

関数・マクロ　適切に利用されているか．つまり，利用すべき箇所で利用しているか，利用すべきでない箇所で利用されていないか．

構造体　メンバを適切に定義しているか．余分なメンバを定義していないか．

文字列　終端文字（'\0'）を意識しているか．文字列のコピーなどで，終端文字を代入すべき箇所で，適切に代入をしているか．

ポインタ　適切な場面でポインタを使用しているか．不要なポインタ演算を行なっていないか．例えば，s++ と記述すれば良い場面で *s++ と記述していないか．

　文字列やポインタの教育意図は，制御文以外の箇所も評価をする必要があり，従来の学習項目で行われていた制御構造の比較では判定することができない．本研究では，式などの任意の細粒度のコード片を意図パターンとして教育者が追加できるカスタマイズ機能を提案する．ユーザーが自由に定義できるマクロ名や関数名などの識別子は意図パターンを利用した抽出が困難なので，その出現回数を計測し，模範解答プログラムと学習者のプログラムで出現回数が異なる時に，「きれいではない」と判定する方法を提案する．構造体の定義についても，メンバの型の出現回数を計測して判定する．

ソースコード 14　割り算を抽出するカスタマイズパターン
`${e1:EXPR} #/# ${e2:EXPR}`

ソースコード 15　ソースコード 1 の avgDoubleArray の評価コード
`$var=0; for(=0;<;++){$var=;}/`

ソースコード 16　ソースコード 5 の評価コード
`$var=0; for(=0;<;++){$var=;/}`

3.2.2　意図パターンのカスタマイズ機能

本研究では，教育者がプルーフリーダに意図パターン (カスタマイズパターンと呼ぶ) を自由に追加できるカスタマイズ機能を提案する．3.2.4 節で述べるが，プルーフリーダは属性付き字句系列に基づく書換え処理系である TEBA [6] を利用しているので，カスタマイズパターンを TEBA のパターンとして記述する．

例えば，2 節の課題で，for 文内で冗長な平均の計算を行っていないかを確認するための割り算の計算を抽出するカスタマイズパターンをソースコード 14 に示す．カスタマイズパターンではマッチングさせたい字句を直接記述するか，パターン変数 ${*NAME*: *TYPE*} として記述する．*TYPE* は字句列の種別を表し，識別子 (ID_FVAR)，演算子 (OPE)，式 (EXPR)，文 (STMT) などが記述できる．カスタマイズパターンにおいて，評価コードとして抽出したい箇所を # で囲む．ソースコード 14 では，割り算が行われた箇所がわかるように演算子の / を # で囲んでいる．

ソースコード 1 の avgDoubleArray 関数とソースコード 5 に対して，(繰返し，条件式有，初期化有) の学習項目とソースコード 14 のカスタマイズパターンを適用して得られる評価コードはソースコード 15，16 になる．平均の計算が行われている箇所 (/ の出現箇所) が異なるので，学習者のプログラムが「きれいではない」プログラムであることが判定できる．

3.2.3　字句列の出現回数カウント

本研究では，特定の字句列の出現回数をソースプログラムから計測して模範解答と学習者の解答の比較を行う．特定の字句列とは，判定対象として教育者がプルーフリーダに入力した関数名とマクロ名，構造体定義におけるメンバの型のことを指す．2 節で挙げた課題については，識別子 DATASIZE の出現回数を数えることで，学習者のプログラムが「きれいな」プログラムであるかを判定できる．

3.2.4　設計と実現

カスマイズ可能なプルーフリーダを試作した．プルーフリーダの入力はプログラムと学習項目，カスタマイズパターン，出現回数を計測したい識別子名で，出力は評価コードである．模範解答プログラムと学習者のプログラムの評価コードを比較することで，学習者のプログラムが「きれいな」プログラムであるかをチェックできる．C プログラムの構文解析やパターンマッチングには，属性付き字句系列に基づく書換え処理系である TEBA [6] を利用した．

評価コードの抽出処理は，プログラムの正規化，意図パターンにマッチした字句のマーキング，マーキングされていない字句の削除の 3 つの処理で構成される (図 1)．各処理を TEBA の書換えルールを用いて実現した．正規化ではコーディングスタイルの差異を統一する．例えば，初期化式のある変数宣言を初期化式のない変数宣言と代入文に分離する，制御文の本体が 1 文の場合にブロック化のための波括弧を追加する，などが行われる．1 つの意図パターンは TEBA の複数の書換えルールで記述されており，マーキング処理ではそれらのルールを順次適用して評価コードとして抽出する字句をマーキングする．教育者が記述するカスタマイズパターンはマーキングルールの一種である．

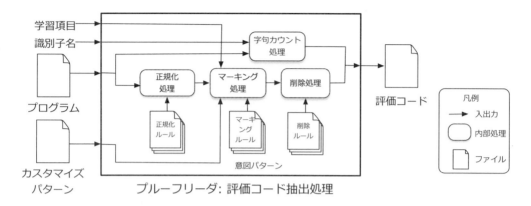

図1 評価コード抽出処理の概略

4 評価

試作したプルーフリーダをプログラミング演習で用い，学習者が実際に記述した「きれいではない」プログラムを判定できるか，プルーフリーダの指摘により学習者が「きれいな」プログラムを書けるようになるか，評価を行なった．

「きれいではない」プログラムの場合に学習者に対してどのようなフィードバックを返すべきかはまだ十分に検討できていない．今回の演習では，2節の課題に限定して，学習者のプログラムの評価コードから「minDoubleArray 関数の繰返しをもっときれいに書ける可能性があります」(ソースコード 3)，「avgDoubleArray 関数の合計の初期値をもっと適切に設定できる可能性があります」(ソースコード 4)，「avgDoubleArray 関数の平均値をもっと適切に計算できる可能性があります」(ソースコード 5)，「マクロをもっと適切に使用できる可能性があります」(ソースコード 6)，「きれいなプログラムです」(指摘がないとき) などのメッセージを学習者に表示するプログラムを作成した．

学部3年生8名 (C 言語のプログラミングは1, 2年次に学習済み) に2節の課題を出題した．学習者には，完成したプログラムを提出すると「きれいな」プログラムかチェックされるので，指摘がある場合はプログラムを修正して再提出するように伝えた．

8名中2名がプルーフリーダの指摘を受けて，「きれいな」プログラムを作成することができたので，プルーフリーダの効果があったと言える (残り6名は最初から「きれいな」プログラムを作成していた)．1名は配列の平均の計算において，合計を計算する変数を初期化していないプログラムであり (偶々，変数が0に初期化されていると計算結果は正しくなる)，指摘後，すぐに修正して提出した．もう1名はソースコード3の記述であった．for 文の本体が単文であったのを複合文にする ({}で文を括る) などの「きれいではない」と判定した箇所ではない部分を何回か変更した後に，最終的には「きれいな」プログラムを作成して提出した．前者はプルーフリーダのメッセージが「合計の初期値」について指摘したので，「きれいではない」箇所がすぐに分かったと考えられる．一方，後者は「繰返しをもっときれいに書ける」と抽象的なメッセージだったので，修正箇所がわかりにくかったようである．「繰返しの範囲をもっと適切に記述できる可能性があります」のような，より具体的なメッセージについて今後検討していく必要がある．

なお，別の1名からは，プルーフリーダでは「きれいなプログラムです」と表示されたが実行時エラーになると，演習中に質問があった．main 関数における配列の宣言が double d[] = {DATASIZE};となっており，正しく宣言できていなかった (マクロの出現回数は適切だったのでプルーフリーダは指摘できなかった)．コンパ

イラでは指摘されない，実行時エラーの箇所を指摘するツールとしてプルーフリーダを利用していた．

演習後，提出されたプログラムを目視で確認した．プルーフリーダが「きれいな」プログラムを「きれいではない」と判定したケース (偽陰性) はなかったが，「きれいではない」プログラムを「きれいな」プログラムとして判定していたケース (偽陽性) はいくつか存在した．今回の課題では，入力を促す出力 printf("input data: "); は main 関数に記述すべきであるが，readDoubleArray 関数に記述していたプログラムがあった．この記述については，あらかじめプロンプト出力を抽出するカスタマイズパターンを追加すれば，「きれいではない」と判定できる．必ずしも「きれいではない」とは断言できないが，avgDoubleArray 関数で平均値の変数を 0 に初期化しているプログラムもあった．

5 考察

本研究で提案したプルーフリーダの実用化や応用について考察する．

「きれいに書く修行」のためには，4 節でも述べたように学習者にわかりやすい効果的なフィードバック方法を検討する必要がある．今回の評価で用いた課題では for 文が 3 回出現するが，入力，合計・平均，最小値の順で出現すると仮定して，それぞれのフィードバックを行うプログラムを作成した．実際には学習者がこの順に処理を記述するとも限らないので，模範解答プログラムと学習者プログラムの評価コードの比較方法についても検討しなければならない．

偽陽性と偽陰性などの精度についても検討しなければならない．比較的少人数の演習ならば，偽陰性が高くても学習者からの質問などを受け付けて，プルーフリーダの指摘の誤りから「きれいな」プログラムについて議論を行うなどの発展的な演習を行うことも可能である．一方で，初学者を対象にした数十人規模の演習ならば，質問対応がスムーズにいかない恐れもあるので，「きれいに」書けているにもかかわらず「きれいではない」と指摘して，学習者のやる気をそぐことがないように偽陰性を低くした方が学習的には良いと考えられる．教育者がプルーフリーダの判定の感度を設定できるような機能も必要である．

今回は「きれいな」プログラムと学習者のプログラムの評価コードが異なっていたときに指摘をした．事前に典型的な「きれいではない」プログラムが想定される場合は，それを「アンチ・プログラム」として作成しておき，アンチ・プログラムと学習者のプログラムの評価コードが合致したときに指摘する方法も検討していく．

模範解答プログラムが複数存在することも考えられる．教育者があらかじめそれらを記述するか，1 つのプログラムから派生させて自動生成する方法なども検討する必要がある．

プルーフリーダは模範解答プログラムと学習者のプログラムを比較しているので，その結果を学習者へのヒントに応用することも考えられる．完成したプログラムに対してプルーフリーダを利用することを想定していたが，コンパイルができないプログラムでも，模範解答プログラムの評価コードと比較して足りない部分や異なる部分をヒントとして示すことができる可能性がある．

6 関連研究

コーディングチェッカや学習者向きのフィードバックを行うツールはいくつか提案されている．

CX-Checker [5] は，C 言語プログラムを解析してコーディング規約を満たしているかをチェックするコーディングチェッカであり，検査するルールを XPath などを用いてカスタマイズすることが出来る．MISRA-C や実際の企業で用いられているコーディング規約の 80%弱をルールとして記述できたことが報告されている．しかし，プログラミング演習に用いるには，教育者が課題毎に学習者の「きれいではな

い」プログラムを考えて，ルールをカスタマイズする必要があり，負担が大きい．

Truong らは初学者の Java プログラムを静的解析して，フィードバックをするシステムを提案している [2]．プログラムの循環的複雑度などのソフトウェアメトリクスを計測したり，模範解答プログラムとの制御構造の比較を行い，その結果からよりよいコードを指摘したりすることができる．本研究の目的と近いが，"fill in the gap" 形式の演習課題，すなわち，プログラムの入出力部分や変数宣言などがあらかじめ記述されていてコードの一部を記述する課題を対象としている．制御構造の比較では繰り返し文の中に代入文が 2 つあるなどの文単位で模範解答プログラムと学習者のプログラムを比較している．本研究での対象は C 言語でプログラム全体を記述する課題であり，文よりも粒度の細かい式などについてもチェックを行う (文単位では，2 節のソースコード 1 の minDoubleArray 関数，ソースコード 2，ソースコード 3 は違いがない)．

C-Helper [4] は C 言語初学者向けの静的解析ツールである．プログラム作成で試行錯誤している学習者に対して，ソースコードから初学者が陥りやすいミスを認識し，分かりやすい言葉で指摘し，可能ならばその解決策を提案する．本研究のプルーフリーダは完成したプログラムに対して，教育意図に合わない記述などのチェックを行うツールであり，目的が異なる．

7 おわりに

本研究では，模範解答プログラムと学習者のプログラムを比較して，教育意図に合っていない「きれいではない」プログラムを発見するプルーフリーダを試作した．実際にプルーフリーダを用いたプログラミング演習を行い，その効果を確認した．プルーフリーダの実用化に向けての課題を 5 節で考察した．今回は 1 つの課題について 8 人の学習者で演習を行なったが，より多くの課題と学習者を対象にしてデータの収集やカスタマイズパターンの追加を行い，プルーフリーダの有効性やカスタマイズパターンの記述能力の評価などが必要である．

今後，プログラミング演習における「きれいに書く修行」についての議論が活発になることを期待する．

謝辞　本研究の一部は，JSPS 科研費 17K00114，17K01154，2017 年度南山大学パッヘ奨励金 I-A-2 の助成を受けた．

参考文献

[1] Kernighan, B. and Pike, R.: *The Practice of Programming*, Addison-Wesley Professional, 1999. (邦訳) 福崎 俊博: プログラミング作法, ASCII, 2000.

[2] Truong, N., Roe, P., and Bancroft, P.: Static Analysis of Students' Java Programs, *Proceedings of the Sixth Australasian Conference on Computing Education - Volume 30*, ACE '04, Australian Computer Society, Inc., 2004, pp. 317–325.

[3] 蜂巣吉成, 吉田敦, 阿草清滋: 学習項目を利用したプログラミング学習用プルーフリーダの試作, 日本ソフトウェア科学会 第 33 回大会, Sep 2016, pp. 1–6.

[4] 内田公太, 権藤克彦: C 言語初学者向けツール C-Helper の予備評価, 電子情報通信学会技術研究報告. *KBSE*, 知能ソフトウェア工学, Vol. 113, No. 160(2013), pp. 67–72.

[5] 大須賀俊憲, 小林隆志, 渥美紀寿, 間瀬順一, 山本晋一郎, 鈴村延保, 阿草清滋: CX-Checker：柔軟にカスタマイズ可能な C 言語プログラムのコーディングチェッカ, 情報処理学会論文誌, Vol. 53, No. 2(2012), pp. 590–600.

[6] 吉田敦, 蜂巣吉成, 沢田篤史, 張漢明, 野呂昌満: 属性付き字句系列に基づくソースコード書き換え支援環境, 情報処理学会論文誌, Vol. 53, No. 7(2012), pp. 1832–1849.

[7] 柴田望洋: 新・明解 C 言語 入門編, SB クリエイティブ, 2014.

決定木を用いた
Java メソッドの名前と実装の適合性評価法の提案

A Proposal of Decision Tree-Based Method for Evaluating
Correspondence of Java Method's Name to Its Implementation

鈴木 翔[*]　阿萬 裕久[†]　川原 稔[‡]

あらまし 本論文では，メソッドの名前と実装に着目し，それらの間の適合性を評価する手法の提案と評価実験を行っている．ソフトウェアの開発や品質管理においてソースコードの可読性は重要であり，メソッドに対しては，その振舞いを適切に表現したかたちで名前付けが行われることが好ましい．本論文では，多数のソフトウェアのソースファイルからメソッドの名前と実装に関する情報を収集して決定木を構築し，決定木モデルによってメソッドの名前と実装の間の適合性を評価する手法を提案している．評価実験の結果，提案モデルによって約 80% の精度でメソッドの名前と実装の適合性を適切に評価できることが確認されている．

1 はじめに

ソフトウェア開発並びに運用・保守においては，バグを作り込まないことや，ソースコードの読解にかかるコストを極力抑えることが望ましい．そのための方策として，コーディング規約 [1], [2] を設定することでコードの可読性を一定水準に保つことや，静的解析ツールやメトリクスを利用したレビューなどが考えられる．しかし，コードの表面的な特徴（表記法，規模や複雑さ）だけでなく，理解容易性や意味的な側面も重要である．Lawrie ら [3] はローカル変数の名前に着目し，それらの構成がソースコードの理解容易性に影響することを報告している．Suzuki ら [4] は，複数の単語から構成されるメソッド名に N-gram モデルを適用することで，メソッド名の理解容易性の評価や，名前を構成する後続の単語の提案による命名の補完を試みた．一方，Høst ら [5] はメソッドの名前と実装の関係に着目し，両者の不一致を検出して適切な名前を推薦する手法を提案した．また，Yu ら [6] もメソッドの名前と実装の関係に着目し，それらにサポートベクトルマシン（SVM）を適用した．彼らの手法は，より多くの動詞に対応し，動詞に続く目的語の提案も試みている．Arnaoudova ら [7] は，メソッドの名前と実装の組，あるいはフィールドの名前と値の組について，誤解を招きやすいものを Linguistic Anti-Pattern として定義している．これらで指摘されている事柄は人間の感覚に対する影響であるものの，バグの潜在性や変更の起こりやすさといったソースコード品質の予測等において有用な要素である可能性がある．我々は先行研究 [8] において，"get"，"set" 及び "be" を名前の先頭単語とするメソッドに対して，メソッドの名前と実装の乖離に着目したバグ潜在性の評価並びに既存メトリクスとの比較を行った．その結果，名前と実装の乖離は，バグ潜在性の評価において注目に値する可能性があるという結果が得られた．しかし，対象とした単語が限定的であるといった課題があった．そこで本論文では，より多くの先頭単語を対象とし，その上で実装との適合性を評価できるモデルの提案と評価を行うことにする．具体的には，多数のソフトウェアのソースファイルを解析することによって，メソッドの名前と実装の間の規則性を統計モデルの一つである決定木のかたちでモデル化し，名前と実装の間の適合性評価の能力について検討する．

本論文の主な貢献は次の通りである：

1. 決定木を用いたメソッドの名前と実装の適合性評価法を新たに提案している．

---

[*]Sho Suzuki, 愛媛大学大学院理工学研究科

[†]Hirohisa Aman, 愛媛大学総合情報メディアセンター

[‡]Minoru Kawahara, 愛媛大学総合情報メディアセンター

2. 52 種類のメソッド名（先頭単語）について実データに基づいた決定木を構築し，それらの評価実験を行って有用性を示している．

以下，2節ではJavaメソッドの名前と実装の対応関係について論じる．そして3節では，決定木を用いたメソッドの名前と実装の適合性評価法を提案する．4節及び5節では，提案モデルの評価実験とその結果を示し，結果について考察を行う．6節では，今回の実験における妥当性への脅威について述べる．そして最後に，7節で本論文のまとめと今後の課題について述べる．

2 メソッドの名前と名前に適した実装

2.1 メソッド名

メソッド（あるいは関数）を宣言する際，開発者はそれらに名前を付けなければならない．Javaメソッドの命名は，言語仕様（JLS）[9] により，以下の制約に従う必要がある：(1) キーワード，論理型リテラル及び空リテラルでない，(2) 記号は使えない（ただし，アンダースコア '_' とドル '$' は使用可），(3) 頭文字が数字でない．上記の条件を満たした文字列であればメソッド名として有効ではあるものの，実際の開発ではこれらに加えて，上述の JLS [9] やコーディング規約 [1], [2] によって推奨される項目に従う場合も多い．例えば，メソッド名の表記法には lower camel case が推奨される．この記法は，名前を構成する各単語のうち，先頭以外の単語の頭文字を大文字で表記する記法である（例：isJavaIdentifierPart）．また，名前に使用する単語についても留意点がいくつか挙げられる．例えば，各単語には原則英単語を使用することや，名前の構成は動詞あるいは動詞句であることなどが推奨されている．さらに，メソッドの振舞いを意識した単語の使用や，対をなす振舞いを持ったメソッド対が存在する場合には，それらの単語の意味的な対も意識すべきであるとされている．具体例として，"あるオブジェクトの属性値を取り出す"メソッドの名前は，"get" から開始する名前が考えられる．一方，"あるオブジェクトに属性値を設定する"といった前述のメソッドと真逆の振舞いを持つメソッドは，振舞いの対称性と単語の対称性を意識したうえで "set" から始まる名前が考えられる．これらの制限はプログラムの動作に影響するものではないものの，コードの可読性を一定水準に保つ上では重要である．このように，メソッドの命名は，種々の制約や推奨事項の中で行われていることが多い．

2.2 ネーミングバグ

メソッド名の先頭単語として用いられる "get" や "set" といった単語については，ガイドライン等で広く知られているものの，それら以外の多くの単語については，どのような振舞いを持ったメソッド（の命名）に使用されるのが適切であるかについて，明確な基準があるわけではない．この問題に対し，Høst ら [10] は，メソッド名の先頭単語若しくはそれに続く単語を含んだ "フレーズ" に対して，メソッドの実装上の特徴（戻り値の型，引数の有無，分岐構造数の多寡など）の傾向を調査し，それらを "phrase-book" としてまとめている．一方，メソッドの名前に対してふさわしくない振舞いを行う，若しくは反対に，メソッドの振舞いに対して適切な名前が付けられていない状態をネーミングバグと呼んでいる．ネーミングバグは，"(1) 名前に合わせて実装を変更する"，若しくは "(2) 振舞いに合わせて名前を変える" ことによって修正される．図1にネーミングバグの一例を示す．図1に示すメソッドの振舞いは，仮引数 "shared" で受け取った boolean 型の値を，当該メソッドが属するクラスのフィールド "mapShared" に代入するというものである．これに対して，当該メソッドの名前は "isMapShared" である．一般に，"is-*" のフレーズを持つメソッドは，条件を満たすかどうかを boolean 値で返す振舞いが想定され，反対に，フィールドに代入を行う振舞いは想定され難い．つまり，メソッドの名前と振舞いが噛み合っていないと言える．名前を改めるのであれば，"set-*" のフレーズ

A Proposal of Decision Tree-Based Method for Evaluating Correspondence
of Java Method's Name to Its Implementation

```
public void isMapShared(boolean shared) {
        mapShared = shared;
}
```

図1　ネーミングバグの例（フィールドへの代入のみにも関わらず名前が "is-*" である）

```
public boolean isMapShared() {
        return this.mapShared;
}
```

図2　実装に関する修正の一例

を持つメソッドとして "setShared" あるいは "setMapShared" などが名前の候補として挙げられる．一方，実装を見直すのであれば，図2に示すような実装がメソッドの名前に対して適切であると考えられる．Høst らは，ネーミングバグを検出し，それらに対してより適切な名前を提案する研究を報告している．また，Karlsen ら [11] は，Høst らの手法をもとにネーミングバグの検出と修正を行う Eclipse プラグインの開発を試みている．

　しかしながら，先行研究 [5], [11] では，動詞に対して適用可能なルールが一つに定まらなければうまく機能しない．例えば，Yu ら [6] も指摘しているように40% がルールAに，40% がルールBに従う場合，彼らの方法では命名規則が定まらない．また，Yu ら [6] の SVM による手法は，名前に対応する実装上の特徴についてはブラックボックスである．そこで本論文では，決定木を適用することで複数の特徴量を総合的に考慮し，"メソッド名と実装の適合性" を評価することを目指す．また，決定木の可視化は，適合性評価に有効に作用している特徴を捉えることや，ネーミングバグが存在していた場合はその理由の把握にも役立つことが期待される．

3　メソッドの名前と実装の適合性評価

3.1　概要

　本節では，メソッドの名前と実装の適合性を評価する手法を提案する．

　一般に，メソッドの名前は多岐にわたることから，本論文ではメソッド名の先頭単語に注目することにする．JLS [9] 等において，メソッドの名前の構成は単一の動詞または動詞句が推奨されており，先頭単語に着目すると，一般にその単語はメソッドの動作を反映したものであると考えられる．よって，ここでは先頭単語でもってメソッドの名前を分類することとした．本研究においては，メソッド名を構成する各単語は（1）camel case に従った小文字と大文字の間，（2）snake case に従ったアンダースコア，または（3）数字とそれ以外の文字の間で連結されていると仮定する．そこで，メソッドの名前を単語に分割する操作では，単語の切れ目として以下の正規表現を用いた：（1）(?<=[a-z])(?=[A-Z])|(?<=[A-Z])(?=[A-Z][a-z])，（2）_（アンダースコア），（3）(?<=\D)(?=\d)|(?<=\d)(?=\D).

　そして，メソッドの実装上の特徴を後述するメトリクスによって定量化し（3.2節参照），それらを入力とした決定木を構築する（3.3節参照）ことで名前と実装の適合性を評価することを提案する．決定木は，個々のデータを説明変数によって段階的に分類し，目的変数がどのカテゴリに属するかを決定する統計モデルの一つである [12]．本研究においては，メソッドの名前の先頭単語がその実装上の特徴から見て相応しいか否かという二値を目的変数，メソッドの実装上の種々の特徴を説明変数として決定木を構築する．そして，名前と実装の適合性評価については，評価対象のメソッドの名前に対応する決定木に対して当該メソッドの実装（特徴データ）を入力し，名前と実装の適合性を評価する．

決定木構築までの流れについて，それぞれ次小節以降で述べる.

3.2 メソッドの実装上の特徴の抽出

ソースコード上のメソッドは構造化データではないため，それらの実装上の特徴を数値・記号化してベクトルの形で表現する. 本論文では，表1に示すメソッドの実装上の特徴に着目する. これらの特徴は，文献 [5], [6], [10], [11] で着目されているものを基礎として，メソッドの振舞いを表現するうえで有用であると思われるものを収集した. 収集には，筆者が JDT [13] を用いて作成したソースコード解析ツールを使用した. 表1の4列目は，具体例として図2を解析した結果を表している.

3.3 学習データの収集と決定木の構築

学習に用いるデータセットを用意し，そこから前小節で述べた形式でメソッド情報の収集を行う. 本論文では，可能な限り汎用的な名前と実装の適合性評価を目指している. そのため，ここで収集する学習データは特定の開発者やドメインによる影響ができる限り排除されていることが望ましい. そこで，Qualitas Corpus [14] から多数のドメインに渡るメソッド情報を収集することによって，特定の開発者やドメインによる影響の排除を試みる. Qualitas Corpus は，Tempero らによって作成されたデータセットであり，Java で開発された 112 個のソフトウェアに関するデータ（ソースファイル，クラスファイルなど）がまとめられている. 学習に用いたデータセットの概要を表2に記す. ただし，以下の条件（a）～(f) に該当するものは，命名に制約がある，実装が無い，あるいは他のクラスから呼び出される可能性が低い（名前に着目する価値が低い）ことから調査対象に含めていない：(a) コンストラクタ，(b) 匿名クラスあるいはインナークラスに属するメソッド，(c) インターフェースに宣言されたメソッド，(d) 抽象メソッド，(e) JUnit のテスト用ディレクトリに属するメソッド，(f) テンプレートファイル.

次に，これまでの手順によって収集した名前と実装の組の情報から決定木を構築する. 本研究では，決定木の構築に統計解析ソフトウェア R を利用する. 具体的な構築手順を以下並びに図3(a) に示す. なお，ここでは具体例として "find" を名前の

表1 Java メソッドから収集する実装上の特徴とその例

特徴	属性名	意味	例（図2）
戻り値の型	returntypecat	4 種類（void, boolean, primitive 又は reference）に分類. primitive は boolean 型以外のプリミティブ型, reference は参照型.	boolean
アクセス修飾子	accessmod	public, private, protected 及び none（パッケージプライベート）の 4 種類.	public
static 修飾子	staticmod	static 修飾子を持つかどうか. 持っている場合は TRUE, そうでなければ FALSE.	FALSE
引数	params	引数の個数	0
throws 句の例外	thrown	例外の個数	0
ローカル変数	localv	メソッド内で使用されるローカル変数の数	0
メソッドの実装の有無	emptyBody	body に文を持たない場合 TRUE, 持っている場合は FALSE.	FALSE
メソッド呼出し	invoke	メソッド内でのメソッド呼出し回数	0
同名メソッド呼出し	samenameinvoke	メソッドと同じ名前のメソッド呼出し回数	0
同先頭単語メソッド呼出し	samewordinvoke	メソッドと同じ先頭単語を持つメソッドの呼出し回数	0
分岐構造	branch	if 文及び switch 文による分岐数	0
繰返し構造	loops	for 文, 拡張 for 文, while 文及び do-while 文による繰返し構造の数	0
return 文	returns	メソッド中の return 文の個数	1
throw 文	throw	メソッド中の throw 文の個数	0
try 文	try	メソッド中の try 文の個数	0
キャスト	cast	メソッド中で明示的なキャストを行った回数	0
instanceOf	instanceof	メソッド中の instanceOf 演算子の個数	0
new 文	new	メソッド中の new 文の個数	0
フィールド読出し回数	fieldread	メソッドが属するクラスのフィールドから値を読み出した回数	1
フィールド書込み回数	fieldwrite	メソッドが属するクラスのフィールドへ値を書き込んだ回数	0
LOC	loc	ソースコード行数	3
最大ネスト数	nestmax	メソッドの最大ネスト数	1
平均ネスト数	nestave	メソッドの平均ネスト数	1.0

表2 学習用データセットの概要

対象	ソフトウェア数	ファイル数	メソッド数
QualitasCorpus-20130901r	112	138,245	1,090,066

先頭単語としたメソッドの決定木の構築について述べる．
1. 学習データセットより，先頭単語が "find" であるメソッドデータを n 個無作為に抽出して一つのデータフレームに格納する．
2. 学習データセットより，先頭単語が "find" 以外のメソッドデータを n 個無作為に抽出して一つのデータフレームに格納する．
3. 手順 1 及び 2 で抽出した各データフレームを一つに併合する．
4. 手順 3 で得られたデータフレームから決定木を構築する．決定木は，R において rpart パッケージの rpart 関数によって構築できる．また，rpart.plot パッケージの rpart.plot 関数を用いることによって，図3(b) のような決定木を描画することができる．

本研究では決定木の構築に使用するデータ数 n を，対象メソッドの個数を考慮して 5000 とした．ただし，データ数がこれに満たないメソッドについては，手順 1 と手順 2 で抽出するデータ数を当該メソッドの数に合わせた．

以上のようにして構築した決定木を，メソッドの名前と実装の適合性評価に使用する．例えば，findXXX（XXX は任意の文字列）という名前を持つメソッドについては "find" に関する決定木を用いる．そして，評価対象のメソッドの実装上の特徴を決定木の入力として判定した結果が，評価対象のメソッドの先頭単語と一致しない場合，当該メソッドは名前と実装の適合度が低いということになる．

4 評価実験
4.1 目的

本研究は，メソッドの名前と実装の乖離に着目した種々の研究に向けた事前調査として，決定木を用いたメソッドの名前と実装の適合性評価の有効性について検討する．そこで，次の研究課題（Research Question:RQ）に取り組むことにする．

RQ1: 提案した決定木モデルでの評価精度はどの程度なのか？また，精度に影響を与える要因は何か？

RQ2: 決定木によるメソッドの名前と実装の適合性評価はどの程度なのか？

上記の RQ に対して，具体的に以下を実施する．

実験 1：決定木モデルそのものの精度の検証（RQ1）
実験 2：決定木による名前と実装の適合性評価能力の分析（RQ2）
　（a）コーパス内のメソッドについて
　（b）コーパスに存在しないソフトウェアのメソッドについて

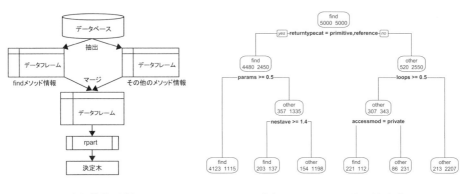

(a) 構築手順　　　　　(b) "find" メソッドの決定木

図 3　決定木の構築

4.2 対象とする先頭単語

提案手法の汎用性を可能な限り高めるため，Qualitas Corpus の 112 個のソフトウェアのうち，より多くのソフトウェアで出現する先頭単語を実験の対象とする．ここで，登場するソフトウェア数を 10% ごとに区切りながら，該当する先頭単語の種類数，並びにそれらのメソッドが全メソッドに占める割合を調べた結果を表 3 に示す．例えば，表 3 より 90% 以上のソフトウェアに使用されるメソッド名の先頭単語が 17 種類あり，それらのメソッドが全体のおよそ 61% を占めていることが分かる．また，収集した全メソッドの先頭単語は 7481 種類であることが分かった．全体に占める割合の傾向と先頭単語の種類数から，登場するソフトウェア数が少ない先頭単語，いわゆるマイナーな先頭単語の度数分布はロングテールになっていることが考えられる．そのため，多くのソフトウェアで共通して登場する先頭単語に着目するだけでも，多くのメソッドを網羅できる可能性がある．そこで，本実験では，70% 以上のソフトウェアに登場する 52 単語に限定する．本実験で決定木を構築するメソッド名の先頭単語とそれらの母数を図 4 に示す．

4.3 実験の内容
4.3.1 実験 1：決定木モデルそのものの精度の検証

提案手法の有用性を検討するため，交差検証を実施する．交差検証の方法としては leave one out 法を用いる．具体的には，抽出したサンプルのうち，一つをテストデータに，それ以外をモデル構築に用い，当該モデルがテストデータを正しく分類するかどうかを全てのサンプルで 1 回ずつ実施する．そして，正しく分類できた割合を算出する．なお，検証に伴うサンプルの抽出回数は，対象の先頭単語ごとに 1 回とする．
4.3.2 実験 2：決定木による名前と実装の適合性評価能力の分析

構築した決定木を使用して，メソッドの名前と実装の適合性評価を実施する．具体的には，ある先頭単語を持つメソッドの集合に対して，その集合に対応する決定木がどの程度 "名前と実装に適合性あり" と判定するか調べる（再現率を算出する）．評価は，決定木の構築に使用した学習用データセットと，学習用データセットに含まれないソフトウェア（表 4）から収集したデータの 2 パターン実施する．表 4 に示すソフトウェアについては，いずれも Java で開発され，学習に用いたデータセットである QualitasCorpus には含まれておらず，開発期間・規模の観点から実験に使

表 3 Java メソッド名の先頭単語の種類数とその割合

登場ソフトウェア数	単語の種類	絶対数の比率
101 個以上　　(90%)	17	0.6075
90 個以上　　(80%)	32	0.6677
79 個以上　　(70%)	52	0.7198
68 個以上　　(60%)	73	0.7496
56 個以上　　(50%)	113	0.7901
⋮	⋮	⋮
1 個以上	7481	1.0000

---

add(31,480), get(317,516), is(48,648), set(124,453), to(16,319), remove(16,880), clear(3,792), create(38,704), has(6,182), read(9,308), check(7,178), equals(5,118), init(9,816), main(2,121), find(8,976), load(4,765), update(9,902), parse(6,056), write(11,022), reset(3,604), start(4,164), hash(4,091), next(2,092), process(4,360), close(3,568), print(3,391), compare(2,034), new(4,696), do(6,435), contains(2,607), handle(4,804), put(2,572), run(4,046), build(4,094), copy(2,441), initialize(4,343), execute(3,623), format(1,520), generate(3,595), make(2,619), clone(2,874), delete(2,242), size(1,602), replace(1,251), save(2,940), end(3,541), convert(2,865), insert(2,113), validate(3,274), register(2,365), can(3,600), stop(1,732)

図 4 本稿で着目する先頭単語（52 単語．括弧内の数字は母数）

表4 学習用データセットに含まれないソフトウェアに関するデータセットの概要

ソフトウェア	バージョン	ファイル数	メソッド数
BlueJ	4.1.0	932	8,315
JabRef	3.8.2	871	4,578
Saxon-HE	9.8	1387	13,931

用するに十分であると筆者が主観的に判断したため選択した．また，実験1と同様，サンプル抽出，学習並びに評価の試行回数は対象の先頭単語ごとに1回とする．

4.4 結果

実験結果を表5に示す．また，それぞれの実験結果の概要は次の通りである．

4.4.1 実験1:決定木モデルそのものの精度の検証

モデルの精度（正しく分類できた割合）は，最低値が "save" の 0.6906 ，最大値は "main" の 0.9833 であった．また，これらの平均値は 0.8163 であった．

4.4.2 実験2：決定木による名前と実装の適合性評価能力の分析

それぞれの決定木に対応する先頭単語を持つメソッドの評価結果は，学習データセット内のメソッドに対する評価（実験2（a））と，学習データセットに存在しないソフトウェアに対する評価（実験2（b））についてそれぞれ以下のようになった．

実験2（a）：

再現率の最小値は "start" の 0.7110 ，最大値は "equals" の 0.9940 であった．平均的には 0.8450 で，各木に対応するカテゴリのメソッドを適切に評価していることが分かった．

実験2（b）：

最小値は "execute" の 0.0588 であり，最大値は "equals"，"main"，"hash"，"format"，"size" 及び "stop" で見られた 1.0000 であった．平均的には 0.7974 での評価ができているものの，一部のメソッドにおいて，コーパス内の評価と比較して大幅に適合性判定の比率が変動したメソッドが存在した．特に，"execute" 及び "generate" については，精度が大きく減少（ -0.7162，-0.4412 ）していた．これは，コーパス内における評価と比較して，適合性ありと判断されたメソッドの比率が大幅に減少したことを意味している．

5 考察

5.1 RQ1:提案した決定木モデルでの評価精度はどの程度なのか？また，精度に影響を与える要因は何か？

5.1.1 モデルの精度が高かったもの

表5より，9個の先頭単語（"is"，"has"，"equals"，"main"，"hash"，"compare"，"contains"，"size" 及び "can"）について，交差検証の結果モデルの精度が 90% を超えていた．この理由として，次のことが考えられる．

- 戻り値のデータ型

  全メソッドのうち，戻り値のデータ型が primitive 及び boolean であるものの比率はそれぞれ 8% 及び 11% であり，void（39%）や reference（41%）と比較すると低いことが分かる．学習用データセットを調べたところ，"is"，"has"，"equals"，"contains" 及び "can" を名前の先頭に持つメソッドについては，それぞれそれらの 94 〜 99% の割合のメソッドの戻り値のデータ型が boolean であることが分かった．同様に，"hash" 及び "size" を名前の先頭に持つメソッドについても，戻り値のデータ型が primitive であるものの比率は 98% 及び 97% であった．以上より，少数派のデータ型の戻り値を返す傾向が極めて強いメソッドについては，戻り値型が判別の決め手となり，モデルの精度が高くなっていると考えられる．

表5 交差検証（実験1）及び適合性評価（実験2）の結果

度数	先頭単語	交差検証（実験1）	適合性評価（実験2）		
			実験2 (a)	実験2 (b)	実験2 (b) − 実験2 (a)
	add	0.7714	0.7770	0.7879	0.0109
	get	0.8706	0.9220	0.9330	0.0110
	is	0.9567	0.9830	0.9930	0.0100
	set	0.8781	0.8820	0.8830	0.0010
	to	0.7948	0.8190	0.8833	0.0643
	remove	0.7873	0.7790	0.7103	−0.0687
	clear	0.8750	0.8460	0.7667	−0.0793
	create	0.7899	0.8620	0.8578	−0.0042
90%	has	0.9372	0.9770	0.9892	0.0122
	read	0.7898	0.7140	0.5376	−0.1764
	check	0.7459	0.7460	0.6211	−0.1249
	equals	0.9691	0.9940	1.0000	0.0060
	init	0.8179	0.7880	0.8350	0.0470
	main	0.9833	0.9810	1.0000	0.0190
	find	0.8182	0.9150	0.8344	−0.0806
	load	0.7449	0.8250	0.7763	−0.0487
	update	0.7816	0.8820	0.9180	0.0360
	parse	0.7599	0.7910	0.8185	0.0275
	write	0.8584	0.8750	0.9145	0.0395
	reset	0.8646	0.8210	0.7447	−0.0763
	start	0.7915	0.7110	0.8901	0.1791
	hash	0.9525	0.9880	1.0000	0.0120
	next	0.7957	0.7580	0.7596	0.0016
	process	0.7433	0.8340	0.6952	−0.1388
80%	close	0.8635	0.8560	0.9325	0.0765
	print	0.7672	0.8410	0.7600	−0.0810
	compare	0.9213	0.9030	0.9855	0.0825
	new	0.8148	0.7600	0.6875	−0.0725
	do	0.7602	0.7820	0.6000	−0.1820
	contains	0.9388	0.9850	0.9868	0.0018
	handle	0.7606	0.7780	0.7593	−0.0187
	put	0.7867	0.8210	0.8281	0.0071
	run	0.7582	0.7350	0.6949	−0.0400
	build	0.7482	0.8490	0.8491	<0.0001
	copy	0.7116	0.7940	0.7372	−0.0568
	initialize	0.8110	0.8170	0.8636	0.0466
	execute	0.7969	0.7750	0.0588	−0.7162
	format	0.8326	0.9300	1.0000	0.0700
	generate	0.7000	0.7780	0.3368	−0.4412
	make	0.7598	0.7610	0.9037	0.1427
	clone	0.8606	0.8860	0.8333	−0.0527
70%	delete	0.6913	0.8180	0.8085	−0.0095
	size	0.9482	0.9740	1.0000	0.0260
	replace	0.7834	0.8410	0.7170	−0.1240
	save	0.6906	0.8550	0.5243	−0.3307
	end	0.7823	0.7780	0.5093	−0.2687
	convert	0.8103	0.9030	0.8889	−0.0141
	insert	0.7896	0.8790	0.8205	−0.0584
	validate	0.7468	0.7790	0.4692	−0.3098
	register	0.7645	0.8330	0.7719	−0.0611
	can	0.9153	0.9450	0.9459	0.0009
	stop	0.8580	0.8150	1.0000	0.1850

- 実装の特異性

  先頭単語 “main” は，メインメソッドの名前としての登場がほとんどであると考えられる．そして，それらの特徴の組合せが強く現れたため精度が高くなっていると思われる．“main” の決定木が “適合性あり” と評価する条件は，“`static` 修飾子を持つ” かつ “戻り値のデータ型が `void` である” かつ “引数の数が 1.5 未満である” であった．これは Java のメインメソッドの書式と合致する．

5.1.2 モデルの精度が低かったもの

本論文で着目した先頭単語のうち，“delete” と “save” はモデルの精度がそれぞれ 0.6911 と 0.6906 と，0.7 を下回っていた．このように，精度が他と比較して低くなっている理由としては以下のことが考えられる．

- 実装を表現するのに必要な情報が不足している

  本研究では，表1に示す項目のみからメソッドの特徴を定量化したが，特徴を表現しきれていない可能性がある．これらのメソッドは値の代入や演算といった直接的な処理を，他のメソッドあるいは他の（主に入出力関係の）オブジェクトに任せる傾向が予想されるが，今回着目した項目ではせいぜいメソッド呼び出しに関する特徴量しか捉えることができない．しかし，上述のように入出力に関するクラス並びにインターフェースとの関係や，それらによって共起しやすい単語などへの着目による改善が期待できる．また，メソッド内で使用される変数の名前，ステートメントの順番，分岐構造などが入れ子か否かといった情報についても，本手法においては欠落している．以上のような項目に関し

てより高度な解析を行い，精度の改善を図ることは今後の課題としたい．

- 実装にばらつきが大きい
  ある先頭単語を持つメソッドによっては，一般的な実装パターンが定まっていないものも存在する可能性がある．本研究では，メソッド名の先頭単語による分類しか行っていないものの，先頭単語に続く語による分類を行えば，実装上の特徴が明確になる可能性がある．
- 別の名前をもつ類似したメソッドが多数存在する
  似た実装パターンを持つメソッドがその他のメソッドに多く，決定木のモデル精度が低下してしまったことが原因として考えられる．例えば，"init" と "initialize" のような表記の違いや，"make" と "create" の様な単語の意味が近いと思われるメソッドの間では，実装面の類似度も高いことが予想される．本研究では，複数の名前の付け方があり得る場合を考慮できていない．しかし，これらの類似したメソッドを一つにまとめて決定木を構築することによって，開発者の感覚に近い適合性判定が行えるようになることが期待される．

5.2　RQ2:決定木によるメソッドの名前と実装の適合性評価はどの程度なのか？

名前と実装の適合性評価を，学習用データセットとそれ以外のソフトウェアから収集したデータについて実施した結果，コーパス内のデータについては全体的に 85% の割合のメソッドを適合性ありと判定していた．コーパス内のデータには，決定木構築に用いられたデータも含まれている可能性があること，また，コーパス自体にネーミングバグを含んでいる可能性があることの二点を考慮すれば，この判定結果は自然であり，決定木は概ね妥当な判定を下していると思われる．一方，コーパスに含まれないソフトウェアのメソッドについては，"execute" や "generate" など一部のメソッドの判定結果について，学習用データセットにおける評価と比較して著しく変動しているものも見られた．この原因については，前小節で触れた "実装にばらつきがある" ということ以外に，当該メソッドの実装がプロジェクトそのものに大きく依存していることも考えられる．しかし，交差検証の結果より，決定木のモデルについては平均的に 80% 程度と概ね良い精度を持っていることが確認できており，適合性評価についても，コーパス内外で精度の変動が 10% 未満のものは 52 個中 39 個と，大方の決定木については安定して判定ができていると思われる．

6　妥当性への脅威

本実験では，メソッドの名前と実装の一般的な組合せを把握するにあたり，Qualitas Corpus からデータ収集を実施した．これにより，多数のドメインに渡る解析を行うことができたものの，学習用のデータセットとして用いた Qualitas Corpus そのものにネーミングバグを持つメソッドが含まれている可能性もある．したがって，学習データに含まれるネーミングバグが，先頭単語ごとの名前と実装の組合せの一般的性質に影響を及ぼしていた恐れがある．これについては異常値検出・除去といった事前処理を行うことで対処可能とも考えられ，今後の課題としたい．

本実験では学習用データセット並びにその他のソフトウェアからのデータ収集において，ファイルのパスに対するパターンマッチングによる，テストコード並びにテンプレートファイルと思しきファイルの除去を行っている．これは厳密な手法とは言い難いが，通常その種のコードは少数派であることから，実験結果の妥当性を脅かす可能性は低いと考える．

メソッドの名前から先頭単語を抜き出すにあたり，本研究では3.1節で記した正規表現を利用した．しかし，これら以外の表記法によってメソッドの命名が行われていた場合，適切に先頭単語を抜き出せていない可能性があるが，その場合は造語を含む特殊なメソッド名である可能性が高く，今回の実験ではいずれにしても対象外となっていたものと思われる．

7　おわりに

　本論文では，メソッドの名前と実装の乖離に着目した研究に関する事前調査として，メソッドの名前と実装の適合性評価方法について検討を行った．具体的には，多数のソースコードから特徴を抽出し，それらによって構築した決定木の判別精度の検証並びに決定木を用いた適合性評価能力の考察を行った．その結果，着目した 52種類のメソッド名の先頭単語について，決定木モデルの精度（再現率）は，0.6906 ～0.9833（平均 0.8163）と概ね高い精度であった．また，決定木構築に用いた学習用データセットと，学習用データセットに含まれないデータを用いた適合性評価を行ったところ，7 割以上の決定木で同程度の判別ができていることを確認した．一部の決定木について大きな変動が見られたものの，本研究の結果に留意したうえで，当該手法はメソッドの名前と実装の乖離に着目した種々の研究に利用可能と考えられる．今後の課題としては，実装が類似しているメソッドを合成した決定木の構築や，ランダムフォレストによる判別の実施が挙げられる．また，メソッド名の推薦 [15]，[16] といった手法との比較についても検討していきたいと考えている．

参考文献

[1]　平鍋健児: Java コーディング標準,
http://objectclub.jp/community/codingstandard/CodingStd.pdf, 2006.

[2]　Google: Google java style, https://google.github.io/styleguide/javaguide.html, 2014.

[3]　Lawrie, D., Morrell, C., Feild, H. and Binkley, D.:　What's in a Name?　A Study of Identifiers, in *Proc. 14th Int'l Conf. Program Comprehension*, 2006, pp. 3–12.

[4]　Suzuki, T., Sakamoto, K., Ishikawa, F. and Honiden, S.:　An Approach for Evaluating and Suggesting Method Names using N-gram Models, in *Proc. 22nd Int'l Conf. Program Comprehension*, 2014, pp. 271–274.

[5]　Høst, E. W. and Østvold, B. M.:　Debugging Method Names, in *ECOOP 2009 Object-Oriented Programming*, Drossopoulou, S. (ed.), Lecture Notes in Computer Science 5653, Springer-Verlag, 2009, pp. 294–317.

[6]　Yu, S., Zhang, R. and Guan, J.:　Properly and Automatically Naming Java Methods: A Machine Learning Based Approach, in *Advanced Data Mining and Applications*, Zhou, S., Zhang, S. and Karypis, G. (eds.), Lecture Notes in Computer Science 7713, Springer-Verlag, 2012, pp. 235–246.

[7]　Arnaoudova, V., Penta, M. D., Antoniol, G. and Gueheneuc, Y. G.:　A New Family of Software Anti-Patterns: Linguistic Anti-Patterns, in *Proc. 17th European Conf. Softw. Maintenance and Reengineering*, 2013, pp. 187–196.

[8]　鈴木翔, 阿萬裕久, 川原稔: バグ予測に向けた Java メソッドの名前と実装の特徴の関係に関する考察, 電子情報通信学会技術報告, Vol. 116, No. 512, 2017, pp. 25–30.

[9]　Oracle: The Java Language Specification, Java SE 8 Edition,
http://docs.oracle.com/javase/specs/jls/se8/html/index.html, 2015.

[10]　Høst, E. W. and Østvold, B. M.:　The Java Programmer's Phrase Book, *Software Language Engineering*, Gašević, D., Lämmel, R. and Eric, V. W. (eds.), Lecture Notes in Computer Science 5452, Springer-Verlag, 2009, pp. 322–341.

[11]　Karlsen, E. K., Høst, E. W. and Østvold, B. M.:　Finding and Fixing Java Naming Bugs with the Lancelot Eclipse Plugin, in *Proc. ACM SIGPLAN 2012 Workshop on Partial Evaluation and Program Manipulation*, 2012, pp. 35–38.

[12]　藤井良宜: カテゴリカルデータ解析, R で学ぶデータサイエンス, 第 1 巻, 共立出版, 2010.

[13]　The Eclipse Foundation: Eclipse Java development tools (JDT),
http://www.eclipse.org/jdt/, 2017.

[14]　Tempero, E., Anslow, C., Dietrich, J., Han, T., Li, J., Lumpe, M., Melton, H. and Noble J.: The Qualitas Corpus: A Curated Collection of Java Code for Empirical Studies, in *Proc. Asia Pacific Softw. Eng. Conf.*, 2010, pp. 336–345.

[15]　Kashiwabara, Y., Ishio, T., Hata, H. and Inoue, K.: Method Verb Recommendation Using Association Rule Mining in a Set of Existing Projects, *IEICE Trans. Inf. and Syst.*, Vol. E98-D, No. 3, 2015, pp. 627–636.

[16]　Allamanis, M., Barr, E. T., Bird, C. and Sutton, C.: Suggesting Accurate Method and Class Names, in *Proc. 10th Joint Meeting of Europ. Softw. Eng. Conf. & ACM SIGSOFT Symp. Foundations of Softw. Eng. (ESEC/FSE 2015)*, 2015, pp. 38–49.

実行時のログを利用した**DB**を介した業務アプリケーションの影響波及分析

Impact analysis for business applications with database-related logs

倉田 涼史* 加藤 光幾† 安家 武‡

あらまし 企業で用いられる業務アプリケーションでは，顧客ニーズの変化，企業戦略の変更，法改正などに対応するため業務機能の追加・変更が発生する．業務アプリケーションの各機能は，データベース (DB) を介して複数の機能が連携しているため，機能変更により影響を受ける連携先の機能を事前に特定しておく必要がある．しかし，仕様などドキュメントが常に最新とは限らないため，ソースコードを用いて影響を調査する必要があり，工数を要している．特に，DB を介した影響は静的な調査が困難であり，技術者が手作業で調査を行っている．

本稿では，Java で開発された業務アプリケーションにおいて，機能変更時に影響のある変数から，DB を介した影響範囲を推定する，静的解析と動的解析を組み合わせた影響波及分析手法を提案する．DB アクセスするメソッドを静的解析で推定し，メソッド実行時の JDBC の動的ログとスタックトレースを組み合わせることで，DB を介した影響波及分析を可能とした．本手法を業務アプリケーションで試行した結果を報告する．

1 はじめに

企業で用いられる業務アプリケーションでは，顧客ニーズの変化，企業戦略の変更，法改正などの環境・外部変化に対応するための適応保守が発生する．長年にわたり使用される業務アプリケーションには，開発時の工数よりも適応保守の工数の方が多く投入されている [1].

業務アプリケーションの多くは複数の機能を持ち，データベース (DB) を介して機能同士がデータのやりとりを通して連携している．そのため，本連携を考慮せずに，ある業務機能の追加変更を行った場合，連携先の機能で障害が発生する可能性がある．機能変更に伴う障害を発生させないため，直接的には変更しない他の機能に対してもどのような影響を及ぼすかの影響波及分析が必要である．しかし，開発と保守では担当者が異なる，ドキュメントが最新でない，などの理由で確認漏れ・誤りが発生することがある．また，大規模な業務アプリケーションなど，機能ごとに保守担当が異なる場合，DB を介して業務機能にまたがるデータ伝搬があると，他機能の担当に影響調査依頼するため時間を要している．

本稿では変更の影響範囲を特定するため，DB を介したデータの流れに着目した．ソースコード上の変数のデータが DB テーブルのどのカラムに書き込まれ，そのカラムのデータがソースコード上のどの変数に読み込まれるといったデータの流れは，DB を介して連携している機能間の影響を知る上で重要な意味を持つためである (例えば，図 1 のメソッド m_a 内の変数 x の値が DB のテーブル $T1$ のカラム $C1$ を介してメソッド m_b 内の変数 z に影響する DB を介したデータ伝搬関係を把握するために必要)．そこで，DB を介したデータ伝搬関係を推定する新たな影響波及分析手法を提案する．本手法は，Java で記述された業務アプリケーションにおいて DB(RDB) アクセスに関する動的ログを取得し，JDBC のメソッドの実行時の動的ログにスタックトレースを含むことで，ソースコード上の変数と DB のカラムの対応関係を取得することを可能としている (本稿では，アプリケーション実行時のログのことを動的ログと呼ぶ)．この対応関係と静的解析の結果を組み合わせることに

---

*Ryoji Kurata, (株) 富士通研究所 システム技術研究所

†Kato Koki, (株) 富士通研究所 システム技術研究所

‡Takeshi Yasuie, (株) 富士通研究所 システム技術研究所

より DB を介した影響範囲を特定している．

以下に本稿の構成を記載する．まず，2 章で関連研究について述べる．次に，3 章で DB を介した業務アプリケーションの影響波及分析の新たな手法を提案する．その後，4 章で提案手法について評価実験を行った結果とその考察について述べ，5 章で本稿のまとめについて述べる．

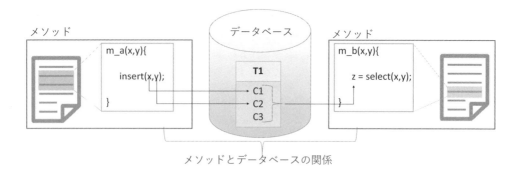

図 1　DB を介したデータ伝搬関係

2　関連研究

ソースコードを用いた静的解析は影響波及分析の研究でしばしば用いられる．Horwitz ら [2] が提案したシステム依存グラフの辺の一つであるデータ依存関係は，様々なプログラム解析の基礎として用いられ，多くの静的解析手法で適用されている．その一つとして，Sridharan ら [3] が提案した Thin slicing がある．この手法は，データ依存関係のみを用いることでプログラム理解にかかる時間を短縮するもので，短縮が行えた 22 個のプログラムの例をもって Thin slicing が有効であることを示した．石尾ら [4] は，10 個の Java で記述されたプログラムについて評価を行い，制御フローを考慮しない簡便なデータ依存関係を用いた静的解析であっても十分な解析結果が得られる可能性があることを示した．これらの静的解析手法は，プログラムの理解に大いに役立つだけでなく，影響波及分析にも用いられる．しかしながら，DB にアクセスするプログラムが発行する SQL は，動的に生成される場合があるため，本稿で取り扱う DB を介したデータ依存関係を静的解析で行うことは困難である．

また，DB が持つテーブル/カラムの構造，データ，SQL を用いてシステム構成理解を支援する研究も行われている [5–8]．これらの研究は，アプリケーションの全体像をデータの観点から理解するのに有効であるが，カラム単位でのデータ伝搬関係を把握することは困難であり，本稿で着目しているソースコード上の変数と DB のカラムとの対応関係の取得に適さない．

より DB のデータ伝搬に着目した研究として，Liu ら [9] は属性依存グラフ (attribute dependency graph) をソースコード (PHP) から静的に抽出する．ここで言う属性はテーブルのカラムであり，属性依存グラフではプログラムとそれがアクセスするカラムとの関係を有向グラフで表現する．PHP コードから制御フローをたどり実行されるであろう SQL を組み立て，構文解析してカラムを抽出し依存関係を得る．しかし，Liu らの手法は動的に生成される SQL に対応していない．Willmor ら [10] は従来の静的な slicing では考慮されていなかった，DB に関係するデータ依存関係も考慮するために，プログラム-DB 依存関係と DB-DB 依存関係を導入した．ただし対象言語が COBOL であり，Java で同様に機能するかは言及されていない．加藤ら [11] は，業務アプリケーションの一画面から実行される SQL のログを取得し，その実行順序とデータ値関係の仮説・推定で異なる DB のカラム間でデータ伝搬を得る．それゆえに，この方法はプログラムのソースコードには言及しておらず，ソースコード上の変数と DB のカラムの対応関係の取得はできない．

3 提案手法

本章では，静的解析と動的解析を用いて，DB を介した業務アプリケーションの影響波及分析を行う新たな手法を提案する (対象 DB の種類は RDB とする)．提案手法はソースコード上の直接的なデータ依存関係だけでなく，DB を介したデータ依存関係も考慮して，ソースコード上のある変数から影響を受ける変数を調査する．

3.1 概要

業務アプリケーションの多くは，SQL を発行/実行し DB にアクセスを行っている．実行される SQL は，ソースコードに直接記述されている場合も存在するが，メソッド内の文字列連結等で生成される，または O/R Mapper 等が使用されるといった動的な実装が多い．この場合，メソッドが実行されるまで SQL がアクセスする DB カラムは特定できないため，静的解析手法では，DB を介したデータ依存関係の取得は困難である．一方，SQL と関係があるカラムの特定方法として，SQL のログを用いた動的解析を行うことが考えられる．例えば，Java では JDBC の動的ログを取得することで SQL のログが得られる．しかし，この方法は別のメソッドが生成した SQL 文が引き渡された後のログを取得するため，SQL と関係があるカラムの値が分析できても，その値がソースコード上のどのメソッドの変数とデータ依存関係にあるか分析することが困難である．

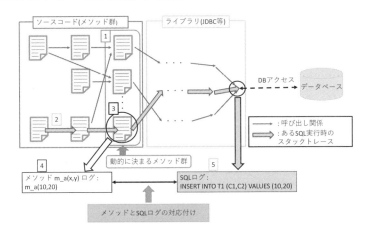

図 2 提案手法の概要

上述のように，静的解析，動的解析それぞれ単独で行っただけでは変数とカラムのデータ依存関係を得ることは困難である．しかしながら，静的解析では，動的に決まるメソッドに着目することで DB アクセスするメソッドの推定が，また動的解析では，実際に動作した SQL に着目することで関係がある DB のカラムの推定が行える．さらに，O/R Mapper 等の特性上 SQL を発行したメソッドの引数や戻り値は DB のカラムと関連性が高い．そのため，SQL を発行したメソッドと動作した SQL の実行時の値を対応付けることで，ライブラリ間のデータ依存関係を考慮せずに変数とカラムのデータ依存関係を推定できる．そこで，提案手法では，静的解析と動的解析を組み合わせることで，ソースコード上の変数と DB カラムのデータ伝搬関係を特定する．動的に決まるメソッドの一覧を静的解析を割り出しておき，それらメソッドの動的ログと実行された SQL の動的ログを取得し，実行時の値を比較して対応関係を取ることを実現した．この両ログの対応付けは，メソッド変数から SQL 実行に至る一連のメソッド呼び出しシーケンス中で出力されるログ同士で実施すればよく，SQL 実行時のスタックトレースから比較対象ログを割り出すことで，

効率的な対応比較を実現した．図2は提案手法の概要図であり，大きく以下の4つのStepで実現している．

Step1 ソースコードを静的解析し，動的に決まるメソッド群 (図2の1) を特定する．
Step2 特定したメソッド群とSQL実行時の動的ログを生成するエージェントを仕込んでおく．その際，スタックトレースも取得するようにしておく．
Step3 対象アプリケーションを動作させ，動的ログを取得する．
Step4 SQL実行時のログのスタックトレース (図2の2) から対応するメソッド (図2の3) を特定し，両ログの実行時の値 (図2の4と5) を比較することで変数とカラムの対応関係を特定する．

　本実装では，業務アプリケーションがJavaで実装されているWebアプリケーションかスタンドアロンのアプリケーションで，RDB以外は一つのJVMで実行される構成のものを分析対象とした．まず，静的解析を用いて，ソースコード上の直接的なデータ伝搬関係を取得する．この時，動的に決まるメソッド，つまり静的解析だけではデータ伝搬関係が解析できないDBアクセスをするメソッドを特定する (本稿におけるDBアクセスするメソッドとは，JDBCのメソッドではなく，それらのメソッドと呼び出し関係にあるメソッドを指す)．このメソッドは動的解析時にログを取るメソッドとなる．次に，動的解析では，静的解析で記録したメソッドとJDBCのメソッドで動的ログを取得し，解析を行う．JDBCの動的ログにはスタックトレースを含む．このスタックトレースを用いて2種類のログを組み合せ，実行時の値を比較することでソースコード上の変数とDBのカラムの対応関係を取得する．最後に静的解析と動的解析の結果を組み合わせることでDBを介したデータ依存関係を得る．(図3では変数 a が変数 x，DBカラム，変数 z を経て変数 b と対応付くまでの流れを示している)．

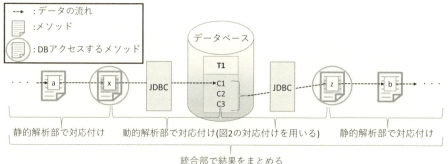

図3　提案手法から得るデータの流れ

3.2　静的解析部

　業務アプリケーションのソースコードを入力として，石尾ら[12]の開発したJavaバイトコード解析ツールSOBAを用いてソースコード上の直接的なデータ依存関係グラフ D を取得する．D はデータ依存に関わるソースコード上の変数の集合 V と，データ依存関係を示す有向辺の集合 E により構成される有向グラフ $D = \{V, E\}$ である．ただし，SOBAの標準機能で取得するデータ依存関係はメソッド内のみである．そのため，本解析部では，メソッド呼び出し元の変数と呼び出し先の引数や戻り値のデータ依存関係や，フィールドアクセスによるデータ依存関係を示す有向辺を E に追加している．これにより，本実装では，SOBAをベースにメソッド呼び出しとフィールドアクセスを考慮したデータ依存関係を取得している．なお本実装は，文献 [4] と同様に，制御フローを考慮しないデータ依存関係解析を取得している．

　本節の解析部で生成したデータ依存関係 D はDBを介したデータ依存関係を含まない．また，メソッド呼び出しから発生する引数や戻り値によるデータ依存関係は，

interface 等の動的に実装されるメソッドにおいて正しく取得できない場合が存在する．これらのメソッドは DB アクセスするメソッドを含む．SOBA による解析時の Bytecode よりメソッドの実装が動的であるか判定できるため，その情報を用いて**動的に実装されるメソッドの集合 M を取得する**．

3.3 動的解析部

本解析部では，アプリケーション実行時のメソッドの動的ログと JDBC の動的ログを用いて，ソースコード上の変数と DB のカラムの対応関係の特定を行う．本解析部では，ソースコード上の変数のことを動的に実装されるメソッドの引数や戻り値とする．解析方針として，メソッド実行時の引数や戻り値が，実行された SQL のバインド値や ResultSet と一致する場合に，ソースコード上の変数の値が DB に書き込まれた，または読み込まれたと考えている．また，アプリケーション実行時の動的ログは 1 つのメソッドに対して複数存在する．これは，動的ログを収集する際に，同じ機能が複数回実行されることが考えられるためである．そのため，一連の処理を区別するために動的ログとして threadId を取得する．

3.3.1 動的ログ生成

Bytecode injection 技術[1]を用いて，静的解析部で取得した M に含まれるメソッド処理部と JDBC 処理部の Bytecode に動的ログを取得するコードを挿入し，業務アプリケーションを実行して動的ログを収集する．M に含まれるメソッドでは，メソッド実行時の引数，戻り値を取得し，JDBC では，実行時の SQL，バインド値，検索結果 (ResultSet)，スタックトレースを取得する．また，メソッドの動的ログと JDBC の動的ログは，別々のエージェントでログが取得されるため，一連の処理のログ同士を対応付けるために threadId も動的ログとして取得している．

定義 1 (ソースコード上のメソッドの動的ログ) ソースコード上のメソッドで m 番目に実行されたメソッドの動的ログ l_m は $l_m = \{N_m, P_m, R_m, Id_m\}$ から構成される．

- N_m はメソッド名である．
- $P_m = \{p_1, p_2, ..., p_n\}$ はメソッドの引数ログの集合であり，$|P_m| = n$ である．
- $p_i = (param_i, pvalue_i) \in P_m$ はメソッド実行時，引数名 $param_i$ に値 $pvalue_i$ が代入されたことを示す引数のログである．
- R_m はメソッドの戻り値ログである．
  - 戻り値がクラスオブジェクトの場合，$R_m = \{r_1, r_2, ..., r_n\}$ とする．
  - $r_i = (o_i, return_i, cvalue_i) \in R_m$ は，戻り値のオブジェクトのフィールド変数ログであり，o_i 番目のオブジェクトの変数名 $return_i$ に値 $cvalue_i$ が代入されたことを示す．
  - 戻り値がプリミティブの場合，$R_m = \{r_1 = (1, return_1, rvalue_1)\}$ とし，$return_1$ に戻り値を示す記号 $RETURN$ を記録する．
- Id_m はメソッド実行時の $threadId$ である．

また，$L_M = \{l_m \mid m = 1, 2, ..., (動的ログの最大数)\}$ とし，M に含まれるメソッドの動的ログの集合を示す．

定義 2 (JDBC の動的ログ) 動作した SQL 文の集合を S とする．s 番目に実行した $JDBC$ の動的ログ l_s は $l_s = \{sql_s, B_s, C_s, ST_s, Id_s\}$ から構成される．

- sql_s は動作した SQL 文である．
- $B_s = \{b_1, b_2, ..., b_n\}$ は sql_s のバインド値ログの集合であり，$|B_s| = n$ である．
- $b_i = (bind_i, bvalue_i) \in B_s$ は sql 動作時，バインド変数名 $bind_i$ にバインド値 $bvalue_i$ が代入されたことを示すバインド値のログである．
- $C_s = \{c_1, c_2, ..., c_n\}$ は sql_s により検索された DB テーブルのカラムログの集合であり，$|C_s| = n$ である．
- $c_i = (re_i, column_i, cvalue_i)$ は sql 動作時に得られた $ResultSet$ を用いて，re_i 番

---

[1]https://docs.oracle.com/javase/jp/8/docs/api/java/lang/instrument/package-summary.html

目のレコードのカラム名 $column_i$ から値 $cvalue_i$ が得られたことを示す．
- ST_s は sql_s に関する JDBC メソッド動作時のスタックトレースである．
- Id_s は sql 動作時の $threadId$ である．

また，$L_S = \{l_s \mid s = 1, 2, ..., (動的ログの最大数)\}$ とし，S に含まれる SQL に対応した JDBC の動的ログの集合を示す．

3.3.2 動的ログ解析

上記の動的ログを読み込み，ソースコード上の変数と DB のカラムの対応関係の集合 X を取得する．X は，DB に書き込む時の対応関係の集合 X_r と，DB を読み込む時の対応関係の集合 X_w の 2 つに区別することができる．

定義 3 (ソースコード上の変数と DB のカラムの対応関係) ソースコード上の変数 v の値が DB のカラム c に書き込まれる，または DB のカラム c の値を v に読む込む場合，v と c は対応関係にあるとし，$x = (v, c) \in X$ で表す．

本解析部は，まず，スタックトレースを用いて，実行された SQL の入力や出力に関わる DB アクセスするメソッドを特定する．その後，実行時の値である動的ログを用いて，SQL 文が書き込みの場合は引数とバインド変数，読み込みの場合は戻り値と ResultSet の値を比較し，一致するものをソースコード上の変数と DB のカラムの対応関係として取得する．

具体的には以下の Step1〜5 を実行する．

Step1 DB アクセスするメソッドの特定：$l_s \in L_S$ を任意に選び，スタックトレースを用いて sql_s を実行した DB アクセスするメソッド $m_d \in M$ を特定する．

Step2 DB アクセスするメソッドのログと JDBC のログの対応付け：l_s と関連がある DB アクセスするメソッドの動的ログ $l_m \in L_M$ を選択する．

Step3 ThreadId 毎の変数とカラムの対応関係：Step1,2 で選択した l_s, l_m を用いて，threadId ごとのソースコード上の変数と DB のカラムの対応関係を得る．

Step4 終了判定：$L_S \leftarrow L_S \setminus l_s$ を行い，JDBC の動的ログをすべて選択したならば Step5 へ，異なれば Step1 へ遷移する．

Step5 変数とカラムの対応関係の出力：Step3 で得た対応関係の中で常に成り立つ対応関係のみを抽出した対応関係の集合 X_w と X_r を出力する．

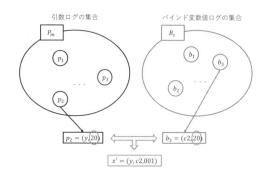 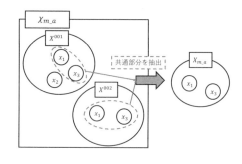

図 4 Step3 書き込みの例 ($Id_s = 001$ の時)　　図 5 Step5 の例

以降では各 Step の詳細について述べる．

Step1 の l_s の ST_s は，sql_s が実行されるまでのスタックトレースを記録している．ST_s により，sql_s が実行された時のメソッドの呼び出し順序が判明するため，スタックトレースに記述されており，かつ M に含まれているメソッドの中で，「スタックトレースで最も深い」=「sql_s を実行した JDBC メソッドに最も近い」メソッドを m_d としている (図 2 では，m_a が m_d にあたる)．

Step2 は，L_M に含まれるログと L_S に含まれるログで threadId が等しい時，同じ

処理に関わるログであることに着目している．Step1 で選択した l_s の threadId Id_s に関して，メソッド名 $N_m = m_d$，かつ threadId $Id_m = Id_s$ を満たす m 番目の動的ログを $l_m \in L_M$ としている．

Step3 は，Step2 で特定した l_m と l_s の組を用いて，threadId 毎のソースコード上の変数と DB のカラムの対応関係を取得する．以降では，取得する threadId id を含んだ対応関係を，$x = (v, c)$ に id を加えた，$x' = (v, c, id)$ で表す．l_s の SQL 文が書き込みの場合と読み込みの場合で異なる処理を行う．SQL 文が書き込みの場合はバインド変数の値が DB に書き込まれ，読み込みの場合は DB から読み込まれる値は ResultSet に格納されるためである．書き込みの場合，l_m の P_m と l_s の B_s を用いて，バインド変数とカラムの対応関係を取得する．具体的には，$pvalue_i = bvalue_j$ を満たす $p_i \in P_m, b_j \in B_s$ の i, j が存在するか判定する．成り立つすべての i と j の組において sql_s と b_j を用いて，$bind_j$ と対応する DB のカラム cl_j を得る．これにより，threadId Id_s における対応関係 $x' = (param_i, cl_j, Id_s)$ を，書き込み時の仮対応関係の集合 X'_w に追加する (図 4 は $pvalue_2 = bvalue_3 = 20$ が成り立つことから，引数 y とカラム $c2$ の対応関係 $x' = (y, c2, 001)$ を得ている例)．また，読み込みの場合，l_m の R_m と l_s の C_s を用いて，戻り値とカラムの対応関係を取得する．具体的には，$o_i = re_j$ かつ $rvalue_i = cvalue_j$ を満たす $r_i \in R_m, c_j \in C_s$ の i, j が存在するか判定する．成り立つすべての i と j の組において，threadId Id_s における対応関係 $x' = (return_i, column_j, Id_s)$ を，読み込み時の仮対応関係の集合 X'_r に追加する．

Step4 は，ソースコード上の変数と DB のカラムの仮対応付け処理を，取得できた全ての JDBC のログについて実行されたかどうかを判定している．

Step5 は，各メソッドに関連するすべての threadId において常に成り立つ対応関係のみ抽出する．抽出の手順は図 5 を用いて説明する．以下では threadId id における対応関係の集合 X^{id} を $X^{id} = \{(p, c) \mid x' = (p, c, id) \in X''\}$ としている (X'' は X'_w か X'_r のどちらか)．図 5 はメソッド m_a に関わるログの threadId が 001 と 002 のみの場合を想定し，$X^{001} = \{x_1, x_2, x_3\}$，$X^{002} = \{x_1, x_3\}$ とする．この時，x_2 は $id = 001$ のみで変数とカラムの値が偶然一致したものとして除外し，X^{001} と X^{002} で共通する x_1 と x_3 がメソッド m_a に関する変数とカラムの対応関係の集合 X_{m_a} となる．本操作を M に含まれるすべてのメソッドで $X'' = X'_w$ と $X'' = X'_r$ の各々で行い，各々で和集合を取った結果が出力 X_w と X_r になる．

3.4　統合部

統合部では，3.2 節で得られたデータ依存関係グラフ D と 3.3 節で得られたソースコード上の変数と DB のカラムの対応関係の集合 X_r，X_w を用いて，DB を介した伝搬関係を得る．以下の手順で処理が行われる．

1. X_w と X_r を組み合わせて，書き込みと読み込みで同じカラムを扱う変数の組の集合 Y を取得する．
2. Y の要素の書き込み部分と読み込み部分に相当する変数を D から取得する．
3. 2 で取得した変数に対してデータ依存関係を D に追加することで DB を介した伝搬関係を取得する．

以降では 1～3 の処理の詳細について述べる．

1 の手順は以下の通り．

Step1 X_w から任意の $x_w = (v_w, c_w)$ を一つ選択する．

Step2 $Y' = \{(v_w, v_r) \mid (v_r, c_r) \in X_r, c_w = c_r\}$ を行う．

Step3 $Y \leftarrow Y \cup Y'$，$X_w \leftarrow X_w \setminus x_w$ を行う．

Step4 $X_w = \emptyset$ ならば Y を出力，異なれば Step1 に戻る

2 は $D = \{V, E\}$ の変数の集合 V に含まれる変数 v_n に着目する．Y の要素すべてに対して，$(v_w, v_r) \in Y$ の v_w もしくは v_r に関連する v_n を取得してきて組とする．

3 は 2 で取得した組を使って $D = \{V, E\}$ の E に新たな有向辺を追加する．これにより，DB を介したデータ依存関係を含んだ D を得ることができる．

4 評価実験と考察

試行として，株式会社 Mind の開発した勤怠管理・給与計算・人事管理といった機能をもつ業務アプリケーション (OSS) である "MosP"[2] と，The MyBatis team が提供する E コマース機能を持つ Web アプリケーション (OSS) である "JPetStore6"[3] を用いた．この 2 種類のアプリケーションを評価実験の対象とした目的は，MosP は DB アクセスのために独自のフレームワークをソースコード上に記述しており，一方，JPetStore6 は O/R Mapper である MyBatis[4] を用いているといった，DB アクセスを行う手法が異なる場合における提案手法の妥当性を調査するためである．各 Web アプリケーションは Java で記述され，RDB は PostgreSQL を使用した．各アプリケーションの諸元を表 1 に示す．

表 1　各アプリケーションの諸元

システム名	MosP(勤怠管理)	JPetStore6
クラス数	1586	117
テーブル数	175	14
カラム合計数	11353	2652

ソースコード上の変数と DB カラムの対応関係の正否は提案手法の出力結果に大きな影響を与える．そこで，DB を介したデータ依存関係を得る手法として提案手法が妥当であるか評価するために，ソースコード上の変数と DB カラムの対応関係の正否の確認を行った．まず，評価対象を各アプリケーションの DB アクセスする 5 メソッド，計 10 メソッドを無作為に選択し，それらの機能についてソースコードをもとに変数とカラムの対応関係の正解データを作成した．今回選択されたメソッドは，MosP は打刻情報の登録に関わるメソッド等，JPetStore6 は商品の注文に関わるメソッド等である．それらのメソッドに関して動的ログを取得したのち，動的解析部の出力と正解データの比較を行い，提案手法が正しい対応関係を出力しているか調査した．本評価実験は，DB アクセスするメソッドの一覧を取得するにあたり，4.3 節で後述する理由から，静的解析部を用いらずに手動で調査している．その結果を表 2 に示す．以下では，実験結果に対する考察を述べる．

表 2　出力した対応関係と正解データとの比較結果

分類	項目	個数				原因
		MosP		JPetStore6		
		書込	読込	書込	読込	
正解データと一致	正解	32	31	42	41	なし
正解データと不一致	誤検出	3	3	7	6	偶然の一致
		0	3	0	0	常に同じ値
	未検出	0	2	1	1	型の変化

4.1　変数とカラムの対応付けの妥当性の考察

本節では，表 2 に示した動的解析部の出力と正解データの比較結果を評価する．MosP では 63(= 32+31) 個，JPetStore6 では 83(= 42+41) 個の対応関係が正解データと一致した．この結果には，INSERT や UPDATE による書き込みと，SELECT による読み込みの双方が含まれており，DB を介したデータ依存関係を得るために

---

[2] https://mosp.jp/

[3] https://github.com/mybatis/jpetstore-6

[4] http://www.mybatis.org/mybatis-3/

十分な対応関係が取得できているといえる．また，MosP と JPetStore6 の双方で正
解データと一致する結果が取得できていることから，ソースコード上に SQL が記
述されているかどうかに依らず提案手法が有効であることが言える．

4.2 不一致の原因の考察
　MosP では $11(= 3 + 3 + 3 + 2)$ 個，JPetStore6 では $15(= 7 + 6 + 1 + 1)$ 個の対応
関係が正解データと不一致であった．これらの不一致は「誤検出」と「未検出」の
2 つの項目に分けることができる．

4.2.1 誤検出
　誤検出は，変数とカラムの動的ログを対応付ける際に，各ログの値が一致して
いたゆえに，不正解の対応関係を出力してしまったことから起きている．提案手
法では，誤検出を可能な限り減らすために 3.3.2 節の Step5 を行っているが，動
的ログが不足していると，「偶然の一致」が生じてしまう．偶然の一致を避けるた
めにも，動的ログ生成時には，多様な値を取り扱うために様々な操作を行う必要
がある．また，十分な動的ログが存在する場合でも，動作時に異なる変数で「常
に同じ値」が代入されるメソッドについては誤検出が生じる．例えば，MosP の
jp.mosp.time.bean.impl.TimeRecordRegistBean クラスの insert メソッドは，打刻
が行われた際に INSERT 文を発行し，引数の insertUser がカラムの insert_user と，
引数の updateUser がカラムの update_user と対応関係にある．しかし，この insert
メソッドでは，2 つの引数の値が常に同じになるように引き渡されるため，メソッド実
行時の値の比較では対応付けの区別をすることができず，insertUser が update_user
と，updateUser が insert_user と対応付くといった誤検出も発生する．提案手法で
はこの誤検出を防ぐことは困難であり，人手による調査が必要となる．

4.2.2 未検出
　未検出は，変数の値が直接 DB のカラムの値と関係しない時に起きている．提
案手法では，カラムの値を読み込む場合に，戻り値を対応付けに用いるが，読み
込み時に「型の変化」が生じ，値が一致しなくなってしまう場合があり得る．例え
ば，JPetStore6 の org.mybatis.jpetstore.mapper.OrderMapper クラスの getOrder-
ByUsername メソッドは，カラムの値から戻り値として日付 (Date 型) を読み込む．
しかしながら，カラムに格納されている DB の Date 型は日付情報しか持たないの
に対して，戻り値のフィールド変数に代入される Java の Date 型は時刻情報も持つ
ため，代入時の変数の型の変化によりカラム値と決して一致しない．また，今回の
実験では現れなかったがサブクエリを含む SQL 文の場合，SQL と関係がある DB
のカラムの特定が難しく，提案手法では対応関係を取得することができない．

4.3 DB アクセスメソッドの特定手法の課題
　提案手法では，静的解析部で DB アクセスするメソッドを推定するために，動的
に決まるメソッドを特定している．この時特定されるメソッドは，全機能で統一さ
れた DB アクセスするメソッド (フレームワーク等) ではなく，機能 (メソッド) 毎で
アクセスする DB テーブルが一意に定まるメソッドが好ましい．なぜならば，統一
されたメソッドはその性質上，そのメソッドを呼び出したメソッドによってアクセ
スする DB テーブルが変化するからである．そのため，変数と DB テーブルのカラ
ムを対応付ける 3.3.2 節の Step5 で常に成り立つ対応関係が存在せず正しい対応関
係が取得できない．JPetStore6 のように MyBatis 等の O/R Mapper を用いている
場合，mapper を実装しているクラスのメソッドが DB アクセスするメソッドとし
て特定され DB テーブルが一意に定まるので問題ない．しかし，MosP の場合は独
自のフレームワークがソースコード上に記述されており，提案手法の静的解析部で
は，統一された DB アクセスメソッドを特定してしまい，動的解析部が正常に動作
しない．そこで，本評価実験では，DB テーブルが一意に定まる DB アクセスする
メソッドを手動で入力している．

5 まとめ

本稿では，実行時のログを利用して DB を介した業務アプリケーションの影響波及分析を行う新たな手法を提案した．提案手法により，ソースコード上のある変数から DB を介したデータ依存関係にある変数が特定可能になる．このことから，機能変更時の影響波及分析作業の工数削減に貢献することが期待できる．

今後の課題として，O/R Mapper を用いないアプリケーションにおいて，DB アクセスするメソッドの特定方法を改善することで，変数とカラムの対応関係の誤検出の削減を行いたいと考えている．また，サブクエリを含む SQL 文への対応や Java 以外の言語への対応が考えられる．

参考文献

[1] C. Jones. Geriatric issues of aging software. *CrossTalk*, Vol. 20, No. 12, pp. 4–8, 2007.

[2] Susan Horwitz, Thomas Reps, and David Binkley. Interprocedural slicing using dependence graphs. *ACM Transactions on Programming Languages and Systems (TOPLAS)*, Vol. 12, No. 1, pp. 26–60, 1990.

[3] Manu Sridharan, Stephen J Fink, and Rastislav Bodik. Thin slicing. *ACM SIGPLAN Notices*, Vol. 42, No. 6, pp. 112–122, 2007.

[4] 石尾隆, 井上克郎. 制御フローを考慮しないデータ依存関係解析の実験的評価. ソフトウェアエンジニアリングシンポジウム 2011 論文集, Vol. 2011, pp. 1–8, 2011.

[5] Yiming Yang, Xin Peng, and Wenyun Zhao. Domain feature model recovery from multiple applications using data access semantics and formal concept analysis. In Andy Zaidman, Giuliano Antoniol, and Stéphane Ducasse, editors, *16th Working Conference on Reverse Engineering, WCRE 2009, 13-16 October 2009, Lille, France*, pp. 215–224. IEEE Computer Society, 2009.

[6] Reda Alhajj. Extracting the extended entity-relationship model from a legacy relational database. *Inf. Syst.*, Vol. 28, No. 6, pp. 597–618, 2003.

[7] Nesrine Noughi and Anthony Cleve. Conceptual interpretation of SQL execution traces for program comprehension. In *6th IEEE International Workshop on Program Comprehension through Dynamic Analysis, PCODA 2015, Montreal, QC, Canada, March 2, 2015*, pp. 19–24. IEEE Computer Society, 2015.

[8] Nesrine Noughi, Marco Mori, Loup Meurice, and Anthony Cleve. Understanding the database manipulation behavior of programs. In Chanchal K. Roy, Andrew Begel, and Leon Moonen, editors, *22nd International Conference on Program Comprehension, ICPC 2014, Hyderabad, India, June 2-3, 2014*, pp. 64–67. ACM, 2014.

[9] Kaiping Liu, Hee Beng Kuan Tan, and Xu Chen. Extraction of attribute dependency graph from database applications. In Tran Dan Thu and Karl R. P. H. Leung, editors, *18th Asia Pacific Software Engineering Conference, APSEC 2011, Ho Chi Minh, Vietnam, December 5-8, 2011*, pp. 138–145. IEEE Computer Society, 2011.

[10] David Willmor, Suzanne M. Embury, and Jianhua Shao. Program slicing in the presence of a database state. In *20th International Conference on Software Maintenance (ICSM 2004), 11-17 September 2004, Chicago, IL, USA*, pp. 448–452. IEEE Computer Society, 2004.

[11] 加藤光幾, 安家武, 上原忠弘, 山本里枝子. 動的ログを用いた業務アプリケーションの影響波及分析の試み. 日本ソフトウェア科学会 FOSE 2016 論文集, Vol. 2016, pp. 187–192, 2016.

[12] 石尾隆, 秦野智臣, 井上克郎. Soba: Java バイトコード解析ツールキット. ソフトウェアエンジニアリングシンポジウム 2015 論文集, Vol. 2015, pp. 210–211, 2015.

オブジェクト指向言語の情報流解析における機密度のパラメータ化

Secrecy Parameterization in Object-oriented Programs for Information Flow Analysis

吉田 真也 [*]　桑原 寛明 [†]　國枝 義敏 [‡]

Summary. In this paper, we introduce a parametric polymorphism about secrecy for information flow analysis to Banerjee's object-oriented programming language. Information flow analysis is useful to detect invalid information leaks. However, it is difficult to define classes for any secrecy of data such as Collection Framework, since type-based information flow analysis requires specifying a secrecy of each data as a type in the program. We propose a way to declare classes parameterized over secrecy and a structure of secrecy as a type. We also propose typing rules to ensure that typable programs do not leak confidential information even if any secrecy is substituted for the secrecy parameter. We show an application of our typing rules to a simple collection class as an example.

1　はじめに

個人情報などの機密情報を扱うプログラムは，機密情報を外部に漏洩しないことが求められる．機密情報の流出の可能性をプログラムの静的解析によって検出する手法として，型検査に基づく情報流解析が提案されている [1] [2] [3] [4]．型検査に基づく情報流解析では，プログラム中のデータの機密度を型とみなし，プログラムが非干渉性を満たすことを検査する型システムを構築する．非干渉性とは機密度の低いデータが機密度の高いデータに依存しないことを保証する性質である．オブジェクト指向プログラム向けの型検査に基づく情報流解析は Banerjee らによって提案されている [2]．黒川らは文献 [2] を例外処理付きオブジェクト指向言語向けに拡張した [4]．これらの型システムはいずれも非干渉性に対して健全であることが証明されている．

文献 [2] [4] ではフィールドや変数の型として格納されるデータの機密度を指定する．このとき，機密度を具体的に指定する必要があるため，扱うデータの機密度を事前に決定できない汎用的なコレクションフレームワークなどのプログラムを記述する場合，必要な機密度の組み合わせごとにプログラムを記述しなければならない．機密度の種類と大小関係を定義する機密度束は一意ではないため，機密度束が異なれば同じように必要な機密度の組み合わせごとにプログラムを記述する必要もある．これらのプログラムは変数の型やメソッドのシグネチャに指定される機密度が異なるだけで，その他の構造や論理は同じである．指定される機密度のみが異なるプログラムが多数存在すると，構造や論理を修正，改良するときはすべてのプログラムを変更しなければならず，保守性が低下する．この問題を解決するためには，プログラム内で指定される機密度をパラメータ化できればよい．

本稿では Banerjee らが提案するオブジェクト指向言語に対して機密度をパラメータに取るクラスを記述できるように構文と型付け規則を拡張し，機密度に関するパラメータ多相を導入する．プログラム中で指定する機密度は機密度定数と機密度パラメータのリストの組で表される．機密度パラメータに機密度定数を割り当てるこ

---

[*]Shinya Yoshida, 立命館大学 大学院 情報理工学研究科

[†]Hiroaki Kuwabara, 南山大学 情報センター

[‡]Yoshitoshi Kunieda, 立命館大学 情報理工学部

とで機密度は具体化される．具体化された機密度の値は機密度にもともと含まれる機密度定数と機密度パラメータに割り当てられた機密度定数すべての結びである．型付けできるクラスはいかなる機密度定数で機密度パラメータが具体化されても非干渉性を満たすように型付け規則を定める．提案する言語に基づいてコレクションクラスの実装と利用の例を示し，提案する型付け規則で不正な情報流の有無を適切に検査できることを示す．

　本稿の構成は以下のとおりである．2章で型検査に基づく情報流解析と機密度のパラメータ化の必要性を述べる．3章で，オブジェクト指向言語に対してパラメータ化された機密度を導入し，型付け規則について述べる．4章で簡単な適用例を示す．5章で関連研究を挙げ，6章でまとめる．

2　情報流解析における機密度

　情報流解析では，データの機密度に基づき不正な情報流の有無を検査する．低い機密度のデータが高い機密度のデータに直接あるいは間接的に依存するときに不正な情報流が存在するとみなす．機密度束 $(\mathcal{H}, \sqsubseteq)$ が機密度の種類と大小関係を定義する [5]．機密度 $\eta_L, \eta_H \in \mathcal{H}$ について，$\eta_L \sqsubseteq \eta_H$ のとき η_L は η_H と同じかそれより低い機密度である．型検査に基づく情報流解析では，データの型として機密度を与え，プログラムが非干渉性を満たすことを検査する型システムを構築する．

　文献 [2] [4] のオブジェクト指向言語に対する情報流解析では，適切な機密度束を定義した上で，プログラム中に変数などの型として機密度を指定することが要求される．そのため，コレクションフレームワークなど扱うデータの機密度を事前に決定できないプログラムを作成するときは，必要な機密度の組み合わせごとにクラスを定義する必要がある．例えば，機密度束が $(\{L, H\}, \sqsubseteq)$ であるときに，2項組のクラス Pair を定義する場合，機密度が L と L の2項組のクラス PairLL，L と H の2項組のクラス PairLH，H と L の2項組のクラス PairHL，H と H の2項組のクラス PairHH をそれぞれ定義する必要がある．こうしたクラス定義の数は対象とする機密度束の元の数やクラス内で扱われるデータの数が増えると指数関数的に増加する．文献 [2] [4] のオブジェクト指向言語で記述した PairLL と PairLH のクラス定義を図1に示す．文献 [2] [4] のオブジェクト指向言語では，データ型と機密度の組が変数の型として指定される．メソッド宣言ではメソッドのヒープエフェクトが仮引数のリストの後に指定される．ヒープエフェクトはインスタンス生成やフィールド代入によって変更されるヒープ上のデータの機密度である．それぞれのクラスには2項組の各要素が格納されるフィールド first と second とそれぞれのアクセサメソッドが定義される．変数 result に代入された値がメソッドの戻り値になる．PairLL では first と second の機密度が L として宣言されており，PairLH ではそれぞれ L と H として宣言されている．これらのクラス定義はクラス中に指定される機密度が異なるだけで実装は同じである．機密度を除く定義や実装が同じクラスが多数存在すると，定義や実装を修正，改良するときはすべてのクラスを変更しなければならず，保守性が低下する．そこで本稿では，この問題を解決するためにクラス定義における機密度のパラメータ化を導入し，機密度パラメータにどのような機密度が割り当てられても不正な情報流が存在しないことを保証できるような型付け規則を構築する．

3　機密度のパラメータ化

　コレクションフレームワークなど具体的な機密度を後から指定可能なクラスを記述できるように，機密度をパラメータに取るクラス定義を導入する．プログラム中の機密度パラメータにいかなる機密度が指定されても型付け可能なプログラムには不正な情報流が存在しないように型付け規則を定める．以下では，機密度束 $(\mathcal{H}, \sqsubseteq)$ を仮定し，$\eta \in \mathcal{H}$ を機密度定数と呼ぶ．$\bot_{\mathcal{H}}$ は機密度束 $(\mathcal{H}, \sqsubseteq)$ の最小元を表す．

Secrecy Parameterization in Object-oriented Programs
for Information Flow Analysis

```
class PairLL L {
  (Bool, L) first; (Bool, L) second;
  (Null, L) setFirst((Bool, L) f) L { this.first = f; result = null; }
  (Null, L) setSecond((Bool, L) s) L { this.second = s; result = null; }
  (Bool, L) getFirst() H { result = this.first; }
  (Bool, L) getSecond() H { result = this.second; }
}
class PairLH L {
  (Bool, L) first; (Bool, H) second;
  (Null, L) setFirst((Bool, L) f) L { this.first = f; result = null; }
  (Null, L) setSecond((Bool, H) s) H { this.second = s; result = null; }
  (Bool, L) getFirst() H { result = this.first; }
  (Bool, H) getSecond() H { result = this.second; }
}
```

図 1   2 項組クラス **PairLL** と **PairLH** の実装例

3.1   機密度の表現と構文

　プログラム中に型の一部として指定する機密度を機密度定数 η と機密度パラメータのリスト $\overline{X}$ の組で表す. 直感的には機密度定数 η とすべての機密度パラメータ $\overline{X}$ の結びがそのデータの機密度であることを意味する. 情報流解析では, あるデータの機密度はそのデータが依存するすべてのデータの機密度の上界のいずれかであるとみなす. 機密度が機密度定数 η_1, η_2 のデータに依存するデータの機密度には, η_1 と η_2 の結びが求められるため, 結びである機密度定数を指定すれば良い. しかし, 機密度が機密度パラメータ X_1, X_2 のデータに依存するデータの機密度は X_1 以上かつ X_2 以上でなければならないが, それぞれが具体的な機密度定数でないため結びが求められない. そこで, プログラム中のデータの機密度を, 依存するデータの機密度が機密度定数の場合はそれらの結びである機密度定数で, 機密度パラメータの場合はそれらのリストで表現する.

　図 2 に機密度がパラメータ化されたオブジェクト指向言語の構文を示す. 図中の $\overline{A}$ は長さが 0 以上の有限リストを表す. 機密度 ρ は機密度定数 η と機密度パラメータのリスト $\overline{X}$ の組である. 簡単のために, 機密度パラメータのリスト $\overline{X}$ の長さが 0 のときは単に η と書く. 機密度定数 η が最小元 $\perp_{\mathcal{H}}$ で機密度パラメータのリスト $\overline{X}$ の長さが 1 のときは単に X と書く. τ は型情報であり, データ型 $T<\overline{\rho}>$ と機密度 ρ の組である. $T<\overline{\rho}>$ は T の機密度パラメータ $\overline{X}$ に機密度 $\overline{\rho}$ が割り当てられた型である. データ型 $T<\overline{\rho}>$ の機密度のリスト $\overline{\rho}$ の長さが 0 のとき, 単に T と書く. CL はクラス定義であり, 0 個以上の機密度パラメータの宣言 $<\overline{X}>$ と 0 個以上のフィールド宣言 $\overline{\tau f};$, 0 個以上のメソッド宣言 $\overline{M}$ からなる. CL の ρ はクラスの機密度を表す. クラス宣言において宣言された機密度パラメータ $\overline{X}$ はクラスの機密度 ρ や継承するクラスの機密度パラメータ $\overline{\rho}$, フィールド宣言やメソッド宣言内で利用される. M はメソッド宣言であり, 戻り値の型とメソッド名 m, 仮引数に加えて, メソッドのヒープエフェクトのリスト $\overline{\rho}$ が指定される. ヒープエフェクトはインスタンス生成やフィールド代入によって変更されるヒープ上のデータの機密度である. 対象とする言語ではインスタンスはヒープ上に生成される. データの機密度がすべて機密度定数であればそれらの交わりをヒープエフェクトとすればよいが, 機密度パラメータが指定される場合は交わりを求められない. そこで, メソッドのヒープエフェクトには変更されるヒープ上の各データの機密度を列挙する. 機密度パラメータに機密度定数が割り当てられた場合, それらの交わりが具体的なヒープエフェクトである. B はブロックを表し, 0 個以上のローカル変数宣言と 0 個以上の文からなる. S と e はそれぞれ文と式である.

$$
\begin{array}{rcl}
T & ::= & \text{Bool} \mid \text{Null} \mid C \\
\tau & ::= & (T<\overline{\rho}>, \rho) \\
\rho & ::= & \eta(\overline{X}) \\
CL & ::= & \text{class } C<\overline{X}> \rho \text{ extends } C<\overline{\rho}> \ \{\overline{\tau\ f};\ \overline{M}\} \\
M & ::= & \tau\ m(\overline{\tau\ x})\ \overline{\rho}\ B \\
B & ::= & \{\overline{\tau\ x};\ \overline{S};\} \\
S & ::= & x = e \mid e.f = e \mid \text{if } (e)\ B \text{ else } B \mid x = e.m(\overline{e}) \mid x = \text{new } C<\overline{\rho}> \\
e & ::= & x \mid e.f \mid \text{true} \mid \text{false} \mid \text{null} \mid \text{this} \mid e == e
\end{array}
$$

図 2 　対象言語の構文

$$
\frac{\eta_1 \sqsubseteq \eta_2 \quad \overline{X_1} \subseteq \overline{X_2}}{\eta_1(\overline{X_1}) \preceq \eta_2(\overline{X_2})} \ [\text{REL-RHO}]
$$

図 3 　ρ の大小関係

3.2 　機密度の大小関係

　機密度 ρ の大小関係 $\preceq$ の定義を図 3 に示す．ここで，$\overline{X_1} \subseteq \overline{X_2}$ は $\overline{X_1}$ と $\overline{X_2}$ それぞれについて重複する要素を除いて集合とみなしたときの包含関係である．機密度 ρ_1 と ρ_2 の機密度パラメータに何らかの機密度束から機密度定数を割り当てて求められるそれぞれの結びである機密度定数を η_1' および η_2' とする．このとき，機密度パラメータにいかなる機密度定数が割り当てられたとしても，$\rho_1 \preceq \rho_2$ ならば $\eta_1' \sqsubseteq \eta_2'$ となるように $\preceq$ は定義される．$\overline{X_1} \subseteq \overline{X_2}$ のとき，$\overline{X_1}$ と $\overline{X_2}$ それぞれに対し任意の機密度定数のリスト $\overline{\eta_\alpha}$ と $\overline{\eta_\beta}$ が割り当てられると，$\overline{\eta_\alpha} \subseteq \overline{\eta_\beta}$ より $\bigsqcup \overline{\eta_\alpha} \sqsubseteq \bigsqcup \overline{\eta_\beta}$ であるため機密度パラメータのリストはリストを集合とみなしたときの包含関係 $\subseteq$ で比較する．ここで，$\eta \sqcup \eta'$ は η と η' の結びである機密度定数を表し，$\bigsqcup \overline{\eta}$ はすべての η の結びである機密度定数を表す．

3.3 　型付け規則

　図 4 に提案する言語の型付け規則を示す．CDEC 規則がクラス宣言，MDEC 規則がメソッド宣言の型付け規則で，E-で始まる規則は式の型付け規則である．それ以外の規則は文の型付け規則である．型付け可能なプログラムは機密度パラメータにいかなる機密度定数が割り当てられて具体化されたとしても非干渉性を満たすように型付け規則を定める．$Set(\overline{x})$ は $\overline{x}$ から重複する要素を除外し，集合を生成する関数である．

　データ型 $T<\overline{\rho}>$ のサブタイプ関係 $\trianglelefteq$ は以下を満たすように定める．クラス C がクラス D と同じクラスか子クラスであることに加えて，クラス D の機密度パラメータを $\overline{Y}$ として，クラス C の機密パラメータ $\overline{X}$ に機密度 $\overline{\rho}$ を割り当てたとき，$\overline{Y}$ に割り当てられる機密度が $\overline{\rho_D}$ となるときに $C<\overline{\rho_C}> \trianglelefteq D<\overline{\rho_D}>$ となるようにサブタイプ関係を定義する．ただし，$[\overline{\rho}/\overline{X}]\rho$ は置換規則であり，後述する．

- $\forall T<\overline{\rho}> . T<\overline{\rho}> \trianglelefteq T<\overline{\rho}>$
- $\forall T<\overline{\rho}> . Null \trianglelefteq T<\overline{\rho}>$
- $C<\overline{\rho_C}> \trianglelefteq D<\overline{\rho_D}>$ iff C の宣言が class $C<\overline{X}>$ extends $F<\overline{\rho_F}> \{...\}$ のとき $F<[\overline{\rho_C}/\overline{X}]\rho_F> \trianglelefteq D<\overline{\rho_D}>$

　文とブロック S の型判定式 $\Delta \vdash S : (\rho_s, P)$ は型環境 Δ のもとで，以下を満たすことを表す．

- S で代入される変数や呼び出すメソッドの引数の機密度は ρ_s 以上
- すべての $\rho_h \in P$ について，S によるヒープエフェクトは ρ_h 以上
- S 内の情報流が安全である

$$glevel(D<\overline{\rho_{gD}}>) \preceq \rho \quad C<\overline{X}>\ \rho \text{ extends } D<\overline{\rho_{gD}}> \vdash M \text{ for each } M \in \overline{M}$$
$$\frac{\begin{array}{c} glevel(D<\overline{\rho_{gD}}>) \neq \rho \Rightarrow \\ \text{every } m \text{ with } gsmtype(m, D<\overline{\rho_{gD}}>) \text{ defined is overridden in } C \end{array}}{\vdash C<\overline{X}>\ \rho \text{ extends } D<\overline{\rho_{gD}}> \ \{\overline{\tau\ f};\ \overline{M}\}} \quad \text{[CDEC]}$$

$$\frac{\begin{array}{c} \overline{x : \tau_x},\ this : (C<\overline{X}>, \rho),\ result : \tau_r \vdash B : (\rho_s, P) \\ gsmtype(m, D<\overline{\rho_{gD}}>) \text{ is defined} \Rightarrow gsmtype(m, D<\overline{\rho_{gD}}>) = \overline{\tau_x} \xrightarrow{\overline{\rho_h}} \tau_r \\ \forall \rho_1 \in P. \exists \rho_2 \in \overline{\rho_h}. \rho_2 \preceq \rho_1 \end{array}}{C<\overline{X}>\ \rho \text{ extends } D<\overline{\rho_{gD}}> \vdash \tau_r\ m(\overline{\tau_x\ x})\ \overline{\rho_h}\ B} \quad \text{[MDEC]}$$

$$\frac{\begin{array}{c} \Delta,\ \overline{x : (T_x<\overline{\rho_{gx}}>, \rho_x)} \vdash S_i\ :\ (\rho_{s_i}, P_i) \\ \rho_s \preceq \rho_{s_i} \quad P = \bigcup_i P_i \quad i \in \{1, \ldots, n\} \end{array}}{\Delta \vdash \{\overline{(T_x<\overline{\rho_{gx}}>, \rho_x)\ x};\ S_1; \ldots S_n; \}\ :\ (\rho_s, P)} \quad \text{[BLOCK]}$$

$$\frac{\begin{array}{c} \Delta \vdash x : (T_x<\overline{\rho_{gx}}>, \rho_x) \quad \Delta \vdash e : (T_e<\overline{\rho_{ge}}>, \rho_e) \\ T_e<\overline{\rho_{ge}}> \trianglelefteq T_x<\overline{\rho_{gx}}> \quad \rho_e \preceq \rho_x \quad \rho_s \preceq \rho_x \end{array}}{\Delta \vdash x = e\ :\ (\rho_s, \emptyset)} \quad \text{[ASSIGN1]}$$

$$\frac{\begin{array}{c} \Delta \vdash e_1 : (T_1<\overline{\rho_{g1}}>, \rho_1) \quad \Delta \vdash e_2 : (T_2<\overline{\rho_{g2}}>, \rho_2) \\ (T_f<\overline{\rho_{gf}}>, \rho_f)\ f \in gsfields(T_1<\overline{\rho_{g1}}>) \\ T_2<\overline{\rho_{g2}}> \trianglelefteq T_f<\overline{\rho_{gf}}> \quad \rho_1 \preceq \rho_f \quad \rho_2 \preceq \rho_f \end{array}}{\Delta \vdash e_1.f = e_2\ :\ (\rho_s, \{\rho_f\})} \quad \text{[ASSIGN2]}$$

$$\frac{\begin{array}{c} \Delta \vdash x : (T_x<\overline{\rho_{gx}}>, \rho_r) \quad \Delta \vdash e : (T_e<\overline{\rho_{ge}}>, \rho_e) \quad \Delta \vdash e_i : (T_{e_i}<\overline{\rho_{qe_i}}>, \rho_{e_i}) \\ (T_{y_1}<\overline{\rho_{gy_1}}>, \rho_{y_1}), \ldots, (T_{y_n}<\overline{\rho_{gy_n}}>, \rho_{y_n}) \xrightarrow{\overline{\rho_h'}} (T_r<\overline{\rho_{gr}}>, \rho_r) \\ = gsmtype(m, T_e<\overline{\rho_{ge}}>) \\ \forall i \in \{1, \ldots, n\}.\ T_{e_i}<\overline{\rho_{e_i}}> \trianglelefteq T_{y_i}<\overline{\rho_{y_i}}>,\ \rho_{e_i} \preceq \rho_{y_i} \\ T_r<\overline{\rho_{gr}}> \trianglelefteq T_x<\overline{\rho_{gx}}> \quad \rho_e \preceq \rho_x \quad \rho_r \preceq \rho_x \quad \rho_s \preceq \rho_x \\ P = Set(\overline{\rho_h'}) \quad \forall \rho_h \in P. \rho_e \preceq \rho_h \end{array}}{\Delta \vdash x = e.m(e_1, \ldots, e_n) : (\rho_s, P)} \quad \text{[CALL]}$$

$$\frac{\Delta \vdash x : (T_x<\overline{\rho_{gx}}>, \rho_x) \quad C<\overline{\rho_C}> \trianglelefteq T_x<\overline{\rho_{gx}}> \quad glevel(C<\overline{\rho_C}>) \preceq \rho_x \quad \rho_s \preceq \rho_x}{\Delta \vdash x = \text{new } C<\overline{\rho_C}> : (\rho_s, \{glevel(C<\overline{\rho_C}>)\})} \quad \text{[NEW]}$$

$$\frac{\begin{array}{c} \Delta \vdash e : (Bool, \rho_e) \quad \Delta \vdash B : (\rho_1, P) \quad \Delta \vdash B' : (\rho_1', P') \\ \rho_e \preceq \rho_s \quad \rho_s \preceq \rho_1 \quad \rho_s \preceq \rho_1' \quad \forall \rho_h \in P \cup P'. \rho_e \preceq \rho_h \end{array}}{\Delta \vdash \text{if } (e)\ B \text{ else } B' : (\rho_s, P \cup P')} \quad \text{[IF]}$$

$$\frac{(T_x<\overline{\rho_{gx}}>, \rho_x) = \Delta(x)}{\Delta \vdash x : (T_x<\overline{\rho_{gx}}>, \rho_x)} \quad \text{[E-VAR]} \qquad \frac{\begin{array}{c} \Delta \vdash e_1\ :\ (T_1<\overline{\rho_{g1}}>, \rho_1) \\ (T_f<\overline{\rho_{gf}}>, \rho_f)\ f \in gsfields(T_1<\overline{\rho_{g1}}>) \\ \rho_1 \preceq \rho_e \quad \rho_f \preceq \rho_e \end{array}}{\Delta \vdash e_1.f : (T_f<\overline{\rho_{gf}}>, \rho_e)} \quad \text{[E-FIELD]}$$

$$\frac{c \in \{\text{true}, \text{false}\}}{\Delta \vdash c : (Bool, \bot_{\mathcal{H}})} \quad \text{[E-BOOL]} \qquad \frac{}{\Delta \vdash \text{null} : (Null, \bot_{\mathcal{H}})} \quad \text{[E-NULL]}$$

$$\frac{(T<\overline{\rho}>, \rho) = \Delta(this)}{\Delta \vdash this : (T<\overline{\rho}>, \rho)} \quad \text{[E-THIS]} \qquad \frac{\begin{array}{c} \Delta \vdash e_1\ :\ (T<\overline{\rho_g}>, \rho_1) \quad \Delta \vdash e_2\ :\ (T<\overline{\rho_g}>, \rho_2) \\ \rho_1 \preceq \rho_e \quad \rho_2 \preceq \rho_e \end{array}}{\Delta \vdash e_1 == e_2 : (Bool, \rho_e)} \quad \text{[E-EQ]}$$

図 4　型付け規則

$$\frac{\text{class } C<\overline{X}> \ \rho_C \text{ extends } D<\overline{\rho}> \ \{...\}}{glevel(C<\overline{\rho_g}>) = [\overline{\rho_g/X}]\rho_C} \quad \text{[GLEVEL]}$$

$$\frac{\text{class } C<\overline{X}> \ \rho_C \text{ extends } D<\overline{\rho}> \ \{\overline{\tau\,x};\ \overline{M}\} \qquad \tau\,m(\overline{\tau\,u})\ \overline{\rho_h}\ B \in \overline{M}}{gsmtype(m, C<\overline{\rho_g}>) = [\overline{\rho_g/X}](\overline{\tau} \xrightarrow{\overline{\rho_h}} \tau)} \quad \text{[GSMTYPE-IN-C]}$$

$$\frac{\text{class } C<\overline{X}> \ \rho_C \text{ extends } D<\overline{\rho}> \ \{\overline{\tau\,x};\ \overline{M}\} \qquad \tau\,m(\overline{\tau\,u})\ \overline{\rho_h}\ B \notin \overline{M} \qquad \overline{\tau} \xrightarrow{\overline{\rho_h}} \tau = gsmtype(m, D<\overline{\rho}>)}{gsmtype(m, C<\overline{\rho_g}>) = [\overline{\rho_g/X}](\overline{\tau} \xrightarrow{\overline{\rho_h}} \tau)} \quad \text{[GSMTYPE-NOT-IN-C]}$$

$$\frac{\text{class } C<\overline{X}> \ \rho_C \text{ extends } D<\overline{\rho}> \ \{\overline{\tau\,f};\ \overline{M}\}}{gsfields(C<\overline{\rho_g}>) = (\overline{[\overline{\rho_g/X}]\tau\,f}) \cup gsfields(D<\overline{[\overline{\rho_g/X}]\rho}>))} \quad \text{[GSFIELDS]}$$

図 5　glevel, gsmtype, gsfields の定義

(ρ_s, P) が文とブロックの型であり，P は文とブロックのヒープエフェクトの集合である．型環境 Δ は変数名から変数の型 τ を返す関数である．S 内の情報流が安全であるとは，x から y への情報流が存在するとき，x の機密度 ρ_x と y の機密度 ρ_y は $\rho_x \preceq \rho_y$ を満たすことを指す．

式 e の型判定式 $\Delta \vdash e : (T<\overline{\rho}>, \rho)$ は型環境 Δ のもとで，以下を満たすことを表す．

- e の値のデータ型は $T<\overline{\rho}>$ のサブタイプ
- e のすべての部分式の機密度は ρ 以下
- e 内で参照されるすべてのフィールドの機密度は ρ 以下

図 4 内の関数 glevel, gsmtype, gsfields の定義を図 5 に示す．$glevel(T<\overline{\rho}>)$ はクラス T の機密度を返す関数である．$gsmtype(m, T<\overline{\rho}>)$ はクラス T もしくはその基底クラスで定義されるメソッド m の型を返す関数である．関数 $gsmtype$ の定義内の $\overline{\tau} \xrightarrow{\overline{\rho_h}} \tau$ はメソッドの型であり，$\overline{\tau}$ は引数の型のリスト，$\overline{\rho_h}$ はメソッドのヒープエフェクトのリスト，τ は戻り値の型である．$gsfields(T<\overline{\rho}>)$ はクラス T のフィールド宣言の集合を返す関数である．いずれの関数も返す値の機密度内の T の機密度パラメータ $\overline{X}$ を $\overline{\rho}$ で置換する．

図 5 内の機密度パラメータの置換規則 $[\rho_1, \ldots, \rho_n/Y_1, \ldots, Y_n]\rho$, $[\overline{\rho_g/X}](\overline{\tau} \xrightarrow{\overline{\rho_h}} \tau)$, $[\overline{\rho_g/X}]\tau$ の定義を図 6 に示す．$[\rho_1, \ldots, \rho_n/Y_1, \ldots, Y_n]\rho$ は $\rho = \eta(\overline{X})$ の $\overline{X}$ に含まれるすべての Y_i を ρ_i で置き換えた機密度である．置換後の機密度の機密度定数は η と置換された Y_i に対応する ρ_i の機密度定数の結びである機密度定数とする．$Y_1, \ldots, Y_n$ に含まれない $\overline{X}$ の要素のリストと置換された Y_i に対応する ρ_i の機密度パラメータのリストを連結したリストが置換後の機密度の機密度パラメータのリストである．$[\overline{\rho_g/X}](\overline{\tau} \xrightarrow{\overline{\rho_h}} \tau)$ はメソッドの型に対する機密度パラメータの置換規則であり，引数のすべての型，戻り値の型，ヒープエフェクトに対して機密度パラメータの置換を行う．$[\overline{\rho_g/X}]\tau$ はデータ型の機密度パラメータと機密度内の機密度パラメータの置換を行う．

MDEC 規則はメソッド宣言の規則である．メソッド呼び出しによってレシーバの機密度よりも低いヒープエフェクトが発生してはいけないため，メソッドのヒープエフェクトがメソッドの処理によって影響を及ぼされるヒープ上のデータの機密度の下界であることを検査する．そこで，引数 $\overline{x : \tau_x}$ や戻り値 $result : \tau_r$，自インスタンスへの参照 $this : (C<\overline{X}>, \rho)$ を型環境とした下で，メソッド宣言のブロック B

$$I = \{i \mid Y_i \in \overline{X}\}$$

$$\frac{\eta' = \eta \sqcup (\bigsqcup_{i \in I} \eta_i) \quad \overline{X'} = \{X \in \overline{X} \mid X \notin \{Y_1, \ldots, Y_n\}\} \cup (\bigcup_{i \in I} \overline{Z_i})}{[\eta_1(\overline{Z_1}), \ldots, \eta_n(\overline{Z_n})/Y_1, \ldots, Y_n]\eta(\overline{X}) = \eta'(\overline{X'})} \text{ [REPLACE]}$$

$$\frac{}{[\overline{\rho_g/X}](T{<}\overline{\rho}{>}, \rho) = (T{<}\overline{[\overline{\rho_g/X}]\rho}{>}, [\overline{\rho_g/X}]\rho)} \text{ [REPLACE-TAU]}$$

$$\frac{}{[\overline{\rho_g/X}](\overline{\tau} \xrightarrow{\overline{\rho_h}} \tau) = (\overline{[\overline{\rho_g/X}]\tau} \xrightarrow{\overline{[\overline{\rho_g/X}]\rho_h}} [\overline{\rho_g/X}]\tau)} \text{ [REPLACE-GSMTYPE]}$$

図 6　機密度パラメータの置換規則の定義

```
class Pair<F, S> L {
  (Bool, F) first; (Bool, S) second; (Bool, L(F, S)) same;
  (Bool, F) getFirst() H { result = this.first; }
  (Bool, S) getSecond() H { result = this.second; }
  (Null, L) set((Bool, F) fst, (Bool, S) snd) F, S {
    (Null, L) x;
    this.first = fst; this.second = snd;
    x = this.updateSame(); result = null;
  }
  (Null, L) updateSame() L(F, S) {
    this.same = this.first == this.second; result = null;
  }
  (Bool, L(F, S)) isSame() H { result = same; }
}
```

図 7　機密度がパラメータ化された 2 項組クラスの実装例

の型が (ρ_s, P) となるとき，ヒープエフェクトの集合 P のそれぞれのヒープエフェクト ρ_1 について，ρ_1 以下となる機密度がメソッドのヒープエフェクトのリスト $\overline{\rho_h}$ に存在すれば型付け可能とする．メソッド呼び出し文の規則である CALL 規則では，呼び出すメソッド m のすべての実引数 e_i の機密度 ρ_{e_i} が対応する仮引数の機密度 ρ_{y_i} 以下であり，戻り値の機密度 ρ_r が代入先変数の機密度 ρ_x 以下であることを求める．レシーバの機密度よりも低いヒープエフェクトが生じないように，呼び出すメソッドのヒープエフェクトのリストそれぞれについてレシーバの機密度以上であれば型付け可能とする．メソッド呼び出し文の型は代入先変数の機密度以下の機密度と呼び出すメソッドのヒープエフェクトの集合の組である．インスタンスが代入される変数の機密度はクラスの機密度以上でなければならず，NEW 規則によって検査される．フィールドの機密度は ASSIGN-2 規則や E-FIELD 規則において用いられる．フィールドへの代入において，代入されるフィールドの機密度はレシーバの機密度以上であり，代入する値の機密度以上である必要がある．

4　適用例

図 7 に Bool の 2 項組を表すクラス Pair の定義を示す．Pair には 2 項組の要素 first と second のアクセサメソッドに加えて，first と second が同値かを表すフィールド same とメソッド isSame がある．same の値はセッタメソッドで呼び出される updateSame メソッドで更新される．機密度パラメータ F は要素 first の機密度を表し，機密度パラメータ S は要素 second の機密度を表す．機密度束は $(\{L, H\}, \sqsubseteq)$ とし，$L \sqsubseteq H$ を満たすとする．

Pair は提案する型付け規則で型付け可能である．例として set メソッドの導出木

$$\frac{\Delta \vdash S_1 : (L, \{F\}) \quad \Delta \vdash S_2 : (L, \{S\})}{\Delta \vdash S_3 : (L, \{L(F,S)\}) \quad \Delta \vdash S_4 : (L, \emptyset)} \text{[BLOCK]}$$
$$\Delta' \vdash \{(\text{Null}, L)x; S_1; S_2; S_3; S_4; \} : (L, \{F, S, L(F,S)\})$$

$$\frac{\forall \rho \in \{F, S, L(F,S)\}.\exists \rho_h \in \{F, S\}.\rho_h \preceq \rho}{\begin{array}{l} \text{class } Pair<F,S> L \vdash \\ (\text{Null}, L)\, set((\text{Bool}, F)\, fst, \, (\text{Bool}, S)\, snd)\, F, S\, \{ \\ \quad (\text{Null}, L)x; S_1; S_2; S_3; S_4; \\ \} \end{array}} \text{[MDEC]}$$

図8　set の導出木

$$\frac{(Pair<F,S>, L) = \Delta(\text{this})}{\Delta \vdash \text{this} : (Pair<F,S>, L)} \text{[E-THIS]} \quad \frac{(\text{Bool}, F) = \Delta(fst)}{\Delta \vdash fst : (\text{Bool}, F)} \text{[E-VAR]}$$
$$\frac{(\text{Bool}, F)\, first \in gsfields(Pair<F,S>)}{\text{Bool} \unlhd \text{Bool} \quad L \preceq F \quad F \preceq F}{\Delta \vdash \text{this}.first = fst : (L, \{F\})} \text{[ASSIGN-2]}$$

$$\frac{(Pair<F,S>, L) = \Delta(\text{this})}{\Delta \vdash \text{this} : (Pair<F,S>, L)} \text{[E-THIS]} \quad \frac{(\text{Bool}, S) = \Delta(snd)}{\Delta \vdash snd : (\text{Bool}, S)} \text{[E-VAR]}$$
$$\frac{(\text{Bool}, S)\, second \in gsfields(Pair<F,S>)}{\text{Bool} \unlhd \text{Bool} \quad L \preceq S \quad S \preceq S}{\Delta \vdash \text{this}.second = snd : (L, \{S\})} \text{[ASSIGN-2]}$$

$$\frac{(\text{Null}, L) = \Delta(x)}{\Delta \vdash x : (\text{Null}, L)} \text{[E-VAR]} \quad \frac{(Pair<F,S>, L) = \Delta(\text{this})}{\Delta \vdash \text{this} : (Pair<F,S>, L)} \text{[E-THIS]}$$
$$\frac{() \xrightarrow{L(F,S)} (\text{Null}, L) = gsmtype(updateSame, Pair<F,S>)}{\text{Null} \unlhd \text{Null} \quad L \preceq L \quad L \preceq L \quad L \preceq L \quad \forall \rho_h \in \{L(F,S)\}.L \preceq \rho_h}{\Delta \vdash x = \text{this}.updateSame() : (L, \{L(F,S)\})} \text{[CALL]}$$

$$\frac{(\text{Null}, L) = \Delta(result)}{\Delta \vdash result : (\text{Null}, L)} \text{[E-VAR]} \quad \frac{}{\Delta \vdash \text{null} : (\text{Null}, L)} \text{[E-NULL]}$$
$$\frac{\text{Null} \unlhd \text{Null} \quad L \preceq L \quad L \preceq L}{\Delta \vdash result = \text{null} : (L, \emptyset)} \text{[ASSIGN-1]}$$

図9　set の文 S_1 から S_4 の導出木

を図8に示す. 図8内の Δ' は $fst : (\text{Bool}, F), snd : (\text{Bool}, S), \text{this} : (Pair < F, S >, L), result : (\text{Null}, L)$ で Δ は $\Delta', x : (\text{Null}, L)$ である. S_1 と S_2, S_3, S_4 はそれぞれ this.$first = fst$ と this.$second = snd$, $x = $ this.$updateSame()$, $result = null$ であり, それぞれ $(L, \{F\})$, $(L, \{S\})$, $(L, \{L(F,S)\})$, $(L, \emptyset)$ に型付けできる. S_1 から S_4 の導出木を図9に示す. メソッド set の処理はフィールドへの代入やメソッド呼び出しによって機密度が F, S, $L(F,S)$ のヒープ上のデータに影響を与える. いずれの機密度もメソッド set のヒープエフェクトである F 以上か S 以上であるため, 型付け可能である.

　提案する型付け規則で不正な間接的情報流を検出する例を示す. 図10に示すクラス C<F> には Pair を利用するメソッド method を含む. メソッド method は機密度が機密度パラメータ F の値と L の値の2項組 pair を引数に取り, 2つの値が同じときはクラス C のインスタンスを返し, そうでないときは null を返すメソッドで

```
class C<F> L {
  (C<F>, L) method((Pair<F, L>, L) pair) H {
    (Bool, F) isSame; isSame = pair.isSame();
    if (isSame) { result = this; } else { result = null; }
  }
}
```

図 10　Pair を用いるクラスの例

$$\frac{\dfrac{(\mathrm{Bool}, F) = \Delta(isSame)}{\Delta \vdash isSame : (\mathrm{Bool}, F)} \text{ [E-VAR]} \quad \Delta \vdash B : (L, \emptyset) \quad \Delta \vdash B' : (L, \emptyset)}{\Delta \vdash \text{if } (isSame) \ B \text{ else } B' : (\rho_s, \emptyset)} \text{ [IF]}$$

$$F \preceq \rho_s \quad \rho_s \preceq L \quad \rho_s \preceq L \quad \forall \rho_h \in \emptyset \cup \emptyset. F \preceq \rho_h$$

図 11　method の導出木

ある．メソッド method の戻り値の機密度は L として定義されており，機密なデータではない．機密度パラメータ F が機密度定数 H で具体化された場合，引数 pair の要素 first は機密なデータである．しかし，引数 pair の second の値を変えてメソッドを呼び出し，機密でない戻り値を観測することで機密なデータを推測できるため，不正な間接的情報流が存在する．機密度パラメータ F が機密度定数 L で具体化された場合は不正な情報流は存在しない．図 11 に method の if 文を提案する型付け規則で型付けできないことを示す導出木を示す．図 11 の Δ は pair : $(Pair< F, L>, L), isSame : (\mathrm{Bool}, F), this : (C<F>, L), result : (C<F>, L)$ であり，B と B' はそれぞれ {result = this;} と {result = null;} である．B と B' の型はそれぞれ $(L, \emptyset)$ であるが，導出木は省略する．if 文の型 $(\rho_s, \emptyset)$ について図 3 の定義より $F \preceq \rho_s$ と $\rho_s \preceq L$ を同時に満たす ρ_s は存在しないため，型付けできない．

5　関連研究

Agesen らや Bracha らはオブジェクト指向言語である Java 言語に型を引数に取るクラスやメソッドを導入した [6] [7]．五十嵐らは，Bracha らの言語と型付け規則を形式的に定義し，型付け規則が健全であることを証明した [8]．

情報流解析におけるプログラム中に指定する機密度をパラメータ化している言語には FlowCaml や JFlow，Jif がある [9] [10] [11]．FlowCaml は関数型言語である OCaml に対して情報流解析を追加した言語であり，JFlow，Jif はオブジェクト指向言語である Java 言語のサブセットに対して情報流解析を追加した言語である．Sun らは Banerjee らのオブジェクト指向プログラム向け情報流解析に対して機密度をパラメータ化したクラス定義を追加した [12]．FlowCalm や Sun らの言語ではプログラム中に指定する機密度は機密度定数か機密度パラメータのいずれか一つであり，機密度パラメータが満たすべき制約をメソッド宣言などに集合として列挙する．Sun らは機密度が付与されていないプログラムに対して自動的に機密度パラメータを追加し，機密度パラメータが満たすべき制約を推論し，プログラムに制約集合を付与するツールを提案している．機密度が機密度パラメータのデータに依存する変数ごとに機密度パラメータが必要になるため，プログラム中の機密度パラメータの数が多くなり，プログラム中に記述された制約集合から機密度パラメータ間の関係を開発者が把握することが難しい．本研究ではプログラム中の機密度に複数の機密度パラメータを指定でき，プログラム中の機密度パラメータの数が少なくなる．プログラム中に機密度パラメータが満たすべき制約の集合を記述する必要もない．

6 おわりに

　本稿では，オブジェクト指向言語を対象とする情報流解析において，機密度に関するパラメータ多相を提案した．クラス定義において機密度パラメータを宣言できる．データの機密度を機密度定数と機密度パラメータのリストの組として表現し，機密度間の大小関係を機密度定数間の関係と機密度パラメータのリストの包含関係に基づいて定義する．機密度定数と機密度パラメータのリストの結びがそのデータの機密度であることを意味する．機密度パラメータがいかなる機密度定数で具体化されても，型付け可能なプログラムは不正な情報流を含まないように型付け規則を定めた．例として，任意の機密度の 2 項組を表すクラスの定義とそのクラスを利用するプログラムを示し，機密度パラメータに割り当てられる機密度定数によっては不正な情報流が発生するプログラムは型付けできないことを示した．

　本稿で提案する型付け規則が非干渉性に対して健全であることの証明は今後の課題である．本稿で提案する言語の表現力を確認し Sun らの言語の表現力との比較することも今後の課題である．本稿の型付け規則は，機密度パラメータにどのような機密度定数を割り当てても不正な情報流が存在しないことを保証しようとしている．そのために制約が厳しく，実用的なプログラムの実現を困難にしている可能性があり，実用上の表現力を確認する必要がある．

謝辞 本研究の一部は JSPS 科研費 15K00112, 17K12666 および 2017 年度南山大学パッヘ研究奨励金 I-A-2 の助成による．

参考文献

[1] Dennis Volpano, Cynthia Irvine, and Geoffrey Smith. A Sound Type System for Secure Flow Analysis. *J. Comput. Secur.*, Vol. 4, No. 2-3, pp. 167–187, 1996.

[2] Anindya Banerjee and David A. Naumann. Secure Information Flow and Pointer Confinement in a Java-like Language. In *Proceedings of the 15th IEEE Computer Security Foundations Workshop*, pp. 253–267. IEEE Computer Society Press, 2002.

[3] Andrei Sabelfeld and Andrew C. Myers. Language-Based Information-Flow Security. *IEEE Journal on Selected Areas in Communications*, Vol. 21, No. 1, pp. 5–19, 2003.

[4] 黒川翔, 桑原寛明, 山本晋一郎, 坂部俊樹, 酒井正彦, 草刈圭一朗, 西田直樹. 例外処理付きオブジェクト指向プログラムにおける情報流の安全性解析のための型システム. 電子情報通信学会論文誌, Vol. 91, No. 3, pp. 757–770, mar 2008.

[5] Dorothy E. Denning. A Lattice Model of Secure Information Flow. *Commun. ACM*, Vol. 19, No. 5, pp. 236–243, 1976.

[6] Ole Agesen, Stephen N. Freund, and John C. Mitchell. Adding type parameterization to the java language. In *Proceedings of the 12th ACM SIGPLAN Conference on Object-oriented Programming, Systems, Languages, and Applications*, OOPSLA '97, pp. 49–65, New York, NY, USA, 1997. ACM.

[7] Gilad Bracha, Martin Odersky, David Stoutamire, and Philip Wadler. Making the future safe for the past: Adding genericity to the java programming language. In *Proceedings of the 13th ACM SIGPLAN Conference on Object-oriented Programming, Systems, Languages, and Applications*, OOPSLA '98, pp. 183–200, New York, NY, USA, 1998. ACM.

[8] Atsushi Igarashi, Benjamin C. Pierce, and Philip Wadler. Featherweight java: A minimal core calculus for java and gj. *ACM Trans. Program. Lang. Syst.*, Vol. 23, No. 3, pp. 396–450, May 2001.

[9] Vincent Simonet. The Flow Caml System: documentation and user's manual. Technical Report 0282, Institut National de Recherche en Informatique et en Automatique (INRIA), July 2003. ©INRIA.

[10] Andrew C. Myers. JFlow: Practical Mostly-static Information Flow Control. In *Proceedings of the 26th ACM SIGPLAN-SIGACT Symposium on Principles of Programming Languages*, POPL '99, pp. 228–241, 1999.

[11] Jif: Java + information flow. http://www.cs.cornell.edu/jif/.

[12] Qi Sun, Anindya Banerjee, and David A Naumann. Modular and constraint-based information flow inference for an object-oriented language. In *SAS*, Vol. 3148, pp. 84–99. Springer, 2004.

ランダムフォレストによる名前難読化の逆変換

A De-obfuscation Method for Identifier Renaming by Random Forest

磯部 陽介 *　玉田 春昭 †

あらまし　ソフトウェア内部の秘密情報を保護するために，プログラムの理解を困難にする難読化手法が普及している．中でも識別子名を変換する名前難読化は実装が容易であることから広く用いられている．しかし，もし，名前難読化によって保護された識別子名から，何らかの情報が得られるのであれば，名前難読化による保護は完全ではないにしろ無効化される．そのような名前難読化の有効性や堅牢性の調査が行われていないことが最大の問題である．本稿では，名前難読化によって保護されたプログラムに逆変換を試みる．逆変換がどの程度成功するかによって名前難読化の有効性評価の基準の構築を講じるものである．提案手法をOSSに対して実行したところ，意味が類似する動詞を推薦できた割合は54.80%であり，その内，元のメソッドと同義の動詞を推薦できた割合は6.46%であった．

1　はじめに

今日，ソフトウェア内部の秘密情報を保護するために，難読化が利用されている[1]．難読化とは，プログラムの仕様を保ったまま，理解が困難なように変換する手法である．プログラムのどの部分を，どのように隠すかにより，様々な難読化手法が提案されている．その中に，識別子名に着目した名前難読化手法が存在する．識別子名（変数名，関数，メソッド名）を意味のある名前から意味のない名前に変換する手法である．この手法は，多くの難読化手法で実装されているため，世の中で広く使われている．例えば，ProGuard[1]，Dash-O[2] などがある．名前難読化を実装したツールは，プログラムの理解が困難になると主張しているものの，検証はされていない．その理由として，名前の変更によるプログラムの可読性に関する検証は容易ではないことが挙げられる．

そこで，本研究では，名前難読化の攻撃耐性を評価するため，逆変換を試みる．仮に名前難読化された名前を元に戻せれば，名前難読化を無効化できたことになり，脆弱な難読化手法であると言える．

名前難読化では，プログラム中の全ての識別子が意味のない名前に変更されている．本研究では，識別子名の中でもメソッド名に着目して復元を目指す．クラス名やフィールド名などの他の識別子に比べて，命令列やメソッド内で呼び出している標準API名など，復元に利用できる情報が多いためである．また，一般的にメソッド名は，動詞＋目的語で動詞がメソッドの働きを，目的語がメソッドの対象を表す．しかし，目的語はプログラムのドメインやフィールドに依存することが多く，メソッド単体から推測することは難しい．このことから，本研究の復元対象はメソッド名の動詞のみに絞るものとする．

復元には，教師あり機械学習を用い，学習データを既存の大量のプログラムとする．既存のプログラムから命令列（opcode）を抽出し，学習データとしてモデルを構築する．そして，復元対象のメソッドからも命令列を抽出し，作成したモデルに

---

*Yosuke Isobe, 京都産業大学大学院　先端情報学研究科, 京都市北区上賀茂本山, Motoyama, Kamigamo, Kita-ku, Kyoto-shi, Kyoto

†Haruaki Tamada, 京都産業大学　コンピュータ理工学部, 京都市北区上賀茂本山, Motoyama, Kamigamo, Kita-ku, Kyoto-shi, Kyoto

[1]https://www.guardsquare.com/en/proguard

[2]https://www.preemptive.com/products/dasho/

従って名前の復元を行う．

以降，第2章で実験に必要な予備知識を説明し，第3章で提案手法を，第4章では実験について述べる．また，第5章ではまとめと今後の課題について述べる．

2 準備
2.1 名前難読化

名前難読化は，プログラム中に現れるクラス名やメソッド名などの名前を，意味のない名前に変換することである [2]．一般的に，プログラム中の名前はプログラム理解において重要な情報である [3]．プログラム理解に重要な情報を隠すことで，プログラム理解を困難にし，プログラムの保護を行う．

2.2 ランダムフォレスト

ランダムフォレスト (Random Forest) とは，集団学習による機械学習のアルゴリズムの一つである [4]．決定木を弱学習器とし，多数の決定木を用いてそれぞれの結果を合わせることで識別やクラスタリングを行う．一つの決定木の精度は高くないが，多数の決定木を組み合わせることで，精度を高める．特徴として学習，評価が高速であることや，説明変数が多くても精度の高い学習が行えることがあげられる．

3 提案手法
3.1 キーアイデア

本稿は名前難読化の逆変換を行う．難読化された名前を，名前難読化されたプログラムのみから元に戻すこと（復元すること）は不可能である．復元に利用できる情報が少なすぎるためである．一方で，名前難読化では変更できない部分も存在する．メソッドの命令列である．また，世の中には大量のライブラリを含むソフトウェアリポジトリが存在する．メソッドの命令列をキーにして，ソフトウェアリポジトリ内に類似メソッドが見つかれば，その名前に置き換えることでメソッド名の復元が期待できる．

しかし，それでもメソッド名の復元は困難であることが我々の先行研究からわかっている [5] [6]．それは，命令列が完全に一致するメソッドは，ほぼ同一のクラスのみであったこと，他の難読化手法も併用された場合，命令列の変更により復元が困難になったことが理由である．そこで，本稿では，復元処理をできるだけ簡潔にするため，メソッド名の動詞のみに着目して復元を目指す．例えば，本来の名前が `writeDouble` や `writeObject` であったとしても，同じ `write` として扱うものとする．

3.2 全体の流れ

本節では，名前難読化されたプログラムのメソッド名の復元手法を述べる．概略図を図1に示す．本研究における復元は以下の3ステップからなる．

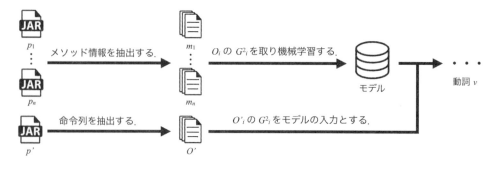

図1 提案手法の全体の流れ

ステップ1 学習データを準備する.
ステップ2 モデルを作成する.
ステップ3 対象プログラムの名前を復元する.

ステップ1では,与えられたプログラム群から学習に用いるデータの準備を行う.この時に,学習に必要な情報を取り出し,機械学習ができる形式への変換を行う.変換された形式をメソッド情報と呼ぶ.

ステップ2は,ステップ1で用意した学習データを機械学習にかけ,モデルを作成する.モデルは,メソッド名に用いられるべき動詞を出力する.

ステップ3では,名前難読化されたプログラムに対して復元を行う.プログラムをメソッド単位に切り分け,そのメソッドからステップ1と同じ形式のデータを抽出する.抽出されたメソッド情報を入力として,ステップ2で作成したモデルに適用し,結果となるメソッド名を得る.

本稿では,機械学習のアルゴリズムにランダムフォレストを用いた.

3.3 学習データの準備

ステップ1では,機械学習に用いる学習データの準備を行う.メソッド名を復元するための学習データとしてメソッド情報の集合をプログラムから抽出する.

学習のためのプログラム集合を $P = \{p_1, p_2, ..., p_n\}$ とする.P からプログラム p_i を取り出し,メソッド単位に分割する($p_i = \{m_{i,1}, m_{i,2}, ..., m_{i,m}\}(m_{(i,j)} \in p_i)$).メソッド情報は,メソッド名 $c_{i,j}$,命令列 $O_{i,j}$ を持つ($m_{i,j} = \{c_{i,j}, O_{i,j}\}$).

ここで,メソッド名 $c_{i,j}$ から先頭の動詞を取り出し,$v_{i,j}$ とする.動詞から始まらないメソッドは学習データには含めない.ただし,習慣的に動詞として用いられる単語が先頭にある場合は,学習データとして用いる.

命令列 $O_{i,j}$ は複数の命令を持つ($O_{i,j} = \{o_1^{i,j}, o_2^{i,j}, ..., o_l^{i,j}\}$).なお,命令列の短いメソッドは非常に大量に存在するものの,復元の精度や効果の期待が薄い.故に,本稿で対象とするメソッドは命令長に制限を設け,$\text{length}_{min} \leq |O_{i,j}| \leq \text{length}_{max}$ とする.具体的な length_{min} と length_{max} は与えられるものとする.

次に,命令列を学習データに変換する.本稿では,説明変数として,命令列の2-gram を利用する [7].すなわち,命令列の2-gram は,$G^2 = \{(o_k, o_{k+1})|1 \leq k \leq |O| - 1\}$ とする.今回は,Java クラスファイルを対象としており,JVM の1つの命令は1バイトであることから,命令列の2-gram を1つの符号なし整数 (int 型) として表す.また,機械学習を行う場合,説明変数の長さが同じである必要があるため,2-gram 長が短い場合は,ダミーの値(-1)でパディングした.

本ステップで用意した学習データを元に,次ステップでモデル作成を行う.次ステップで作成されるモデルの精度は,学習データの精度に依存する.そのため,学習データの質を上げるためのデータの剪定等が必要な場合は本ステップで行う.

3.4 モデルの作成

本ステップでは,ステップ1で抽出した命令列の2-gram を用いて逆変換モデルを作成する.モデル作成にはランダムフォレストによる機械学習を用いる.目的変数をメソッド名の動詞 $v_{i,j}$,説明変数を命令列の2-gram $G^2_{i,j}$ として学習を行う.

3.5 対象プログラムの復元

本ステップでは,ステップ2で作成したモデルを用いて,メソッド名の復元を行う.復元を行うにあたって,対象プログラム p' からメソッドを取り出し,ステップ1で抽出した情報と同じように抽出する必要がある.すなわち,p' からメソッド列 $\{m'_1, m'_2, ..., m'_x\}$ を取り出し,命令列の長さでフィルタリングを行う.得られた命令列 O'_i から2-gram $G^{2'}_i$ を抽出する.

抽出した $G^{2'}_i$ をモデルに入力として与え,メソッド名の動詞の候補 v が推薦される.

表 1 復元を行ったテストデータ

テストデータ	データサイズ
openfin-desktop-java-adapter-6.0.1.0.jar	317 KB
phtree-0.3.1.jar	344 KB
vldocking-3.0.4.jar	401 KB
api-doc-0.0.34.jar	568 KB
itk-payloads-0.5.jar	1.9 MB
orbit-runtime-1.1.0.jar	2 MB
DynamicJasper-core-fonts-1.0.jar	3.1 MB
elasticsearch-5.0.0-beta1.jar	9.4 MB
flink-kudu-connector-1.0.jar	35.8 MB
payara-microprofile-1.0-4.1.2.172.jar	39 MB

4 実験

4.1 学習データの抽出

本研究では,復元モデルを作成するための学習データとして,Maven Central Repository (MCR) を利用した [8]. MCR に含まれる jar ファイルから最新バージョンのみを取り出し,17,714 個の jar ファイルを得た.それらの jar ファイルに含まれる全てのクラスからメソッドを取り出し,21,738,029 のメソッドを得た.また,コンストラクタと static イニシャライザを除外し,$length_{min} = 100$,$length_{max} = 1,000$ としたところ,対象となるメソッドは 488,213 となった.

取得したすべてのメソッドから命令列を取り出し,2-gram を得た.第 3.3 節の通り,必要であれば,−1 でパディングした.また,メソッド名冒頭の動詞を抽出した.

本研究では,本来動詞の意味はないが,習慣的にメソッド名に動詞として用いられている単語についても動詞として扱った [9]. 動詞として扱った単語は new, setup, cleanup, backup, to, as の 6 単語である.また,init や gen など,一般的に使用されている省略形は省略しない形,initialize, generate に修正した.さらに,initialize と initialise のような表記揺れも統一した.なお,学習データに用いた動詞の種類は 757 種類である.

4.1.1 モデルの作成

本節では,ランダムフォレストによる機械学習を用いて用意した学習データで復元モデルの作成を行った.学習は,学習データを命令列長別に 100 ごとに分け,9 つのモデルを作成した.モデル作成時のメモリ上の問題で全てのデータを用いたモデルを作成できなかったためである.

実験に用いた PC は MacBook Pro '15, macOS Sierra, Intel Core i5 2.7GHz, 16GB RAM である.モデル作成には Python 2.7.10, scikit-learn[3] を利用した.

4.2 テストデータの準備

本研究では,テストデータとなるプログラムを Maven のリポジトリの一つである Sonatype Releases[4] から取得した.プログラムによっては $100 \leq |O| \leq 1000$ を満たすメソッドを持たないものもあるので,比較的サイズの大きいプログラムを取得した.取得したプログラムは表 1 の通りである.

取得したプログラムを学習データと同様にメソッドごとに分け,命令列を取り出した.対象のプログラムから取り出したメソッドは 258,857 個であった.そのうち,$100 \leq |O| \leq 1000$ を満たすメソッドは 6,235 個であった.なお,本研究では,コンストラクタ（<init>）や static イニシャライザ（<clinit>）は対象外とした.また,Java の命名規則に従っていないものや 1 文字のみのメソッドも,推薦された動詞の妥当性を検証することが難しいため対象外とした.これらのメソッドを除いた

---

[3]http://scikit-learn.org/stable/

[4]https://oss.sonatype.org/content/repositories/releases/

表2　復元結果（正解数）（$n = 4,832$, $n_v = 3,018$）

	c	c/n	c/n_v
$s \geq 1.0$	195	4.04%	6.46%
$s \geq 0.5$	464	9.60%	15.37%
$s \geq 0.33$	1,654	34.23%	54.80%

表3　推薦頻度上位5件の動詞

順位	動詞	推薦結果数	推薦対象のメソッド数	推薦結果の正答数			
				完全一致	$s \geq 1.0$	$s \geq 0.5$	$s \geq 0.33$
1位	run	547個	87個	6個	26個	27個	71個
2位	do	530個	112個	17個	26個	43個	74個
3位	create	519個	150個	23個	32個	73個	107個
4位	write	497個	120個	23個	23個	39個	83個
5位	to	409個	122個	13個	4個	7個	27個

場合，対象となるメソッドは4,832個となった.

4.3　名前の復元

　本節では，作成したモデルを用いて，テストデータの各メソッドが難読化されたと仮定して復元を行なった. テストデータの持つメソッド名と，モデルによって推薦された名前を比較することで精度を検証する. メソッドに使われる動詞には，run や perform, execute のように似た意味を持つものがある. ゆえに，run に対して execute を推薦した場合においても復元としては問題がないと考えられる. そのため，復元精度の指標として，WordNet[5] による単語間の類似度を用いた. 類似度計算には WordNet の path_similarity を用いた [10]. この類似度は，共通の上位階層を経由したパスの長さの逆数で表される. なお，WordNet は品詞の異なる単語は類似度の測定が行えないため，第4.1節で追加した単語に関しては，ほぼ同義の動詞を用いて類似度の計算を行った.

　作成したモデルによって，テストデータを復元した結果が表2である. なお，正解数を c とし，復元対象としたメソッド数を n, そのうち，メソッド名の先頭が動詞で始まるメソッド数を n_v とする. また，正解と判断したものは，動詞がメソッド名の先頭にあり，且つその動詞と推薦された動詞の類似度が一定以上のものとした. s は動詞間の類似度を表しており，各行には指定した条件での復元結果を示している. なお，メソッド名の先頭に動詞が存在しない場合は自動的に不正解となる.

　表2を見ると，類似度0.33以上とした場合，復元対象の全てのメソッドでは34.23%，先頭に動詞の存在したメソッドに限ると54.80%の割合で，元のメソッドと同じ動詞か，似た意味を持つ動詞を推薦できていることがわかる. しかし，類似度を0.5以上すると，復元対象全てのメソッドで9.60%，先頭に動詞の存在したメソッドでは15.37%となった. また，類似度を1.0とすると全てのメソッドでは4.04%となり，先頭に動詞を持つメソッドでは6.46%であった. つまり，ほぼ同じ意味を持つ動詞の推薦は難しいが，似た意味を持つ動詞の推薦はできると言える.

　推薦結果数を降順に並べたときの上位5件の動詞を表3に示す. 推薦対象のメソッド数がテストデータに含まれる当該動詞から始まるメソッド数である. 推薦結果の正答数欄の完全一致は当該動詞が推薦された数，s は表2と同様，類似度を表しており，示された条件を満たす結果を正答とした. この結果から，元の動詞と全く同じ動詞を推薦することは難しいと言える. しかし，類似度が0.33以上の似た意味を持つ動詞は，54.80%と比較的高い割合で推薦できていることがわかる. また，推薦結果数は推薦対象のメソッドの3〜6倍程度と大幅に多いこのことから，推薦結果数が多い動詞は誤った推薦を行なっている可能性があると考えられる.

---

[5]https://wordnet.princeton.edu

上位 5 件の動詞で推薦全体の 53.7％ を占めており，上位 10 件では 73.9％ を占めている．このことから，推薦される動詞にはかなり偏りがあることがわかる．なお，上位 14 件で全体の 80％ を占め，上位 22 件で全体の 90％ を占めていることがわかった．また，推薦された動詞の種類は 108 種類であった．そのため，学習データに含まれる動詞のうち，ほとんど推薦されない動詞が大半を占めていると言える．

学習データで用いた 757 種類の動詞のうち，推薦された動詞は 108 種類であったことから，学習データにおいて出現頻度の低い動詞は結果にほとんど影響を及ぼさないと考えられる．そのため，学習データの準備時に，データの剪定を行うことができると考えられる．学習データの剪定によって，学習時間の短縮やモデルのデータサイズの削減などが期待できる．

5 まとめと今後の課題

本稿では，機械学習による名前難読化の逆変換を行う方法を提案した．メソッドに対して，そのメソッドに使われるべき動詞を推薦することで逆変換を行う．MCR から Java プログラムを取得し学習データとした．学習データのメソッド名に使われている動詞と，メソッドの命令列の 2-gram を用いてモデルを作成した．

WordNet の path_similarity を用いて復元の精度を検証した．元のメソッドが持つ動詞と推薦した動詞の類似度が，0.33 以上で推薦できた割合は 54.80％ であった．このことから似た意味を持つ動詞の推薦はできると考えられる．しかし，類似度を 1.0 とすると 6.46％ となり，ほぼ同じ意味を持つ動詞を推薦することは難しいと言える．さらに，推薦される動詞には偏りがあり，推薦頻度の上位 22 件で全体の 90％ を占めていることがわかった．

今回は復元のための情報としてメソッドの命令列を用いた．しかし，名前難読化で変更されない情報は命令列だけではない．例えば，標準 API に含まれるクラスを返り値や引数に用いている場合，そのクラス名も利用できる．今後，このような情報を用いた復元によって，更に精度の高い復元に取り組む．

謝辞 本研究は JSPS 科研費 17K00196，17K00500，17H00731 の助成を受けた．

参考文献

[1] C. Collberg and C. Thomborson. Software watermarking: Models and dynamic embeddings. In *Proc. Principles of Programming Languages 1999, POPL'99*, pp. 311–324, January 1999. (San Antonio, TX).

[2] P. M. Tyma. Method for renaming identifiers of a computer program. United States Patent 6,102,966, August 2000. filed: Mar.20, 1998.

[3] B.D. Chaudhary and H.V. Sahasrabuddhe. Meaningfulness as a factor of program complexity. In *Proc. ACM 1980 Annual Conference*, pp. 457–466, 1980.

[4] L. Breiman. Random forest. *Machine Learning*, Vol. 45, pp. 5–32, 2001.

[5] 磯部陽介, 玉田春昭. 協調フィルタリングを利用した名前難読化の逆変換. 2017 年暗号と情報セキュリティシンポジウム予稿集 (SCIS 2017), pp. 3D1–3, January 2017.

[6] 匂坂勇仁, 玉田春昭. 命令列に着目した名前難読化の逆変換手法. 2017 年暗号と情報セキュリティシンポジウム予稿集 (SCIS 2017), pp. 3D1–5, January 2017.

[7] G. Myles and C. Collberg. K-gram based software birthmarks. In *SAC '05 Proceedings of the 2005 ACM symposium on Applied computing'*, pp. 314–318, 2005.

[8] S. Raemaekers, A. Deursen, and J. Visser. The maven repository dataset of metrics, changes, and dependencies. In *Proc. 2013 10th IEEE Working Conference on Mining Software Repositories (MSR 2013)*, pp. 221–224, May 2013.

[9] Y. Kashiwabara, T. Ishio, H. Hata, and K. Inoue. Method verb recommendation using association rule mining in a set of existing projects. *IEICE Transaction on Information and System*, Vol. E98-D, No. 3, pp. 627–636, March 2015.

[10] T. Pedersen, S. Patwardhan, and J. Michelizzi. WordNet::Similarity: measuring the relatedness of concepts. In *Proc. HLT-NAACL-Demonstrations 2004*, pp. 38–41, 2004.

検索エンジンを用いたソフトウェアバースマークによる検査対象の絞り込み手法

Narrowing Examination Targets by Software Birthmarks with Search Engine

中村 潤[*]　玉田 春昭[†]

あらまし　盗用の疑いのあるプログラムを発見するための技術として，ソフトウェアバースマーク手法が提案されている．バースマークはプログラムの特徴を抽出・比較し，類似度を算出する技術である．従来のバースマークでは，検査対象の増加に伴って比較時間が線形に増加するため，大量のプログラムの比較には多くの時間を要していた．この問題を解決するために，バースマークの比較の高速化に取り組む．そのために，従来の比較の前にラフな比較を行って関係のない対象を除外する絞り込み段階を導入する．絞り込み段階で用いる比較手法は，検査対象の増加に伴って比較時間が線形に増加しないものとする．我々は，ラフな比較に検索エンジンを採用した．先行研究において，基本的な性能評価を行い，比較時間を約81.35%削減できたことを確認した．本稿では，盗用を隠すためにプログラムを等価変換した時の性能評価を行った．閾値 $\varepsilon_n = 0.75$ のとき，保存性能が22.43%であったが，$\varepsilon_n = 0.25$ にすると保存性能が98.92%となり，良い性能を示した．

1　はじめに

　ソフトウェアの盗用問題を解決するために，玉田らによってソフトウェアバースマーク手法が提案されている [1]．バースマーク手法とは，バイナリプログラムからプログラムの特徴的な要素を抽出し，ソフトウェアの類似性を判定する技術である．着目する情報や，抽出した情報の構築方法の違いにより，異なる種類のバースマークが数多く提案されている．

　バースマーク手法の典型的なシナリオでは，まず，オリジナルのプログラム p と，複数の盗用の疑いのあるプログラム $Q = \{q_1, ..., q_n\}$ を用意する．次に，それぞれのプログラムから α という種類のバースマーク情報 $\mathcal{B}_\alpha(p), \mathcal{B}_\alpha(q_i)(1 \leq i \leq n)$ を取り出す．そして，プログラム p のバースマーク α の情報 $\mathcal{B}_\alpha(p)$ と Q に属するプログラムから抽出したバースマーク α の情報を相互に比較し，類似度を算出する．算出された類似度が閾値 ε より高ければ，それらのバースマーク情報の抽出元のプログラム同士がコピー関係である疑いがあることを意味する．

　ただし，現実的な利用を考えたとき，バースマーク手法には大きな課題が存在する．それは，バースマーク情報同士の比較に時間がかかるということである．そもそもバースマークの目的は盗用の疑いのあるプログラムを見つけ出すことである．そのため，大量のプログラムの中から，自身のプログラム p と似たソフトウェアを見つけ出す必要がある．情報の一対一の比較はごく短時間で終わるものの，比較対象が何百，何千万ものバースマーク情報であれば，全てを比較するのに大きな時間が必要になる．そのために，大量の比較を前提とした，より高速な比較が必要である．

　バースマーク比較の高速化の初期の手法として，バースマーク情報を圧縮してラフに比較する手法を津崎らが提案している [2]．しかし，対象となる情報の増加に比例して，比較時間が増加する．対象数と比較時間が比例する手法は，大量の比較を前提とするとスケールアップに限界がある．

　そこで我々は，先行研究において，検索エンジンを利用したバースマークの比較方

---

[*]Jun Nakamura, 京都産業大学大学院 先端情報学研究科

[†]Haruaki Tamada, 京都産業大学 コンピュータ理工学部

法を提案した [3]. 検索エンジンは，登録された膨大な量の文書を，少数のキーワードから絞り込むためのツールである．登録される文書の量は非常に膨大でありながらも，ごく短時間の検索時間で結果を示す．提案手法では，大量のプログラムから抽出されたバースマークを文書として予め登録しておき，検索キーワードをバースマークとして検索することで，比較時間のスケールアップを狙う．本稿では，先行研究では評価できていなかった提案手法の攻撃耐性について評価する．

2 バースマークの定義

提案手法を説明する前に，ソフトウェアバースマークの定義を説明する．ソフトウェアバースマークは玉田らによって次のように定義されている [1].
定義 1 (バースマーク) p, q を与えられたプログラムとし，$f(p)$ をプログラム p からある方法 f により抽出された特徴の集合とする．このとき，以下の条件を満たすならば，$\mathcal{B}_f(p) = f(p)$ を p のバースマークであると言う．
条件 1 $f(p)$ はプログラム p のみから得られる
条件 2 q が p のコピーであれば，$\mathcal{B}(p) = \mathcal{B}(q)$

条件 1 は，バースマークがプログラムの付加的な情報ではなく，p の実行に必要な情報であることを示す．すなわち，バースマークは電子透かしのように付加的な情報を必要としない．条件 2 はコピーされたプログラムからは同じバースマークが得られることを示す．もしバースマーク $\mathcal{B}(p)$ と $\mathcal{B}(q)$ が異なっているならば，q は p のコピーではないことを意味する．

また，バースマークは以下の保存性，弁別性の 2 つの性質を満たすことが望まれる．
性質 1 (保存性) p から任意の等価変換により得られた p' に対して，$\mathcal{B}(p) = \mathcal{B}(p')$ を満たす
性質 2 (弁別性) 同じ処理を行うプログラム p と q が全く独立に実装された場合，$\mathcal{B}(p) \neq \mathcal{B}(q)$ を満たす．

保存性は，バースマークが様々な攻撃に対して耐性を持つことを表す．一方で，弁別性は，全く独立に作成されたプログラムは，同じ仕様であっても区別できることを示す．もちろん，この 2 つの性質を完全に満たすバースマークを提案することは困難である．そのため，実用上は，ユーザの判断により適宜強度を設定する必要がある．また，条件 1 より，プログラムに特別な情報の追加なしにバースマーク情報が構築できる点も注目すべき箇所である．

そしてバースマークには異なる種類のものがあり，種類により異なった類似度算出方法が定義されている．類似度が 0 であれば，両プログラムは完全に独立していることを意味し，類似度が 1 であれば，そのプログラムはコピーである疑いが非常に強いことを意味する．ただし，どの程度 1 に近ければコピーであるのかを判定するため，多くの場合，閾値 ε が導入されている．もし $\mathcal{B}(p)$ と $\mathcal{B}(q)$ の類似度が閾値 ε より大きい時，p もしくは q のいずれかが他方から盗用された疑いが強いことを意味する．

3 提案手法

3.1 キーアイデア

前提として従来のバースマーク手法を利用する場合，図 1 に示すように，2 つのプログラム p, q から，バースマーク抽出法 f によりバースマークを抽出し，バースマーク情報 $\mathcal{B}_f(p)$ と $\mathcal{B}_f(q)$ を得る．これを抽出段階と呼ぶ．そして，抽出段階後に，$\mathcal{B}_f(p)$ と $\mathcal{B}_f(q)$ を比較し，類似度を算出する．最後に類似度を与えられた ε と比較し盗用か否かの判断を下す．この段階を比較段階と呼ぶ．そして，これらの一連の処理をバースマーク処理と呼ぶ．また，検査対象のプログラムは，原告と被告に分けられる．利用シナリオにおけるオリジナルプログラムが原告，その他の盗用を判定する検査対象を被告と呼ぶ．

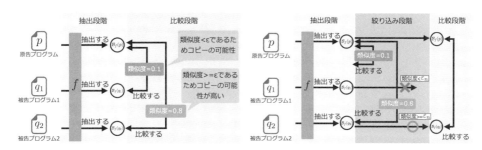

図 1: 従来手法の実行手順　　図 2: 提案手法の実行手順

　本論文では，比較するプログラムが大量にあることとしている．そのため，従来のバースマーク処理の抽出段階，比較段階を何度も繰り返す必要がある．少数のプログラムを検査するには十分であるものの，世の中のプログラムから盗用を見つけ出す用途には不十分である．

　一方で，世の中の多くのプログラムを検査することは重要である．どこに盗用されたプログラムが存在するか，事前にわからないためである．ただし，世の中のほとんどのプログラムは盗用ではない．そのため，明らかに原告と関係のないプログラムを比較対象から外し，疑いの残るプログラムのみに絞り込むことを考える．絞り込み後に得られた集合に従来手法でのバースマーク処理を行うことで，全体的に高速に実行できるようになると期待できる．

　そこで，図 2 に示すように，比較段階の前に行う絞り込み段階を導入する．絞り込み段階では，従来のバースマーク手法よりも簡易で高速な比較方法でバースマーク同士の類似度を算出する．これにより，比較段階での対象となる被告プログラムを減らすことを狙う．この絞り込み段階にも閾値 ε_n を定めておき，その閾値と求めた類似度を比較する．閾値よりも大きな類似度となった被告プログラムのみを，続く比較段階での対象とする．

　さらに，バースマーク処理に要する時間を削減するために，抽出段階にも着目する．抽出段階はプログラムからバースマーク情報を抽出する処理を行う．バースマーク情報は，プログラムが変更されない限り，変わることはない．そのため，世の中の数多くのプログラムについては，抽出段階を予め実行して，結果を保存できる．そして，絞り込み段階や比較段階では，保存しておいたバースマーク情報と，原告となるプログラム p から抽出したバースマーク情報を比較することとなる．

　このように抽出段階の大半を予め済ませておき，比較段階の対象を絞り込み段階で絞り込むことで大量のプログラムを対象とした時の，バースマーク処理全体の処理時間の削減を狙う．

3.2　絞り込み段階への検索エンジンの適用

　絞り込み段階は，続く比較段階の対象となる被告を絞り込むために行われる．そのため，大量のバースマークを比較でき，被告数の増加に対して，比較時間が線形に増加しない手法を採用する．そこで，我々は検索エンジンに着目する．

　検索エンジンは，大量のデータセットからデータを発見するためのツールである．一般の検索エンジンは，大量の Web ページをデータベースに保持している．そして，検索には，複数の単語をキーワードとして用いる．そのキーワードを含む Web ページを関連度に応じてランク付けし，結果として示す．このとき，どんなに大量の Web ページをデータベースに保持していたとしても，保持しているデータ量に関係なく，結果は数秒で示される．

　そのため，予め大量のプログラムからバースマーク情報を抽出し，検索エンジンのデータベースに登録しておく．その後，検索キーとして原告プログラム，もしく

はそのバースマーク情報を指定する．結果として，類似したバースマーク情報が得られる．得られたバースマーク情報が絞り込み段階の結果となり，続く比較段階への入力となる．

図3に，提案手法の実施手順を示す．提案手法を実施するには，世の中の多くのプログラムを検索エンジンのデータベースに登録する必要がある．それら登録するプログラムは，ソフトウェアリポジトリから収集する．そしてソフトウェアリポジトリに登録されているプログラムから予めバースマークを抽出し，データベースに登録する．これらの処理を登録処理と呼ぶ（図3の左側）．

図3の右側が検索処理の典型的な利用シナリオである．まず，ユーザが原告プログラム p を提案システムに投稿する．次に，システムは投稿されたプログラムからバースマークを抽出し，$\mathcal{B}(p)$ を得る．システムは類似したバースマークを検索するために，$\mathcal{B}(p)$ を検索エンジンに投稿する．最終的に検索エンジンの結果として出力されたバースマークとその類似度を提案システムの結果とする．

4 評価実験
4.1 概要
我々は先行研究として，次の絞り込み性能の評価を行なった [3]．

絞り込み性能評価 絞り込み処理の有無による比較時間の変化を測定し，平均で比較時間が81.35%削減でき，全体の2.83%まで対象を絞り込めた．（$\varepsilon_n = 0.25$）．

誤検出調査 提案手法による検出結果が間違っている割合を測定し，誤検出の割合が21.17%の割合であることを確認した（$\varepsilon_n = 0.25$）．

検出漏れ調査 提案手法で検索した結果，本来は検出されるべきプログラムが検出されなかった割合を測定した．$\varepsilon_n = 0.25$ のとき，検出漏れの割合が30.71%であることを確認した．

本稿では，提案手法の保存性能を測定する．保存性能とは，難読化や最適化などで等価変換されたプログラムが与えられたとしても，提案手法により絞り込んだ結果に元の返還前のプログラムが含まれているものとする．

4.2 保存性の調査
4.2.1 実験手順
実験の手順は以下の通りである．同手順を図4にも示す．なお，適用するバースマーク手法ごとに以下の手順を繰り返す．
(1) 被告プログラムはMaveリポジトリ [4] にある各プロダクトの最新のjarファイルとする．jarファイル数は17,637，クラスファイル数は1,922,630である．
(2) 各jarファイルのクラスからバースマークを抽出する．
(3) 抽出されたバースマークを，検索エンジンのデータベースに登録する．
(4) 検索のために(1)の被告プログラムから一つのjarファイルを原告プログラムと

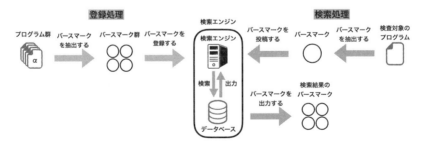

図3: 提案手法の登録，検索処理

表1: 各難読化手法の略称と概要

略称	(難読化手法の名称)	手法の概要
DNR	(Dynamic Name Resolution [5])	メソッド呼出を動的呼出に変更しメソッド名を暗号化する.
IOR	(Insert Opaque Predicates [6])	全ての条件式に恒偽式を付加する.
DR	(Duplicate Registers)	変数への代入を重複させる.
MLI	(Merge Local Integers)	2つのint型を1つのlong型に統合する.
IR	(Irreducibility [7])	制御フローを単純化不可能なように変更する.

してランダムに選ぶ．この原告プログラムは，被告プログラムに含まれている．
(5) 選ばれた原告プログラムに含まれる各クラスを難読化手法により，難読化する．
(6) 難読化された各クラスからバースマークを抽出する．
(7) 難読化された原告プログラムのバースマークを，提案手法に入力として与える．
(8) 検索結果を取得する．
(9) 難読化前後のクラスの提案手法における類似度を得る．

なお，本実験での類似度は難読化前後のクラス間で算出する．

4.2.2 保存性能の評価メトリクス

保存性能を評価するためのメトリクスを次のように定義する．

まず，プログラム t を被告プログラムの集合 Q から取り出す．次に，ある難読化手法により t を難読化して τ を得る．τ からバースマーク手法 x を用いて，$\mathcal{B}_x(\tau)$ を得る．得られた $\mathcal{B}_x(\tau)$ を提案手法に与え，検索結果として $\mathcal{R}_x(\tau)$ を得る．この時，検索結果に t が含まれているとき，提案手法に保存性能があったとする．

$$\text{preserve}(t,\tau) = \begin{cases} 1 & \mathcal{R}_x(\tau) に t が含まれていた場合 \\ 0 & 含まれていなかった場合 \end{cases}$$

ここで，あるプログラム集合 $T = \{t_1, ..., t_l\}$ が与えられたとする（$|T| \ll |Q|$）．T の各プログラムを難読化手法 n により難読化して得られたプログラムを $\mathcal{T} = \{\tau_1, ..., \tau_l\}$ とする．このとき，保存性能 $P_x(T)$ を $\frac{\sum_{i=1}^{l} \text{preserve}(t_i, \tau_i)}{|T|}$ とする．なお，本実験においてプログラム集合はjarファイル中のクラスファイルの集合を指す．

4.2.3 保存性の評価

ここでは，表1に示す5つの難読化手法を利用して保存性を評価する．これらの難読化手法はSandmark[1]およびDonQuixote[2]を利用した．また，原告プログラムには，Apache Commons BCEL 5.2 (bcel-5.2.jar)[3]を用いた．

保存性評価の結果を図5，6に示す．横軸はバースマーク抽出法（x_i），縦軸は

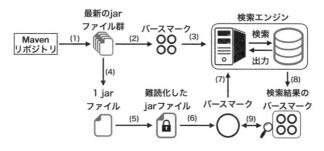

図4: 評価実験の手順3

---

[1] http://sandmark.cs.arizona.edu

[2] http://se-naist.jp/DonQuixote/

[3] https://commons.apache.org/proper/commons-bcel/

保存性能を表している．結果より，DNR 以外の難読化手法では，保存性能が $\varepsilon_n = 0.75$ で 80%以上を示している．すなわち，提案手法においても，DNR 以外の難読化手法によってはバースマークは劣化しないことが示された．一方，$\varepsilon_n = 0.75$ での DNR の保存性能は，UC バースマーク以外は 0%，UC バースマークでも 22.43%と低い値となり，保存性を満たしていない．しかし，ここで閾値を $\varepsilon_n = 0.25$ に下げることにより，各バースマークの保存性能が 98.92%と高く保存性を満たした．

5 まとめ

本論文では，盗用の疑いのあるプログラムを検出するためのバースマーク手法を高速化するための手法を提案した．提案手法は，従来のバースマーク手法に絞り込み段階という処理を追加する．そこでは，従来の比較よりも，より簡素で高速な比較により，対象を絞り込む．その実現のために，我々は検索エンジンを導入した．

我々は k-gram，UC バースマークを対象に保存性の評価実験を行なった．その結果，最も結果が悪かった場合であっても保存性能は $\varepsilon_n = 0.75$ のとき 22.43%であったが，閾値を $\varepsilon_n = 0.25$ に下げると保存性能が 98.92%となった．

今後の研究では，適切な閾値を決定することが挙げられる．また，本提案手法では，バースマークを文字列として扱い，検索している．検索をバースマークに最適化することで，より精度の向上が期待できる．

謝辞 本研究は JSPS 科研費 17K00196，17K00500，17H00731 の助成を受けた．

参考文献

[1] H. Tamada, M. Nakamura, A. Monden, and K. Matsumoto. Java birthmarks —detecting the software theft —. *IEICE Trans. on Information and System*, Vol. E88-D, No. 9, pp. 2148–2158, September 2005.

[2] T. Tsuzaki, T. Yamamoto, H. Tamada, and A. Monden. Scaling up software birthmarks using fuzzy hashing. *Int. Jour. of Software Innovation (IJSI)*, Vol. 5, pp. 89–102, June 2017.

[3] J. Nakamura and H. Tamada. Fast comparison of software birthmarks for detecting the theft with the search engine. In *Proc. of the 4th Int. Conf. on Applied Computing and Information Technology (ACIT 2016)*, pp. 152–157, December 2016. (Las Vegas, NV, USA).

[4] S. Raemaekers, A. Deursen, and J. Visser. The maven repository dataset of metrics, changes, and dependencies. In *Proc. 2013 10th IEEE Working Conf. on Mining Software Repositories (MSR 2013)*, pp. 221–224, May 2013.

[5] 玉田春昭, 中村匡秀, 門田暁人, 松本健一. Api ライブラリ名隠ぺいのための動的名前解決を用いた名前難読化. 電子情報通信学会論文誌, Vol. J90-D, No. 10, pp. 2723–2735, October 2007.

[6] C. Collberg, C. Thomborson, and D. Low. Manufacturing cheap, resilient, and stealthy opaque constructs. In *Proc. of the 25th ACM SIGPLAN-SIGACT Symp. on Principles of Programming Languages (POPL '98)*, pp. 184–196, 1998.

[7] C. Collberg, C. Thomborson, and D. Low. A taxonomy of obfuscating transformations. Technical Report 148, Dept. of Computer Science, University of Auckland, July 1997.

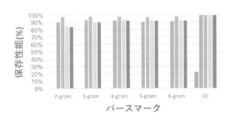

図 5: 保存性評価（$\varepsilon_n = 0.75$）

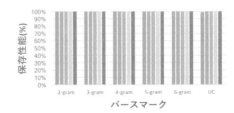

図 6: 保存性評価（$\varepsilon_n = 0.25$）

ソフトウェアバグの行レベル予測の試み

An Attempt to Statement-level Software Bug Prediction

福谷 圭吾[*]　門田 暁人[†]　Zeynep Yucel[‡]　畑 秀明[§]

　あらまし　本稿では，ソースコードに含まれるソフトウェアバグを，行（ステートメント）の粒度で予測することを試みる．提案方法では，ソースコードを探索するためのある大きさを持った窓を用意し，バグを含むソースコードの先頭から最後へ向けて窓をずらして走査を行うことで，バグを含む窓の集合と，含まない窓の集合を作成する．次に，各窓に含まれるソースコードのトークン列を入力として，各窓に対するバグを含む確率を出力とするスパムフィルタベースのバグ予測モデルを構築する．最後に，各窓に対する予測結果を統合し，各行に対するバグ混入確率を算出する．バグを1つだけ含むことが予め判明している593件のソースコード群を用いた実験の結果，窓の大きさを3行とした場合，バグを含む確率が高いと予測された上位10行に全バグの62.2%が含まれることが分かり，バグをピンポイントで予測するという本試みの実現可能性を確認できた．

1　はじめに

　従来，過去のソフトウェア開発実績データに基づいて，現在進行中の開発プロジェクトのソフトウェアに対し，バグを含むソフトウェアモジュール（機能，サブシステム，ソースファイル等）の予測（以下，バグ予測）の研究が行われてきた[4][7]．ただし，バグ予測では，バグが存在する箇所を絞り込むことはできるが，具体的にバグがどこにあるかまでは分からない．バグの発見のためには，バグ予測を行った後に，バグがあると予測されたモジュールに対してソフトウェアテストやレビューを行う必要があった．
　本稿では，バグの箇所をさらに絞り込むことを目的として，行レベルのバグ予測を行うことを目指す．ただし，行レベルのバグ予測では，従来のファイルレベルやメソッドレベルにおいて用いられていた，ソースコードメトリクスを入力としたバグ予測モデルを用いることは困難である．なぜなら，従来用いられているサイクロマティック数や，fan-in, fan-out などの構造メトリクス，CBO, LCOM, RFC などのオブジェクト指向メトリクスは，いずれも行単位での計測ができない，もしくは，行単位の計測が前提とされていないためである．そこで本稿では，テキストベースの予測方法である fault-prone フィルタリング[5][6]を採用し，予測モデルとして CRM114[3]の識別器である Orthogonal Sparse Bigrams (OSB)モデルを用いる．Fault-prone フィルタリングは，ソースコード中の

---

[*] Keigo Fukutani,岡山大学工学部情報系学科

[†] Akito Monden, 岡山大学大学院自然科学研究科

[‡] Zeynep Yucel, 岡山大学大学院自然科学研究科

[§] Hideaki Hata, 奈良先端科学技術大学院大学情報科学研究科

トークン列を直接入力とするため，メトリクスの計測の必要がない．

また，ある行にバグを含むか否かの判別は，その前後の行の情報が必要となる場合があることから，提案方法では，複数行をまとめたものを1つの窓とし，窓ごとに予測を行った後に，それらの結果を統合して行ごとの予測値（バグを含む確率）を得ることとする．予測モデルの学習にあたっては，バグを含むソースコードの先頭から最後へ向けて窓をずらして走査を行うことで，バグを含む窓の集合と，含まない窓の集合を作成し，それらを OSB モデルへの入力とする．

評価実験では，バグを1つだけ含むことが予め判明しているソースコード群を用いた実験を行う．実験の題材としては，Codeflaws データセット[1]から，8 種類のバグを含む 593 個のソースコードを対象とした．また，実験では， 3-fold cross validation を行うことで，提案方法の効果を評価する．

2　　提案方法

提案方法は，学習フェーズと予測フェーズから構成される．学習フェーズでは，バグを含むソースコードに対し，ある大きさ（n 行）の窓を設け，ソースコードの上端から下端に向けて 1 行ずつ窓をずらして走査する．ソースコードの行数を x，それぞれの行を s_i $(1 \leqq i \leqq x)$，窓のサイズを n $(n \leqq x)$，行 s_k から行 s_{k+n} に対応する窓を $w_k = \{s_k, ..., s_{k+n}\}$ とすると，窓の数は $x-n+1$ 個となり，それらは $w_1, ..., w_{x-n+1}$ と表すことができる．これらの窓を，(a)バグを含む窓の集合，(b)バグを含まない窓の集合のいずれかに分類し，両者を判別するためのテキスト識別器を学習させる．

バグ特定フェーズでは，バグをどの行に含むか分からないソースコードにおいて，予測したい行，すなわち，バグを含む確率を知りたい行を $s_i (1 \leqq i \leqq x)$ とする．s_i を含むように窓を 1 行ずつずらして走査し，窓の集合 $W_i = \{w_j \mid s_i \in w_j\}$ を得る．それぞれの窓 $w \in W_i$ をテキスト識別器に入力し，バグを含む確率 $P_{bug}(w)$ を得る．W_i に含まれる窓の数を $|W_i|$ とおくと，行 s_i がバグを含む確率 $P_{bug}(s_i)$ を式(1)により算出する．

$$P_{bug}(s_i) = \frac{1}{|W_i|} \sum_{w \in W_i} P(w) \tag{1}$$

式(1)では，行 s_i を含む窓のバグ含有確率の単純平均により，行 s_i のバグ含有確率を求めている．この予測を，ソースコードの全ての行に対して行うことで，バグ含有確率に基づいて各行を順位付けすることが可能となる．

提案方法では，各行に対して直接予測を行うのではなく，ある程度の大きさの窓を設けて予測を行った後に，それらを統合して各行に対する予測値を算出している．このような 2 段階の予測方法を採用した理由は 2 つある．一つは，ある行がバグを含むか否かを判定する上で，その前後の行の情報が必要となると考えたためである．一般に，人間がデバッグを行う場合，バグの発見のためには，バグを含む行だけを見ていてもバグの存在に気が付くことができず，前後の行を読むことが必要となる場合があることから，提案方法は，前後の行を含めた窓を用いた機械学習を行うこととした．もう一つの理由は，バグを含む行は含まない行と比べて数が著しく少ないことから，何らかの方法でバグを含むケースを増やすことで，モデルの学習に必要なデータ量を確保したかったためである．提案方法では，窓のサイズ n を大きくすることで，バグを含むケースを増やすことが可能となる．

3 評価実験
3.1 題材

使用するデータセットとして，Codeflaws[1]を使用した．Codeflaws は，元来，自動バグ修正の研究のために整理されたデータセットであり，プログラミングコンテスト Codeforces[2]のプログラムデータベースから抽出された，バグを含む多数の C 言語プログラムを含んでいる[8]．バグは，文，演算子，被演算子，その他の 4 種類に大別され，それぞれさらに細かくカテゴリに分けられ，合計 40 種類に分類されている．

ただし，全てのバグの位置をソースコードのみの情報から自動的に予測することは困難である．そこで，本稿では，研究の第一歩として，「演算子」カテゴリに焦点を当て，その中の 8 つの種類のバグのみを対象とした．つまり，演算子の誤りに関するバグのみを自動特定することを目指すこととなる．これら 8 種類のバグは，全 40 種類のバグのおよそ 15%に相当する．8 種類以外のバグに対する予測は，今後の重要な課題となる．

また，バグが複数の行に及ぶ場合や，1 つのプログラム中に複数のバグが含まれる場合，モデルの構築や評価が複雑となり，提案アプローチの実現可能性の評価が困難となる恐れがあるため，本稿では対象外とした．また，バグを含まないプログラムも対象外としている．結果として，特定の 1 行に 8 種類のいずれかのバグを 1 つだけ含む 593 個のプログラムを実験対象とした．8 種類のバグの詳細を表 1 に示す．表に示されるように，ORRN（比較演算子の置換）と OAIS（算術演算子の削除／挿入）に属するバグが多く，OICD（条件演算子の挿入）と OMOP（演算子の優先順位の変更）に属するバグは少ない．

実験対象となるプログラム群の行数は，最小で 6 行，最大で 198 行であった．また，行数の平均値は 38.2，中央値は 32 であった．

3.2 手順

今回の実験の手法として 3-fold cross validation を用いる．まず実験用データ（593 件）を無作為に 3 等分し，2 つを学習，1 つを評価に用いる．学習用のデータと評価用のデータを入れ替えて計 3 通り行う．窓のサイズは，本稿では n=3 に固定している．異なる n に対する実験は今後の重要な課題となる．

本稿で用いた OSB モデルは，プログラム中の各行がバグを含む確率を算出できる．そこで，OSB モデルによる予測の結果，バグを含む確率の高い順に行を順序付けした場合と，無作為に行を順位付けした場合とを比較し，予測の効果を評価する．また，バグの種類ごとの評価も行い，バグの種類間で予測精度に差があるかどうかを分析する．

3.3 結果

OSB モデルによる予測に基づいて行を順位付けした場合（予測あり）と，無作為に順位付けを行った場合（予測なし）の結果を cumulative-lift chart として表したものを図 1 に示す．図 1 のグラフの横軸は行の順位を示しており，縦軸は，それぞれの順位までに実際にバグを含んでいたプログラムの割合を示している．

図 1 より，無作為に行を順位付けした場合，上位 10 行に全バグの約 36.3%含まれているのに対し，予測を行った場合では，上位 10 行に全バグの約 62.2%含まれていた．このことから，予測を行うことで，ある程度バグ位置を絞り込めているといえる．その一方で，予測を行った場合においても，上位 1 行だけに着目した場合には 11.8%にとどまることから，現状ではピンポイントでの予測は難しいといえる．ただし，上位 3 行に 30.2%

表1 バグの分類（[1]より抜粋）

タイプ名	クラス名	説明	例	データ数
Control flow	ORRN	比較演算子の置換	− if(sum>n) + if(sum>=n)	286
	OLLN	論理演算子の置換	− if((s[i] == '4') && (s[i] == '7')) + if((s[i] == '4') || (s[i] == '7'))	17
	OEDE	=と==の置換	− else if(n=1 && k==1) + else(n==1 && k==1)	17
	OICD	条件演算子の挿入	− printf("%d¥n", i); + printf("%d¥n", 3 == x ? 5 : i);	4
Arithmetic	OAAN	算術演算子の置換	− v2-=d; + v2+=d;	29
	OAIS	算術演算子の削除/挿入	− max += days%2; + max += (days%7)%2;	204
	OAID	++, --の挿入/削除/置換	+ i++;	27
	OMOP	演算子の優先順位の変更	− ans=max(ans,l−arr[n]*2); + ans=max(ans,(l−arr[n])*2);	9

のバグを含むことから，プログラム中の3行に着目することで3割のバグの発見に役立つといえる．

予測に成功したプログラム（上位1行にバグが含まれていたプログラム）と，予測に失敗したプログラム（上位20行にバグが含まれていなかったプログラム）の例を付録に示す．前者については，バグ種別はORRN（比較演算子の置換）であり，バグは14行目で，全体で35行あるうちの1位であった（"if(Amax<arr[i])"とするのが正しい）．後者については，バグ種別はORRN（比較演算子の置換）であり，バグは12行目で，全体で33行あるうちの27位であった（"if(d<=0) {"とするのが正しい）．

また，バグ種別ごとのcumulative-lift chartを図2に示す．図2に示されるように，OAID（++, --の挿入/削除/置換）は他のバグと比べて予測精度が低い．このことは，バグ修正時に++や--をどこに挿入すべきかをソースコードの字面だけから判断することが難しいことを示唆している．また，一般に，バグは，ソースコード中の複雑な部分に混入することが多いが，++や--を挿入すべき位置は，むしろプログラム中の複雑でない部分が多いことから，予測しづらいのではないかと推察される．

また，図2より，OEDE（=と==の置換）とOMOP（演算子の優先順位の変更）は他のバグと比べて，上位5行，上位10行における予測精度が高い．これらのバグは，他のバグと比べると，ソースコードの字面だけからバグの有無を判断しやすいのではないかと

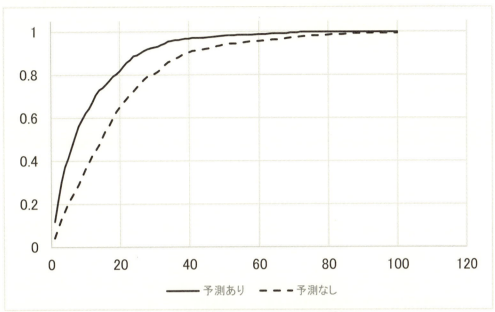

図1　予測結果の Cumulative-lift グラフ

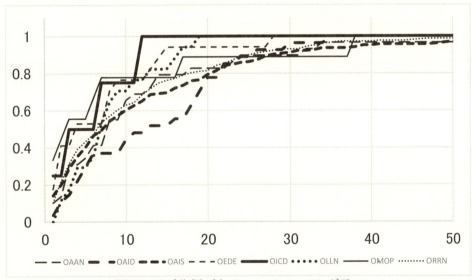

図2　バグ分類ごとの cumulative-lift グラフ

推察される．

4　まとめ

本稿では，ソースコードに含まれるソフトウェアバグを，行の粒度で予測することを

試みた．593 個のプログラムを対象とした実験において，ソースコードを走査する窓の大きさを 3 とし，予測モデルとして Orthogonal Sparse Bigrams (OSB)モデルを用いた結果，バグを含む確率が高いと予測された上位 10 行に全バグの 62.2%が含まれることが分かった．ランダム予測では，上位 10 行に含まれるバグは全バグの 36.3%であったことを考慮すると，バグをピンポイントで予測するという本試みの実現可能性を確認できた．

5　参考文献

[1] Codeflaws, https://codeflaws.github.io/
[2] Codeforces, http://codeforces.com/
[3] CRM114 – the Controllable Regex Mutilator, http://crm114.sourceforge.net/
[4] 畑秀明, 水野修, 菊野亨, "不具合予測に関するメトリクスについての研究論文の系統的レビュー," コンピュータソフトウェア, vol.29, no.1, pp.106-117, Feb. 2012.
[5] 水野修, 菊野亨, "Fault-prone フィルタリング：不具合を含むモジュールのスパムフィルタを利用した予測手法," SEC journal, No.13, pp.6-15, Feb. 2008.
[6] Osamu Mizuno, Hideaki Hata, "Prediction of fault-prone modules using a text filtering based metric," International Journal of Software Engineering and Its Applications, Vol.4, No.1, pp.43-52, Jan. 2010.
[7] A. Monden, T. Hayashi, S. Shinoda, K. Shirai, J. Yoshida, M. Barker, K. Matsumoto, "Assessing the cost effectiveness of fault prediction in acceptance testing," IEEE Trans. on Software Engineering, vol.39, no.1, pp.1345-1357, 2013.
[8] Shin Hwei Tan, Jooyong Yi, Sergey Mechtaev, Abhik Roychoudhury, "Codeflaws: a programming competition benchmark for evaluating automated program repair tools," Companion Proc. 39th International Conference on Software Engineering (ICSE2017), pp.180-182, 2017.

6　付録

予測が的中したプログラムの例（抜粋）

```
01: #include <stdio.h>
02: #include <stdlib.h>
03:
04: int main(int argc, char *argv[])
05: {
06:     int L, b, c, i, arr[105], Amax=0,
Alow=999, m, n, res=0;
07:     scanf("%d", &L);
08:     for (i=1; i<=L; i++)
09:     {
10:         scanf("%d", &arr[i]);
11:     }
12:     for (i=1; i<=L; i++)
13:     {
14:         if (Amax<=arr[i])
15:         {
16:             Amax=arr[i];
17:             n=i;
18:         }
```

予測が外れたプログラムの例（抜粋）

```
01: #include <stdio.h>
02: #include <math.h>
03:
04: int main(int argc, char *argv[])
05: {
06:     int n,d,l;
07:     scanf("%d%d%d",&n,&d,&l);
08:     int pl=n/2+n%2, min=n/2;
09:     int add[pl];
10:     sub[min];
11:     int i;
12:     if (d<0) {
13:         for (i=0; i<pl; i++) add[i]=1;
14:         d=pl-d;
15:         for (i=0; i<min; i++) {
16:             sub[i]=d/(min-i);
17:             d-=sub[i];
18:             if (sub[i]>l) {printf("-
1"); return 0;}
```

機密を保持したままソフトウェア開発データの分析を行う方法についての一考察

Some Thoughts on Analyzing Software Development Data Without Breaking Data Confidentiality

齊藤　英和[*]　門田　暁人[†]

あらまし　実証的ソフトウェア工学の研究では，多数のソフトウェア開発プロジェクトのデータが必要となる．ところが，近年，個人情報保護，および，コンプライアンス重視のために，企業における機密保持がより厳格となり，大学の研究者が企業のデータを使った研究を行うことが容易でなくなってきている．そこで，データの機密を保持したままデータ解析を行う方法として，準同型暗号と white-box 暗号を検討したが，これらの方法は現実的ではないことが分かった．そこで，より弱いデータ隠蔽方式に着目し，線形重回帰分析，log-log 重回帰分析に限定して検討した結果，データ隠蔽の度合いは弱くなるが、データ解析が可能となることが分かった．

1　はじめに

　近年，個人情報保護，および，コンプライアンス重視のために，企業における機密保持がより厳格となり，大学の研究者が企業のデータを使った研究を行うことが容易でなくなってきている[8]．本論文では，データの機密を保持したままデータ解析を行うことを可能とするいくつかの要素技術に着目し，それらの適用可能性を検討した上で，弱いデータ隠蔽を行う方法を提案する．

　まず，準同型暗号[2][5]（または encrypted computation[10]）による統計解析のアウトソーシング[1]に着目する．本技術は近年盛んに研究されており，例えば，情報通信研究機構は，「暗号化したままデータを分類できるビッグデータ向け解析技術を開発」というプレスリリース[7]を 2016 年に出している．準同型暗号とは，データを暗号化したまま演算（乗算，加算など）を可能とする暗号方式であり，データの機密性保持とデータ解析を両立させる要素技術として注目されている．近年では，データを暗号化した状態での演算をサポートするための encrypted computation library が開発されている[1][4][9]．

　次に，関連する技術として，white-box 暗号[3]に着目する．White-box 暗号とは，極めて強力なプログラム難読化の一方法であり，暗号化されたデータを，その復号鍵を隠蔽したままで復号する方式である．その過程において，復号鍵に関する機密を保持したまま復号演算が行われる．準同型暗号との違いは，隠蔽されるのは復号鍵であることと，演算結果として復号されたデータが得られる点にある．

　以降，本論文では，2 章において，これらの要素技術のソフトウェア開発データ分析へ

---

[*]　Hidekazu Saito, 岡山大学工学部情報系学科
[†]　Akito Monden, 岡山大学大学院自然科学研究科

の適用の可否について検討する．ただし，準同型暗号と white-box 暗号のいずれも現実的ではないことが分かったため，3 章では，データ復号処理を伴わない，より弱いデータ隠蔽を行う方法を提案する．

2　準同型暗号と white-box 暗号
2.1　解決したい問題

本論文では，図1に示すように，入力となる機密データ r に対して，複数の計算（D_1,…D_n）を行い，結果 F(r) を得ることを考える．F(r) はデータ r の分析結果であり，計算 D_1,…D_n はデータ分析のプロセスに該当する．このプロセスにおいて，D_1,…D_n が r についての情報を漏らさないことが要求される．

2.2　準同型暗号とのそのユースケース

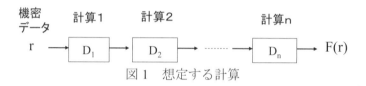

図1　想定する計算

図1の計算に対し，準同型暗号を用いた場合，図2のように各計算を隠蔽できることが期待される．図1における計算 D_1,…D_n は，図2では D_1',…D_n' に置換されている．D_1',…D_n' は，r についての情報を漏らさないため，r を隠蔽するという目的は達成されている．ただし，データ分析結果についても暗号化された出力 E(F(r)) が得られる．そのため，データ分析者がデータ分析結果 F(r) を得るためには，復号プログラム E^{-1} が必要である．仮に，復号プログラム E^{-1} をデータ分析者に渡したとしたら，データ分析者は E(r) を復号して r を得ることができてしまい，r を隠蔽するという当初の目的が達成できないこととなる．

それでは，準同型暗号を用いたデータの機密性保持というのは，そもそもどのようなユースケースが想定されているのであろうか．典型的なユースケースを図3に示す．このユースケースでは，データ提供者はクラウド環境に対して機密データを送信し，クラウド側において計算を行い，クラウド側は暗号化された計算結果をデータ提供者に返す．クラウド環境はデータ計算結果を復号できないため，データの機密性は保持される．また，クラウド環境は，データ提供者より計算機使用料を獲得できる．

ただし，図3のユースケースは，データ分析者にとってはうれしくない．計算だけをさせられて，分析結果を知ることができないためである．データ分析者の立場からは，データ分析者が F(r) を得るというユースケースが必須となる．次節では，その実現のために white-box 暗号の適用について検討する．

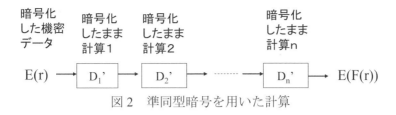

図2 準同型暗号を用いた計算

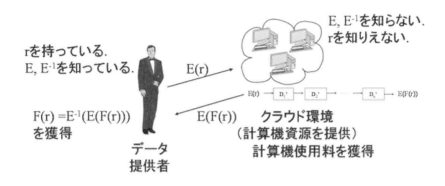

図3 準同型暗号をデータの機密性保持のユースケース

2.3 White-box 暗号とそのユースケース

図2の計算において，データ分析者にとって望ましいユースケースにおいては，E(F(r)) を復号して F(r) を得る演算が必要となる．White-box 暗号は，暗号化したデータの機密性を保ったまま復号する方式であり，本ユースケースにおいては図4のように適用できる．

図4では，出力の直前に復号演算 E^{-1} を含んでいる点が図2と異なる．White-box 暗号では，計算 D_n' と復号計算 E^{-1} を融合し，lookup table として実装する．データ分析者にとって計算 D_n' が既知でない場合，E^{-1} も既知ではないため，テーブル「D_n'E^{-1}」から D_n' と E^{-1} を分離することが困難となり，E^{-1} の機密性が保たれる．Lookup table は膨大なメモリを必要とする引き換えに，計算の機密性を保持できる．

このユースケースの問題は，計算 D_n' をデータ分析者に知られないようにするためには，データ分析プロセスを，データ提供者しか知りえない未知パラメータを含んだものとする必要があることである．そして，データ分析プログラムをデータ提供者自身で開発し，分析者に提供する必要があることである．このような状況では，データ分析者は，単にプログラムを実行するだけの役割となり，たとえ F(r) を知ることができたとしても，データ分析を行ったとはいえないであろう．つまり，本ユースケースは現実的でないといえる．

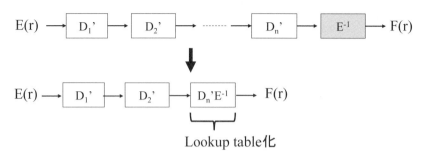

図 4 White-box 暗号を用いた計算

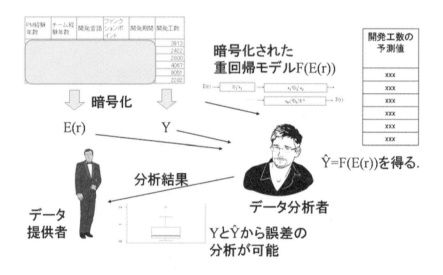

図 5 ソフトウェア開発データの一部の情報を開示する場合の例

2.4 データ分析者に一部の情報を開示するユースケース

前述のように，データ全体の機密性を保持する場合，望ましいユースケースの実現が困難であった．ここでは新たなユースケースとして，データ全体の機密を保持するのではなく，一部のデータについてはデータ分析者に情報を開示することを検討する．図 5 に，ソフトウェア開発データを用いて開発工数を予測し，その予測性能を評価するというユースケースを示す．図 5 では，ソフトウェア開発データのうち，開発工数の値はデータ分析者に開示されており，残りの値は暗号化して渡される．また，暗号化された重回帰モデル ŷ=F(E(r)) も分析者に渡される．データ分析者は，与えられた重回帰モデルと暗号化されたデータ E(r) から開発工数の予測値 ŷ を得ることができ，開示されている実測値 y と比較することで，予測性能の分析を行うことができる．このユースモデルは，一見よさそうであるが，データ提供者が重回帰モデル F(E(r)) を用意しなければならない

点がやや現実味にかける．データ分析者が F(E(r))を保持しているのであれば，自ら予測値ŷを計算できるため，F(E(r))をデータ分析者に渡す必要性や弱い．また，F(E(r))と E(r)の代わりに予測値ŷをデータ分析者に渡すことにすると，データ分析者は，「y と ŷ から予測性能の分析を行う」以外の分析を行えないため，うれしくない．

　そこで，次章では，本ユースケースの拡張として，データ分析用プログラム（ここでは重回帰モデル）をデータ分析者に渡さないユースケースを実現するために，弱いデータ隠蔽方法を採用する方式を提案する．

3　　分析結果の正しさを保証する弱いデータ隠蔽方法

　2 章で検討したように，準同型暗号を用いた場合，復号が必要となるため，望ましいユースケースを実現することが困難であった．そこで，より弱いデータ隠蔽方式に着目する．また，本論文では，線形重回帰分析，および，log-log 重回帰分析に限定して検討する．ここでは，話を単純化するため，2 変数の重回帰モデル

$$\hat{y} = a_1 x_1 + a_2 x_2 + C$$

を考え，データセットとして，k 個の個体（ソフトウェア開発プロジェクト）を含む y_1, x_{11}, x_{21}, y_2, x_{12}, x_{22}, ... y_k, x_{1k}, x_{2k} を考える．ここで，$y_1, \cdots y_k$ は開発工数などの目的変数であり，$x_{11}, \cdots x_{1k}$ および $x_{21}, \cdots x_{2k}$ は説明変数である．前節のユースケースを踏襲し，$y_1, \cdots y_k$ をデータ分析者に開示し，$x_{11}, \cdots x_{1k}$ および $x_{21}, \cdots x_{2k}$ を隠蔽するものとする．

　まず，データ隠蔽方式として，linear encoding（一次式）を用いる方法を提案し，データを隠蔽したまま線形重回帰分析の正しい結果を得ることができることを示す．Linear encoding により，x_1 と x_2 が，

$$X_1 = b x_1 + d, \quad X_2 = e x_2 + f$$

のように隠蔽されるとすると，

$$x_1 = (X_1 - d) / b, \quad x_2 = (X_2 - f) / e$$

となるため，

$$\hat{y} = (a_1/b) \cdot X_1 + (a_2/e) \cdot X_2 - (a_1 d/b) - (a_2 f/e) + C$$

となる．

　従って，データセット y_1, X_{11}, X_{21}, y_2, X_{12}, X_{22}, ... が与えられたならば，データ分析者は，通常の線形重回帰分析を行うだけで，偏回帰係数 (a_1/b), (a_2/e), および定数項 $(a_1 d/b) - (a_2 f/e) + C$ の推定が可能であり，正しいŷを求めることができる．データ分析者は，a_1, a_2, C を知りえないため，偏回帰係数や定数項から b, d, e, f を知ることができない．重回帰分析を行うにあたっては，変数選択を適用することも可能である．Linear encoding はデータの分布の形や順序を変化させないため，データ隠蔽の度合いとしては弱いが，データ提供者がこの弱さを許容できるならば有力な方法である．

　次に，log-log 重回帰分析において同様の結果を得るために，データ隠蔽方式として，n 次の単項式を用いる方式を提案する．2 変数の log-log 重回帰モデルは，

$$\log \hat{y} = a_1 \log x_1 + a_2 \log x_2 + C' \Leftrightarrow \hat{y} = C x_1{}^{a_1} x_2{}^{a_2}$$

と表すことができる．ここで，x_1 と x_2 を次のように隠蔽する．

$$X_1 = d x_1{}^b, \quad X_2 = f x_2{}^e$$

すると，

$$x_1 = (X_1 / d)^{\wedge}(1/b), \quad x_2 = (X_2 / f)^{\wedge}(1/e)$$

となるため，

$$\hat{y} = (C/d^{\wedge}(a_1/b)/f^{\wedge}(a_2/e)) \cdot X_1{}^{\wedge}(a_1/b) \cdot X_2{}^{\wedge}(a_2/e) \Leftrightarrow \log \hat{y} = (a_1/b)\log X_1 + (a_2/e)\log X_2 + C''$$

となる．

従って，データセット $y_1, X_{11}, X_{21}, y_2, X_{12}, X_{22}, ...$ が与えられたならば，データ分析者は，通常の log-log 重回帰分析を行うだけで，偏回帰係数の推定が可能であり，ŷを求めることができる．また，データ分析者は，偏回帰係数から b, d, e, f を知ることができない．n 次の単項式は，linear encoding と同様，データ隠蔽の度合いとしては弱いが，この弱さを許容できるならば有力な方法である．

いずれのデータ隠蔽方法を用いた場合でも，各変数における値の順序が保存されるため，値の順序のみに着目するデータ分析方法に適用が可能である．その一つはアソシエーションルールマイニングであり，隠蔽されたデータを用いて，正しいアソシエーションルールを得ることが可能となる．このような分析方法としては，他に，分類木が挙げられる．

4 関連研究

ソフトウェア工学分野からのデータ隠蔽のアプローチとして，data mutation[2]と類似データの生成[8]が提案されている．Data mutation はデータの匿名化を図る一手法であり，機密データセット中の個々の値について，データセットの性質を大きく変えない範囲で値を増減させる．類似データの生成[8]とは，非公開データの特徴量のみをデータ収集企業から受け取ることを想定し，特徴量の似た研究用データを人工的に作成する方式である．ただし，いずれの方法についても，分析結果が正しさは保証されない点が本論文の提案と異なる．

5 まとめ

本論文では，データの機密を保持したままデータ解析を行うことを可能とするいくつかの要素技術に着目し，それらの適用可能性を検討した上で，弱いデータ隠蔽を行う方法を提案した．提案方法は，データ分析結果の正しさを保証できるため，データ隠蔽の弱さが許容できる場合に役立つと期待される．

6 参考文献

[1] A Fully Homomorphic Encryption library, https://github.com/lducas/FHEW
[2] Z. Brakerski, V. aikuntanathan, "Efficient fully homomorphic encryption from (Standard) LWE," SIAM J. Comput., Vol.43, No.2, pp.831-871, 2014.
[3] S. Chow, P. Eisen, H. Johnson, P. C. van Oorschot, "A white-box DES implementation for DRM applications," Proc. 2nd ACM Workshop on Digital Rights Management, pp.1-15, Nov.2002.
[4] FLaSH (Fully, Leveled and Somewhat Homomorphic) Encryption Library, https://github.com/vernamlab/FLaSH
[5] C. Gentry, "Fully homomorphic encryption using ideal lattices," Proc. STOC'09, 2009.
[6] 川崎将平, 陸文杰, 佐久間淳, "準同型暗号による統計解析のアウトソーシング II: 予測モデリング," コンピュータセキュリティシンポジウム 2015, No. 2C1-4, 2015.
[7] 国立研究開発法人情報通信研究機構, "暗号化したままデータを分類できるビッグデータ向け解析技術を開発," 2016. https://www.nict.go.jp/press/2016/01/14-1.html
[8] 佐々木健太郎, 門田暁人, 松本健一, 大岩佐和子, 押野智樹, "非公開データからの類似データ生成," 情報処理学会研究報告, SE-190, No.7, Dec. 2015
[9] Simple Encrypted Arithmetic Library - SEAL, https://sealcrypto.codeplex.com/
[10] W. K. Wong, David W. Cheung, Ben Kao, Nikos Mamoulis, "Secure kNN computation on encrypted databases," SIGMOD'09.

多様なIoTデバイスとの接続を容易とするインタラクションフレームワークの設計

An Interaction Framework for Communicating with Many Types of IoT Devices

松井 真子[*]　満田 成紀[†]　福安 直樹[‡]　松延 拓生[§]　鯵坂 恒夫[¶]

あらまし 身の回りのモノをインターネットに接続し自動制御を行う IoT（Internet of Thing）が注目されきたが，現在では Web 技術を用いてオープンネットワークで多様な IoT デバイスを連動させる WoT（Web of Things）が特に注目されている．本稿では，多様な IoT デバイスとの接続を容易にし，双方向にデータをやり取り可能なインタラクションフレームワークを提案した．データの通信には WebSocket を用い，Arduino などの安価な IoT デバイスでも接続を可能にした．

1 はじめに

近年，センサが小型化，安価になったことやクラウド技術の発展によりビッグデータの解析が容易になったことから，身の回りにあるあらゆるモノがインターネットに接続され，自動制御を行う IoT（Internet of Things）が注目されている．こうした IoT を開発するうえで，IoT デバイスや MQTT や WebSocket，ECHONET などの通信プロトコルが数多く開発されている．

様々な IoT デバイスを連動させ容易に IoT を開発するための基盤として，WoT（Web of Things）[1] などのオープンネットワークが注目されている．オープンネットワーク上で IoT デバイスを連動させる上で重要なことは，標準モデルを用意することや，利用する Web API 等を整備し，IoT デバイス毎の特性や通信プロトコルの差異を意識せず IoT を開発できるようにすることである．

本稿では，アプリケーションに依存することのないデータの受け渡し部分に着目し，多様な IoT デバイスとの接続を容易にし，双方向にデータをやり取りすることができるようなインタラクションフレームワークを提案した．通信には WebSocket を用いることで，Arduino などの計算資源が乏しい IoT デバイスでも接続を可能にした．また，フレームワーク上で API を提供することにより，容易に IoT を開発することが可能となる．

2 関連研究

複数の IoT デバイスを連動した IoT アプリケーションのための開発に関する研究や IoT の参照モデルと WoT に対する W3C の動向について述べる．

2.1 メディア機器制御・処理用フレームワーク

IoT アプリケーション開発において，現場に設置されたカメラやマイクから取得されるメディアデータを取り扱うためのフレームワークが提案されている [2]．メディアやデバイスの特性にあわせてコーデックやプロトコル，画像処理などの知識が必要となるため，フレームワークによって開発の生産性が向上することを示している．

---

[*]Mako Matsui, 和歌山大学大学院

[†]Naruki Mitsuda, 和歌山大学

[‡]Naoki Fukuyasu, 和歌山大学

[§]Takuo Matsunobe, 和歌山大学

[¶]Tsuneo Ajisaka, 和歌山大学

一方，この研究ではメディア機器に特化したサービス定義やデバイス抽象化が行われているため，一般的なセンサデバイスからのデータ取得やアクチュエータの制御は難しい．今後は多様なセンサデバイスとメディア機器が連携するアプリケーションも増えると考えられ，より柔軟なフレームワークが必要である．

2.2 IoT の参照モデルと WoT

IoT アプリケーション開発を効率良くするフレームワークとして IoT 参照モデルの ARM がある [3]．ARM とは参照モデルとアーキテクチャを組み合わせたものであり，IoT システムアーキテクチャの基準となる参照モデルを定めている．

W3C はこの ARM を参照し，Web 技術を利用した IoT の標準モデルとして，WoT を検討している．WoT の White Paper [4] が公開されており，既存の Web 技術を拡張することで，IoT サービスの開発と導入コストの削減，オープンネットワークの実現を試みている．多様なデバイスとの連動に向けて標準化モデルが協議されており，以下のものが公開されている [5]．ただし，現在は事例を基にした Draft である．
- Web of Things(WoT) Architecture
- Web of Things(WoT) Thing Description
- Web of Things(WoT) Scripting API
- Web of Things(WoT) Binding Templates

3 インタラクションフレームワークの設計

本章は提案するインタラクションフレームワークの設計を述べる．

3.1 設計方針

フレームワークを提案する上での設計方針は以下の四項目とする．

3.1.1 ローコストなモジュールでも利用可能にする

Raspberry Pi などの安価でハイスペックなモジュールが多く提供されている．それらのデバイスを利用し，Web との親和性も高い HTTP を用いて REST API を提供する関連研究が多い．しかし，HTTP はヘッダ量が大きく Arduino などの計算資源が乏しいモジュールでは動作することができない．そのため，より多くのデバイスでの利用を考慮したフレーワークを提案する場合，Arduino を基準としたほうが良い．そのため，本研究では WebSocket を用いたフレームワークを提案する．

3.1.2 軽量化・省電力化

計算資源が少ないデバイスでも利用可能にするためには軽量化する必要がある．また，IoT デバイスの設置する環境は様々であり，使用できる電気料などの制限がされる可能性もあるため，消費電力を抑えるためにも軽量化・省電力化を目指す．

3.1.3 双方向のやり取りを実現

前章で紹介した研究で提案されている API は IoT アプリケーション上で起こったイベントに起因してデバイスのアクションを実行するものが多い．そこで，提案フレームワークでは，デバイスのセンサ情報をイベントとし，デバイスからアプリケーションに対してアクションを起こすような API も提供する．

3.1.4 標準的なモデルを検討

多様な IoT デバイスや IoT アプリケーションに適用可能にする必要がある．そこで，2 章で述べた WoT の Draft のモデルを参考にし，デバイスを制限することなく，どのようなシステムにでも柔軟に対応できるフレームワークを提案する．

3.2 全体構成

上記で述べた設計方針に従い，インタラクションフレームワークのアーキテクチャを設計した．設計したアーキテクチャを図 1 に示す．アーキテクチャには大きく三種類の要素が存在する．サーバとデバイスと IoT アプリケーションである．各要素は主に実行されるプログラムと実行環境が存在する．各要素はフレームワーク上で

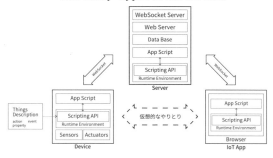

図 1: アーキテクチャ概要

提供される API を用いて WebSocket での通信を行う．そのために，Web サーバとは別に WebSocket サーバを用意し，そのサーバを用いて通信を行う．直接 IoT アプリケーションとデバイスとのやり取りをするのではなく，サーバを介してやり取りをすることにより，仮想的ではあるが双方向なやり取りを実現する．また，セキュアな IoT システムを実現することが可能となる．

3.3 Scripting API の設計

Scripting API は Client API, Server API, Discovery API, Interaction API の 4 種類の API を提供する．各 API についての詳細を説明する．

3.3.1 Client API

Client API は Web Client や直接接続されているハードウェアを制御するための API である．主にデバイス上のプログラムの実行やデバイスに対する設定変更などの処理を行うための API である．API の呼び出しは以下のような形式となる．アクションにより必要なパラメータは変わるため，汎用性を考慮し JSON 形式とする．

socket.emit('イベント名', {'method':'メソッド名', 'name':'対象名', 'param':{ パラメータ }});

実行結果を用いて処理を行う場合はサーバから受信したメッセージを利用する．レスポンスのイベント名は res-API イベント名-メソッド名である．API に対するレスポンスはサーバから以下の形式でメッセージとして送信される．事例として，アクションに対する API の呼び出しとレスポンスのイベント名を表 1 に示す．

socket.emit('イベント名', { 実行結果 (JSON 形式)}});

3.3.2 Server API

Server API はサーバにアクセスするための API である．センサの値を登録・取得やデバイス情報やユーザ情報，ログ情報など，DB のデータに関するものはこの

表 1: アクションに関する Client API 一覧

イベント名	メソッド名	説明	パラメータ	レスポンスのイベント名
action	ACT	name で指定されたアクションの実行	name:アクション名 param:パラメータ(JSON形式)	res-action-act
action	POST	新規アクションの登録	name:アクション名 param:パラメータ(JSON形式)	res-action-post
action	GET	name で指定されたアクションの情報を取得	name:アクション名	res-action-get
action	PUT	name で指定されたアクションのパラメータを更新	name:アクション名 param:パラメータ(JSON形式)	res-action-put
action	DELETE	name で指定されたアクションの削除	name:アクション名	res-action-del

表 2: デバイス情報に関する Server API 一覧

イベント名	メソッド名	説明	パラメータ	レスポンスのイベント名
device	POST	新規デバイスの登録	name：デバイス名 param：パラメータ(JSON形式)	res-device-post
device	GET	nameで指定されたデバイスの情報を取得	name：デバイス名	res-device-get
device	PUT	nameで指定されたデバイスのパラメータを更新	name：デバイス名 param：パラメータ(JSON形式)	res-devece-put
device	DELETE	nameで指定されたデバイスの削除	name：デバイス名	res-device-del

API に含まれる．デバイス情報は Discovery API に必要な情報として，デバイス名，IP アドレス，ソケット ID，通信方法（Wi-Fi，Bluetooth，NFC など）を想定している．ソケット ID とはサーバ確立したコネクションのキーであり，特定のデバイスにメッセージを送信する場合に必要になる．そのため，デバイスを作動させる際にソケット ID を登録する必要がある．そこで，Server API ではソケット ID をデバイス情報に登録する API も提供する．API の呼び出しは以下の形式で行う．

    socket.emit('対象データ', {'method':' メソッド名', 'param':{ パラメータ }});

事例として，デバイス情報に対する API の呼び出しとその API に対するレスポンスのイベント名を表 2 に示す．DB 上のデータに関する API は他も同様であり，センサデータであれば対象データの部分を sensor とすればよい．

3.3.3　Discovery API

Discovery API は IoT システム上にあるデバイスを発見するための API である．この API は IP アドレスを直接指定する必要がないため，セキュアなアプリケーションを開発できる．デバイス検出の種類として any, nearby, local, broadcast, other の五種類を提供する．any は特定のデバイス，nearby は Bluetooth などの通信技術で接続しているデバイス，local はデバイスが接続されているローカルネットワーク内全てのデバイスを，broadcast は全てのデバイスを，other は特定のデバイスを除く全てのデバイスを検出する．このとき，デバイス検出は DB 上のデバイス情報を利用する．デバイス名からソケット ID を特定し，コネクションの確立を確認する．

API の呼び出しは以下の形式で行う．また，それぞれの検出種類での API の呼び出しとその API に対するレスポンスのイベント名を表 3 に示す．

    socket.emit('discovery', {'type':' 検出種類', 'name':' デバイス名'});

3.3.4　Interaction API

Interaction API とは，双方向なやりとりを実現するための API である．上記で説明した三つの API を組み合わせて双方向を実現する．提供する API の種類としてデバイスからアプリへのアクションの呼び出し，アプリからデバイスへのアクショ

表 3: Discovery API 一覧

イベント名	種類	説明	パラメータ	レスポンスのイベント名
discovery	any	nameで指定されたデバイスを検出	name：デバイス名	res-discovery-any
discovery	nearby	nameで指定されたデバイスとBluetoothやNFCなどで接続されているデバイスを検出	name：デバイス名	res-discovery-nearby
discovery	local	nameで指定されたデバイスが接続されているローカルネットワーク内全てのデバイスを検出	name：デバイス名	res-discovery-local
discovery	broadcast	全てのデバイスを検出		res-discovery-broadcast
discovery	other	nameで指定されたデバイスを除いた全てのデバイスを検出	name：デバイス名	res-discovery-other

表 4: Interaction API 一覧

イベント名	種類	説明	パラメータ	レスポンスのイベント名
interaction	a2d	アプリからデバイスに対してアクションを実行	action：アクション名 param：パラメータ(JSON形式)	res-interaction-a2d
interaction	d2a	デバイスからアプリに対してアクションを実行	action：アクション名 param：パラメータ(JSON形式)	res-interaction-d2a
interaction	d2d	デバイスからデバイスに対してアクションを実行	action：アクション名 param：パラメータ(JSON形式)	res-interaction-d2d

ンの呼び出し，デバイスからデバイスへのアクションの呼び出しである．

そこで，やりとりの方向を a2d，d2a，d2d の三種類に設定する．アプリからデバイスが a2d，デバイスからアプリが d2a，デバイスからデバイスが d2d である．それぞれの API の呼び出しとその API に対するレスポンスのイベント名を表 4 に示す．

4 フレームワークの実装

本フレームワークは NodeJs と Express [6]，Socket.io [7]，MySQL を用いて開発した．また，デバイス側でも NodeJs が必要となるため，Johnny-five [8] も利用した．そのため，Arduino を動作させる場合は，Firmata でサーバと接続する必要がある．

本稿では Discovery API の any を実装した．API を用いてデバイスを検出する場合，検出の種類を指定し，デバイス名をパラメータとして与える．そして，取得したデバイス情報に含まれるソケット ID を指定することにより，そのデバイスにのみメッセージを送信することができる．送信したメッセージに対してレスポンスを返すことでコネクションの確立が確認できる．この一連の流れを図 2 に示す．

また，Discovery API に伴うデバイス情報に関する Server API の実装も行った．ソケット ID はサーバとのコネクションを確立した際に発行されるため，デバイスが接続されたときにソケット ID が自動で更新される Server API も開発した．これにより，Arduino 接続時のソケット ID の更新や，文字データの送受信を確認した．

5 実システムへの適用と評価

提案フレームワークの有効性を確認するために，IoT アプリケーション（以下アプリ）を実際に試作した．アプリはブラウザ上のボタンをクリックすることで Arduino と接続されている Water Pomp を制御する水やりきである．水やりきはセンサとアクチュエータの両方を兼ね備えている．アプリの流れとしては，ブラウザ上のボタンが押されるとデバイス名をサーバに送信し，サーバはデバイス情報を取得する．その後，対象デバイスに対してアクチュエータを制御する命令を行う．図 3 に示した構成のシステムであり，水やりきは Raspberry Pi と Arduino を用いている．

デバイス名から IP アドレスを取得するプログラムを，Python で作成したソース

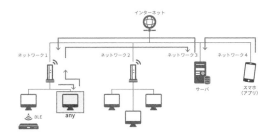

図 2: Discovery API の流れ

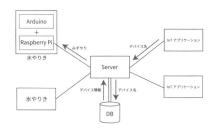

図 3: 水やりきシステム構成

```
#!/usr/bin/env python2
import cgi
import sys
sys.path.append("/usr/lib/python2.7/dist-packages/")
import MySQLdb
import requests

form = cgi.FieldStorage()
name=form["deviceId"].value

connector = MySQLdb.connect(host="localhost",db="aquaplants",
user="root",passwd="",charset="utf8")
cursor = connector.cursor()
sql = "select name, INET_NTOA(Ip) from aquaplant"
cursor.execute(sql)
records = cursor.fetchall()
ip = ""
for record in records:
    if record[0] == name:
        ip = record[1]
cursor.close()
connector.close()
```

(a) Python で記述したコード

```
var socket = io.connect(' http://localhost' );
var ip = '' ;
socket.emit('device', { 'method' : 'GET' , 'name' : 'RPi1' });

socket.on('res-device-get', (data) => {
    ip = data.ip;
});
```

(b) API を用いて記述したコード

図 4: デバイス名から IP アドレスを取得するソースコード

コードと提案 API を用いて作成したものを図 4 に示す．Python ではブラウザ上の
ボタンを押した際に与えられたデバイス名を取得し，その後 DB にから IP アドレ
スを取得している．提案 API を使用したソースコードでは，DB からデバイスの情
報を取得する API があるため，API にデバイス名を与えるだけでよい．ただし，レ
スポンスはサーバからのメッセージとして DB のレコード全てが送信されるため，
レスポンスから IP アドレスを抜き出す必要がある．レスポンスを取得する部分か
らソースコードを記述する必要があるが，Python のソースコードに比べると提案
API を用いたソースコードの行数は半分程度に減少させることができた．

6　おわりに

　本稿では多様な IoT デバイスとの接続を容易とするインタラクションフレーム
ワークについて述べた．本フレームワークは WebSocket をベースに提案した．ま
た，提供 API を利用することで IP アドレスを直接指定せず開発が可能となり，セ
キュリティの向上につながる．さらに，デバイス情報を取得する Server API を実シ
ステムへと適用し，従来の開発方法との比較した．それにより，提案フレームワー
クの有効性を確認した．また，Arduino でも動作することを確認した．

　ただし，現状ではデバイス情報を DB への登録は開発者が行う必要がある．そこ
で，各ネットワークにゲートウェイを設置し，定期的にネットワーク内のデバイス
を確認，DB のデバイス情報を更新する API の提供が必要となる．

　本稿ではソースコードの比較を行ったが，RTT などの精度の検証が必要となる．
さらに，Arduino 互換機や Bluetooth で接続するデバイスを含む多様な IoT デバイ
ス，より多くの台数，異なる場所での動作検証も必要ある．

参考文献

[1] S. Duquennoy G. Grimaud, and J.-J. Vandewalle:The Web of Things: Interconnecting
devices with high usability and performance, Proceedings of ICESS 2009, pp.323-330, 2009.

[2] 小牧大治郎，他：IoT アプリケーション開発のためのメディア制御・処理フレームワーク，DI-
COMO2016 シンポジウム，情報処理学会，2016.

[3] IoT-A project:Introduction to the Architectural Referece Model for the Internet of Things,
http://iotforum.org/wp-content/uploads/2014/09/120613-IoT-A-ARM-Book-Introduction-
v7.pdf, （参照日 2017.9.29).

[4] W3C Web of Things WG/IG:White Paper for the Web of Things,
https://www.w3.org/WoT/IG/, （参照日 2017.7.21).

[5] W3C Web of Things WG/IG:WEB OF THINGS INTEREST GROUP,
https://www.w3.org/WoT/IG/, （参照日 2017.7.21).

[6] Express, http://expressjs.com/.

[7] Socket.io, https://socket.io/.

[8] Johnny-Five, http://johnny-five.io/.

ウェブサイトデザインのためのフレームワーク組み合わせ手法の提案

Proposal of framework combination method for website design

島藤 大誉 * 満田 成紀 † 福安 直樹 ‡ 松延 拓生 § 鯵坂 恒夫 ¶

あらまし 近年，HTML5 の普及に伴い，Bootstrap や Foundation など
のウェブサイトデザイン用フレームワークを利用することが多くなって
いる．しかし，フレームワークによって提供されている機能や表現は異な
り，サイト開発者が求めるデザインを単一のフレームワークで実現するこ
とは難しい．本研究では，複数のフレームワークを組み合わせて利用する
ことを目的とし，サイト開発者が異なるフレームワークの機能や表現を
選択して利用することを可能とする手法を提案する．この手法によって，
複数のフレームワークを利用する際のコンフリクトを解消し，ウェブサ
イトの軽量化，CSS の編集自由度の向上を図る．

1 はじめに

　近年，HTML5 の普及に伴い，ウェブサイトデザイン用フレームワークを利用す
ることが多くなっている．特に Bootstrap [1] や Foundation [2] などのレスポンシブ
CSS フレームワークの利用頻度は増加している．これらのフレームワークを利用す
るメリットとして，ウェブサイト制作に必要な枠組みが用意されていることから，参
考文献 [3] で述べられているような RWD（Responsive Web Design）の短所を補い，
少ない工数で多様な機能とコンポーネントを整然と施せることが挙げられる．しか
し，フレームワークの利用が増加するほど，似通ったデザインや動作のウェブサイ
トが蔓延し，オリジナリティが失われることに繋がる．また，シンプルなページ・サ
イトを作る際には，フレームワークが無駄にデータ量を増やしてしまうというデメ
リットが挙げられる．参考文献 [4] で特定のケースに対してのフレームワークの比較
研究がなされているように，利用ケースに応じたカスタマイズを行わずにフレーム
ワークを導入すれば，使うことのないコンポーネントが余るという場合も想定され
る．参考文献 [5] には「フレームワークは便利なテンプレートでもなければ，かっこ
よいインタフェースがそのまま作れる便利なツールでもありません。Web サイトに
秩序と体系をもたらすものであり、設計の基礎となりうるものなのです。」とある．
　つまり，コンセプトに応じたコンポーネントの選択を行うことで，ウェブサイト
の軽量化および，ユーザビリティの向上を行う必要がある．これらのデメリットを
解決するために，複数のウェブサイトデザイン用フレームワークの組み合わせを行
い，ウェブサイトの軽量化，CSS の編集自由度の向上などを図る．

2 フレームワークの組み合わせ

　フロントエンドのデザイン，機能，動作を担う，レスポンシブ CSS フレームワー
クを本研究の対象とする．特に利用者や知見が多い，Bootstrap と Foundation の組
み合わせを前提とする．

---

*Hirotaka Shimafuji, 和歌山大学大学院システム工学研究科

†Naruki Mitsuda, 和歌山大学システム工学部

‡Naoki Fukuyasu, 和歌山大学システム工学部

§Takuo Matsunobe, 和歌山大学システム工学部

¶Tsuneo Ajisaka, 和歌山大学システム工学部

2.1 組み合わせの意義

既存のフレームワークを組み合わせることの意義を以下に挙示する．要素

- コンセプトの解放
  単一のフレームワークを導入する利点として，潜在的なデザインパターン，つまりメンタルモデルの形成，応用がある．似たような動線のウェブサイトは無意識に使いやすさを覚える．しかし，これはウェブサイトのコンセプト次第で良し悪しが分かれる．例えば一日に何度も閲覧するようなウェブサイトでは効果的であるが，ユニーク，アーティスティックなウェブサイトでは逆効果になることがある．複数のフレームワークを組み合わせることで，利用者が単一のフレームワークのコンセプトだけに依存することなく，様々なコンセプトでウェブサイトを作成することができる．

- フレームワークの拡張性
  フレームワークにはそれぞれ相性の良いライブラリというものがある．複数のフレームワークを組み合わせることは様々なライブラリへの窓口を広げ，拡張性を高める．

- 装飾，動作の多様化
  組み合わせにより，様々なコンセプトのフレームワークが融合する．従って，各々の独自のコンポーネントが利用可能になり，装飾や動作の多様化がなされる．また，それに伴って，ユーザビリティの向上が期待できる．

2.2 組み合わせの問題点

既存のフレームワークを組み合わせる際に生じる問題点を以下に挙示する．

- 名前の衝突
  フレームワーク毎に設定されている固有の class，id などが被って衝突する．もしくは，開発者が新規に設定した class，id とフレームワークの class，id が衝突する．具体例として，Grid の row が挙げられる．

- 無駄な容量
  フレームワークはフルボリューム，もしくは提供元で行うことができる簡易的なカスタマイズだけでは，デメリットである大きなデータ量が組み合わせで増大し，処理速度を下げる．つまり，SCSS のような抽象度の高いレベルで，利用しないコンポーネントの記述を削減することがより望ましい．それに伴って，フレームワーク利用者に SCSS の学習コストがかかるという問題も生じる．

- 解読コスト
  共同開発で他者がソースコードを解読する際に，どのフレームワークのどのコンポーネントを使っているのかが分かりにくくなる．一つの機能，表示，動作に対して，複数のフレームワークを利用して実装する場合ではより解読難易度は高くなる．しかしながら，一つ一つコメントにそれらを記述するのは開発者の負担になる．

- デザイン骨格部の衝突
  Grid などのウェブサイトデザインの骨格を形成するコンポーネントは他のコンポーネントにデザインを継承し，影響を与える．そのため，フレームワークを組み合わせた際に各々のデザイン骨格が衝突し，デザインの崩壊が起きやすくなる．

- 記述自由度低下
  デザイン骨格部が多様化することにより，デザインの規則性やルールが複雑化する．従って，開発者が記述する自由度が低下し，ウェブサイト自体のクオリティの低下や，オリジナリティの喪失の恐れがある．また，複数のフレームワークを link タグで読み込む場合などにスタイルの優先度が変化し，その順序に応じてデザインの差異が生じ，記述難易度が高くなる．

3 サービス提案

フレームワークの組み合わせに伴う問題点を解消するため，制作するウェブサイトに合わせて，開発者がオリジナルのフレームワークを作成できるサービスを提案する．

3.1 サービス概要

オリジナルフレームワーク作成サービスとして利用者は以下の手順を行う[図1]．
1. 細分化されたコンポーネントや機能ごとに利用したいものを選択
2. class，id などを衝突しないように編集
3. 結合したコンポーネントやフレームワーク識別番号を記述したフレームワーク設計書[図2]とオリジナルフレームワークをダウンロード
4. 後でダウンロードした設定の見直しや追加したいコンポーネントが発生した際に，フレームワーク識別番号からサービスで検索
5. フレームワークを再構築（1に戻る）

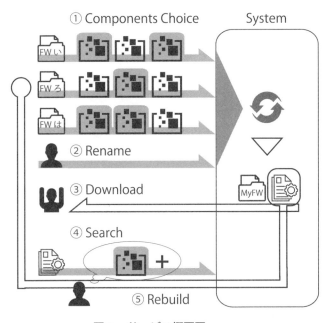

図1　サービス概要図　　　　　　　図2　フレームワーク設計書の例

3.2 システム概要

サービス内部のシステムとして以下の順番に処理を行う[図3]．
1. 利用者が選択したコンポーネントに衝突がないか分析
2. 編集された class，id などを反映
3. 利用者が選択したコンポーネントや機能を結合し，オリジナルフレームワークを生成
4. 結合したコンポーネントやフレームワーク識別番号などの各種設定を記述したフレームワーク設計書を生成

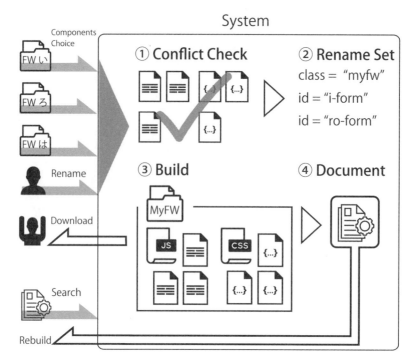

図 3　システム概要図

3.3 サービス提案に関する考察

提案するサービスにより，名前の衝突はリネーム処理で回避され，必要なコンポーネントだけでフレームワークを構成するため無駄な容量が発生することもない．また，設計書により，解読コストの問題も解消される．デザイン骨格部の衝突，記述自由度低下に関しては，組み合わせるフレームワークの中でどれか一つのフレームワークの条件や規則のみを採用するというルールを設けることで衝突を解消する．それに伴い，何がデザインの骨格部に当たるのかを分析する必要がある．

また，組み合わせる際の，フレームワーク毎の相性の良し悪しを分析する必要がある．例えば，同じ間隔でグリッドを分割しているフレームワーク同士は組み合わせやすいが，そのフレームワークが固有に設定したコンポーネントなどがある場合，組み合わせの際に非常に大きな障害になる．

4　SCSS のコンポーネントの分類

対象のフレームワークでは SCSS（Sassy Cascading Style Sheets）によるコンポーネント管理を行なっている．SCSS とは SASS（Syntactically Awesome Style Sheets）の別文法であり，SASS は CSS を拡張したメタ言語である．

RWD は Fluid Grids, Fluid Image, CSS3 Media querie の 3 つの実装条件を満たしたウェブサイトと定義されている [6]．従って，レスポンシブ CSS フレームワークでもそれらに関係するコンポーネントがデザイン骨格になると考える．

4.1 コンポーネント分類の定義

フレームワーク組み合わせサービスの実現には，デザイン骨格への配慮が最重要である．コンポーネントには大きく 3 種類あり，以下に挙示する．

- デザイン骨格コンポーネント
  フレームワークのコンセプトが強く反映され，無理に編集，結合すれば，表現

的に違和感やずれが生じるもの．Grid や Media など．

- 準デザイン骨格コンポーネント
  デザイン骨格ではないが，多くのフレームワークに採用されており，機能重複が伺えるコンポーネント．また，補助的なモジュールになりうるもの．Forms や Tables など．
- ユニークコンポーネント
  フレームワークのコンセプトが強く反映されており，他にはない独自のコンポーネント．アニメーションのような動作に関わるものに多く見られる．組み合わせた際に装飾性や動作の多様性の向上を図ることができる．

4.2 デザイン骨格の洗い出し

Bootstrap と Foundation の SCSS ファイルのコンポーネントを精査し，デザイン骨格の洗い出しを行なった．現時点でデザイン骨格，準デザイン骨格コンポーネントと考えられるものを表 1．2 に挙示する．

Foundation	Bootstrap
grid	grid
media-object	media
responsive-embed	responsive-embed
thumbnail	images[img-thumbnail]

表 1　SCSS におけるデザイン骨格コンポーネント

Foundation	Bootstrap
badge	badge
breadcrumb	breadcrumb
button	buttons
button-group	button-group
callout	alert
card	card
close-button	close
dropdown	popover
dropdown-menu	dropdown
forms	forms,custom-forms
orbit	carousel
pagination	pagination
progress-bar	progress
reveal	modal
sticky	scrollspy
table	tables
tabs	nav[nav-tabs]
title-bar,top-bar	navbar
tooltip	tooltip
typography	type

表 2　SCSS における準デザイン骨格コンポーネント

4.3 衝突例と考察

骨格部を予め細分化して，利用者に選択させることで開発時にどこでどのスタイルを使用しているのかが理解しやすくなる．従って，記述自由度低下のスタイルの優先度の問題が解消される．

デザイン骨格コンポーネントが衝突する例として，Grid の定義値違いによる表示ずれがある．Bootstrap と Foundation それぞれの Grid の定義値を比較した際に，表示がずれるウィンドウサイズが存在する．そのようなデザイン骨格の衝突を防止するため，デザイン骨格コンポーネントを RWD の定義から選定する．従って，Bootstrap と Foundation 間におけるデザイン骨格コンポーネントは grid, media (media-object)，thumbnail (images)，responsive-embed であると考察する．今後の課題として全ての SCSS ファイルを詳細に分析し，コンパイルでの衝突も考慮する必要がある．

5 まとめ

本研究の提案するサービス，システムにおける，最終的な成果物の出力方法を考察する．本研究において，サービスやオリジナルのフレームワークは成果物ではなく，副産物に位置付けされる．つまり，本サービスの利用者がオリジナルのフレームワークを用いてコーディング，コンパイルし，生成されたウェブサイトこそが最終的な成果物であると考える．

本研究のサービス提案により，組み合わせる際の問題点だけでなく，フレームワークそのもののデメリットも解消する．つまり，フレームワークに拡張性の向上とコンセプトの解放をもたらすということである．また，利用者が組み合わせたオリジナルのフレームワークによって，ウェブ全体のデザインの多様化，処理の軽量化，ユーザビリティの向上を図る．

今後の課題として，サービスの実装における，組み合わせの限界，労力に見合った有用性の有無，組み合わせる際の具体的な衝突回避処理などが挙げられる．そのため，システム化する前段階で手動によるフレームワークの小規模な組み合わせの検討が必要である．

参考文献

[1] Bootstrap, 2017 年 7 月 21 日参照.
 "http://getbootstrap.com/".
[2] Foundation, 2017 年 7 月 21 日参照.
 "http://foundation.zurb.com/".
[3] Waseem I. Bader, Abdelaziz I. Hammouri, Responsive Web Design Techniques, International Journal of Computer Applications Volume 150 -No.2, 2016.
[4] Befekadu Mezgebu Temere, Responsive web application using Bootstrap and Foundation : Comparing Bootstrap and Foundation Frontend Frameworks, 2017.
[5] 松田直樹，後藤賢司，こもりまさあき．これからの Web サイト設計の新しい教科書：CSS フレームワークでつくるマルチデバイス対応サイトの考え方と実装．エムディエヌコーポレーション，2015, 287p., ISBN978-4-8443-6489-4.
[6] Pallavi Yadav, Paras Nath Barwal, Designing Responsive Websites Using HTML And CSS, International Journal of Scientific and Technology Research Volume 3 -Issue 11, 2014.

インタラクティブシステムのための共通アーキテクチャの設計

A Common Architecture for Interactive Software

江坂 篤侍* 野呂 昌満† 沢田 篤史‡

あらまし インタラクティブシステムの開発支援のために，MVC やその派生のアーキテクチャスタイルが提案されてきた．これらのアーキテクチャスタイルはオブジェクト指向によるモジュール分割に対していくつかの横断的コンサーンの分離を試みている．本稿では，インタラクティブシステムのアーキテクチャ中心開発の基盤としてのアスペクト指向アーキテクチャを設計し，その有用性について議論する．

1 はじめに

MVC モデルやその派生のアーキテクチャスタイルは，オブジェクト指向をコアコンサーンとし，横断的コンサーンの分離を試みている．インタラクティブシステムの開発において，適用するアーキテクチャスタイルや実現技術には様々な選択肢があり，それらの間には複雑な依存関係が存在するので，特定のアーキテクチャスタイルや実現技術を，異なる技術に転換することは一般に容易ではない．

本研究の目的は，インタラクティブシステムのアーキテクチャ中心開発において基盤となる共通アーキテクチャを設計することである．技術転換支援ならびに構造やコードの標準化を行なうべく，本研究ではメタアーキテクチャとしての共通参照アーキテクチャを定義し，ならびに自己適応のためのアーキテクチャパターンとしての PBR パターン [1] を用いて参照アーキテクチャを設計した．ここでメタアーキテクチャとは，MVC やその派生など既存のアーキテクチャスタイルに基づく参照アーキテクチャを統一的に説明できるアーキテクチャを意味する．それぞれのスタイルに基づく参照アーキテクチャはメタアーキテクチャとしての共通参照アーキテクチャから導出できる．共通参照アーキテクチャの設計にあたり，我々は既存のアーキテクチャスタイルを調査し，横断的コンサーンを識別・分類した．これらを統合することで，特定のコンサーンを指定すれば既存のアーキテクチャスタイルを説明することができるようになる．共通参照アーキテクチャは，実現技術により特定できるコンサーンをパラメータとして，アーキテクチャを導出できる構造とした．これにより，実現技術の役割が明確となり，異なる実現技術との対応関係がアーキテクチャを介して理解可能となる．また，ライブラリ等を，大きな粒度で変更する枠組みが提供できる．この共通アーキテクチャは，実際のインタラクティブシステム開発に適用し，その実用性を確認したアーキテクチャ [2] を改版したものである．

2 アーキテクチャの設計

我々は OASIS のアーキテクチャの定義 [3] が一般的なアーキテクチャ設計の枠組みを定義しているとの認識に立ち，これに基づいてアーキテクチャについて議論する．

2.1 インタラクティブシステムのための参照モデル

SmallTalk [4] において MVC モデルが提案され，近年では，インタラクティブシステムのための参照モデルとして扱われるようになった．我々は MVC モデルが十

---

*Atsushi ESAKA, 南山大学理工学部ソフトウェア工学科

†Masami NORO, 南山大学理工学部ソフトウェア工学科

‡Atsushi SAWADA, 南山大学理工学部ソフトウェア工学科

分に一般的であると考え，MVC モデルを参照モデルとして採用した．

2.2 参照アーキテクチャ

既存のアーキテクチャスタイルから複数の横断的コンサーンを識別し，参照アーキテクチャを設計する．

2.2.1 インタラクティブシステムの横断的コンサーン

MVC の派生として代表的な AM-MVC [5]，HMVC [6]，MVVM [7]，PAC [8]，MVP [9] を対象とし，横断的コンサーンを整理する．これらは，制御，表示，UI，表示モデル，階層化コンサーンを横断的コンサーンとして分離を試みている．MVC，AM-MVC，HMVC は入力に関するコンサーン (制御コンサーン)，画面表示 (表示コンサーン) に基づいて分割を行なっている．MVP，PAC，MVVM は入出力に関するコンサーン (UI コンサーン) に基づいて分割を行なっている．さらに，AM-MVC，MVVM は画面表示用に加工されたデータモデルに関するコンサーン (表示モデルコンサーン) に基づいて分割を行なっている．HMVC，PAC は階層関係を規定するコンサーン (階層化コンサーン) に基づいて分割を行なっている．

アーキテクチャスタイルと横断的コンサーンの組合わせを精査した結果，横断的コンサーンを直交する 2 つの次元で分類できた (表 1)．縦軸と横軸はそれぞれの次元における横断的コンサーンを示し，これの組み合わせによって導出されるアーキテクチャスタイルを示している．

表 1: 各次元の選択で導出されるアーキテクチャスタイル

次元	表示モデル	階層化	なし
制御，表示	AM-MVC	HMVC	MVC
UI	MVVM	PAC	MVP

2.2.2 メタアーキテクチャの概要

横断的コンサーンによって規定されるアスペクトを統合しメタアーキテクチャとした．概略を図 1 に示す．横断的コンサーンを選択し，図中の対応するアスペクトを残すことでアーキテクチャを導出する．*UI* は，制御 (*Controller*) と表示 (*View*) の複合コンサーンであることから，これらを内包するものとして表現している．

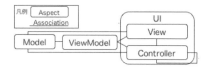

図 1: メタアーキテクチャの概略

2.2.3 モデル (コアコンサーン)

オブジェクト指向に基づいて設計されるモデルは，アプリケーション依存なので，構造の共通性を抜き出してアーキテクチャで規定することはできない．参照アーキテクチャとしては，コンサーンの存在を定義しているだけで，その構造は提示しない．

2.2.4 制御 (Controller) コンサーン

制御コンサーンは入力処理とモデルとの分割を規定する．この静的構造と動的振舞いを図 2(a)，(b) に示す．PBR パターンを適用し，イベントリスナ (*EventListener*)，イベントハンドラ (*EventHandler*)，ハンドラのインスタンスを生成するファクトリ (*HandlerFactory*) から構成した．*EventListener* は，ユーザからの入力イベント (以下，外部イベント) を検知し，アプリケーション内部でのイベント表現 (以下，内部イベント) に変換する．*HandlerFactory* は *EventHandler* のインスタンスを生成する．*EventHandler* は内部イベントを適切なオブジェクトに通知する．

2.2.5 表示 (View) コンサーン

表示コンサーンは表示処理とモデルとの分割を規定する．この静的構造と動的振舞いを図 3(a)，(b) に示す．PBR パターンを適用し，画面遷移を管理するポリシー (*ViewTransitionPolicy*)，特定の表示画面の具象表現を構築するコンストラクタ (*DisplayImageConstructor*)，このコンストラクタを生成するファクトリ (*DisplayImageConstructorFactory*) から構成した．*Object* 間のメッセージを横取りし，ポリ

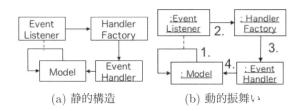

図 2: 制御 (Controller)

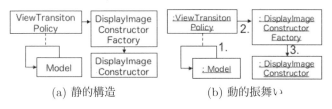

図 3: 表示 (View)

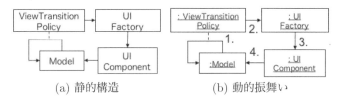

図 4: UI(ユーザインタフェース)

シーに基づいて *DisplayImageConstructor* を生成する．*DisplayImageConstructor* は表示画面の具象表現を構築する．

2.2.6 UI(ユーザインタフェース) コンサーン

UI コンサーンは入出力処理とモデルとの分割を規定する．この静的構造と動的振舞いを図 4(a)，(b) に示す．PBR パターンを適用し，画面遷移を管理するポリシー (*ViewTransitionPolicy*)，入出力の責務を持つ UI コンポーネント (*UIComponent*)，UI コンポーネントを構築するファクトリ (*UIFactory*) から構成した．*Object* 間のメッセージ通信を横取りし，ポリシーに基づいて *UIComponent* を生成する．

2.2.7 表示モデルコンサーン

表示モデルコンサーンはすべてのモデルに横断し，画面表示用のデータモデルとの分割を規定する．表示画面の抽象表現を定義し，具象表現を独立して切替え可能にすることを目的として設計する．静的構造と動的振舞いを図 5(a)，(b) に示す．表示モデルアスペクトを，構築する表示モデルを決定するポリシー (*ViewModelPolicy*)，ビューの抽象表現としての表示モデル (*View Model*)，表示モデルを生成するファクトリ (*ViewModelFactory*) から構成した．*Object* 間のメッセージ通信を横取りし，ポリシーに基づいて *ViewModel* を生成する．

2.3 具象アーキテクチャ

具象アーキテクチャは，実現技術を選択し，参照アーキテクチャの構造を詳細化したものである．実現技術とは，製品固有のモジュール構成法，プロトコル，コー

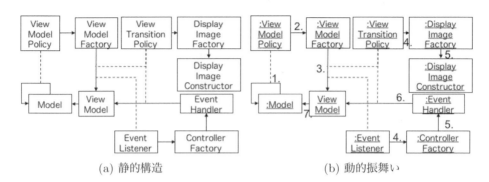

図 5: 表示モデル

ド記述方法を指す．インタラクティブシステムはWebアプリケーションとネイティブアプリケーションに大別される．ここでは，現在主流であるWebアプリケーションの具象アーキテクチャを説明する．Webアプリケーションのアプリケーションフレームワークとして Struts2 を用いた実現について考える．Struts2 は制御，表示，表示モデルコンサーンを分離した構造を前提としている．これらの横断的コンサーンをパラメータとして，我々のメタアーキテクチャに与えて導出される参照アーキテクチャ(図5(a)，(b)) を前提とした具象アーキテクチャについて説明する．

2.3.1 インタラクティブシステムに適用される実現技術

一般的な場合の一例として実現技術を選択する．具象表現形式として，HTML5およびCSS3を選択した．通信プロトコルには，HTTPを選択した．モジュール構成法として状態遷移モデルを選択した．

実現技術の組み合わせは従属的である．すなわち，プログラミング言語や実現技術を交換的に用いることは不可能である．例えば，プログラミング言語としてJavaを選択した場合，Struts2 を用いることができるが，C#を選択した場合は，ASP.NETを用いることができる．事例では，Javaを用いて実現することを念頭に置いているので，アプリケーションフレームワークとして Struts2 を用いる．

2.3.2 状態遷移機械によるモデル化

ソフトウェアの保守性を考慮し，ミーリ型状態遷移機械を導入する．すなわち，現在の状態に応じたイベントとアクションの対を定義する．ミーリ型状態遷移機械に対する変更として，状態およびアクションや状態遷移の変更を独立して行なうことを目的として，状態とアクションを別のモジュールとして定義した ($State$, $Action$)．これによりモジュールの独立性を確保する．状態 ($State$) はイベントに応じてアクション ($Action$) を実行し，遷移後の状態 ($State$) を返すことで状態遷移を表現する．これらは，オブジェクト指向コンサーン，制御コンサーン，表示コンサーンに対して導入し，適用されるコンポーネントにステレオタイプで <<STM>> と示す．

2.3.3 制御 (Controller) コンサーン

外部イベントと内部イベントとの変換を実現するために，このイベント間での対応関係を管理する $EventMap$ を導入した．静的構造と動的振舞いを図6(a)，(b) に示す．$MappingRule$ を変更するだけで，実現技術として選択した外部イベントを切替えることができる．

2.3.4 表示 (View) コンサーン

画面内部表現と具象表現との変換を実現するために，この表現間での変換規則を定義した $MappingRule$ を導入した．静的構造と動的振舞いを図7(a)，(b) に示す．$MappingRule$ を変更するだけで，実現技術として選択した出力画面の具象表現形式を切替えることができる．

2.3.5 表示モデルコンサーン

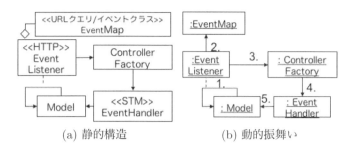

(a) 静的構造　　(b) 動的振舞い

図 6: 制御 (Controller)

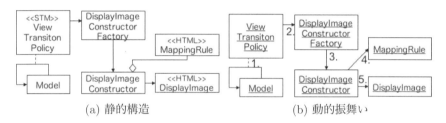

(a) 静的構造　　(b) 動的振舞い

図 7: 表示 (View)

具象表現形式の標準である HTML, CSS を参考にして，これらを抽象化することで ViewModel の詳細構造を定義した．内容と役割と見栄えに関する ViewContent, DisplayImageContent, Style を定義した．この静的構造を図 8 に示す．その他の構造については，図 5 と同じなのでここでは省略する．

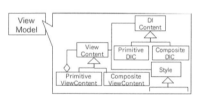

図 8: 表示モデルの詳細構造

3　考察

我々は，既存のアーキテクチャスタイルを分類，整理してインタラクティブシステムのためのアスペクト指向アーキテクチャを設計した．我々のメタアーキテクチャは，横断的コンサーンを指定し，アスペクトとして分離することで特定のアーキテクチャスタイルに基づく参照アーキテクチャを導出する．2.3 とは異なる例として，表示コンサーン，制御コンサーンのみを選択した場合，MVC アーキテクチャが構築できる (図 9)．

メタアーキテクチャを理解すれば，特定のアーキテクチャスタイルを理解できるだけでなく，特定の技術に習熟した開発者は，このアーキテクチャを介して異

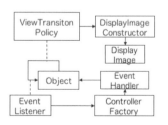

図 9: 導出された MVC アーキテクチャ

なる技術について類推し，技術転換を図ることが可能となる．具象アーキテクチャは，それぞれのコンポーネントと実現技術との関係が明らかとなっている．また，前提とする参照アーキテクチャとの関係も明らかとなっている．メタアーキテクチャでは，参照アーキテクチャ間でのコンポーネント間の関係が明らかとなっている．したがって，メタアーキテクチャを介して特定のアーキテクチャの実現に用いられる技術から，異なるアーキテクチャの実現に用いる技術を理解することができる．

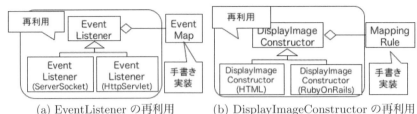

(a) EventListener の再利用　　(b) DisplayImageConstructor の再利用

図 10: 再利用の例

2.3 で設計した具象アーキテクチャにおける，コンポーネント *EventListener*, *DisplayImageConstructor* について再利用が可能である．これらは，図 10(a) に示すように，特定の実現技術を用いた実装は多相型で定義される．例えば，Ruby on Rails における ERB テンプレートや，Java の JSP ではこの処理系が *DisplayImageConstructor* に対応し，*MappingRule* に抽象表現とテンプレートとの対応関係を記述することにより *DisplayImageConstructor* を再利用することができる．

自己適応のための PBR パターンを適用したことにより，デバイスに応じた入出力の取り扱いの変更が可能となった．レスポンシブウェブデザインのように，画面サイズに適応した表示が可能となった．

4 おわりに

本研究では，インタラクティブシステムのためにメタアーキテクチャとしての共通参照アーキテクチャを定義し，特定のアーキテクチャスタイルに基づくアーキテクチャの導出を可能とした．特定の実現技術のソフトウェアでの役割が明確となり，別の実現技術との対応関係がアーキテクチャを介して理解可能となった．横断的コンサーンを実現するコードの標準化および大きな粒度で変更する枠組みを提供できた．

謝辞 本研究の成果の一部は，科研費基盤研究 (C) 16K00110，2017 年度南山大学パッヘ研究奨励金 I-A-2 の助成による．

参考文献

[1] 江坂篤侍, 野呂昌満, 沢田篤史ほか. コンテキストアウェアネスを考慮した組込みシステムのためのアスペクト指向アーキテクチャの設計. ソフトウェア工学の基礎ワークショップ論文集, Vol. 24, , 2017(to appear).

[2] 江坂篤侍, 野呂昌満, 沢田篤史ほか. インタラクティブソフトウェアの共通アーキテクチャの提案. ソフトウェアエンジニアリングシンポジウム 2015 論文集, Vol. 2015, pp. 137–144, 2015.

[3] C Matthew MacKenzie, Ken Laskey, Francis McCabe, Peter F Brown, Rebekah Metz, and Booz Allen Hamilton. Reference model for service oriented architecture 1.0. *OASIS standard*, Vol. 12, p. 18, 2006.

[4] Glenn E Krasner, Stephen T Pope, et al. A description of the model-view-controller user interface paradigm in the smalltalk-80 system. *Journal of object oriented programming*, Vol. 1, No. 3, pp. 26–49, 1988.

[5] Kishori Sharan. Model-view-controller pattern. In *Learn JavaFX 8*, pp. 419–434. Springer, 2015.

[6] Jason Cai, Ranjit Kapila, and Gaurav Pal. HMVC: The layered pattern for developing strong client tiers. *Java World*, pp. 07–2000, 2000.

[7] J Smith. WPF apps with the model-view-viewmodel design pattern. retrieved april 26, 2013, 2009.

[8] Joëlle Coutaz. PAC. *ACM SIGCHI Bulletin*, Vol. 19, No. 2, pp. 37–41, 1987.

[9] Mike Potel. MVP: Model-view-presenter the taligent programming model for c++ and java. *Taligent Inc*, p. 20, 1996.

GitHubにおけるREADME記述項目の分析

Mining the contents of readme files in OSS GitHub projects:
A case study of NPM projects

池田 祥平[*] 伊原 彰紀[†] ラウラ ガイコビナ クラ[‡] 松本 健一[§]

あらまし 多くのオープンソースソフトウェア (OSS) プロジェクトは，公開したソフトウェアをユーザが正しく使用するために，ソースコードと共にドキュメント（e.g., README）を公開している．ドキュメントには，OSS のインストール方法，利用例，ライセンスなどを記述しているが，2017 年に発表された GitHub の調査によると「ドキュメントは非常に重要だがよく見過ごされやすい」「不完全なドキュメントがある」という課題が指摘されている．本論文では，ソフトウェアを説明するドキュメント（README）の作成支援に向けて，GitHub に登録されている 143,239 件のプロジェクトが公開する README に記述されている項目の分析を行う．分析の結果，対象プロジェクトの 30%以上が install, usage, license の項目を記述しており，特に，install, usage, license, 及び, get start, release history, contribute の 3 項目をそれぞれ同時に記述しているプロジェクトが多いことを明らかにした．

1 はじめに

多くのオープンソースソフトウェア (OSS) 開発プロジェクトは，ソースコードをはじめとするファイルを GitHub などの共有 Web サービスで公開している．併せて，公開したソフトウェアが正しく使用されるために，多くのプロジェクトではソフトウェアの一般的な情報を記述したドキュメント（e.g., README）を共に公開し，ソフトウェアを使用する前に読むべきドキュメントとして重要な役割を担っている [1].

プロジェクトは，README にインストール方法，利用例，ライセンスなどを記述し，ソフトウェアのアップデートと共に随時更新することが一般的である．例えば，GitHub に公開される README は，リポジトリの直下に README.md ファイルが保存され，Markdown 記法で記述している．GitHub プロジェクトは，OSS プロジェクトの運用に関するインタビュー調査を，開発者 6,000 名（GitHub.com に登録される 3,800 以上のリポジトリからランダムに選ばれた 5,500 名の貢献者，及び，その他 500 名の開発者）に行い，発表した [1]. その結果,「ドキュメントは非常に重要だが見過ごされやすい.」「不完全で困惑するドキュメントがある.」という課題がわかった．その原因の一つとして，README では，記述すべき内容の指針が明確にされておらず，OSS プロジェクトの管理者の経験に基づき作成されていることが多いことがあげられる．ソフトウェアを正しく利用されるために，README は，ソフトウェアの種別に応じて明確に説明するために，随時修正することが必要である．例えば，ビルドが必要なコマンドラインツールであれば，ビルド方法や動作を確認するテストコマンドといった項目を記述する必要がある．また，ライブラリであれば，インポート方法や機能を利用するためのコード例が必要になる．

本論文では OSS プロジェクトが README に記述している項目を明らかにする．

---

[*]Shohei Ikeda, 奈良先端科学技術大学院大学

[†]Akinori Ihara, 奈良先端科学技術大学院大学

[‡]Raula Gaikovina Kula, 奈良先端科学技術大学院大学

[§]Kenichi Matsumoto, 奈良先端科学技術大学院大学

[1]Open Source Survey: http://opensourcesurvey.org/2017/

具体的には，NPM（Node Package Manager）で管理されるプロジェクトの内，Git
を利用している 143,239 件のプロジェクトが公開する README において，見出し
に記述されている項目を分析し，記述される項目の一覧やその記述される割合を明
らかにする．README は，自由に記述されるため，プロジェクト間で異なる見出
しで同意の内容が記述されることも多い．本分析では，README の分析手法を示
し，記述項目を分析する．

2　GitHub における README

GitHub における README は，リポジトリのトップページに内容が表示される．
GitHub プロジェクトは，README に記述する一般的な項目として 5 つあげてい
る [2]．

- What the project does
- Why the project is useful
- How users can get started with the project
- Where users can get help with your project
- Who maintains and contributes to the project

しかし，GitHub プロジェクトがあげる 5 つの項目は具体的ではない．その理由の一
つとしてソフトウェアの種別により記述すべき項目が異なることが考えられる．例
えば，ビルドが必要なコマンドラインツールであれば，ビルド方法や動作を確認す
るテストコマンドといった項目を記述する必要がある．また，ライブラリであれば，
インポート方法や機能を利用するためのコード例が必要になる．

GitHub プロジェクトが 2017 年に行ったインタビュー調査 [3] では，OSS が公開す
るドキュメントに対する課題が指摘されている．回答者の 93% は，不完全，または，
古くなったドキュメントが公開されていることを指摘している．公開されたソフト
ウェアが正しく利用されるためには，ドキュメントの整備が喫緊の課題である．

従来研究では，ドキュメント作成に関する分析，及び，支援システムの開発を行っ
ている．Moreno ら [2] は，ドキュメントの 1 つであるリリースノートに記述すべ
き項目は多岐にわたり，その作成は容易ではないことを指摘している．Moreno ら
は，990 件のドキュメントを目視で確認することでドキュメントに記述すべき項目
を抽出し，それらの項目，及び，その内容を自動で生成するシステムを提案してい
る．しかし，ソフトウェアの種別に応じて，ドキュメントに記述すべき項目は異な
るため，全てのソフトウェアに適用できるシステムではないと考えられる．

本論文は，README の作成支援に向けて，README に記述している項目を明
らかにする．

3　分析と考察

3.1　データセット

本論文は，OSS プロジェクトにおいて公開している README の記述項目を明ら
かにするために，ケーススタディとして JavaScript のエコシステムである NPM に管
理されるパッケージが公開する README を分析する．NPM パッケージリポジトリ
は，2009 年以降に急速にパッケージ登録数が増加し [3]，jQuery のようなライブラリ
から，express のようなフレームワーク，grunt のようなコマンドラインツールまで，
幅広い種別のプロジェクトのパッケージが管理されている．また各パッケージにはプ
ロジェクトが発見されやすくするために，パッケージの種類を表すような "browser"
や "cli" といったキーワードが割り振られており，今後プロジェクトの種別に応じた
記述項目の違いを調査するために有用な分析対象だと考えられる．NPM パッケー
ジは，GitHub で公開されていることが多く，2016 年 7 月 1 日時点で 153,857 件の

---

[2] GitHub Help -About READMEs- https://help.github.com/articles/about-readmes/

[3] Open Source Survey: http://opensourcesurvey.org/2017/

パッケージを確認した．本論文では，Wittern ら [3] のデータセットの収集方法に基づいて取得した 153,857 件のリポジトリが公開する README を分析対象とする．

3.2　分析 1：README における記述項目の分析

OSS プロジェクトにおけるドキュメントにおいて，開発者が頻繁に記述する項目を分析する．

[**アプローチ**] ソースコード，ドキュメントを GitHub で管理している NPM パッケージ開発プロジェクトを対象に，README の記述内容において，タイトル，サブタイトルとして使用される見出しの単語を分析する．README から見出しを抽出する手順を示す．

[**手順 1. README を持つプロジェクトの特定**] 本論文では，3.1 節で示した 153,857 件のプロジェクトリポジトリの内，README を保持するプロジェクトを分析対象とする．対象とする README は，分析を容易にするために Markdown 記法で記述されているもの（拡張子が "md"，または，"markdown"）とする．拡張子の一部が大文字であっても，同じ拡張子と判断する．また，README を保持していたとしても，見出しを使用していないプロジェクトは分析対象外とする．最終的に，143,239 プロジェクトの README を対象に分析する．

[**手順 2. README から見出しの抽出**] README から記述内容のタイトル，サブタイトルとして使用される見出し（大見出し (h1)，中見出し (h2)）に使用される単語を抽出する．大見出しと中見出しは，2 通りの記述方法（# と ##，=== と ---）があり，本論文では両方の記述方法で書かれた見出しを抽出する．分析対象プロジェクトが保持する README には，記述項目とみなした見出しの総数は 648,478 件である．

[**手順 3. 見出しの記述内容のステミング処理，表記揺れ処理**] README では，開発者が自由に記述するため，語形の違い，及び，表記揺れを確認した．本論文では，Python の nltk パッケージを用いて，ステミング処理を行う．

1. 見出し語から，記号（UTF-8 に含まれる 1 バイト記号 32 種類）を取り除く．
2. 記号を取り除いた見出し語をトークンに分解し，小文字に変換する．
3. 数字だけで構成されるトークン，及び，ストップワードを取り除く．

見出しの記述内容のステミング処理，表記揺れ処理を行い，221,384 件の項目の種類を抽出した．

最終的に，README から見出しとして抽出した単語を対象に，分析対象プロジェクトにおいて README に各見出しを使用しているか否かを分析する．しかし，ステミング処理の結果，異なる見出しが同一の内容として判断されることがある．例えば "Installation" と "How to Install?" の項目は "install" に統一される．これらを分類すべきか否かは今後の課題とする．

[**結果と考察**] 表 1 は，プロジェクトが見出しとして使用している内容の上位 10 件について，使用しているプロジェクトの件数（記述数）と，プロジェクト全体に対する記述数の割合（記述率）を，具体的な記述内容の事例と共に示す．分析対象プロジェクトの 44% が install (e.g., install, Installation, How to Install?)，36% が usage (e.g., usage, Usages)，32% が license (e.g., license, What's the license?) の項目を README に記述している．そのほかの項目として，12% が example (e.g., example, Some Exapmles)，11% が api (e.g., api, APIs, The API)，8% が contribute (e.g., contribution, contributing, How to contribute) を記述している．install, usage, license は，example の 3.7 倍から 2.6 倍のプロジェクトで使用されており，ソフトウェアの特徴に関係なく記述する項目であることが示唆される．

一方で，api や，プロジェクト全体に対して記述されている項目数が少ないため表には示していないが，ソフトウェアが持つメソッドの利用例を示した method や，対応しているイベントの一覧を示した event といった Web 系システムで利用されるライブラリで記述されると考えられる項目や，ビルド方法や build や利用可能なコ

表1 README に記述されている上位 10 項目

項目	記述数 (件)	記述率 (%)	記述内容
install	62,688	43.76	インストール方法 例：$ npm install package_name
usage	51,967	36.28	プロジェクトの利用方法　例：[コマンドラインツール] コマンドオプション一覧，[ライブラリ] 主要な機能を利用するコード片
license	46,311	32.33	ライセンスの種類やライセンス文 例：MIT LICENSE
example	17,267	12.05	プロジェクトの利用例　例：[コマンドラインツール] コマンド例，[ライブラリ] 主要な機能を利用するコード片
api	15,049	10.51	API の仕様や利用方法
contribute	11,677	8.15	プロジェクトへの貢献方法 例：不具合追跡システムへのリンク
get_start	9,721	6.79	インストール方法，依存ライブラリの一覧
test	8,093	5.65	テスト用のコマンド 例：$ npm test
use	4,979	3.48	インストール方法，初期設定の方法 例：Sample = new Class()
option	4,939	3.45	機能説明　例：[コマンドラインツール] 設定ファイルの仕様，[ライブラリ] メソッドの引数

マンドの一覧を示した command といったコマンドラインツールで記述されると考えられる項目があり，プロジェクトの種類に応じて異なる項目が記述されることが示唆される．

3.3　分析2：同時に記述される項目の分析

　OSS プロジェクトが公開するドキュメントには，インストール方法と使用方法などのように複数の項目が記述される．本分析では，アイテムセットマイニングを用いて，README に同時に記述される項目を分析する．

　[アプローチ] 分析1において分析したプロジェクトが保持する README の記述項目から，同時に記述される頻度が高い項目をアイテムセットマイニングを用いて抽出する．アイテムセットマイニングとは，組み合わせごとの出現頻度をカウントするために使用する手法である．アイテムセットマイニングを用いた分析の手順を示す．

[手順1. プロジェクトの README における記述項目の特定] 本論文において対象とするプロジェクトの README に，分析1において抽出した 221,384 件の項目が記述されているか否かを調査し，表2のように，1プロジェクト1ベクトルで示す．

[手順2. アイテムセットマイニングによるルールを抽出] R の arules ライブラリを用いて，README において多くのプロジェクトにおいて同時に記述される項目を抽出する．アイテムセットマイニングでは，膨大なルールが出力されるために，同時に記述される項目数を2件から3件とし，同時に記述される項目組が記述されていたプロジェクト数が 0.01 以上（support 値），つまり，本論文が対象とする 143,239 件のプロジェクトのうち 1%以上のドキュメントで同時に記述されている項目組を分析する．

　[結果と考察] アイテムセットマイニングにより，同時に記述される項目数が2項目，または，3項目であり，且つ，当該項目組を記述しているプロジェクト数が 0.01 以上（support 値）であったのは 63 件であった．本論文では，プロジェクト全体に対して当該項目組を同時に記述しているプロジェクト数の割合（記述率）が，高い

表 2　記述される項目のベクトル表現

プロジェクト名	"install"	"usage"	"license"	"…"
"jQuery"	1	1	1	…
"grunt"	0	0	1	…
"…"	…	…	…	…

　項目組を特定する．また，本論文では，将来的に README に記述すべき項目を推薦することが目的であるため，項目組に含まれる項目のいづれかを含むプロジェクト全体に対して，すべての項目を含むプロジェクト数の割合（同時記述率）も同時に示す．表3は，アイテムセットマイニングの結果 63 件中で同時に 2 つの項目が記述される可能性の高い上位 5 件の項目組を示す．また，表4は，アイテムセットマイニングの結果 63 件中で同時に 3 つの項目が記述される可能性の高い上位 5 件の項目組を示す．

表 3　項目を 2 つ含む組み合わせ上位 5 組

項目 1	項目 2	記述率 (%)	同時記述率 (%)
install	usage	24.0	42.7
install	license	19.8	35.2
usage	license	16.5	31.7
get_start	release_history	2.1	26.2
contribute	get_start	2.6	21.1

表 4　項目を 3 つ含む組み合わせ上位 5 組

項目 1	項目 2	項目 3	記述率 (%)	同時記述率 (%)
install	usage	license	12.0	12.1
contribute	get_start	release_history	1.5	9.4
install	license	api	4.3	5.2
install	license	example	3.8	4.6
usage	license	api	2.9	3.8

　分析 1 において多くの README に記述されている [install, usage, license] は，頻繁に利用されていることがわかる．その他の項目組として，get_start (e.g., get start, Getting Started, Get started)，release_history (e.g., release history, Release History, Releases history)，contribute が同時に記述されていることがわかった．分析対象プロジェクトにおいて，これらの項目組を全て記述しているプロジェクト数は 1.5%であるが，いずれかの項目が記述されているうち 9.4%は 3 つの項目を同時に記述しており，同時に記述することが必要な組が存在することが示唆される．

　また，プロジェクト全体に対して記述されている項目数が少ないため表には示していないが，[build, run] や [config, command] も同時に記述されていることがある．これらの項目は，プロジェクトが開発するソフトウェアの種別の違いにより記述内容が異なることも考えられる．例えば，[build, run] という組み合わせを同時に記述していればコマンドラインツールを使ったソフトウェアのドキュメントということが考えられる．

4　制約

　プロジェクトの種類に関係なく記述されると考えれる [install, usage, license] といった項目の記述率が，プロジェクト全体の半数程度だった理由として，本分析では，項目に記述されている内容までは分析対象としていないことが挙げられる．そのため，同じ内容であっても別の項目として集計している場合がある．具体的には install と get_start には，インストール方法が記述されることがある．また，Description の

ようなプロジェクトの概要を記述する項目は抽出できていないと考えられる．これ
は概要がプロジェクトタイトル直下に記述されるため，見出しとしてわけられてい
ないためである．一方で，本分析では大見出し，中見出しを分析対象としたが，こ
れらが包含関係として記述されていることもある．get_start は install の上位として
記述される場合もあり，項目の統合などを今後検討する．

GitHub の README 以外のサイトに記述している可能性がある．実際，README
に詳細はプロジェクトが作成する web サイトを参照することと記述されていること
もある．今後は，README のみで完結しているプロジェクトを対象にするなど検
討する．

5　関連研究

Zhang ら [4] は，README に記述される機能の要約部分を抽出し，似た単語を
使用する他の README と比較することで，似た OSS プロジェクトを探している．
README の分析をしている点で関連するが，README の記述方法を対象としてい
ない点で本論文とは異なる．

Wittern ら [3] は，ソフトウェアエコシステムである NPM で管理されているプ
ロジェクトの依存関係の変化を分析している．依存関係の分析にあたり，プロジェ
クトの持つメタファイルである package.json を NPM の公式レジストリから取得し
ている．本論文でも，プロジェクトの git アドレスを収集する際，NPM の公式レジ
ストリから取得している．

6　おわりに

本論文では，143,239 件のプロジェクトが公開する README において，見出し
に記述されている内容を調査し，[install, usage, license] が 30%以上のプロジェク
トで記述されていることを明らかにした．また，同時に記述されることが多い項目
を分析し，143,239 件のプロジェクトにおいて 1%以上のプロジェクトに記述される
項目の中でも [install, usage, license] という組み合わせと [get_start, release_history,
contribute] という組み合わせが，同時に記述されていることが他の項目の組み合わ
せと比べて多いことが明らかにした．本論文の結果に基づき，ソフトウェアの種類
に応じた README を明らかにし，README に記述すべき項目の推薦手法の提案
を目指す．

謝辞　本論文の一部は，文部科学省科学研究補助費（基盤 A: 17H00731，若手 B: 課
題番号 16K16037）による助成を受けた．

参考文献

[1] Mens, T. and Goeminne, M.: Analysing the evolution of social aspects of open source soft-ware ecosystems, *in Proc.of the Workshop on Software Ecosystems (IWSECO'11)*, pp. 1–14 (2011).

[2] Moreno, L., Bavota, G., Penta, M. D., Oliveto, R., Marcus, A. and Canfora: ARENA: An Approach for the Automated Generation of Release Notes, *IEEE Transactions on Software Engineering*, Vol. 43, No. 2, pp. 106–127 (2017).

[3] Wittern, E., Suter, P. and Rajagopalan, S.: A Look at the Dynamics of the JavaScript Package Ecosystem, *Proc. of the International Conference on Mining Software Repositories (MSR'16)*, pp. 351–361 (2016).

[4] Zhang, Y., Lo, D., Kochhar, P. S., Xia, X., Li, Q. and Sun, J.: Detecting similar reposi-tories on GitHub, *Proc. of the International Conference on Software Analysis, Evolution and Reengineering (SANER'17)*, pp. 13–23 (2017).

ソフトウェア開発に利用するライブラリ機能の分析
Analyzing Library Functionality in Software Development

桂川 大輝[*]　伊原 彰紀[†]　ラウラ ガイコビナ クラ[‡]　松本 健一[§]

あらまし　多くのソフトウェア開発プロジェクト（クライアントユーザ）は，機能の一部を容易に実装するためにオープンソースソフトウェア (OSS) ライブラリを利用している．本論文では，クライアントユーザが効率的なソフトウェア開発を実現するために使用しているライブラリの機能を明らかにする．頻出アイテムセットマイニングを用いて，クライアントユーザが使用するライブラリの機能を分析した結果，多くのクライアントユーザが利用する機能，及び，同時に利用される機能を特定した．

1　はじめに

　多くのクライアントユーザは，開発の効率化に向けてライブラリの利用が必然になりつつある．ライブラリは，汎用性の高い複数のプログラムを再利用可能な形でまとめたファイルであり，容易な機能実装を実現する．例えば，Web アプリケーションを開発する際には，GWT[1]，Spring[2]，Hibernate[3]などのプログラム実行時のログ出力，HTML 解析，SSH（セキュアシェル），暗号化などの機能を持つライブラリが存在する．

　Maven Repository [4]では，目的に応じたライブラリの選択を支援するために，登録されているライブラリを機能別に分類している．具体的には，テストに関する Testing Frameworks，ログ出力に関する Logging Frameworks などがある．しかし，ライブラリが機能別に分類されていたとしても，Maven Repository では 150 以上の種類（カテゴリ）に分類されており，各カテゴリに平均 189 のライブラリが登録されているため，ライブラリの選択は容易ではない [2]．また，実装の目的に応じて，同時に複数のライブラリを利用する場合は，ライブラリ間の依存関係も配慮する必要がある．例えば，JUnit と Mockito は，JUnit を使ったユニットテストを容易にするために Mockito がモックを作成するため，それらのライブラリを同時に利用することが多い．

　本論文では，クライアントユーザが効率的なソフトウェア開発を実現するために使用しているライブラリの機能，および，複数のライブラリを使用するときに頻繁に同時に利用される機能を明らかにする．Java プログラミング管理ツール MAVEN を利用する 48,470 件のクライアントユーザシステムが使用するライブラリの機能を対象に，頻出アイテムセットマイニングを用いて分析する．本分析に基づき，将来的には，ライブラリの知識を持っていないユーザが，同時に利用すべき機能，及び，ライブラリを推薦することを目指す．

　以降，本論文では 2 章ではソフトウェア開発プロジェクトにおける開発者のライブラリ選択に関する背景と関連研究，3 章では同時に利用されるライブラリ機能の

---

[*]Daiki Katsuragawa, 奈良先端科学技術大学院大学

[†]Akinori Ihara, 奈良先端科学技術大学院大学

[‡]Raula Gaikovina Kula, 奈良先端科学技術大学院大学

[§]Kenichi Matsumoto, 奈良先端科学技術大学院大学

[1]http://www.gwtproject.org

[2]https://netbeans.org/kb/docs/web/quickstart-webapps-spring_ja.html

[3]http://www.techscore.com/tech/Java/Others/Hibernate/index/

[4]https://mvnrepository.com/

分析方法，4章では同時に利用されるライブラリ機能の分析結果，5章では分析結果の原因，根拠についての考察，最後に6章でまとめと今後の展望について述べる．

2 ライブラリ選択

今日，ライブラリ開発プロジェクトは，GitHubなどのWebサービスにおいてOSSとして公開している．それらは，不具合修正や機能追加のために短期間で新たなバージョンをリリースすることが多い [2]．従って，ユーザは高品質なライブラリを利用できる一方で，多数のライブラリから自身のシステムに適したライブラリを選択することが求められる．もし不適切なライブラリを導入した場合，後にライブラリを移行することがある [7] [3]．従って，ソフトウェアに適したライブラリを選択する手法の確立が喫緊の課題となっている．

従来研究において，ライブラリ選択支援を目的としたライブラリ推薦の研究が行われている．Thungら [6] は，他のシステムが利用しているライブラリを推薦する手法を提案している．また，Ouniら [5] は，類似するシステムを開発している場合に，他のシステムが利用しているライブラリを推薦する手法を提案している．しかし，従来研究ではライブラリの機能には着目していないため，支援対象のプロジェクトが既に利用しているライブラリと同様の機能で実際は必要とされていないライブラリを推薦する可能性がある．

本論文では，ライブラリの効率的な推薦を実現するための前段階として，ソフトウェア開発において頻繁に利用されるライブラリの機能を明らかにする．

3 分析準備
3.1 データ収集

本論文では，ソフトウェアで利用しているライブラリ，及び，そのライブラリが属する機能を特定するために，Javaプログラミング管理ツールMAVEN [5] を利用しているクライアントユーザシステムを分析対象とする．MAVENは，プロジェクトのビルド，テスト，成果物などを管理するツールであり，プロジェクトが依存するライブラリ情報をProject Object Model（以下，POM）ファイルで一括管理する機能を提供している．MAVENは，ビルド，もしくはコンパイル時に，POMファイルに記述されたライブラリを自動的にインストールする．従って，POMファイルの変更を追跡することで，ソフトウェアがこれまでに利用してきたライブラリ，及び，バージョン番号を確認することができる．

本論文における，ライブラリの機能は，MAVENで管理される依存ライブラリやプラグインの情報を管理するサービスMaven Repository [6] の分類（カテゴリ）を利用する．Maven Repositoryでは，利用者数が多い150のカテゴリ，及び，各カテゴリには，利用者数が多いライブラリ最大150件が公開されている．表1は，Maven Repositoryで公開されているカテゴリとライブラリの一部を示す．

本論文が分析対象とするクライアントユーザは，Kulaら [4] がGitHubから取得したMAVENを利用するシステム48,470件とする．また，それらが利用しているライブラリを分析する．

3.2 分析方法

本論文では，クライアントユーザが利用するライブラリ機能を調査し，利用頻度の高いライブラリの機能，及び，同時に利用されるライブラリの機能を分析する．クライアントユーザが利用するライブラリの機能の分析に向けて，分析対象システムが利用するライブラリをMaven Repositoryが提供するカテゴリに基づいて分類する．表2は，クライアントユーザシステムが利用しているライブラリの機能リス

---

[5]https://maven.apache.org/

[6]http://mvnrepository.com

表1 Maven Repository で公開されているカテゴリとライブラリの一部

カテゴリ	ライブラリ
Testing Frameworks	JUnit, Testng, Scalatest, Spring TestContext Framework
Logging Frameworks	SLF4J API Module, Apache Log4j, Logback Classic Module
Java Specifications	JavaServlet(TM) Specification, Java Servlet API

トを示す．クライアントユーザシステムが特定のカテゴリに含まれるライブラリを利用していれば1，含まれていなければ0を記す．例えば，表2においてシステムS1は，少なくともカテゴリc1, c4, c5, c150に属するライブラリを使用していることを示す．

表2 クライアントユーザが使用するのライブラリ機能リストの例

クライアントユーザ	c1	c2	c3	c4	c5	c6	. . .	c150
S1	1	0	0	1	1	0	. . .	1
S2	0	1	1	1	1	1	. . .	0

[分析1: 利用頻度の高いライブラリ機能の分析] ライブラリ機能の中には，多くのクライアントユーザシステムが利用しているものが存在する．利用頻度の高いライブラリ機能として例えば，Testing Frameworks, Logging Frameworksがある [7] [3]．本論文では，汎用的な機能ではなく，一部のクライアントユーザでは頻繁に利用されるライブラリ機能を確認するために，階層的クラスタリングにより，利用頻度に基づいてライブラリ機能を分類し，利用頻度に応じてライブラリ機能を分析する．階層的クラスタリングは，データの集合をクラスタという部分集合に分ける目的で利用されるクラスタリング手法の中でも，データの距離，類似度が最も近い組み合わせからまとめるというものである [8]．各クラスタ内での分散を最も小さくするクラスタリング手法として，Ward法を用いる．

[分析2: 同時に利用されるライブラリ機能の分析] 頻出アイテムセットマイニングを用いて，同時に利用されるライブラリ機能を明らかにする．頻出アイテムセットマイニングとは，データの集合から頻出するデータの組み合わせ，集合を見つける教師なし機械学習である [1]．頻出アイテムセットマイニングを用いることで，クライアントユーザシステムが利用するライブラリ機能を対象に，同時に利用されることが多いライブラリ機能を明らかにする．

4 分析結果

4.1 分析1: 利用頻度の高いライブラリ機能の分析

各ライブラリ機能利用するクライアントユーザ数を算出する．各ライブラリ機能によるクライアントユーザ数に基づき，ライブラリ機能を階層的クラスタリングにより，4つのクラスタに分類した．表3に階層的クラスタリングによって分類したライブラリ機能の一部を示す．従来研究と同様に，Testing Frameworks と Logging Frameworks は利用頻度が最も多い [7] [3]．それ以外にも，Java Specifications や Core Utilities も同様に，利用頻度が最も多いクラスタに分類された．

以上より，分析2において，全てのライブラリ機能，また，頻繁に使用されるC1を除いたライブラリ機能の2つについて，頻出アイテムセットマイニングによって同時に利用されるライブラリ機能を分析する．

表3　ライブラリ機能の利用頻度に基づく分類

クラスタ	ランク	カテゴリ	利用頻度	利用システム数
C1	1	Testing Frameworks	19%	9,184
	2	Logging Frameworks	14%	6,821
	3	Java Specifications	13%	6,124
	4	Core Utilities	10%	5,061
C2	5	JSON Libraries	7%	3,511
	6	Logging Bridges	7%	3,465
	7	Mocking	7%	3,462
	8	Dependency Injection	7%	3,324
	...	...	...	...
	15	Object/Relational Mapping	4%	1,807
C3	16	Collections	3%	1,506
	17	Base64 Libraries	3%	1,448
	18	Aspect Oriented	3%	1,360
	19	Transaction APIs/Managers	3%	1,269
	...	...	...	...
	40	JSP Tag Libraries	1%	636
C4	41	REST Framework	1%	571
	42	PostgreSQL Drivers	1%	554
	43	HTML Parsers	1%	523
	44	Message Queue Clients	1%	523
	...	...	...	...
	150	Enterprise Service Bus	0%	8

4.2　分析2: 同時に利用されるライブラリ機能の分析

　頻出アイテムセットマイニングを用いて，同時に利用されるライブラリの機能を分析する．分析1において利用頻度が高いライブラリの機能として分類されたC1は，頻出アイテムセットマイニングの出力結果においてもC1を含むライブラリ機能の組み合わせとして出力される．しかし，利用頻度が高いライブラリ機能は，様々なライブラリの機能と組み合わせて使用される必ずしも相性が良く同時に使用されているライブラリ機能ではないと考えられる．以上より，分析2では，全クラスタを対象とした分析に加え，C1を除くC2，C3，C4を対象とした分析を実施する．

　C1を除くC2，C3，C4に該当する146のライブラリ機能，全てのクラスタ150のライブラリ機能を対象とし，頻出アイテムセットマイニングを用いて，同時に利用されるライブラリ機能を出力した結果の一部をそれぞれ表4，表5に示す．表4，及び，表5には，同時に利用されるライブラリ機能の組み合わせ，及び，その支持度を示す．

　表4から，Dependency Injection は，C2，C3に属するライブラリ機能の中では頻繁に利用されていることがわかる．表3から Dependency Injection を利用するプロジェクトは，分析対象プロジェクトの7%であり，その33%（分析対象プロジェクトの2.3%）が Logging Brideges と同時に利用され，32%（分析対象プロジェクトの2.2%）が Web Frameworks と同時に利用されていることが明らかになった．そして，表5から，Logging Frameworks と Testing Frameworks，Core Utilities と Testing Frameworks，Logging Frameworks と Logging Bridges というような組み合わせが，頻出していることが明らかになった．本分析により，同時に利用される可能性の高いライブラリの組み合わせを示すことができた．本節で紹介したライブラリの機能が同時に利用される原因，根拠については，5章において議論する．

表4 C1 を除く同時に利用されるライブラリ機能

ランク	アイテムセット	支持度
1	{Dependency Injection, Logging Bridges}	2%
2	{Dependency Injection, Web Frameworks}	2%
3	{JSON Libraries, Logging Bridges}	2%
4	{Logging Bridges, Mocking}	2%
5	{Dependency Injection, JSON Libraries}	2%
6	{Dependency Injection, Mocking}	2%
7	{HTTP Clients, JSON Libraries}	2%
8	{Logging Bridges, Web Frameworks}	2%
9	{JSON Libraries, Mocking}	2%
10	{I.O.Utilities, JSON Libraries}	2%

表5 同時に利用されるライブラリ機能

ランク	アイテムセット	支持度
1	{Logging Frameworks, Testing Frameworks}	8%
2	{Core Utilities, Testing Frameworks}	6%
3	{Logging Frameworks, Logging Bridges}	5%
…	…	…
17	{Logging Frameworks, Dependency Injection}	3%
18	{Logging Frameworks, Mocking}	3%
19	{Logging Frameworks, JSON Libraries}	3%

5 考察

分析2の同時に利用されるライブラリ機能の分析結果について議論する.

表4より, 1, 3, 4位の, Dependency Injection, JSON Libraries, Mocking と Logging Bridges が同時に利用されている理由として, Logging Frameworks が関係していると考えられる. 表5より, Logging Frameworks と Logging Bridges が3位と比較的高い頻度で同時に利用されている. また, 表5より, 17, 18, 19位に Dependency Injection, JSON Libraries, Mocking と Logging Bridges と Logging Frameworks が同時に利用されている. 以上より, Dependency Injection, JSON Libraries, Mocking が Logging Frameworks と Logging Bridges を同時に利用することでこれらが上位に出力されたと考えられる. また, 実際に JSON Libraries と Logging Frameworks, Mocking と Logging Frameworks のライブラリを同時に利用する例がある[7][8].

表4より, 2位に該当する Dependency Injection と Web Frameworks が同時に利用されている理由として DI コンテナ[9]というフレームワークの影響が考えられる. DI コンテナとは Dependency Injection (DI) を設計思想とする軽量コンテナである. DI という設計思想は, ソフトウエア・コンポーネント群を疎結合して相互の依存性を極小にすることで, 設計, 開発, テストにまたがる開発サイクル全体を合理化する手法である. また, DI コンテナの中でも特に Spring Framework が頻繁に利用され, Spring Framework のライブラリを組み合わせて利用していることが原因であると考えられる.

---

[7] http://moonstruckdrops.github.io/blog/2013/12/23/java-logging/

[8] https://stackoverflow.com/questions/20515929/how-can-i-unit-test-log4j-using-jmockit

[9] http://itpro.nikkeibp.co.jp/free/ITPro/OPINION/20050216/156274/?rt=nocnt

本論文の分析において出力した，ソフトウェア開発において同時に利用されるライブラリ機能の一部は，同時に利用される理由も明らかにすることができたため，本分析手法の結果は信頼できる可能性がある．今後の研究でライブラリ機能の頻出アイテムセットマイニングに基づいたライブラリ推薦を実施する．

6　おわりに

　本論文では，ライブラリの効率的な推薦を実現するための前段階として，ソフトウェア開発において頻繁に利用されるライブラリの機能を分析した．分析の結果，頻繁に同時に利用されるライブラリ機能を明らかにし，そのいくつかの原因を考察した．これにより，頻出アイテムセットマイニングによって出力される同時に利用されるライブラリ機能は信頼できる結果である可能性が示された．

　今後は，機能を考慮したライブラリの選択支援の実現を目標として，ライブラリ機能の頻出アイテムセットマイニングに基づいたライブラリ推薦を実施する．

謝辞　本論文の一部は，文部科学省科学研究補助費（基盤 A: 17H00731，若手 B: 課題番号 16K16037）による助成を受けた．

参考文献

[1] Agrawal, R. and Srikant, R.: Fast Algorithms for Mining Association Rules in Large Databases, *Proceedings of the 20th International Conference on Very Large Data Bases (VLDB'94)*, pp. 487–499 (1994).

[2] Ihara, A., Fujibayashi, D., Suwa, H., Kula, R. G. and Matsumoto, K.: Understanding When to Adopt a Library: A Case Study on ASF Projects, *IFIP International Conference on Open Source Systems* (2017).

[3] Kabinna, S., Bezemer, C.-P., Shang, W. and Hassan, A. E.: Logging Library Migrations: A Case Study for the Apache Software Foundation Projects, *Proceedings of the 13th International Conference on Mining Software Repositories (MSR'16)*, pp. 154–164 (2016).

[4] Kula, R. G., German, D. M., Ouni, A., Ishio, T. and Inoue, K.: Do developers update their library dependencies?, *Empirical Software Engineering*, p. 134 (2017).

[5] Ouni, A., Kula, R. G., Kessentini, M., Ishio, T., German, D. M. and Inoue, K.: Search-based software library recommendation using multi-objective optimization, *Information and Software Technology*, Vol. 83, pp. 55 – 75 (2017).

[6] Thung, F., Lo, D. and Lawall, J.: Automated library recommendation, *Proceedings of the 20th Working Conference on Reverse Engineering (WCRE'13)*, pp. 182–191 (2013).

[7] Zerouali, A. and Mens, T.: Analyzing the evolution of testing library usage in open source Java projects, *International Conference on Software Analysis, Evolution and Reengineering (SANER'17)*, pp. 417–421 (2017).

[8] Zhao, Y., Karypis, G. and Fayyad, U.: Hierarchical Clustering Algorithms for Document Datasets, *Data Min. Knowl. Discov.*, Vol. 10, pp. 141–168 (2005).

ソフトウェア開発履歴情報からのAPI Q&A知識の自動抽出
Towards API knowledge from software development history

西中 隆志郎 * 鵜林 尚靖 † 亀井 靖高 ‡ 佐藤 亮介 §

あらまし ソフトウェア開発においてプログラミング言語の知識は必要不可欠である. 知識を共有する媒体の中でもQ&Aサイトは, コードに関する質問と回答の記事を共有しており, 開発者はしばしば知識を獲得できる. しかし情報サイトの質問・回答の記事は手作業のみによって増加するため, 広く知られていないAPIに関する情報は不足することがある. そこで本論文では, ソフトウェアの開発履歴からAPIの使用方法を, Q&Aサイトのような顕在化された知識として抽出するツールQAKEを提案する. QAKEをApacheプロジェクトのAnt, JenaとMavenから抽出した開発履歴に適用した結果, APIの使用方法をQ&A形式で抽出できた. またそのうち12.73%(14/110), 9.42%(13/138), 10.48%(102/973)は複数の解決法を提示するものであった.

1 はじめに

ソフトウェア開発においてプログラミング言語の知識やフレームワークの知識は, コーディングやデバッギング, またリファクタリングなどの開発作業において重要である. ソフトウェア開発に関する知識を獲得する媒体としては書籍やWebサイト, Wikiやディスカッションフォーラムが知られている. 特にWebサイトは参照のしやすさから, 作業中の開発者がしばしば利用する.

Webサイトの中でもQ&Aサイトは, ユーザからの質問と回答の投稿を記事として共有している. Q&Aサイトの中でも最大規模であるStackOverflow(SO)[1]は, コード片を含めた記事を共有している. 記事を閲覧するユーザは, プログラミング技術に関する知識を学ぶことができる. 例えば, SOの投稿の中には, 特定のAPIの使用方法に関する投稿記事が存在する. 公開されているAPIの公式ドキュメントの内容は不足することがあり, そういった公式ドキュメントの代替としてSOの投稿が利用されている [1].

しかし情報サイトの質問・回答の記事は, 人の手がなければ増加しない. 例えばQ&Aサイトにおいて, 質問側の投稿と回答側の投稿が両方存在しなければ開発者の知識獲得に役立たない. 近年SOでは未回答の質問投稿が増加しているが, この問題は, 知識を持つユーザの貢献がなければ, Q&Aサイトの記事は生まれないことに起因する [2].

一方で, 情報の乏しい状況下でも, 試行錯誤や問題解決をしながらAPIを使用している開発者は世界のどこかにいるはずであり, 彼らのノウハウはソフトウェアの開発履歴中に存在していると考えられる. 開発履歴は, 変更されたソースコードの差分や編集者などのデータを蓄積しており, 彼らの問題解決のためのノウハウをデータからQ&Aの形で取り出せる可能性がある.

そこで本論文では, オープンソースソフトウェア(OSS)の開発履歴からAPIの使用方法を, Q&A記事の形式で抽出するツールQAKE(Question-answered API

---

*Ryujiro Nishinaka, 九州大学

†Naoyasu Ubayashi, 九州大学

‡Yasutaka Kamei, 九州大学

§Ryosuke Sato, 九州大学

[1]http://stackoverflow.com/

Knowledge Extractor）を提案する．QAKE は 2 つの観点から知識を抽出する．

1）バグ修正直後の API の使用方法の抽出：QAKE は，ソースコードのバグが修正された直後の API の使用方法に着目する．知識という概念は広く，その抽出は容易ではない．本論文では，知識を抽出するという課題への足掛かりとして，問題解決の経験に着目する．プログラマは，デバッグ作業における問題解決の経験を通してプログラミングの知識やスキルを獲得する [3]．ソフトウェア開発履歴のうちデバッグ作業の記録は多くの研究者に着目されており，ソースコードのバグを検出する手法やバグを補完する手法などの様々な手法に活用されている [4]．デバッグ作業の中でも，API を使用した箇所でのバグの修正は，ソースコード全体のバグ修正のうちの 5 割を占めるという研究結果もある [5]．

2）Q&A 記事の形式での抽出：Q&A 記事は，開発者によって広く知識を共有する媒体として用いられているため，QAKE は Q&A 記事の形式でコード片を抽出する．またソフトウェア開発に関する書籍全般でも，頻出する問題とそれに対する解決法が Q&A の形式で記載されている．

QAKE は 2 つの大きな貢献を持つ．1 つ目は，QAKE の抽出する情報が，開発者の直面するバグ解決を助け，また不足する Q&A サイトの投稿記事を補う可能性を持つことである．2 つ目は，開発履歴に含まれる API の使用方法を広く共有可能な Q&A サイトの形式で抽出することである．

2　関連研究

プログラミング言語やフレームワークに関する知識の中でも，API の使用方法に着目した研究はいくつか存在する．API の開発者による公式のドキュメントは不十分であることが多く，不足する情報を補う試みが行われている．

Zhong ら [6] は，既存のソースコードから API メソッドの呼び出しシーケンスを抽出し，コーディング中の開発者が次に使用する API メソッドの推薦を行うツール MAPO を提案している．この API 呼び出しシーケンスは，連続性をもつ複数の API メソッドの呼び出しから成るパターンである．MAPO はソースコード解析，API 呼び出しシーケンスの抽出，そして開発者への推薦，の 3 つの段階を経てツールを実現している．被験者によるツールの評価実験では，ツールを使用しない場合と比較してより少ないバグでタスクを行えたという結果が得られた．またコード検索ツールである Strathcona と Google code search との比較実験では，MAPO がより少ない労力でシーケンスを提示できるという結果が得られた．

彼らの研究では，API ドキュメントの不足に着目し，既存のソースコードに含まれる API メソッドの呼び出しのパターンを抽出している．一方で，本研究は Q&A サイトの情報の不足に着目し，API の使用方法を Q&A サイトの形式で抽出することを試みている点が異なる．

3　API Q&A 知識抽出ツール QAKE

3.1　Motivating Example

QAKE が抽出する Q&A 記事の形式は，API メソッドの呼び出しに関するバグが修正された時のコード片とバグが混入された時のコード片の対である．図 1 にバグが混入された時のコード片の例 [2] を，図 2 にバグが修正された時のコード片の例 [3] を示す．対のコード片は，Apache Maven のソースコードリポジトリから抽出したものである．

図 1 と図 2 の例では，API クラスである org.codehaus.plexus.DefaultPlexusConta-

---

[2] https://github.com/apache/maven/blob/8f85d87b5c2724665b203e82ce176c10ecb83953/ maven-embedder/src/main/java/org/apache/maven/cli/MavenCli.java

[3] https://github.com/apache/maven/blob/b8f5443e1351d01e1cdb1ed7a61c7ff211df3c4d/ maven-embedder/src/main/java/org/apache/maven/cli/MavenCli.java

```
1  settingsBuilder =                                 1  settingsBuilder =
2      container.lookup( SettingsBuilder.class );    2      container.lookup( SettingsBuilder.class );
3                                                    3
4  dispatcher = (DefaultSecDispatcher)               4  dispatcher = (DefaultSecDispatcher)
5      container.lookup( SecDispatcher.class );      5      container.lookup( SecDispatcher.class, "maven" );
```

図1　APIに関するバグ混入時のコード片の例　図2　APIに関するバグ修正時のコード片の例

図3　バグ管理システムのコメント内容

inerのメンバであるメソッドlookupが呼び出されている（2, 4行目）．DefaultPlexus-Containerは，クラスオブジェクトを格納し管理するクラスであり，lookupメソッドは，引数として受け取った1個または2個のキーワードにマッチするクラスオブジェクトを返すメソッドである．修正前のコード片では，lookupは型の引数を1個のみ取っているのに対し，修正後のコード片では，型と文字列の2個の引数を取っている（4行目）．

また図1のバグを修正した際にバグ管理システムに記録されたコメント[4]を図3に示す．図3には，メソッドlookupの返り値が代入された変数に関して，ファイル探索の例外が発生しており，その後の変更で問題が解決されたという記載がある．そのため，図2の修正は，lookupメソッドの引数を追加することによりクラスオブジェクトの探索を成功させ，ファイル探索の例外を解決していることが読み取れる．図の例から問題解決の事例を通したAPIメソッドlookupの使用法に関する知識の獲得の可能性がうかがえる．

今回の例に関する記事が実際のQ&Aサイトに存在するかどうかを調べるため，SOのクエリにキーワードDefaultPlexusContainer, lookupを入力して検索を行った．その結果，上述の内容と同様の内容を提示するQ&A記事はSOにはなかった．QAKEは，上述のAPIに関して，SOに投稿されていない新しい問題解決の事例を抽出することを目指す．

3.2　QAKEの方向性と機能

QAKEは，図1や図2の例のような，対のコード片を含むQ&A記事を生成する．Nasehiらの研究[7]を参考にする．Nasehiらは，SOの投稿記事の評価システムに着目し，高評価を得ている記事の特徴を分析して，9個の特徴を導き出した．QAKEではそれら9個の特徴を満たす記事の自動生成を目指す．

本稿ではQ&A記事の生成のための第一歩として，Nasehiらの示す特徴のうち，図4の4個の特徴を満たす記事の抽出を実現する．その実現のために，APIメソッドの呼び出しに関するバグ修正前後のコード片の抽出および，複数の解決法を提示するためのコード片のグルーピング，の2つの段階を経てコード片を抽出する（詳細は3.3節）．

3.3　QAKEの機能

本節では，9個の特徴のうち実装した4個の機能を紹介する．

---
[4]https://issues.apache.org/jira/browse/MNG-4564

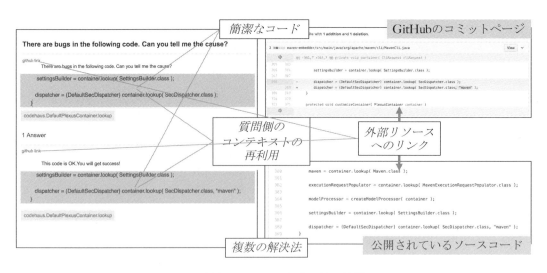

図 4 抽出した Q&A 記事の持つ特徴

質問側のコンテキストの再利用 このコンテキストとは，コード片や自然言語が表す実装内容や環境を指す．記事の対のコード片はバグ修正の前後のコード片であるため，回答側のコード片は質問側のコード片の実装環境を再利用した形となっている．
外部リソースへのリンク ソースコードを含む OSS の開発コミットの情報は公開されていることがある．Q&A 記事はこの Web ページのリンクを持つ．
複数の解決法 Q&A 記事は，一件の質問側のコード片に対して，記述の異なる回答側のコード片を複数個提示する．
簡潔なコード片 Q&A 記事が複数個の回答側のコード片を持つとき，回答側のコード片の中にはより少ない行数で実装方法を示すコード片がある．

3.4 QAKE の機能実現のための手法
3.4.1 API メソッド呼び出しに関するバグ修正前後のコード片の抽出

バグが修正された時のコード片とバグが混入された時のコード片を抽出するためには，ソースコードのリポジトリにおいてバグが修正された箇所とバグが混入された箇所を特定する必要がある．QAKE はこの箇所の特定に SZZ アルゴリズム [8] を用いる．SZZ アルゴリズムは，バージョン管理システムにより記録されたバグ報告メッセージとソースコードの差分の履歴から，バグが修正されたコミットとバグが混入されたコミットを特定するアルゴリズムである．

QAKE は，特定した 2 つのコミットのコードの差分のうち，API メソッドが呼び出された箇所を脚注のような正規表現[5]を用いて特定し，図 1，2 の例に示すような対のコード片を抽出する．

3.4.2 コード片のグルーピング

複数の解決法を持つ Q&A 記事を生成するため，QAKE は，質問側のコード片の類似性を元に Q&A 記事をグルーピングし，グループ内の記事を互いに紐付ける．1 つの Q&A 記事を提示する時は，紐付けられた他の記事の回答側のコード片も同時に提示する．有用性の観点による解決法のランキング提示は今後の課題である．

API メソッド名の列を用いたコードクローン 本稿では，類似したコード片を検出するためにコードクローンを用いる．コードクローンは，複数のコード片の中に共通して存在する類似または一致した部分的なコード片であり，類似したコードの

---
[5] `^[-\+]\s*([\w\.]+)\s(\w+)\s*=\s*\(?[\w\.]*\)?\s(\w+)\.(\w+)\(`

表1 データセットの情報

プロジェクト	開発期間	レビジョン数	バグ修正レビジョン数
Ant	2000-01-13〜2017-01-01	13,457	109
Jena	2012-05-18〜2016-10-19	5,153	594
Maven	2003-09-01〜2017-01-03	10,455	2,061

検出に広く用いられてきた [9]．コードクローンは，類似の程度に応じて Type-1 から Type-4 までの 4 種類のタイプに分類されている．

Type-1 は字句が同一であるクローンであり，Type-2 はトークンが同一のクローンである．Type-3 は記述の中に複数の別の記述が含まれることを許すクローンであり，Type-4 は実行結果が同一のクローンである．このうち Type-3 コードクローンは，コードの持つ機能や記述に関する類似性の検出に用いられている [10]．しかし Type-3 コードクローンでは，使用された API の種類に関する類似性を検出できないため，本手法では API メソッド名の列を用いたコードクローンの検出手法を用いる．API メソッド名の列は，コード内でメソッドが呼び出された順で列を形成しているため，コード片同士の列の一致は，呼び出されるメソッドの順序に基づいた擬似的な Type-3 コードクローンの存在と捉えることができる．

4　QAKE の初期調査

本章では，QAKE を実際の OSS 開発履歴に適用し，OSS ごとに取り出した Q&A 記事の件数について述べる．本研究は初期段階であり，ツール QAKE の提案と，ツールの一部の機能を用いた調査が現段階での貢献である．本稿では前段階の調査として，OSS 開発履歴から実際に Q&A 記事が取り出せるかどうかについて調査する（4.2.1）．記事の件数は，本ツールのグルーピングの機能によりまとめた対のコード片のグループの数である（4.2.2）．

4.1　データセット

データセットとして OSS 群である Apache プロジェクトの Jena，Ant と Maven から抽出する開発履歴に QAKE を適用する．データセットの詳細を表 1 に示す．

4.2　結果
4.2.1　Q&A 記事の生成

表 2 にグルーピングの結果による Q&A 記事の件数を示す．表 2 におけるバグ混入・修正時の対のコード片は，バグ修正レビジョンと対応するバグ混入レビジョンから取り出す対のコード片のうち，API メソッドが使用されているものの件数である．複数の回答を持つ記事の件数の割合は，Q&A 記事の件数を母数としている．

表 2 の結果より，3 プロジェクトからそれぞれ Q&A 記事を取り出すことができ，このうち Maven で最も多くの記事を抽出できたことがわかる．また取り出せた記事のうち，複数の回答を持つ記事の割合は 3 プロジェクトを通して 10%前後であった．グルーピングの性能に関する評価は今後の課題である．

4.2.2　回答数ごとの問題の件数

1 件の問題に対する回答の個数の基本的な統計量を表 3 に示す．表 3 での問題の母数は，表 2 の Q&A 記事の件数であり，3 プロジェクトを通して回答数が 1 である問題が母数の大部分を占めていることがわかる．

5　まとめ

本論文では，API の使用に関するバグ混入・修正時の対のコード片を手掛かりとし，OSS 開発履歴から Q&A 形式の対のコード片を抽出するツール QAKE を提案し

表2 Q&A 記事の件数

	対の コード 片の ペア数	擬似 Type-3 コードクローンの 存在によるグルーピング		
		Q&A 記事の 件数	複数の 回答を 持つ記事の 件数	複数の 回答を 持つ記事の 件数の割合
Ant	127	110	14	12.73%
Jena	176	138	13	9.42%
Maven	1,486	973	102	10.48%

表3 1件の問題に対する回答の件数

	Ant	Jena	Maven
最大	4	8	169
最小	1	1	1
平均	1.155	1.217	1.520
中央値	1	1	1
標準偏差	2.365	4.272	48.354

た．複数個の回答を持つ Q&A 記事を生成するため，QAKE は API メソッドの列を用いた擬似 Type3 コードクローンにより対のコード片をグルーピングする．QAKE を Apache プロジェクトの Ant，Jena と Maven から抽出した開発履歴に適用した結果，各プロジェクトから Q&A 記事を取り出すことができた．記事の中には複数個の回答を持つものもあった．

謝辞 本研究は，文部科学省科学研究補助費 基盤研究 (A)(課題番号 26240007) による助成を受けた．

参考文献

[1] Chris Parnin, Christoph Treude, Lars Grammel, and Margaret-Anne Storey. Crowd documentation: Exploring the coverage and the dynamics of API discussions on Stack Overflow. Technical report, Georgia Institute of Technology, 2012.

[2] Muhammad Asaduzzaman, Ahmed Shah Mashiyat, Chanchal K. Roy, and Kevin A. Schneider. Answering questions about unanswered questions of stack overflow. In *Proceedings of the 10th Working Conference on Mining Software Repositories*, pp. 97–100, Piscataway, NJ, USA, 2013. IEEE Press.

[3] Ryan Chmiel and Michael C Loui. Debugging: from novice to expert. *ACM SIGCSE Bulletin*, Vol. 36, No. 1, pp. 17–21, 2004.

[4] Nicolas Bettenburg, Rahul Premraj, Thomas Zimmermann, and Sunghun Kim. Extracting structural information from bug reports. In *Proceedings of the 2008 international working conference on Mining software repositories*, pp. 27–30. ACM, 2008.

[5] Hao Zhong and Zhendong Su. An empirical study on real bug fixes. In *Proceedings of the 37th International Conference on Software Engineering-Volume 1*, pp. 913–923. IEEE Press, 2015.

[6] Hao Zhong, Tao Xie, Lu Zhang, Jian Pei, and Hong Mei. MAPO: Mining and recommending API usage patterns. In *European Conference on Object-Oriented Programming*, pp. 318–343. Springer, 2009.

[7] Jonathan Sillito, Frank Maurer, Seyed Mehdi Nasehi, and Chris Burns. What makes a good code example?: A study of programming Q&A in StackOverflow. In *Proceedings of the 2012 IEEE International Conference on Software Maintenance (ICSM)*, pp. 25–34, Washington, DC, USA, 2012. IEEE Computer Society.

[8] Jacek Śliwerski, Thomas Zimmermann, and Andreas Zeller. When do changes induce fixes? *ACM sigsoft software engineering notes*, Vol. 30, No. 4, pp. 1–5, 2005.

[9] Norihiro Yoshida, Takeshi Hattori, and Katsuro Inoue. Finding similar defects using synonymous identifier retrieval. In *Proceedings of the 4th International Workshop on Software Clones*, pp. 49–56. ACM, 2010.

[10] Manishankar Mondal, Chanchal K Roy, and Kevin A Schneider. Identifying code clones having high possibilities of containing bugs. In *Proceedings of the 25th International Conference on Program Comprehension*, pp. 99–109. IEEE Press, 2017.

ソフトウェア開発工数の二段階予測方法の実験的評価

Empirical Evaluation of 2-step Software Effort Estimation

木下 直樹 * 門田 暁人 † 角田 雅照 ‡

あらまし 本論文では，筆者らの提案しているソフトウェア開発工数の二段階予測方法について，多数のデータセットを用いた実験的評価を行う．本実験では，6つのソフトウェア開発データセットを用い，予測モデルとして log-log 重回帰モデルを用い，leave-one-out 交差検証を用いた評価を行った．実験の結果，4つのデータセットにおいては，絶対誤差平均を有意に小さくできた一方で，相対誤差については有意な改善が見られなかった．このことから，提案方法は，主に絶対誤差平均が大きくなることを回避するのに有用であるといえる．

Summary. This paper presents an empirical evaluation of two-step software effort estimation proposed by the authors. In the experiment we employ six software development data sets as a test bed, log-log regression as an effort estimation model, and leave-one-out cross validation as an evaluation method. As a result of the experiment, we found that four data sets showed significant improvements in absolute error, while no data set showed significant improvements in relative error. This indicates that two-step estimation is especially useful to avoid large absolute error.

1 はじめに

ソフトウェア開発プロジェクトの初期段階において，プロジェクトを成功に導くためには，開発に必要な工数の予測（開発工数予測）が必須である．そのために，多数のプロジェクト特性値（開発規模，開発期間，開発工数，開発言語など）を説明変数とし，開発工数を目的変数とする工数予測モデルが数多く提案・利用されてきた [2] [3] [9] [10].

ただし，開発工数予測モデルは，予測精度がプロジェクトによってばらつき，高い予測精度が得られない場合が少なくない [7]. そこで筆者らは，予測が大きく外れると想定される場合には予測を行わないという方法（二段階予測方法）を提案している [5]. 本方法は，(1) 予測の信頼度推定，(2) 予測の実行という二段階から構成される．予測の信頼度推定では，予測対象のプロジェクトについて，開発工数を高い精度で予測できそうか否かを判断する．そして，予測の実行では，予測の信頼度が高い，すなわち，高い精度での予測が実現できると期待される場合にのみ，開発工数の予測を行う．

本論文では，二段階予測方法の有効性を実験により確認することを目的とする．筆者らの先行研究 [5] では，一つのデータセット（Desharnais データセット）のみを対象とし，データを2分割して，一方をモデル構築用のフィットデータ，他方をモデル評価用のテストデータとして評価を行っている．本論文では，試行の回数を増やすことができ，k-fold 交差検証よりも結果にばらつきを生じないため望ましいとされる leave-one-out 交差検証 [6] を採用するとともに，データセットを6つに増やして評価実験を行う．

以降，2章では，ソフトウェア開発工数の二段階予測方法を紹介する．3章では，

---

*Naoki Kinoshita, 岡山大学大学院自然科学研究科

†Akito Monden, 岡山大学大学院自然科学研究科

‡Masateru Tsunoda, 近畿大学理工学部

153

提案方法の評価実験について述べる．4章はまとめである．

2　ソフトウェア開発工数の二段階予測方法

2.1　ソフトウェア開発実績データと工数予測モデル

本論文では，工数予測モデルとして，最もよく使われるモデルの一つである log-log 重回帰モデルを採用する．log-log 重回帰モデルは線形重回帰モデルの適用の前処理として，対数変換を行うことで，予測性能の向上を図っている [4] [8]．log-log 重回帰モデルは式 (1) で表される．

$$\log \hat{Y} = \sum_{j=1}^{n} k_j \log N_j + C \tag{1}$$

$\hat{Y}$: 目的変数（開発工数）の予測値
N_j: 説明変数（プロジェクト特性）
k_j: 偏回帰係数
C: 定数項

与えられたデータセットにおいて，目的変数の実測値の対数値 $\log Y$ と予測値の対数値 $\log \hat{Y}$ の差の二乗和が最小となるような k_j と C が求められる．式 (1) を変形することで予測値 $\hat{Y}$ は式 (2) で与えられる．

$$\hat{Y} = e^C \prod_{j=1}^{n} N_j^{k_j} \tag{2}$$

モデルの構築にあたっては，説明変数として，目的変数と関係のある変数のみを採用する必要がある．本論文では，AIC(Akaike's Information Criterion) [1] に基づくステップワイズ変数選択法を採用する．

2.2　開発工数の二段階予測方法

ソフトウェア開発工数の二段階予測方法は，(1) 予測の信頼度推定，(2) 予測の実行という2つのステップから構成される [5]．予測の信頼度推定では，予測対象のプロジェクトについて，開発工数を高い精度で予想できそうか否かを判断する．そして，予測の実行では，高い精度での予測が実現できると期待される場合，すなわち，予測の信頼度が高いと期待される場合にのみ，開発工数の予測を行う．

本論文では，まず，開発工数予測モデルを構築するにあたって，開発工数への寄与率の高い変数 (本論文ではステップワイズ変数選択により選択された変数を寄与率の高い変数として取り扱う) を予測モデルの構築に使う．図 ??の例では，5つの説明変数の候補のうち2つ (FP と開発期間) を用いて予測モデルの構築を行っている．次に，説明変数としては採用しなかった変数を予測の信頼度の推定に用いる．このような変数は，工数予測精度の向上に役立たないため，従来は捨てられていたものであるが，本論文では，予測精度の信頼度の推定という別の目的に活用する．予測精度の信頼度を推定するにあたっては，工数予測モデルの残差のばらつきに着目する (2.3 節).

2.3　予測の信頼度の推定とその尺度

予測の信頼度の推定方法の詳細を述べる．まず，予測モデル構築に用いない変数について，カテゴリ変数への変換を行う．本論文では，各説明変数について，中央値より小さいか否かによって，各値に「小」「大」のカテゴリ値を与える．

プロジェクト集合	残差分散
PM経験年数=小	2610577
PM経験年数=大	1520112
チーム経験年数=小	・・・
・・・・・・	・・・

残差分散の小さいプロジェクトカテゴリについてのみ，予測を行うこととする．

図1　予測の信頼度の低いプロジェクトの特定

　次に，全ての変数について，カテゴリごとにプロジェクト集合を作成する．そして，図1に示すように，作成したプロジェクト集合についての残差分散（などの残差のばらつきに関する尺度）を求める．そして，残差分散の小さいカテゴリに属するプロジェクトについてのみ，予測を行うものとする．

　残差のばらつきを評価する尺度としては，残差分散の他にもいくつか考えられる．残差平方平均，残差変動係数などである．いずれの尺度を採用するのがよいのかについては，実験により評価する．

3　評価実験

3.1　実験の目的

　本実験の目的は，提案方法であるソフトウェア開発工数の二段階予測方法の有効性を評価することである．そのために，開発工数の予測の信頼度の尺度として，(1) 残差平方平均，(2) 残差分散，(3) 相対残差分散，(4) 残差変動係数の4つの尺度を比較し，最もよい尺度を採用した場合に，予測精度がどの程度向上するか（高い精度で予測できるプロジェクトを絞り込めるか）を明らかにするとともに，いずれの尺度を採用するのがよいかを明らかにする．

3.2　実験の題材

　本実験では，tera-PROMISE で公開されている6つのプロジェクトデータセットを用いる．各データセットの特徴を表1に示す．いずれも実際の企業や公共組織において実施されたソフトウェア開発プロジェクトの実績データである．本論文では，工数予測モデルとして log-log 重回帰モデルを用いるため，多重共線性を避けるために，互いに相関の高い変数は一方の変数を除去している．また，大部分のプロジェクトにおいて同一の値を取る変数（プロジェクト件数を n とした場合，$n-5$ 件以上のプロジェクトが同じ値を取る変数）を除去している．

表1　データセットについて

Dataset	変数の数	プロジェクト数	開発工数				
			単位	最小値	平均	中央値	最大値
China	11	499	人時	26	3921	1829	54620
Coc81-dem	17	63	人月	5.9	683	98	11400
Kemerer	6	15	人月	23.2	219	130.3	1107.31
Miyazaki94	7	48	人月	5.6	87	38.1	1586
Nasa93	28	93	人月	8.4	624	252	8211
Desharnais	9	77	人時	546	4834	3542	23940

3.3 結果と考察

各データセットにおける工数予測結果を表 2 から表 7 に示す．それぞれの表の「全プロジェクト予測」の行は，従来方法（2 段階予測を行わない log-log 重回帰分析による予測）の結果を示しており，その下の 4 行はそれぞれの信頼度の尺度を用いて予測するプロジェクトを選定した場合の予測結果を示す．また，PRED(25) は，相対誤差が 25 ％未満のプロジェクトの割合を示している．絶対誤差中央値と相対誤差中央値は，値が小さいほど予測精度が良く，PRED(25) は値が大きいほど予測精度が良い．表中の p 値は，全プロジェクト予測における予測誤差と 2 段階予測における予測誤差の有意差をウィルコクソンの順位和検定によって検定した結果である．表中の太字は，有意確率が 5 ％未満のもの (p<0.05) を表している．

表 2 より，China データセットでは，信頼度の尺度として，残差平方平均，残差分散，相対残差分散および残差変動係数のいずれを用いた場合においても，絶対誤差中央値と相対誤差中央値の低下，PRED(25) の上昇が見られた．また，絶対誤差については有意差があった．したがって，本データセットにおいては，いずれの信頼度の尺度を採用した場合でも，提案方法により予測精度の悪化を回避できるといえる．

表 3 より，Coc81-dem データセットでは，信頼度の尺度として，残差平方平均，残差分散，相対残差分散を用いた場合に，絶対誤差中央値と相対誤差中央値の低下，PRED(25) の上昇が見られた．また，絶対誤差については有意差があった．したがって，本データセットにおいては，残差平方平均，残差分散，または，相対残差を用いた場合に，提案方法により予測精度の悪化を回避できるといえる．

表 4 より，Kemerer データセットでは，信頼度の尺度として，残差平方平均と残差分散を用いた場合，絶対誤差中央値と相対誤差中央値の低下，PRED(25) の上昇が見られた．また，相対残差分散と残差変動係数を用いた場合，絶対誤差中央値と相対誤差中央値の低下が見られた．ただし，いずれも有意差はなかった．Kemerer データセットは 15 件のプロジェクトしか含んでいないため，統計的に有意な結果を得るに至らなかったと考えられる．

表 5 より，Miyazaki94 データセットでは，いずれの信頼度の尺度を用いた場合においても，絶対誤差中央値と相対誤差中央値の低下，PRED(25) の上昇が見られた．ただし，有意差が見られたのは，相対残差分散および残差変動係数を用いた場合の絶対誤差中央値のみである．したがって，本データセットにおいては，相対残差分散または残差変動係数を用いることが望ましいといえる．

表 6 より，Nasa93 データセットでは，いずれの信頼度の尺度を用いた場合おいても，絶対誤差中央値，相対誤差中央値，PRED(25) のいずれも予測精度が悪化した．特に，残差平方平均，残差分散，相対残差分散を用いた場合には，相対誤差は有意に増大している．したがって，本データセットにおいては，提案方法による予測の可否を判断する効果はないといえる．変数の数が多く，予測の可否の判断が学習データにオーバーフィッティングした可能性がある．

表 7 より，Desharnais データセットでは，信頼度の尺度として，残差平方平均と残差分散の尺度を用いた場合，絶対誤差中央値の有意な低下が見られた．したがって，本データセットにおいては，残差平方平均または残差分散を用いることが望ましいといえる．

以上の結果のうち，特に絶対誤差に着目した結果を win-tie-lose statistics として表 9 にまとめる．Win-tie-lose statistics は，ベースとなる方法（本研究では全プロジェクト予測）と比較して，有意に改善した回数，有意差がなかった回数，有意に悪化した回数をまとめたものであり，ソフトウェア開発工数の予測研究においてよく用いられる方法である．表 9 より，残差平方平均，残差分散，相対残差分散は共に 3-3-0 であり，いずれを用いてもよいといえる．

一方，相対誤差においては，改善が見られる場合はあったものの，いずれも有意な改善とはいえなかった．このことから，提案方法は，主に，絶対誤差が大きくな

ることを回避するための手法であるといえる.

表2　China データセット

予測基準	絶対誤差 中央値	相対誤差 中央値	PRED (25)	p 値 (絶対誤差)	p 値 (相対誤差)
全プロジェクト予測 (n=499)	885	0.517	0.230	-	-
残差平方平均 (n=252)	**510**	0.512	0.246	2.34E-07	0.700
残差分散 (n=252)	**510**	0.512	0.246	2.34E-07	0.700
相対残差分散 (n=250)	**514**	0.514	0.248	3.60E-08	0.827
残差変動係数 (n=249)	**500**	0.510	0.249	4.70E-08	0.603

表3　Coc81-dem データセット

予測基準	絶対誤差 中央値	相対誤差 中央値	PRED (25)	p 値 (絶対誤差)	p 値 (相対誤差)
全プロジェクト予測 (n=63)	30.5	0.330	0.333	-	-
残差平方平均 (n=29)	**10.6**	0.288	0.345	0.001	0.724
残差分散 (n=29)	**10.6**	0.288	0.345	0.001	0.724
相対残差分散 (n=29)	**10.6**	0.288	0.345	0.001	0.724
残差変動係数 (n=19)	16.0	0.393	0.263	0.277	0.700

表4　Kemerer データセット

予測基準	絶対誤差 中央値	相対誤差 中央値	PRED (25)	p 値 (絶対誤差)	p 値 (相対誤差)
全プロジェクト予測 (n=15)	54.4	0.505	0.333	-	-
残差平方平均 (n=8)	49.1	0.374	0.375	0.316	0.669
残差分散 (n=8)	49.1	0.374	0.375	0.316	0.669
相対残差分散 (n=7)	47.7	0.400	0.286	0.457	0.642
残差変動係数 (n=7)	50.5	0.400	0.286	0.546	0.959

表5　Miyazaki94 データセット

予測基準	絶対誤差 中央値	相対誤差 中央値	PRED (25)	p 値 (絶対誤差)	p 値 (相対誤差)
全プロジェクト予測 (n=48)	12.9	0.268	0.458	-	-
残差平方平均 (n=25)	8.20	0.242	0.520	0.250	0.501
残差分散 (n=19)	8.20	0.242	0.526	0.261	0.569
相対残差分散 (n=24)	**6.90**	0.209	0.625	0.035	0.199
残差変動係数 (n=24)	**6.90**	0.209	0.667	0.046	0.161

4　まとめ

　本論文では，筆者らの提案しているソフトウェア開発工数の二段階予測方法について，多数のデータセットを用いた実験的評価を行った．6つのソフトウェア開発

表 6　Nasa93 データセット

予測基準	絶対誤差 中央値	相対誤差 中央値	PRED (25)	p 値 (絶対誤差)	p 値 (相対誤差)
全プロジェクト予測 (n=93)	66.4	0.249	0.505	-	-
残差平方平均 (n=20)	81.2	**0.422**	0.300	0.456	0.036
残差分散 (n=20)	81.2	**0.422**	0.300	0.456	0.036
相対残差分散 (n=18)	56.5	**0.547**	0.333	0.943	0.043
残差変動係数 (n=33)	88.0	0.343	0.333	0.665	0.220

表 7　Desharnais データセット

予測基準	絶対誤差 中央値	相対誤差 中央値	PRED (25)	p 値 (絶対誤差)	p 値 (相対誤差)
全プロジェクト予測 (n=77)	904	0.270	0.481	-	-
残差平方平均 (n=39)	**449**	0.270	0.487	0.044	0.806
残差分散 (n=39)	**449**	0.270	0.487	0.044	0.806
相対残差分散 (n=41)	725	0.270	0.488	0.159	0.713
残差変動係数 (n=34)	832	0.283	0.441	0.788	0.913

表 8　絶対誤差における win-tie-lose statistics

信頼度の尺度	win	tie	lose
残差平方平均	3	3	0
残差分散	3	3	0
相対残差分散	3	3	0
残差変動係数	2	4	0

データセットを用い，予測モデルとして log-log 重回帰モデルを用い，leave-one-out
交差検証を用いた評価を行った結果，4 つのデータセットにおいては，絶対誤差平
均を有意に小さくできた．

参考文献

[1] H. Akaike, "Information theory and an extension of the maximum likelihood principle ", Proc. 2nd International Symposium on Information Theory, pp.267-281, 1973.

[2] B. Baskeles, B. Turhan, and A. Bener, "Software effort estimation using machine learning methods," Proc. 22nd International Symposium on Computer and Information Sciences (ISCIS2007), article no.19, Nov. 2007.

[3] B. Boehm, "Software engineering economics," Prentice hall, 1981.

[4] L. Briand, T. Langley, and I. Wieczorrek, "A replicated assessment and comparison of common software cost modeling techniques," Proc. 22nd International Conference on Software Engineering (ICSE2000), pp.377-386, 2000.

[5] 木下直樹, 門田暁人, "ソフトウェア開発工数の二段階予測のフィージビリティスタディ," コンピュータソフトウェア, レター論文 (to appear).

[6] E.Kocaguneli, T.Menzies, "Software effort models should be assessed via leave-one-out validation," Journal of Systems and Software, Vol.86, No.7, pp.1879-1890, 2013.

[7] 門田 暁人, 松本 健一, 大岩 佐和子, 押野 智樹, "生産性に基づくソフトウェア開発工数予測モデル," 経済調査研究レビュー, Vol.11, pp.32-37, September 2012.

[8] 門田 暁人, 小林 健一, "線形重回帰モデルを用いたソフトウェア開発工数予測における対数変換の効果," コンピュータソフトウェア, vol.27, no.4, pp.234-239, 2010.

[9] M. Shepperd and C. Schofield, "Estimating software project effort using analogies," IEEE Transactions on Software Engineering, vol.23, no.12, pp.736-743, 1997.

[10] K. Srinivasan and D. Fisher, "Machine learning approaches to estimating software development effort," IEEE Transactions on Software Engineering, vol.21, no.2, pp.126-137, 1995.

ソフトウェア開発プロジェクトにおける開発者のリスク認識の分析

Risk Perception of Enginieers on Software Develpoment Project

村上 優佳紗* 角田 雅照*

> **あらまし** 本研究では，ソフトウェア開発プロジェクトのリスクをより正確に把握することを目的とし，開発者のリスク認識について分析した．その結果，あるリスクの経験頻度の違いにより，リスクのどの側面を重視してに影響度を評価しているかが異なることがわかった．

1   はじめに

　プロジェクトマネジメントにおいて，リスク管理は重要な要素のひとつである．リスクを特定するために，プロジェクトマネージャなどにアンケートを実施し，その結果に基づいてリスクの重要性を決定する研究[3]が行われている．

　本研究では，ソフトウェア開発者のリスクに対する認識を分析し，リスク特定の正確性を高めることを目指す．人々はリスクに関して，必ずしも問題の事象が起きる確率と，起きた場合の被害の積に基づいて認識しているわけではない．スロビック[9]は，一般の人々は「恐ろしさ」と「未知性」に基づいてリスクを認識することを示している．本研究では，ソフトウェア開発者にソフトウェア開発におけるリスクに対する認識をアンケートし，開発者のリスク認識とその影響について分析する．

2   リスク認識

　リスクとは，望ましくない事態が起こる可能性のことである．リスク認識のバイアスとは，自動車と飛行機のリスク（事故の発生確率）などの客観的なリスクと主観的なリスクに差があることを指す[7]．一般には，全てのリスクを客観的に認識することは難しく，リスクの種類によっては，主観的なイメージからリスクを認識するため，バイアスが発生しうる．

　リスク認識について分析した非常に有名な研究として，スロビックのもの[9]があげられる．スロビックは，81種類のリスクに対して，リスク認識に関わる3つの因子を明らかにした．その後の多くの研究により，「恐ろしさ」と「未知性」の2つが主要なリスク認識の因子であると特定されている．本研究ではスロビックの研究に基づき，ソフトウェア開発者のリスク認識を分析する．

3   調査法による分析

　本研究では，ソフトウェア開発者のリスクに対する認識を，スロビックの研究に基づいた11項目の質問を用いてデータ収集する．その後，因子分析により11項目を2つの因子に縮約し，縮約した因子（一部の項目の回答を重み付けして合計したもの）とリスクの経験頻度に関連があることを示す．なお本研究では，リスクに対する認識はこの11項目で計測できると主張しているのではなく，リスクに対する認識を定量化するために，

---

* Kindai University, 近畿大学

他分野で学術的に確立されている 11 項目を（便宜的に）用いただけである．また本研究は，後述する縮約された 2 因子のみが，リスク認識の因子であると主張しているわけではない．リスクの経験頻度とリスクの評価との関係について，縮約された 2 因子（他分野で学術的に確立されているもの）を用いると，合理的な解釈ができることを示しているだけである．

開発者のリスク認識を分析するために，質問紙（アンケート）を与えて回答してもらう「調査法」[6]を用いた．アンケートでは，回答者に 2 種類のリスク項目（リスク項目 A，B と呼ぶ）について，それぞれの質問内容がどの程度当てはまるかを回答してもらった．詳細を以下に示す．

- リスク項目 A：ソフトウェア開発において「ユーザの積極的な関与（コミットメント）を得ることに失敗すること」
- リスク項目 B：ソフトウェア開発において「開発者の割当てが不適切，不十分であること」

Q1．プロジェクトの成否への影響度　10 段階（1：影響が軽微〜10：影響が甚大）
Q2．自身が経験した頻度　1：ほとんどない，2：ときどきある，3：頻繁にある
Q3〜Q11 は 5 段階（1：そう思う〜5：そう思わない）

Q3．ベンダが制御することが難しい	Q8．発生するとプロジェクトへの影響がすぐに現れる
Q4．発生時に広い範囲の関係者が被害を受ける	Q9．関係者が正確な知識を持っている
Q5．発生の危険性が年々高まっている	Q10．プロジェクトへの影響が科学的に解明されている
Q6．発生すると自身の解雇や会社の存続に影響する	Q11．近年起こっている新しい問題である
Q7．発生するとプロジェクトへの影響がすぐに現れる	

リスク項目 A と B は，Keil ら[3]が示したプロジェクトのリスク項目の上位と下位それぞれで，直感的にわかりやすいもの，かつプロジェクトマネージャのリスク認識が異なる（ベンダにとっての制御可能性が異なる）と考えられる項目を選び，さらにわかりやすさなどを考慮し若干表現を修正した．項目の上位と下位を選んだ理由は，「項目の順位はプロジェクマネージャのリスク認識に影響されており，上位と下位ならば認識の差が大きく，差異の分析に適している」と仮定したためである．なお，項目の下位でも，主要なリスクではあることに注意する必要がある．

Q3 から Q7 は「恐ろしさ」，Q8 から Q11 は「未知性」に関連する質問である．リスク認識に関する研究は他分野でかなり行われており，近年用いられる質問項目ではスロビックのもの[9]から簡素化されたものが多いため[1][2]，本研究でもそれに従っている．

アンケートは 2017 年のソフトウェア・シンポジウム（SS）[10]の参加者から収集した．SS の参加者の大部分はソフトウェア開発企業に勤務する開発者である．回答者数は 69 人である．回答者の属性の基本統計量を表 1 に示す．経験年数のデータから，十分に経験が豊富であるといえる．所属する組織の規模は，小規模なものと大規模なものに少し偏っていたが，プロジェクトの規模の分布には偏りがなかった．現在の主な開発業務についても，比較的均等に分布していた．なお，4.1 節で後述するように，所属する組織の規模などとリスクの影響度評価は関連が弱かったため，それらの要因に基づきデータを除外することはしない．

表 1　回答者の属性の基本統計量

(a) 所属する組織の従業員数

	度数	比率
300 人未満	26	38%
300 人以上 1,000 人未満	10	14%
1,000 人以上	33	48%

(b) プロジェクトの平均要員数

	度数	比率
10 人未満	27	39%
10 人以上 50 人未満	22	32%
50 人以上	20	29%

(c) 現在の主な開発業務

工程	開発	テスト	プロジェクト管理	開発支援	研究開発
度数	19	17	13	14	10

4　分析結果

4.1　リスクの経験と影響度との関係

　リスクの影響度評価は，開発経験年数など，回答者の属性に影響されている可能性がある．そこでリスクの影響度と回答者の属性の関係をピアソンの積率相関係数と相関比を用いて分析した．紙面の都合上結果を省略するが，それぞれの係数は非常に小さかった．従って，リスクの影響度や経験頻度は，開発者の経験年数などの属性に影響されていないと考えられる．この結果より，以降でリスクの影響度と経験頻度を分析する場合，回答者の属性を考慮しないこととする．

　リスクを実際に経験していると，そのリスクに対する影響度の評価が変化する可能性がある．そこで，リスクの影響度評価と経験頻度に関係があるかどうかを分析した．具体的には，経験頻度でデータを層別して，リスク項目ごとに影響度の平均値を算出した．経験頻度と影響度は単純な比例関係ではなく，また項目ごとに傾向が異なったため，相関係数を用いずに層別をして示す（「経験頻度が中程度」の解釈に偏りがあった可能性がある）．紙面の都合上，結果を表 4 に示す．リスク項目 A では，経験の頻度が低いとリスクの影響度を低く評価しており，頻度により平均値が約 1 程度異なっていた．逆にリスク項目 B では，経験の頻度が低いと，リスクの影響度を若干ではあるが高めに評価していた．このことから，リスクの経験頻度と影響度の評価は，何らかの関係があると考えられる．

　次節以降では，リスクの経験頻度と，回答者のリスク認識との関連かを分析する．そのために，因子分析を適用し，リスク認識を 2 つの因子に縮約し，その因子（因子に基づいて選択した項目の回答の平均値）と経験頻度との関係を分析した．因子分析による詳細な分析手順については，心理学で一般的に行われている方法[6]に従っている．

4.2　因子分析の適用

　最初に，因子分析が適用可能なデータであるかを，KMO とバートレットの球面性検定により確かめた．KMO は 0.56，バートレットの球面性検定の p 値は 0.00 となったことから，収集したデータに対して因子分析を適用することは可能であるといえる．

　次に，因子数について決定した．因子数は，固有値が 1 以上の因子を採用する場合や，先行研究で因子数が確定している場合，それを採用することもある[5]．固有値が 1 以上の因子を採用した場合，因子数は 4 となったが，共通性が 1 を超えたため，分析結果が不適切であるといえる．因子数を 3 とした場合，第 3 因子で因子負荷量が 0.4（心理学で一般的な基準[6]）を超えたものは Q6 のみであり，かつ，第 3 因子とリスクの影響度の関係は非常に小さかった．このため，因子数は 2 として分析した．

　最後に，実際に因子を抽出してその因子に対して命名を行った．因子抽出法として，重み付けのない最小二乗法（モデル構築時に用いる）を用い，回転法（モデルの解釈時に用いる）としてプロマックス回転を用いた．2 因子により質問項目の全分散を説明す

表 2　因子分析結果
（プロマックス回転後の
因子パターン）

	因子 I	因子 II
Q04	**0.84**	-0.03
Q05	**0.73**	-0.01
Q08	0.31	0.26
Q07	0.29	0.19
Q03	0.15	0.11
Q06	0.14	0.02
Q11	0.09	0.00
Q10	-0.13	**0.77**
Q09	0.19	**0.57**

表 3　リスクの影響度と下位尺度得点との相関係数

経験頻度		3（高）	2（中）	1（低）
恐ろしさ	相関係数	0.59	0.28	0.16
	p 値	0	0.03	0.42
	度数	47	64	27
未知性	相関係数	0.45	0.1	0.28
	p 値	0	0.45	0.16
	度数	47	64	27

る割合は 40.7%，因子間の相関係数は 0.19 と比較的低い値となったことから，ある程度適切に因子分析が行われているといる．回転後の因子パターンを表 2 に示し，因子負荷量が 0.4 を超えているものを太字で示す．第 1 因子で高い因子負荷量を示した項目は Q4，Q5 であり，第 2 因子で高い負荷量を示した項目は Q9，Q10 であった．Q4，Q5 はスロビックの研究[9]において，「恐ろしさ」に該当し，Q9，Q10 は「未知性」に該当する項目である．そこで第 1 因子は「恐ろしさ因子」，第 2 因子は「未知性因子」と命名した．

4.3　リスクの経験とリスク認識との関係

まず，回答者ごとの 11 項目の答えを縮約した，回答者ごとの「恐ろしさ」「未知性」を算出するために，下位尺度得点を計算した．下位尺度得点は，因子負荷量の高かった項目に関して，項目の合計点または平均点を用いて算出する．すなわち，恐ろしさの下位尺度得点は，Q4 と Q5 の回答の平均値とし，未知性の下位尺度得点は，Q9 と Q10 の回答の平均値とした．

次に，経験豊富な回答者と経験のない回答者ではそれぞれ，どちらの因子を重視しているかを分析する．そのために，経験頻度で回答者を層別し，各因子（下位尺度得点）と影響度との相関係数を算出し，それらを比較した．経験頻度別の相関係数を表 3 に示す．経験頻度が 3（頻繁にある）の場合，どちらの得点の相関係数も有意となったが，恐ろしさの得点の相関係数のほうが大きかった．経験頻度が 2（ときどきある）の場合，恐ろしさの得点の相関係数のみ有意となり，未知性の得点との相関係数は非常に小さかった．経験頻度が 1（ほとんどない）の場合，データ件数が他の場合と比べて少ないこともあり，どちらの相関係数も有意とならなかったが，未知性の得点の相関係数のほうが大きかった．恐ろしさの得点は，被害の大きさ（Q4）と範囲（Q5）の平均値であることから，該当のリスクを実際に経験した回答者の場合，被害を重視してリスクの影響度を評価していると考えられる．これに対し，リスクをあまり経験していない回答者の場合，そのリスクの未知性を重視してリスクの影響度を評価していると考えられる．

上記の結果（経験頻度が高い回答者はリスクの恐ろしさ重視，経験頻度の低い回答者は未知性重視）に基づき，リスク項目別に，経験頻度が高い回答者と低い回答者がどのような観点で評価したかを確かめる．そのために，各リスク項目の下位尺度得点の平均値を，経験頻度別に算出した（表 4）．経験頻度が低い回答者は，リスク項目 A（ユーザのコミットメント）よりもリスク項目 B（開発者の割当）のほうが，影響度が大きいと評価している．恐ろしさは前者のほうが大きかったが，未知性は後者のほうが大きく，後者を重視したためであると考えられる．経験頻度の高い回答者の場合，リスク項目 A のほうが B よりも若干恐ろしさが高かったため，同様に影響度も若干高めに評価してい

表 4 経験頻度別の下位尺度得点の平均値

リスク項目	経験頻度			影響度	恐ろしさ	未知性
A	1 （低）	平均値		6.4	4.1	2.5
		度数		22	22	22
		標準偏差		3	1.08	0.69
	2 （中）	平均値		7.7	4.4	2.4
		度数		29	29	29
		標準偏差		1.97	0.6	0.83
	3 （高）	平均値		8.6	4.3	2.7
		度数		18	18	18
		標準偏差		1.38	0.91	1.09
B	1 （低）	平均値		8.4	4.6	3.2
		度数		5	5	5
		標準偏差		1.67	0.55	0.84
	2 （中）	平均値		8.3	4.1	2.8
		度数		35	35	35
		標準偏差		1.74	0.8	0.93
	3 （高）	平均値		8	3.9	2.8
		度数		29	29	29
		標準偏差		2.16	1.14	0.99

ると考えられる．

　本研究で得られたデータは，実務経験が豊富な多数の開発者から得ており，リスクの経験頻度が高い回答者のリスク影響度の評価はおおむね正しくと考えられる一方，経験頻度の低い回答者の影響度評価は正しくない可能性がある．ソフトウェア開発者は専門家であるが，上記の結果より，自身が経験していないリスクに対しては，認識にバイアスが存在する可能性がある．従って，極めて当然の結論ではあるが，ソフトウェアの開発者からリスクに関するアンケートを収集する場合，そのリスクの経験頻度を必ず確認する必要があるといえる．

5　関連研究

　ソフトウェア開発プロジェクトにおけるリスクを調査した研究は，いくつか存在する．例えば，Keil ら[3]は，リスク管理を支援するために，リスク項目を明確化することを試みている．そのために，アメリカ，フィンランド，香港の計 41 人のプロジェクトマネージャにアンケートを行い，複数のリスク項目を明らかにしている．Ropponen ら[8]はプロジェクトのリスク要素として，スケジューリング，要求の管理などの 6 つのリスクグループを明らかにしている．ただし，これらの研究では，スロビックの「恐ろしさ」，「未知性」因子を用いたリスク認識に関する分析は行っていない．

　プロジェクトのリスク判断基準を分析した研究も存在する．Keil ら[4]は，プロジェクトを継続するかどうかの判断に，損害の確率などがどのように影響しているかを，学生の被験者による実験により確かめている．ただし，この研究では，スロビックの「恐ろしさ」，「未知性」の各因子を用いて分析しておらず，損害の確率などを直接被験者に与えており，本研究とは分析の観点が異なる．

6 おわりに

本論文では，ソフトウェア開発リスクの影響度評価は，リスクの経験頻度により異なることを示し，その原因を探るために，他分野で学術的に確立されているリスク認識の概念を用いて分析を行った．69人のソフトウェア開発者に対して，2種類のリスクに対する影響度などについて評価してもらった結果，リスクの経験頻度が異なると，リスクの何を重視するかが異なる可能性があることがわかった．ソフトウェア開発リスクの特定は，開発者に対するアンケートに基づくことが多いが，開発者のリスク認識が正しくない場合，アンケート結果も必ずしも客観的なリスクを表しているとはいえなくなる．以下に分析結果をまとめる．

- ソフトウェア開発プロジェクトにおける，リスクの影響度の評価は，開発者のリスクの経験頻度に影響を受ける．
- リスクの経験頻度は，開発者の経験年数などとの関連は弱い．
- リスクの経験頻度が高いと「恐ろしさ（被害）」に基づいてリスクを評価し，経験頻度が低いと「未知性」に基づいて評価する．

本研究の主要な貢献は，70人近くの開発経験の豊富な開発者にアンケートすることにより，開発者のリスク影響度評価はリスク認識に影響されている可能性を示したことである．すなわち，開発者は専門家ではあるが，経験頻度の違いによりリスク認識に差があることを示したことである．この結果は，今後開発者にアンケートを取る場合に考慮する必要があることを示唆している．

謝辞 本研究の一部は，日本学術振興会科学研究費補助金（基盤C：課題番号 16K00113，基盤A：課題番号 17H00731）による助成を受けた．

7 参考文献

[1] 天野厳斗, 栗栖聖, 中谷隼, 花木啓祐：提供情報及び個人特性の差異がもたらす飲料水リスク認知への影響，水環境学会誌，vol.36, no.1, pp.11-22, 2013.

[2] 広田すみれ：事故・災害生起確率の集団・時間表現によるリスク認知の違い，社会心理学研究，vol.30, no.2, pp.121-131, 2014.

[3] Keil, M., Cule, P., Lyytinen, K., and Schmidt, R.: A framework for identifying software project risks, Communications of the ACM, vol.41, no.11, pp.76-83, 1998.

[4] Keil, M., Wallace, L., Turk, D., Dixon-Randall, G., and Nulden, U.: An investigation of risk perception and risk propensity on the decision to continue a software development project, Journal of Systems and Software, vol.53, no.2, pp.145-157, 2000.

[5] 小塩真司：SPSSとAmosによる心理・調査データ解析（第2版），東京図書，2011.

[6] 小塩真司：研究事例で学ぶSPSSとAmosによる心理・調査データ解析（第2版），東京図書，2012.

[7] 日本リスク研究学会：リスク学事典, 阪急コミュニケーションズ, 2006.

[8] Ropponen, J., and Lyytinen, K.: Components of Software Development Risk: How to Address Them? A Project Manager Survey, IEEE Transactions on Software Engineering, vol.26, no.2 pp.98-112, 2000.

[9] Slovic, P.: Perception of Risk, Science, vol.236, issue 4799, pp.280-285, 1987.

[10] ソフトウェア・シンポジウム 2017 in 宮崎 (SS2017)，http://sea.jp/ss2017/

OSS開発における不具合修正プロセスの改善に向けたモジュールオーナー候補者推薦

Module Owner Candidate Recommendation toward Improving
Bug-Fixing Process in OSS Development

柏 祐太郎 * 山谷 陽亮 † 大平 雅雄 ‡

あらまし 本研究ではOSSプロジェクトにおいてモジュールオーナーとして活動できる開発者をより早く見つけ出すために，特定のモジュールに対してモジュールオーナーとなる開発者を予測するモデルを構築する．実際にモジュールオーナーに昇格した開発者の昇格前の活動量メトリクスおよびコミット権限を持たない開発者の活動量メトリクスそれぞれをモジュールごとに計測し，ロジスティック回帰分析により学習することで，予測モデルの構築を行う．

1 はじめに

大規模OSS（Open Source Software）プロジェクトでは，日々大量のパッチが投稿されている．投稿されたパッチは，コミット権限を持つ開発者である**モジュールオーナー（MO）**により検証され，内容に問題がないことが確認されればバージョン管理システムに変更内容をコミットし，不具合の修正が完了する．MOはソフトウェアの品質管理の面で重要な役割を担うため，開発者をMOに昇格させるかどうか（コミット権限を付与するかどうか）の判断は慎重に行われる．その結果，MOはコミット権限を持たない開発者に比べ少人数で構成されている．大規模OSSプロジェクトでは，膨大な数に上るパッチの検証を少人数のMOで行なわなくてはいけないため，不具合の修正時間が長期化していることが問題となっている．パッチの検証を効率化するために，MOとして活動できる開発者をより早く見つけ出すことが，効果的と考えられる．しかしながら，開発者は数万人に及ぶこともあり，既存のMOやコアメンバーがそれぞれの開発者における過去の活動を把握し，**コミット権限を付与すべき開発者を特定することは現実的に困難**である．また，コミット権限の付与の判断は，既存のMOやコアメンバーの経験的な判断によるもので，具体的な指標がないことも，コミット権限の付与が滞っている原因とも考えられる．

本研究ではMOとして活動できる開発者をより早く見つけ出すために，特定のモジュールに対してMOとなる開発者を予測するモデルを構築する．MOに昇格した開発者の昇格前の活動量メトリクスおよびコミット権限を持たない開発者の活動量メトリクスそれぞれをモジュールごとに計測し，ロジスティック回帰分析により学習することで，予測モデルの構築を行う．

2 OSS開発におけるモジュールオーナー
2.1 モジュールオーナーの昇格プロセス

OSS開発において，すべての開発者に対してコミット権限を与えるとソフトウェアの品質をコントロールすることが難しくなるため，ソースコードに対する専門知識や，開発者を取りまとめる能力を持っていると判断された開発者にコミット権限が与えられている [1]．また，コミット権限を持たない一般開発者がコミット権限を与えられるまでのプロセスがOSSプロジェクトのWebページなどで明記されてお

---

*Yutaro Kashiwa, 和歌山大学およびJSPS特別研究員（DC）

†Yosuke Yamatani, 和歌山大学

‡Masao Ohira, 和歌山大学

り[1]，これらの情報からも，既存の MO やコアメンバーが MO に昇格させる開発者を判断していることがわかる．既存の MO やコアメンバーはコミット権限を持たない開発者にコミット権限を与えるかどうかの判断を開発者のプロジェクトに対するこれまでの活動（パッチ投稿や不具合に関するコメントなど）を基に行う．しかし，コミット権限を与えるかどうかの判断に最低限必要な活動内容や活動量は定義されておらず，既存の MO やコアメンバーが MO を経験的に判断している現状である．

また，コミット権限を持たない開発者に対してコミット権限を与えるか否かの判断に至るまでに，1 年以上のプロジェクトへの貢献が求められることが多い．しかしながら，コミット権限を持たない開発者の活動期間が 1 年を超えると，活動に対する意欲の喪失などの理由により，プロジェクトを離脱する開発者が増えることが知られている [2]．プロジェクトに対して長期貢献をしてもらうには，MO に昇格すべき開発者をできるだけ早い段階で特定する必要がある．

2.2 既存の支援手法と本研究の着眼点

開発者の中から MO に昇格して適切な開発者を特定するために，先行研究 [3] では既存の MO の昇格前のプロジェクト全体での活動量（パッチ投稿数やコメント投稿数など）に基づいて予測モデルを構築し，一般開発者の中から MO に昇格し得る開発者を予測している．しかしながら，先行研究の予測モデルは，再現率（実際にMO である開発者のうち，MO であると予測された開発者の割合）が 0.70–0.83 と高いものの，**適合率（MO であると予測した開発者のうち，実際に MO であった開発者の割合）が 0.02–0.07 と著しく低い**モデルとなっている．つまり，MO であると予測した開発者のほとんどは，MO でない結果となっている．先に述べたように，MO はソフトウェアの品質管理の面において重要な役割を担っている．問題のあるパッチが取り込まれると，ソフトウェアの品質を低下させる原因となってしまう．

上記の問題に対して，本研究では既存研究を改良し，適合度の改善を狙う．先行研究の予測モデルは，各モジュールオーナーがどのモジュールを担当するのにふさわしいモジュールオーナーであるかは考慮されていない．OSS プロジェクトでは各開発者が担当するモジュールが決められているため，各開発者のモジュールの適性を考慮する必要がある．本研究ではモジュールごとにモジュールオーナーとなるべき開発者を推薦するための予測モデルの構築を行う．

3 アプローチ

本研究では，各モジュールに適したモジュールオーナーを推薦するための予測モデルの構築を行う．まず，本手法では，MO に昇格した開発者と一般開発者の活動量メトリクスをそれぞれ計測し，両者の活動量メトリクスを分類器（ロジスティック回帰）に学習させて予測モデルを構築する．そして，一般開発者の活動量メトリクスを予測モデルに入力することで，将来 MO になるか否かの予測を行う．

3.1 予測に用いるメトリクス

本研究では，先行研究 [3] で用いられているメトリクスをモジュールごとに計測する．この理由は，各 MO が担当するモジュールが決められている OSS プロジェクトでは，あるモジュールにおいて新たな MO を選出する際に，モジュール内での活動を活発に行っている開発者を選出することが適切であると考えたためである．表1 に，計測する各開発者の活動量メトリクスを示す．

なお，計測したメトリクスの分布はべき分布に従うため，計測したメトリクスに対して対数変換を行う（各メトリクスの値は 0 を含む可能性を持つため，各メトリクスの値に 1 を足した値の自然対数をとる）．これにより，メトリクスの値が大き

---

[1]Eclipse プロジェクトでのコミット権限付与プロセス:
https://eclipse.org/membership/become_a_member/committer.php

表1 活動量メトリクス

活動期間	開発者が初めて活動（不具合管理システム上でのパッチの投稿あるいはコメントの投稿）を行った日付から最後に活動を行った日付までの期間の日数．ただし，MO の場合，最後に活動を行った日付ではなく，MO に昇格した日付（バージョン管理システムで該当モジュールにコミットを初めて行った日付）とする．
総コメント投稿数	各開発者が特定のモジュールに対して不具合管理システム上でのコメントを投稿した回数．
月コメント投稿数	各開発者が1ヵ月に特定のモジュールに対して不具合管理システム上でコメントを投稿した回数の中央値．
総パッチ投稿数	各開発者が特定のモジュールに対して不具合管理システム上でパッチを投稿した回数．
月パッチ投稿数	各開発者が1ヵ月に特定のモジュールに対して不具合管理システム上でパッチを投稿した回数の中央値

い場合（1000 と 1001 など）に対して，値が小さい場合（1 と 2 など）の差をより大きくすることができる．また，月コメント投稿数および月パッチ投稿数では，月初めに活動を開始（終了）した開発者と月末に活動を開始（終了）した開発者との月平均の活動量に大きな差が生じる可能性がある．そのため，計測開始時期を活動開始日の翌月とし，終了時期を活動終了日の前月までとしている．

3.2 予測モデル

本論文で構築する予測モデルには，ロジスティック回帰分析を用いる．ロジスティック回帰分析は，2値分類に優れている統計分析手法の1つであり，ソフトウェア工学の分野においてもよく用いられている [3] [4]．ロジスティック回帰分析では，回帰式（目的変数を説明変数で計算する式）に非線形関数を用いる．ロジスティック回帰分析における回帰式を式1に示す．

$$P(y|x_1, \cdots, x_p) = \frac{1}{1 + e^{-(\alpha_1 x_1 + \cdots + \alpha_r x_r + \beta)}} \tag{1}$$

ここで，$y \in \{0, 1\}$ は，2値のクラスを表す目的変数，x_i は説明変数，α_i は回帰係数，$P(y|x_1, \cdots, x_p)$ は目的変数の条件付き確率である．学習時の目的変数は，MO に昇格する場合は1，MO に昇格しない場合は0として学習する．予測時には，モデルの出力値である目的変数が0.5以上の場合に，現在コミット権限を持たない開発者が将来 MO に昇格すると判断する．

4 実験

本実験の目的は MO に適切な開発者を正しく推薦できるのかを確かめることである．3つの大規模 OSS プロジェクトを対象に，先行研究 [3] で用いられている各開発者の活動量メトリクスをモジュールごとに計測し，ロジスティック回帰分析により予測モデルを構築する．構築した予測モデルを利用して，テストデータとなる開発者の活動量メトリクスを入力し，将来，MO に昇格するか否かの予測を行う．予測モデルの評価には，適合率，再現率，F1 値を用いて交差検証を行う．なお，本論文では大規模 OSS プロジェクトである Mozilla Firefox プロジェクト，Eclipse Platform プロジェクト，WebKit プロジェクトを対象にする．各プロジェクトは，長期に渡って開発・保守が行われているプロジェクトであり，開発に携わる開発者が多いため，本研究の対象プロジェクトとした．

4.1 定義
4.1.1 モジュール
本論文では，各機能を実現するためのソースファイルの集合をモジュールと定義する．プロジェクトの Wiki ページから機能を抽出し，各ソースコードがどの機能を実現しているかを特定した．Mozilla Firefox では，ブラウザの共通部分である General，開発者向けツールである Developer Tools，ブックマーク機能を扱う Bookmark，ブラウザのツールバーやメニューバーに関する Bar，テーマの設定などを扱う Preferences，Web アプリに関する App に分割した．Eclipse Platform では，ユーザーインターフェース部分である UI，GUI 作成用ツールキットである SWT，ファイル等の各種リソースを管理するための Workspace に分割した．WebKit では，レンダリングライブラリである WebCore，JavaScript エンジンである JavaScriptCore，Web ページのソースの表示やデバッグのための機能を提供する Inspector に分割した．

4.1.2 モジュールオーナーと昇格日
本論文では，モジュールに対してソースファイルをコミットした開発者を，コミット先の MO とする．ひとりの開発者が複数の MO になることもありうる．また，各 MO が初めてモジュールに対してバージョン管理システム上で変更作業を行った日付を MO に昇格した日付とする．

4.2 評価指標
予測モデルの評価指標として適合率，再現率，F1 値を用いる．適合率とは，MO であると予測した結果のうち，実際に MO であった割合を指し，再現率とは，実際に MO である開発者のうち，MO と予測された割合を指している．また，適合率と再現率はトレードオフの関係にあるため，適合率と再現率の調和平均を取った値である F1 値を用いて予測精度の評価を行う．F1 値は式 (2) によって定義される．

$$F1 値 = \frac{2 \times 適合率 \times 再現率}{適合率 + 再現率} \tag{2}$$

先行研究 [3] では，推薦した多くの開発者が MO に昇格していなかった．一方，本研究では，MO に相応しくない開発者は推薦しないことを主眼に置いているため，評価指標のうち適合率を重視する．

4.3 実験手順
本研究で行う評価実験の手順を以下に示す．以下の手順は，各プロジェクトのそれぞれのモジュールに対して実施する．

手順1：データセットの分割　MO と一般開発者のそれぞれのデータをランダムに2分割し，半分を学習データ，もう半分をテストデータとする．例えば，MO のデータが 100 件，一般開発者のデータが 10,000 件あったとする．このとき，ランダムに抽出した MO のデータを 50 件，同じくランダムに抽出した一般開発者のデータを 5,000 件取得し，学習データとする．そして抽出されなかった残りのデータをテストデータとする．

手順2：学習データのバランス調整　一般開発者に比べ MO の割合は著しく低いため，正しい予測ができない恐れがある．そのため，学習データのバランスの調整を行うために，一般開発者の学習データを MO の学習データと同じ数に合わせる．例えば，MO の学習データが 50 件，一般開発者の学習データが 5,000 件あった場合，一般開発者の学習データから 50 件ランダムに抽出し，ランダムに抽出した 50 件のデータを学習データとする．

手順3：学習　手順2で作成した学習データを利用し，MO である開発者を 1，一般開発者である開発者を 0 として学習する．

手順4：予測　手順3で学習した結果に基づき，テストデータを用いて予測精度を

表2 各プロジェクトにおける予測精度

プロジェクト	モジュール名	適合率	再現率	F1 値
Firefox	App	0.571	0.563	0.552
	Bar	0.500	0.750	0.590
	Bookmark	0.480	0.560	0.511
	Developer Tools	0.800	0.786	0.800
	General	0.455	0.585	0.511
	Preferences	0.552	0.613	0.587
Eclipse Platform	UI	0.455	0.667	0.545
	SWT	0.250	0.800	0.375
	Workspace	0.600	0.667	0.667
WebKit	Build	0.586	0.718	0.646
	Layout	0.452	0.559	0.500
	WebCore	0.626	0.591	0.608
	Inspector	0.533	0.762	0.627
	WebKit2	0.500	0.500	0.500
	JavaScriptCore	0.351	0.565	0.433

算出する．予測精度の評価指標には，適合率，再現率，F1 値を用いる．予測の結果，目的変数が 0.5 以上であった場合，MO であると判断する．

手順 5：ホールドアウト検証 学習データとテストデータはランダム抽出により作成されるため，予測結果が毎回変化する．そのため，手順 1 から手順 4 を 1,000 回繰り返し，1,000 回行った結果の中央値を最終的な予測精度とする．

5 実験結果

各モジュールにおいて構築した予測モデルの予測精度を表 2 に示す．各評価指標の値は，ホールドアウト検証により 1,000 回行われた結果の中央値を示している．

まず Firefox における，DeveloperTools モジュールでは，適合率が 0.800 となっており，他のモジュールよりも高い精度で MO を予測できていることがわかった．これは，MO であると予測した開発者のうち，5 人に 4 人は実際に MO に昇格した開発者であり，実際に MO に昇格した開発者の約 80％ を予測できたことを示している．一方，DeveloperTools モジュール以外のモジュールでは，適合率が 0.5 前後となり，MO であると予測した開発者のうち，2 人に 1 人の割合で予測できた．

次に Eclipse Platform プロジェクトでは，Workspace モジュールにおける適合率が 0.600 で最も高かった．次に，UI モジュールでは適合率が 0.455 であった．最も適合率が低くなったモジュールは SWT モジュールで，適合率が 0.250 となった．

最後に WebKit プロジェクトでは，最も適合率が高くなったモジュールは WebCore で，適合率が 0.626 となった．一方，最も適合率が低くなったモジュールは JavaScriptCore で 0.351 となった．その他モジュールでは，適合率は 0.5 前後となった．

6 考察

本章では，予測精度を向上させるため，正しく予測することのできなかった開発者に着目し，正しく予測できなかった理由について考察する．正しく予測することのできなかった開発者は，False Negative となった開発者と False Positive になった開発者の 2 通り存在する．False Negative になった開発者とは，MO であるのにも関わらず，一般開発者と予測された開発者を指し，False Positive となった開発者とは，一般開発者であるのにも関わらず，MO であると予測された開発者である．

6.1 False Negative となった開発者

False Negative となった MO は，正しく予測することができていた MO に比べ，モジュール内での活動量が低い傾向にあった．False Negative となった開発者の中

には，対象モジュールでの活動はあまり行っていないものの，他のモジュールにまたがって活発に活動している開発者が存在することがわかった．これらの開発者は，他モジュールとの調整を行う開発者であった可能性がある．ソフトウェアは複数のモジュールによって構成されており，あるモジュールを変更すると，変更の影響が波及する依存関係にあるモジュールを変更する必要がある．そのため，ある特定のモジュールの MO である開発者が，依存関係のあるモジュールを変更することも珍しくない [5]．今後，依存関係にあるモジュールにおける活動量メトリクスを考慮した予測モデルを構築することにより，適合率の向上を見込むことができる．

6.2 False Positive となった開発者

False Positive となった開発者は，正しく予測することができていた開発者に比べ，モジュール内での活動量が大きい傾向にあった．そのため，モジュール内において，活発に活動している開発者がなぜ MO でないのかを理解するために，False Positive となった開発者の活動を確認した．一部の開発者において，不具合管理システムとコミットログで異なるメールアドレスを用いているが確認できた（Firefox プロジェクトの App モジュールでは 6 人中 2 人）．本論文の実験では，不具合管理システムとバージョン管理システムで異なるメールアドレスを用いている開発者が存在した場合，正しい MO の特定を行うことができない．そのため，複数のメールアドレスの中から同一の開発者を特定する手法 [6] などを利用する必要がある．

7 おわりに

本研究では，人手の不足しているモジュールに適したモジュールオーナーを推薦するために，先行研究よりも細粒度なモジュールオーナーとなるべき開発者をモジュールごとに特定するための予測モデルを構築した．3 つの大規模 OSS プロジェクトを対象に，評価実験を行い，実験の結果，モジュールによってばらつきはあるものの，適合率が 0.5 前後で予測することができていることがわかった．今後の課題は，パッチの投稿数やコメント投稿数などの，開発者の活動量だけでなく，活動の質や内容を定量化することである．

謝辞 本研究の一部は，JSPS 特別研究員奨励費（JP17J03330）および JSPS 科研費（基盤 (A): JP17H00731，基盤 (C): JP15K00101）による助成を受けた．

参考文献

[1] Karl Fogel. *Producing Open Source Software: How to Run a Successful Free Software Project*. O'Reilly Media, 2005.

[2] Christian Bird, Alex Gourley, Prem Devanbu, Anand Swaminathan, and Greta Hsu. Open borders? Immigration in open source projects. In *Proc. of the 4th International Workshop on Mining Software Repositories (MSR'07)*, p. No.6, 2007.

[3] 伊原彰紀, 亀井靖高, 大平雅雄, 松本健一, 鵜林尚靖. OSS プロジェクトにおける開発者の活動量を用いたコミッター候補者予測. 電子情報通信学会論文誌, Vol. 95, No. 2, pp. 237–249, 2012.

[4] Mohammad Gharehyazie, Daryl Posnett, Bogdan Vasilescu, and Vladimir Filkov. Developer initiation and social interactions in OSS: A case study of the apache software foundation. *Empirical Software Engineering*, Vol. 20, No. 5, pp. 1318–1353, 2015.

[5] Christian Bird, Nachiappan Nagappan, Brendan Murphy, Harald Gall, and Prem Devanbu. Don't touch my code! Examining the effects of ownership on software quality. In *Proc. of the 19th ACM SIGSOFT Symposium and the 13th European Conference on Foundations of Software Engineering (FSE'11)*, pp. 4–14, 2011.

[6] Christian Bird, David Pattison, Raissa D'Souza, Vladimir Filkov, and Premkumar Devanbu. Latent social structure in open source projects. In *Proc. of the 16th ACM SIGSOFT International Symposium on Foundations of Software Engineering (FSE'08)*, pp. 24–35, 2008.

ドメイン仕様モデルからの FMEA 抽出

Automatic FMEA from A Domain Specification

大森 洋一 * 荒木 啓二郎 †

あらまし ソフトウェアの安全性向上のためにはソフトウェア・ライフサイクルのあらゆる場面で可能な限りの努力が求められており，仕様検証もその一環である．ソフトウェア仕様の安全性検証は対象システムの安全性戦略にしたがって行われる．要求分析に基づいて決定される安全性戦略は，並行して記述される機能仕様と信頼性モデルの両方に影響する．組込みシステムにおける信頼性モデルに対する普遍的な検証手法としてFMEA がある．ただし，ソフトウェアに関する FMEA は現時点で確立した手法にはなっていない．本研究では，ドメインモデリングに基づく仕様段階での信頼性検証を目的として，仕様をフォーマルに記述することによりソフトウェア FMEA を適用可能とする手法を提案する．本手法により，話題沸騰ポットのドメインモデルに対して，フォーマルな仕様の検証条件からソフトウェア FMEA の検証条件を導出可能であることを示す．

1 安全性モデルの仕様検証

さまざまな社会基盤システムや経済基盤システムがソフトウェアにより実現されるようになり，ソフトウェアの安全性・信頼性向上が重要な課題となっている．システムの安全性は，「システムが規定された条件の下で，人の生命，健康，財産，またはその環境を危険に曝す状態に移行しない期待度」と定義されており [1]，この定義はシステムの信頼性も含むので，以下では両者を併せて安全性と呼ぶ．

ソフトウェアによる制御が中心となるシステムでは，最弱の部分がシステム全体の安全性を規定する．したがって，安全性向上のためには，ソフトウェア・ライフサイクルのあらゆる場面において可能な限りの努力が要請される．その一環としての仕様段階での安全性検証には，シナリオに基づく分析，ユースケースに基づく分析などさまざまな観点がある．本研究では，対象システムにおける実体となる概念およびそれらの関係を表現するドメインモデルに基づく分析を採用した．ドメインモデルを用いる手法は，他の手法と比べて必要な作業は大きくなるが，同種の対象におけるドメインモデルの再利用により要求分析が容易になる．すなわち，開発が長期または大規模に渡る，あるいは派生開発の多い基盤システムに対して有効性が期待できるからである．

ドメインモデルへ安全性に関する概念を含めることにより，特別な作業を追加せずとも，モデルの再利用時に安全性の向上が可能であることは以前より知られている [2] [3]．要求に対してドメイン分析を行ってその性質を明らかにし，その結果をドメインモデルとして記述するさまざまな手法が存在する．文献 [4] にはドメインモデルの記述法として，UML, Alloy や B などフォーマルな仕様記述言語，Matlab/Simulink, ベイズ確率モデルなどが挙げられている．

1.1 安全性戦略と信頼性モデル

ソフトウェアの安全性分析の基となるシステムの安全性戦略は，要求分析に基づく対象の品質特性，達成すべきゴールの重み，ハザードのリスク評価などにより決定される．システムの安全性は複合的な性質であり，特定のシステムまたはドメインに限定しても，安全性を向上させるさまざまな手段が存在する．このため，顧客の要求を整理し，仕様として記述する段階において安全性をどのように確保するか

---

*Yoichi Omori, 九州大学

†Keijiro Araki, 九州大学

という安全性戦略が重要となる．要求分析に基づいて決定される安全性戦略は，機能仕様と信頼性モデルの両方に影響する．

ソフトウェア信頼性に関する品質特性として，成熟性（maturity），可用性 (Availability), 障害許容性（fault tolerance），回復性（recoverability）が規定されている [5]．このほかに，副品質特性として標準適合性（compliance）が挙げられている．安全性の戦略はこれらの特性をどのように扱うかにより定義される．ソフトウェアに関しては，以下のような戦略が代表的である．

- 不具合の予防 ... 配備前に不具合を修正することにより成熟性を上げる
- 不具合の検知 ... 運用中の不具合を速やかに検出し，適切な通知，縮退，停止などの対応を行い可用性を上げる
- 不具合の許容 ... 予想されている運用中の不具合に，動的マイグレーションなどの対応を行い障害許容性を上げる
- 修正時間の短縮 ... ソフトウェアの可読性を向上し回復性を上げる

これらの戦略は理論的にも現実的にも排他ではない．また，ソフトウェアの信頼性モデルは図 1 のように分類される．仕様に対するドメインモデルは，図 1 の静的な解析モデルにあたる．動的モデルについては，ドメインモデルに対する発見された不具合のフィードバックへの更新に相当する．

図 1　ソフトウェア信頼性モデルの階層的分類 ([6] より作成)

1.2 SW FMEA による障害分析

安全性分析におけるもうひとつの重要な要素は，障害 (Hazard) の同定である．Failure Modes and Effects Analysis (FMEA) は，特に組込みシステムにおける潜在的なハードウェア故障分析の確立した技法のひとつである．しかし，FMEA をソフトウェアの潜在的な不具合分析に適用するソフトウェア FMEA (SW FMEA) は難しい．その理由として，ソフトウェアには経年的な劣化がなく，論理的な間違いであること，自由度が高く故障モード列挙のコストが高いことの 2 点が挙げられる [7]．

本研究では，SW FMEA の実用化を目的として，ドメインモデルをフォーマルな仕様記述言語のひとつである VDM++ により記述し，安全性に関する検証条件を自動的に抽出する手法を検討した．ドメインモデルを精密に記述するためにフォーマルメソッドを利用する試みは以前から行われている [8]．フォーマルメソッドを利用することで，論理的な間違いを型検査により発見し，省略された情報の追加により，複数機能間の影響伝搬も正確に見積もれることが期待できる．

2　仕様段階のドメインモデリング

本研究では，SESSAME の「話題沸騰ポット（GOMA-1015 型）要求仕様書」第 7 版 [9] を利用し，家庭用の電気ポットを対象ドメインとしてドメインモデルを作成した．

2.1 GSN を用いたドメイン分析

ドメイン分析もさまざまな手法が提案されているが，本事例ではゴール指向分析を行い，Goal Structure Network (GSN) によりドメインに含まれる概念間の関係を表現した．図2に上位の部分を示す．GSN は対象システムのトップゴールを根とする木構造の有向グラフであり，各階層における戦略に基づいてゴールをサブゴールへ再帰的に分割する．GSN により要求の詳細化や依存関係を階層的に表現できる[10]．安全性を含む分析に GSN を用いる利点は，トップダウンにより分析の漏れを防ぎやすいこと，ソフトゴール間の関係が整理できることの2点である．

電気ポットの自明なトップゴールは「湯を沸かし保温すること」である．しかし，湯を沸かすだけでは電気ポットのトップゴールとしては十分でない．湯を沸かす手段として，燃料ランプやガス湯沸かし器でなく，電気ポットが使われる理由を考えると「手軽さ」ソフトゴールが重要な概念であることが分かる[11]．つまり，電気ポットにおける「安全性」ソフトゴールは「安全だから手軽に使える」という「手軽さ」ソフトゴールを構成する要素であり，「固定すれば安全」といった「手軽さ」を損なうものであってはならない．このような重み付けはドメインモデルとして重要である．

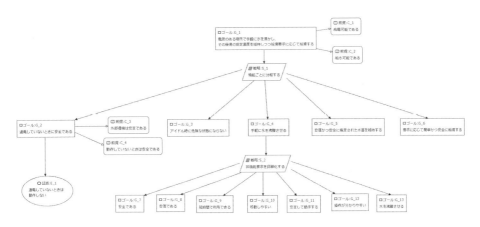

図2　電気ポットドメインのトップゴール

GSN による分析では，安全性はさらに，使用者に危険を及ぼさない，周囲の人に危険を及ぼさない，環境に危険な影響を及ぼさない，周囲の器物に影響を及ぼさない，通信先の機器に影響を及ぼさない，の5種類に分類された．本事例の GSN は200ノード以上となった．安全性に関する部分と対象製品が達成すべきゴールを同時に考慮することにより，相対的な安全性の位置づけを明らかにすることができた．

2.2 VDM++ を用いた仕様記述

本研究では，数理的な意味論をもつ仕様記述言語 VDM++ を利用した．VDM++ はフォーマルメソッド VDM の記述言語のひとつであり，オブジェクト指向仕様記述および非同期並列処理をサポートする．VDM は，システムのモデル化と分析，詳細設計やコーディングへ至る一連の技術体系であり，一階述語論理と同値性に関する集合論に基づくフォーマルメソッドの一種である[12][13]．

VDM++ による仕様は実行可能な宣言的スタイルで記述した．宣言的な実行可能仕様により，アルゴリズムの詳細を書くことなく，特定の入力に対する出力を評価する仕様アニメーションによる妥当性の確認が可能となる．

我々は過去に話題沸騰ポットの VDM++ により仕様記述したことがある[14][15]．その時は VDM++ の数理モデルが仕様書の内容を満たしていることは保証できたが，

仕様として十分であるという確認が取れなかった.

　今回は，話題沸騰ポットの仕様書において不足している安全性要求を補完した仕様をドメインモデルとした. これにより，信頼性モデルが追加されたのは当然ながら，電気ポットと水 (湯) の状態の分離やセンサーとセンサ信号処理の分離など機能モデルにも影響があった. これは，安全性分析の結果抽出された，電気ポットと水の状態の不一致という問題を表現するために機能モデルを修正する必要があったからである.

　電気ポットドメインには，電気ポット，水，使用者，隣接者，環境，隣接機器，通信先が含まれる. 電気ポットは，水位センサ，温度センサ，ヒータ，操作部をもつオブジェクトとして定義された. 電気ポットはさらに，電源の on/off, 安定して設置されているか true/false, 蓋が開いているか true/false, 保温モードといった状態をもつ. 水は外部から操作可能な水位（水量）と水温という属性をもつオブジェクトとして定義された. 実世界における水にはさまざまな性質があるが，ドメインモデルでは，このドメインにおける対象の見方を抽象化した共通の性質を提示している. この抽象化により話題沸騰ポットの仕様書で水と呼んでいるものが，ソフトウェアの再利用や拡張時に酒など他の物質にも適用可能かといった判断ができるようになる.

3　仕様への SW FMEA の適用

　VDM++ によるドメイン上で SW FMEA を適用すると，機能の不具合は次のいずれかの場合である.

- VDM++ に記述された不変条件・事前条件を満たしているにも関わらず，不変条件・事後条件が満たされない. (呼び出し失敗)
- 必要な機能の不変条件・事前条件を満たす，不変条件・事後条件を満たす機能がない. (呼び出し不可能)

　SW FMEA ではこのいずれかが起こる条件を Failure Modes とすればよい. 機能 F_i に対する SW FMEA は

$$(F_{i-pre} \wedge D_{0-inv} \ldots \wedge D_{n-inv}) \to (F_{i-post} \wedge D_{0-inv} \ldots \wedge D_{n-inv})$$
$$=F_{i-pre} \wedge \neg F_{i-post} \wedge (D_{0-inv} \ldots \wedge D_{n-inv}) \tag{1}$$

の否定となる. すなわち，式 (1) における各項の否定が不具合の条件である. 同様に

$$(F_{i-post} \wedge D_{0-inv} \ldots \wedge D_{n-inv}) \to (F_{j-post} \wedge D_{0-inv} \ldots \wedge D_{n-inv}) \tag{2}$$

となる 機能 F_i, F_j を満たす全ての組み合わせに対して，順に Effect Analysis を行えばよい.

　ただし，$F_{j-pre}, F_{k-post}, D_{l-inv}$ はそれぞれ機能 F_j の事前条件，F_k の事後条件，変数 D_l の不変条件を表す論理式である.

　この分析で分かるのは VDM++ の不変条件や事後条件の違反，つまりモデルの状態異常である. 例えば，水位に関する不変条件のエラーについて，実際に水位が低下したのか，ポットが傾いて水位が変化したのか，センサーの故障であるのかといった現実世界でこのような状態異常が生じた原因は別途検討する必要がある.

4　話題沸騰ポットの事例
4.1　省略された仕様の追加

　話題沸騰ポットの事例で，仕様として記述された機能は 22 あったが，ポットに対する大域的操作は 8 であり，SW FMEA で総当りの検証を行った場合の組み合わせはそれほど大きくない. このモデルに対し，本手法を適用したところ，仕様書に記載されていないリスクの高い問題が見つかった.

図3は仕様書を素直に記述した VDM++ の文法的には正しい記述の一部である.

```
private set_heater_heating : Pot * Water ==> Pot
set_heater_heating(pot, water) ==
  return new Pot (pot.power_on, true, pot.cover_open, <heating>, pot.mode);
pre (pot.heater = <idle> or pot.heater = <keeping>)
 and water.temerture = not <boiled> and water.level = not <empty>)
```

図3 電気ポットの加熱状態への遷移

しかし，この機能仕様から導出した水位に関する条件を否定した FMEA を用いた安全性分析により，水(湯)漏れによる隣接者や隣接機器への危険が発見され，この機能には隠れた不変条件が存在することが分かった．つまり，電気ポットが加熱状態である間は常に水位が一定でなければならないという不変条件である.

同様に，給湯可能な保温状態においては，給湯前の水量は給湯された水量と給湯後の水量の和と一致していなければならない，加熱時に予想される水温の上昇量と実際の水温の上昇量は一致していなければならないなどいくつかの安全性に関する不変条件を発見することができた.

4.2 モデル不具合の解釈

フォーマルなドメインモデルとしては，上記の水位に関する不変条件を追加して矛盾が生じないことを型検査により確認すればよい.

しかし，この障害が現実に生じるのは，水(湯)漏れの場合だけではない．元の水位とセンサーの関係によっては，少量の水の蒸発によって水位の低下が検出される可能性がある．したがって，例えば水位が2段階低下した場合に水(湯)漏れと判断する，水温と水位変化を関連づけるなど，センサー情報と水(湯)漏れ障害を結びつける解釈が必要となる．このような解釈はセンサーの精度や数といったハードウェアや外部環境に依存するので，ドメインモデルとそれらの依存関係，つまりどのようにモデルにおける不変条件や事前／事後条件の表明を現実世界で検出するかという設計情報は分離されていなければならない.

逆に言えば，現実世界でのセンサー故障，センサー情報の取りこぼし，水容器の破損などさまざまな故障事例を，ドメインモデルにおける水位に関する不変条件として Failure Mode のひとつとして抽象化できたということになる．これらの Failure Modes の表現はドメインモデルに含まれる概念のみを用いており，再利用が容易である．再利用する際には，Failure Modes の再解釈を行い設計との対応付けを再度行う必要がある.

5 まとめと考察

VDM++ を用いて話題沸騰ポットのドメインモデルを記述し，不変条件・事前条件・事後条件から SW FMEA の Failure Modes を導出した．Effect Analysis には，各関数または操作のシグネチャに基づいて可能な組み合わせを限定し，総当りの影響分析を行うことができた.

ドメイン分析には GSN を用いた．GSN により，対象のトップゴールと安全性の関連を明確化することができた.

記述したドメインモデルのポイントは，以下の性質が明示されている点である.

- 仕様に不変条件・事前条件・事後条件が明示されている
  「電源が入っている」「水が (火傷するほど) 高温である」といった情報をそれぞれ論理式で定義した。この論理式から不具合を導出できることを示した.
- 省略された不変条件を明示できる
  要求で省略された状態変数を仕様に反映できる. 特に, ポットの初期化や電源入り切りといった大域的な状態に関する条件の見落としを防ぐことができる.
- 仕様の再利用
  ドメインモデルから FMEA の検証条件を機械的に導出できた. 検証結果は現実世界の対応する振る舞いとして解釈する必要がある.

謝辞 本研究で使用した「話題沸騰ポット要求仕様書 (GOMA-1015 型) 第 7 版」は, NPO 法人 組込みソフトウェア管理者・技術者育成研究会 (SESSAME) の公開された成果であり, ご関係のみなさまに感謝する. 本研究の一部は JSPS 科研費 24220001, 基盤研究 (S)「アーキテクチャ指向形式手法に基づく高品質ソフトウェア開発法の提案と実用化」の成果による.

参考文献

[1] 日本工業規格, http://kikakurui.com/x0/X0134-1999-01.html. システム及びソフトウェアに課せられたリスク抑制の完全性水準, 1999.

[2] Gerald Kotonya and Ian Sommerville. Integrating safety analysis and requirements engineering. In *Proc. of the 4th Asia-Pacific Software Engineering and International Computer Science Conference*, pp. 259–271, 1997.

[3] Francesmary Modugno, Nancy G. Leveson, Jon D. Reese, Kurt Partridge, and Sean D. Sandys. Integrated safety analysis of requirements specifications. In *Proc. of the 3rd IEEE Intl. Symp. on Requirements Engineering*, pp. 65–78, 1997.

[4] Robert France and Bernhard Rumpe. Model-driven development of complex software: A research roadmap. In *Proc. of the 2007 Future of Software Engineering*, pp. 37–54, 2007.

[5] 日本工業規格, http://kikakurui.com/x25/X25010-2013-01.html. システム及びソフトウェア製品の品質要求及び評価（ＳＱｕａＲＥ）－システム及びソフトウェア品質モデル, 2013.

[6] 井上真二, 山田茂. 電子情報通信学会 知識ベース 1 群 12 編 6 章 ソフトウェアの信頼性. http://www.ieice-hbkb.org/files/01/01gun_12hen_06.pdf, 2010.

[7] 山科隆伸, 森崎修司. 大規模ソフトウェアの保守開発を対象とした故障モード影響解析 (fmea) 適用の試み. *Unisys Technology Review*, Vol. 99, pp. 107–121, 2009.

[8] Dines Bjrner. Domain engineering a basis for safety critical software. In *Proc. of the Australian system safety conference 2014*, pp. 26–28, 2014.

[9] 組込みソフトウェア管理者・技術者育成研究会. 話題沸騰ポット（GOMA-1015 型）要求仕様書, 2005. http://www.sessame.jp/workinggroup/WorkingGroup2/ POT_Specification.htm.

[10] Tim Kelly and John McDermid. Safety case patterns-reusing successful arguments. In *Proceedings of IEE Colloquium on Understanding Patterns and Their Application to Systems Engineering*, pp. 1–9, 1998.

[11] 大森洋一, 林信宏, 日下部茂, 荒木啓二郎. ポットの例題による「手軽さ」を考慮したフォーマルメソッド適用の検討. 情報処理学会ソフトウェア工学研究会研究報告, Vol. 2015-SE-190, No. 8, pp. 1–8, 2015.

[12] Marcel Verhoef, Peter Gorm Larsen, and Jozef Hooman. Modeling and validating distributed embedded real-time systems with vdm++. In *Proceedings of the 14th International Symposium*, pp. 147–162, 2015.

[13] Taro Kurita, Fuyuki Ishikawa, and Keijiro Araki. Practices for formal models as documents: Evolution of vdm application to "mobile felica" ic chip firmware. In *Proceedings of the 20th International Symposium*, pp. 593–596, 2015.

[14] 大森洋一, 荒木啓二郎. 自然言語による仕様記述の形式モデルへの変換を利用した品実向上に向けて. 情報処理学会論文誌：プログラミング, Vol. 3, No. 5, pp. 18–28, 2010.

[15] 井上心太, 大森洋一, 荒木啓二郎. ツールを使用した形式仕様作成の事例研究. 情報処理学会研究報告ソフトウェア工学, Vol. 2012-SE-175, No. 8, pp. 1–8, 2012.

STAMP/STPA を用いたアーキテクチャパースペクティブにおける形式仕様記述向け辞書活用

Dictionary Support in Analyzing Perspective of Architecture with STAMP/STPA

日下部 茂* 大森 洋一† 荒木 啓二郎‡

> **あらまし** システム理論に基づく STAMP/STPA を用いた上でパースペクティブにもとづいてアーキテクチャの記述や分析に取り組む際に，形式仕様記述向けの辞書の活用手法を応用するアプローチを提案する．このようなアプローチにより STAMP/STPA における安全制約やプロセスモデルの記述品質の向上に加え，パースペクティブの分析を通じた関連ビュー記述の品質向上も期待できる．

1 はじめに

コンピュータシステムやそのネットワーク化の技術革新により様々な利便性や効率の向上などがもたらされると同時に，リスクや脅威に対する備えの必要性も高まっている．そのため，機能や振る舞いの実現の観点だけでなく，リスクや脅威への対処といった観点からも，以前にも増してシステムを適切に記述し分析することが重要となっている．そのような記述や分析をライフサイクル早期から行う有効なアプローチのひとつにソフトウェアアーキテクチャがある．

ソフトウェアアーキテクチャのフレームワークには様々なものがあるが，その一つに品質特性についての関心事にパースペクティブを用いるフレームワークがある [1]．我々は，そのようなフレームワークおいて，安全性といった創発的な品質特性を対象とする際に，システム理論に基づく STAMP(Systems-Theoretic Accident Model and Processes)/ STPA(System-Theoretic Process Analysis) [2] を用いるアプローチを提案している [3]．本稿では，そのようなアプローチにおいて，形式仕様記述向けの辞書活用手法 [4] を応用する方法を提案する．このような取り組みにより，以下のような効果が期待できる．

- STAMP/STPA でのモデル化と分析で重要な役割を果たす，プロセスモデルの記述の質の向上．
- ソフトウェアアーキテクチャのパースペクティブを分析する際に，関連するビュー記述の品質の向上．

2 アーキテクチャフレームワーク

ソフトウェアアーキテクチャの記法や分析法，そのベースにある考え方には様々なものがある [5] [6] [7]．ここでは，安全性のような創発的特性に取り組むことを前提に，ビューポイントとパースペクティブを用いる Nick Rozanski と Eoin Woods のソフトウェアアーキテクチャフレームワークをベースに議論を行う [1]．

2.1 ビューポイント

Rozanski らのフレームワークでは，ビューポイントを「一つのタイプのビューを構築するためのパターンやテンプレートおよび慣例を集めたもの．反映される関心事を持つステークホルダとビューを構築するための指針や原理及びテンプレートモ

---

*Shigeru Kusakabe, 長崎県立大学

†Yoich Omori, 九州大学

‡Keijiro Araki, 九州大学

デルを定義する」として，以下のようなビューポイントが提案されている．

- コンテクスト：システムとその環境 (システムが相互作用する人々，システム，外部エンティティ) の間にある関係と依存性および相互作用を記述する．
- 機能的：システム実行時の機能要素，その責務，インターフェースおよび主な相互作用を記述する．
- 情報：システムが情報を格納，操作，管理および配布する方法を記述する．
- 並行性：システムの並行性の構造を記述し，機能要素を並行性の単位にマッピングし，システムの並行実行できる部分と，その調整および制御方法を明白に特定．
- 開発：ソフトウェア開発のプロセスをサポートするアーキテクチャを記述する．
- 配置：システムが配置される環境と，システムがその要素に対して持つ依存性を記述する．
- 運用：本番環境での稼働時，システムがどう運用，管理およびサポートされるかを記述する．

2.2 パースペクティブ

さらに，前述のビューポイントに従ってソフトウェアアーキテクチャを記述するだけでは，横断的な関心事や非機能要求を明確にすることは難しいとして，パースペクティブを提唱している．Nick Rozanski と Eoin Woods は，横断的関心事や非機能要求に近いものをあえてそう呼ばず，パースペクティブとして次のように定義している：「システムの多数あるアーキテクチャビュー全体にわたって熟慮を要する，関連した品質特性の特定セットを，システムが提示することを保証するために用いられるアーキテクチャアクティビティや戦術，指針の集まり」．このようなパースペクティブをビューに適用することにより，洞察と改善につながり得るとしている．

主要なパースペクティブとして，以下のものが提案されている．

- セキュリティ
- パフォーマンスとスケーラビリティ
- 可用性とレジリエンス
- 発展性

また，二次的なものとして，アクセシビリティ，開発リソース，国際化，配置場所，規則，使用性が考えられるとしている．

筆者らは社会技術環境の変化に伴い，主要なアーキテクチャパースペクティブとして安全性が重要なものとなると予想している．また，安全性のような創発的な特性には STAMP/STPA によるモデル化と分析が有効と考えている．STAMP/STPA は，安全工学の知見を幅広く活用することも念頭に提唱されており，慣習的なアクシデントを念頭に，安全性だけでなく，多様な望まないイベントに対するハザードに対しても効果的に適用できるとされている．また，例えばセキュリティのような，安全性以外の既提案のパースペクティブに対しても，STAMP/STPA でのモデル化と分析が可能と考えられる [8]．

3 STAMP/STPA

3.1 STAMP

Nancy Leveson は，従来の解析的還元論や信頼性理論ではなくシステム理論に基づいたアクシデントモデル STAMP を提唱している．ソフトウェアが中心的な役割を果たし，またコンポーネント間での複雑な相互作用による創発的な特性を持つようなシステムのアクシデントは，システム構成要素の故障や人間の操作ミスに起因するイベントの連鎖といった観点でのモデル化は不十分として，このようなモデルを提唱している．我々は，このような STAMP がアーキテクチャパースペクティブにおいても有用と考えている．

STAMPでは，コントロールする側のコンポーネント（以後コントローラプロセスと記す）から，コントロールを受ける側のコンポーネント（以後被コントロールプロセスと記す）へ，コントロールアクション (Control Action，以後CAと記す) が発行され，被コントロールプロセスからコントローラプロセスにフィードバックが返される，というコントロール構造をベースにシステムをモデル化する (図1参照)．コントローラプロセスは自身が想定する被コントロールプロセスや環境のモデルを持ち (以後プロセスモデルと記す)，プロセスモデルにもとづいてCAに関する判断を行う．また，得られるフィードバックの結果はプロセスモデルの更新に利用する．STAMPモデルでは，コンポーネント間の相互作用において，CAが適切に与えられない，不適切なCAが与えられる，といったコントロールの問題によってアクシデントが起こると考える．

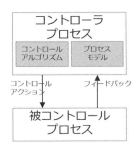

図1　**STAMP**モデルの基本構成要素

3.2 STPA

STAMP自身はアクシデントを説明するモデルであり分析法ではない．コントローラプロセスのプロセスモデルが被コントロールプロセスの実際の状況を正しく反映できてない，コントローラプロセスの判断方法が不適切，といったことに起因するコントロールの問題を，ハザード分析法STPAを用いて分析する．STAMP/STPAは安全工学の知見を幅広く適用可能にすることも念頭においており，ソフトウェア工学への適用に関しても既にモデル検査やテストを支援する研究などがある [9]．STAMPのモデリングはコンセプト段階からトップダウンに適用可能であり，システムエンジニアリングの早期アーキテクチャ検討にも用いられている [10]．このようなモデリングを用いれば，高い抽象度から詳細度を高めながらソフトウェアアーキテクチャの記述と分析ができると考える．

STAMP/STPAの適用手順は厳密には定められておらず，いまだ研究の対象とされているが，典型的には以下の手順とされている．
- 準備1：アクシデント，ハザード，安全制約の識別
- 準備2：コントロール構造の構築
- Step1：安全でないコントロールアクション（Unsafe Control Action，以後UCAと記す）の識別
- Step2：Causal factor（誘発要因）の特定

ここで，アクシデントは受容し難い損失を伴うシステムの事象，ハザードはアクシデントにつながるシステムの状態，安全制約はシステムを安全に保つために必要なルールであり，システムが回避すべき事象を事前に設定することで目的に沿ったハザード分析を行うためのものである．STAMP/STPAは，慣習的なアクシデントに対するものだけでなく，多様な望まないイベントに対するハザードに対しても効果的に適用可能とされている．

上記の分析手順においても，上流工程での成果物の品質が悪かったりトレーサビ

リティがとれないと，後続の工程の成果物の品質が下がったり，無駄な手戻りが発生したりする．このような問題を解決するために，形式仕様記述向けの辞書活用の手法を応用するアプローチを提案する．

4 辞書活用

アーキテクチャの考えを使わない形式的な辞書の活用として，自然言語記述の品質改善のために辞書を活用し，形式モデルを作成してその検証結果をフィードバックする手法が既に提案されている．この節では，そのようなアプローチを，図1のようにSTAMP/STPAを用いながら段階的に詳細化して形式化していくような，アーキテクチャの記述と分析に関連付けることを議論する．

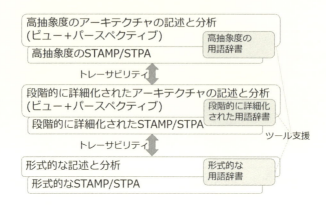

図 2　STAMP/STPA を用いた段階的アーキテクチャ分析と辞書支援

4.1 既存の辞書活用法

既存の辞書活用の手法では，以下のような手順が想定されている [4]．
1. キーワード抽出
2. グループ化 I
3. 類義語・多義語の整理
4. グループ化 II
5. キーワード (状態) の追加
6. キーワード (動詞句) の追加
7. パラメータ化
8. 形式モデルの詳細化
9. フォーマルメソッドによる形式モデル検証
10. 要件定義書へのフィードバック

また，その手順をサポートするツールも作成されており，提案手法では，ツールの活用により，自然言語記述から形式モデルの作成および形式モデル上の検証結果の自然言語記述へのフィードバックが効率良くできるとされている．

アーキテクチャ記述においても，初期段階は自然言語中心のステークホルダ間のやり取りを通して徐々にアーキテクチャが具体化するため，前述の提案と以下のような共通点がある．

- 自然言語の重視：特に初期段階においては，様々なステークホルダが関与し，過度に数理的に厳密な記法を用いても建設的な情報や課題の共有ができないことがある．そのため，目にする成果物は自然言語や非形式的な記法で作成され，それらの記述に形式的な記述と分析の裏付けがある方が受け入れられやすい．

- 弱いモデル結合：提案手法では，自然言語記述とモデルのマッピングのみがツールで管理される．これにより過度の形式化による弊害を避けたうえで，自然言語のみでの取り組みの弱点を改善する．

しかしながら，上記では，安全性やセキュリティといったパースペクティブでモデル化や分析の支援は明示的に含まれない．そのため，このようなアプローチでシステム理論に基づく STAMP/STPA を有効に活用することを検討する．

4.2 STAMP/STPA での辞書活用

STAMP/STPA での辞書活用を検討に関して，まず，前述の STAMP/STPA の手順のうちアーキテクチャの記述や分析に関連が深いと考えられるステップについて紹介した後，辞書活用を議論する．

4.2.1 準備 1

STPA の準備 1 で定める主要なモデル要素，アクシデント，ハザード，安全制約は，以下のように定義されている．

- アクシデント：望んでもいないし計画もしていない，損失につながるようなイベントをアクシデントとする．人命喪失，けが，物損，環境汚染，ミッション喪失，経済的損失などが損失に相当する．
- ハザード：環境のある最悪な条件と重なることでアクシデントにつながるような，システムの状態の集合もしくは条件をハザードとする．これは，以下のような二つの点を念頭においた定義である．第一に，ハザードがコントロール対象のシステムの境界内のものであり．コントロール対象のシステムの範囲，コントロール範囲外の環境との境界が明確になっている必要がある．第二に，ハザードが実際に損失につながるのは，ハザードと組み合わさる，最悪の環境条件の存在が必要である．
- 安全制約：ハザードが識別されると，それらからシステムを安全に保つための要件もしくは制約を導ける．トップダウンに考える場合，まず高レベルの安全制約が導かれることになる．安全制約はこの段階ですべて確定するとは限らず，後の STPA の手順の実施によっても導出，修正されることもある．

このようなステップにおいて，アクシデントやハザードを定義するにあたり，パースペクティブのようなアーキテクチャアプローチが有効と考える．しかしながら，STAMP/STPA では，ハザードはシステムの状態の集合もしくは条件であり，それらが曖昧なままだと，安全制約やハザードの分析も曖昧となってしまう．そのような課題に対して，辞書活用手順 (5) のような，状態に着目した手順が効果的と考えられるため，パースペクティブを用いたアーキテクチャの記述や分析にも辞書活用は有効と考える．

4.2.2 準備 2

コントロール構造の構築に関して，アーキテクチャ初期段階では特に，それが明らかでない状態からの構築と見直しを繰り返すことになる．その初期段階の構築は，機能面に着目してトップダウンに始めることが推奨されており，機能に着目した仕様記述向けの辞書活用手順が有効である．また，コントローラ側が持つプロセスモデルに関して，モデル変数やコントロールアルゴリズムの記述の質が低いと，安全制約に関する解釈を誤ったり，解釈の幅が広がったりするといった問題が生じる．このような問題に対して，多様なステークホルダ間で共有する記述では自然言語を用いるにしても，形式手法で裏付けのできる辞書活用方式は有用である．

その一方，VDM のような形式仕様記述言語では，アーキテクチャレベルの記述や分析が直接支援されているわけではないので，AADL(Architecture Analysis and Design Language) のようなアーキテクチャ記述言語を用いるフレームワークとの併用が有効と考えられる．

4.2.3 Step1

UCA の識別に関しては，コンポーネントレベルだけでなく，システムワイドな観点での考察が必要になる．このようなシステムワイドな考察という観点でも，コントロール構造やプロセスモデルを適切な厳密さで記述するために辞書の活用が有効と考える．しかしながら，前述の準備2のフェーズと同様に AADL のようなフレームワークとの併用によりさらにその有効性が高まると考える．

4.2.4 Step2

通常の STAMP/STPA の記述は，機械的に実行できるものではないため，誘発要因の分析はシナリオベースに人手によって行われることが多い．機械処理可能な数理的記述を自動で実行せず，人手により分析する場合でも，記述の品質が低いと効果的な分析ができず，辞書活用は STAMP/STPA の手順全体に効果があると考える．

また，AADL のエラーアネックス EMV2 のような，オントロジーレベルでの自動分析支援 [11] [12] との適合性もよいと考える．EMV2 ではエラーとその階層の定義をユーザも行うことができる．その際に，形式仕様記述向けの辞書を活用することで，そのような定義を適切な厳密度のレベルで矛盾をチェックしながら行うことができると考える．

5 おわりに

システム理論に基づく STAMP/STPA を用いてアーキテクチャパースペクティブに取り組む際に，形式仕様記述向けの辞書の活用手法を応用するアプローチを提案し，活用のポイントを議論した．今後は，提案アプローチにより STAMP/STPA における安全制約やプロセスモデルの記述品質の向上に関して事例を収集する予定である．また，パースペクティブの分析を通じ，関連するビュー記述の品質向上が期待される点について評価実験を行っていく予定である．

参考文献

[1] ニック・ロザンスキ, オウェン・ウッズ, 監訳：榊原彰, 訳：牧野祐子. ソフトウェアシステムアーキテクチャ構築の原理 第二版 (Software Systems Architecture). SB Creative, 2014.

[2] N. G. Leveson. *Engineering a safer world: Systems thinking applied to safety*. MIT press, 2011.

[3] 日下部茂 他. システム理論に基づく STAMP/STPA を用いたソフトウェア・アーキテクチャ分析の提案. 情報処理学会研究報告ソフトウェア工学 (SE), 2017-SE-196 No.16, 2017

[4] 大森洋一 他. 自然言語による仕様記述の形式モデルへの変換を利用した品質向上に向けて. 情報処理学会論文誌 プログラミング, Vol.3, No.5, pp.18-28, 2010

[5] P. Kruchten. Architectural blueprints? the "4+ 1" view model of software architecture. *Tutorial Proceedings of Tri-Ada*, 95:540–555, 1995.

[6] R. T. Monroe, A. Kompanek, R. Melton, and D. Garlan. Architectural styles, design patterns, and objects. *IEEE Softw.*, 14(1):43–52, Jan. 1997.

[7] 沢田篤史, 野呂昌満. ソフトウェアアーキテクチャの設計と文書化の技術 (特集 サーベイ論文). コンピュータソフトウェア, 32(1):35–46, Feb. 2015.

[8] W. Young and N. G. Leveson. An integrated approach to safety and security based on systems theory. *Communications of the ACM*, 57(2):31–35, 2014.

[9] A. Abdulkhaleq, S. Wagner, and N. Leveson. A comprehensive safety engineering approach for software-intensive systems based on STPA. *Procedia Engineering*, 128:2 – 11, 2015.

[10] C. H. Fleming. *Safety-driven Early Concept Analysis and Development*. PhD thesis, MIT, 2015.

[11] S. Procter and J. Hatcliff. An architecturally-integrated, systems-based hazard analysis for medical applications. In *Formal Methods and Models for Codesign (MEMOCODE), 2014 Twelfth ACM/IEEE International Conference on*, pp. 124–133. IEEE, 2014.

[12] 岡本圭史. Aadl を用いた stamp/stpa 支援. ソフトウェア・シンポジウム, 6 月, 2017.

MVCアーキテクチャのメタレベル適用による形式仕様モデルに関する考察

Consideration on formal specification model by appling MVC architecture in meta-level

張 漢明[*]　野呂 昌満[†]　沢田 篤史[‡]

あらまし　ソフトウェア開発における形式仕様導入の障壁として，形式仕様の難解さと記述のための適切な指針がないことがあげられる．本稿では，可読性の高い統一仕様モデルとそのモデルに基づいた形式記述法について考察する．形式仕様記述のメタモデルを MVC アーキテクチャの概念に基づいて定義し，詳細化関係を考慮した構成要素および要素間の関係を整理する．形式仕様記述法として，形式仕様言語 VDM-SL による宣言的で簡潔な関数を用いたテンプレート記述を提示する．

1　はじめに

　ソフトウェア開発において，仕様は正当性検証の基準として重要である．開発者は開発対象の設計やプログラムの正当性を仕様に基づいて検証し，顧客は成果物の妥当性を仕様に基づいて確認する．ソフトウェア開発者は仕様の重要性を認識しているが，仕様を適切に記述することは容易な作業ではない．開発対象で実現する本質を理解して，簡潔かつ正確に抽象化して記述することが求められるからである．

　ソフトウェアの信頼性を向上させるために，形式手法は有望な技術であり [3]，Felica IC チップの開発 [5] などの実践事例においても，形式手法が最終成果物であるプログラムコードの品質向上に寄与することが報告されている．

　ソフトウェア開発における形式仕様導入の障壁として，形式仕様の難解さと記述のための適切な指針がないことがあげられる．集合や論理式による数式の意味を理解することと対象概念を数式での表現すること，さらに複数存在する数式の表現方法の中から適切な表現を選択することが難しいことが問題となっている．

　本研究の目的は可読性の高い形式仕様を記述するための統一仕様モデルと記述法を提示することである．可読性が高く，曖昧さのない厳密な形式仕様は，開発者間における対象の共通理解のための記述として重要である．統一的な仕様モデルと記述法の提示は，仕様を記述するさいの指針となり得る．

　本研究では，形式仕様の書き方を規定するメタモデルを MVC アーキテクチャの概念を用いて整理する．形式仕様では，開発対象の静的構造と動的構造を形式的に記述する．形式仕様とその記述作業をモデル化の対象とし，静的構造と動的構造を，インタラクティブシステムの記述で一般的に用いられる MVC アーキテクチャの概念を用いて明示する．本研究では，開発対象のモデルを形式的な仕様として記述するためのモデルを「形式仕様メタモデル」とよぶ．

　MVC アーキテクチャを適用した形式仕様のメタレベルの解釈を以下に示す．

　　モデル　形式仕様を構成する要素および要素間の関係（静的構造）
　　ビュー　形式仕様記述言語を用いた形式仕様の表現
　　コントローラ　形式仕様を開発するプロセス（動的構造）

モデルでは，対象の形式仕様を「構成要素」，「MVC モデル」，「抽象度」の 3 つの観点から分類するとともにそれぞれの構造を示す．ビューでは，形式仕様記述言語を用いた仕様の表現の枠組みを提示する．コントローラでは，形式仕様の編集に加え

---

[*]Han-Myung Chang, 南山大学

[†]Masami Noro, 南山大学

[‡]Atsushi Sawada, 南山大学

て，正当性検証や妥当性確認などの開発作業を規定する．

　本稿では，形式仕様メタモデルの設計方針を述べ，モデルの観点に対応する対象モデルの形式仕様と，ビューに対応する形式仕様表現の例として形式仕様言語 VDM-SL [2] [4] を用いた副作用のない関数による記述のテンプレートを提示する．

2　形式仕様メタモデルの設計方針

　形式仕様の書き方を規定するメタモデルを MVC アーキテクチャの概念を用いて分析する．以下，モデルに対応するものを「仕様モデル」，ビューに対応するものを「仕様表現」，コントローラに対応するものを「仕様記述プロセス」とよぶ．

　形式仕様メタモデルは，形式仕様を用いるソフトウェア開発のための支援ツールや統合環境の構造を規定するものと位置づけることができる．開発支援ツールにおいて GUI の利用は一般的である．統合環境においては，アジャイル，テストファースト等，成果物を頻繁に更新する開発プロセスモデルへの対応が求められる．形式仕様に基づく開発のためのソフトウェアには，開発対象の仕様モデルを特定の表現方法から分離し，仕様モデルの更新作業をきっかけにして，場合によっては複数視点からの仕様表現をリアクティブに更新して開発者に提示し，次の開発作業へつなげることが求められる．我々はこのようなソフトウェアの構造として，MVC アーキテクチャが適切であると判断した．

仕様モデル（モデル）

　仕様モデルでは，用語の構造，すなわち，用語間の関係を，「構成要素」，「MVC モデル」，「抽象度」の３つの観点からクラス図を用いて整理する．構成要素は形式仕様に必要な，もの，操作，述語などに対する概念とそれらの関連を示す．MVC モデルは，記述対象の構造，表現，処理を，MVC アーキテクチャにしたがって分離することで，それぞれの独立性や再利用性を仕様記述の段階から考慮するために導入する．抽象度は抽象度の違う記述を「詳細化関係」を用いて関連づけることにより，仕様記述間の追跡性と正当性検証を可能にする．

仕様表現（ビュー）

　仕様表現では，形式仕様モデルの構成要素と関連を，形式仕様言語を用いて記述する．形式仕様言語の分類の一例を以下に示す．
- 「モデル指向型」と「性質指向型」：モデル指向では，対象の構成要素を集合や列などの数学オブジェクトに対応させてモデル化する．性質指向では，等式などを用いてシステムの性質を記述することにより仕様を記述する．
- 「手続き型」と「関数型」：手続き型は，外部変数や局所変数を利用した手続き型プログラミング言語の概念を用いて仕様を記述する．「関数型」は副作用のない関数型プログラミング言語の概念を用いて仕様を記述する．
- 「オブジェクト指向」：手続き指向型や関数型の形式仕様言語で，オブジェクト指向の概念を取り入れたものがある．

これらの分類の中から，本稿では，「モデル指向型」の形式仕様言語 VDM-SL を用いて，「関数型」の言語要素を用いたテンプレートを提示する．

仕様記述プロセス（コントローラ）

　仕様記述プロセスでは，形式仕様の編集作業に加えて，仕様の正当性検証や妥当性確認などの仕様に関する開発作業を規定する．正当性検証では，検証条件の導出や，テストを用いた正当性検証の方法などが含まれる．仕様のテストについては，仕様に基づくテストケースの自動生成や，仕様のテストケースのプログラムの正当性検証への応用などが考えられる．

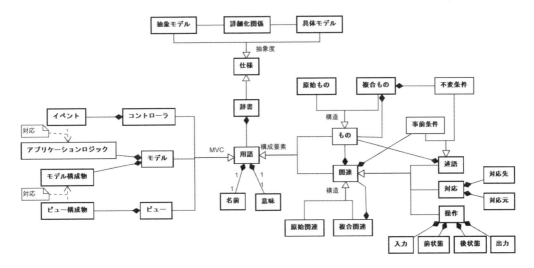

図1　仕様モデル

3　仕様モデル（モデル）

前節の仕様モデルの設計方針に基づいて，仕様の静的構造をクラス図で表した仕様モデルを図1に示す[1]．辞書の用語に着目し，前述した3つの観点から整理した．

3.1　辞書

図1には，辞書は用語の集まりで，用語は名前と意味を定義するものであることが示されている．仕様記述では，用語の「名前」と「意味」を定義する．形式仕様では型や関数などの識別子が名前に対応し，それらの定義が意味に対応する．仕様の形式化は対象ドメインの概念に名前をつけて，その厳密な意味を定義することを強制する．

仕様の可読性は，プログラムの場合と同様に，変数や関数名すなわち識別子に適切な名前をつけることに依存する．形式仕様記述の困難さは，対象概念を数式で厳密に記述することに加えて，対象ドメインの概念を抽出して「概念に適切な名前をつける」という，仕様記述の本質的な難しさを含む．以降で提示する「構成要素」，「MVCモデル」，「抽象度」による分類は対象概念を抽出するさいの指針となる．

3.2　構成要素

仕様を形式的に記述するさいの用語の概念を整理したものが「構成要素」による分類である．図1では，用語はものと関連に分けられ，ものと関連はそれぞれ木構造を持ち，関連には述語，対応，操作があることが示されている．

対象ドメインの概念を抽出するさいには，まず「もの」を特定する必要がある．ものには「原始もの」と「複合もの」があり，複合ものは木構造を持つ．原始ものは分解できない基本構造である．原始ものの定義は，仕様の段階で言及する対象の抽象度を決定する．例えば，仕様のある段階で住所録システムの「住所」の構造を規定しない場合，「住所」を原始ものとする．仕様の段階で考慮する抽象度を明示することにより，仕様の本質的な議論が深まる．複合ものにはものを構成する要素間の「不変条件」が存在する．不変条件は構成要素が常に満たす条件である．不変条件は，対象を設計やプログラムで実現するさいに満たすべき基準として重要である．

---
[1] 汎化関係の矢印に添えられた語は分類軸を表す．

関連は複数のものから構成され「述語」,「対応」,「操作」に分類される. 関連には「原始関連」と「複合関連」があり, 複合関連は木構造を持つ. 原始関連は形式仕様言語の基本構文だけを用いて, 他の関連を用いずに定義される. 複合関連は他の関連を用いて対象ドメインの用語で定義される. 複合関連は数式を用いずに用語で構成されるので, 自然言語に近い形式で可読性が向上することが期待できる.

図1では, 述語は複数のもの, 対応は対応元と対応先, 操作は前状態と入力および後状態と出力から構成されることが示されている. これらの関連のモデルは, それぞれの構成要素を定義するさいに必要な概念を明示している.

構成要素の分類は, 形式仕様を記述するさいに必要な要素を特定している. これら要素を, さらに「MVCモデル」と「抽象度」の観点に基づいて分類する.

3.3　MVCモデル

システムは, 環境からのイベントに対して, 操作, 制御, 出力するものであるととらえ, 対象の仕様を「MVCモデル」を用いて構造化する. MVCモデルでは, 対象の構成要素を「モデル」,「ビュー」,「コントローラ」に分割する. 図1には, コントローラはイベント, モデルはモデル構成物とアプリケーションロジック, ビューはビュー構成物で構成されることが示されている. さらに, イベントはアプリケーションロジック, ビュー構成物はモデル構成物に依存している.

コントローラでは, 仕様インターフェースとしてイベントを特定し, イベントにアプリケーションロジックを対応させる. アプリケーションロジックは操作を用いて定義される. モデルでは, モデルの構成物を特定しその構成物に対するアプリケーションロジックを操作として定義する. ビューでは, ビューの構成物を特定して, モデル構成物との依存関係を対応を用いて定義する.

3.4　抽象度

大規模なシステム開発では段階的な詳細化の記述と, 詳細化関係の記述を明記して詳細化関係にある記述間の追跡性を確保することが重要である. 例えば,「ハードウェア非依存モデル」と「ハードウェアモデル」について考えると, 詳細化関係は, ハードウェア非依存モデルとハードウェアモデル間の「構成要素」の対応を定義する. 構成要素の対応を定義することにより, 詳細化の追跡性を確保し, ハードウェア非依存モデルのテストケースを再利用することが可能となる. ハードウェアが変わった場合, 対応関係を定義すれば, ハードウェア非依存モデルのテストケースに対応関係を適用することにより, ハードウェアモデルのテストケースを導出することができる.

4　VDM-SLによる仕様表現（ビュー）

本章では, 仕様モデルの構成要素に対して形式仕様言語VDM-SLによる関数スタイルのテンプレートを提示する.

4.1　構成要素
4.1.1　もの

ものは「原始もの」と「複合もの」で構成され, それら全てに型付けを行うことで, ドメインで共有するものの概念を明示する. テンプレートを以下に示す.

```
types
    もの名型 = 基本データ型
```

原始ものは分解できない基本構造で, 数値型や文字型などのVDM-SLの基本データ型を用いて定義する. 仕様の段階で詳細なデータ構造を未定義にする場合はtoken型を用いることにより明示する.

```
types                           functions
    もの名型::                       INV_複合もの:複合もの型 -> bool
```

構成物名1: 構成物1型	INV_複合もの (複合もの) ==
構成物名2: 構成物2型	定義
:	
構成物名n: 構成物n型	

　複合ものは VDM-SL のレコード型を用いて定義する．レコードを構成する識別子（タグ名）に構成物名（ものの名前）とその型を対応させる．そして構成物間で常に保持すべき条件を「不変条件」として後述の述語を用いて定義する．

4.1.2 関連

　関連には「原始関連」と「複合関連」がある．原始関連は他の関連を用いずに，VDM-SL の構文要素だけで定義される基本的な関連である．一方，複合関連は関連を用いて定義される．

述語

```
functions
   述語名:『もの型列』-> bool          もの1型 * もの2型 *...* もの n型
   述語名 (『もの列』) ==               もの1, もの2,..., もの n
      条件定義
```

　述語は引数として対象とするものをとり，ブール型の値を返す関数として定義する．『もの列型』と『もの列』はそれぞれ長さが $n(n > 0)$ のもの型の列およびものの列である．

対応

```
functions
   対応名:『対応元型列』-> 対応先型
   対応名 (『対応元列』) ==
      対応先定義
```

　対応は引数として（複数の）対応元をとり，対応先を返す関数として定義する．『対応元型列』と『対応元列』はそれぞれ前述の『もの型列』と『もの列』である．

操作

```
functions
   操作名:『入力型列』* 対象物型-> 対象物型 * 出力
   対応名 (『入力列』, 前状態) ==
      後状態定義
```

　操作は引数として（複数の）入力と操作対象の前状態をとり，対象物の後状態と出力を返す関数として定義する．関数モデルの計算では外部変数の概念がないので，関数の引数として操作対象の前状態をとり，後状態を関数の値にとることで，操作の仕様を記述する．

4.2 MVC モデル

　対象システムの仕様は前述の「もの」と「関連」を用いて定義するが，システムの仕様インターフェースとして，イベントとビューに着目する．イベントはアプリケーションロジックに依存し，ビューはモデル構成物に依存する．これらの記述のテンプレートを以下に示す．

ビュー

　ビューは「対応」を用いて以下の形式で記述する．

```
functions
   ビュー名:モデル構成物型 -> ビュー構成物
   ビュー名 (モデル構成物) ==
      ビュー構成物への対応定義
```

　ビューでは，モデル構成物を用いてビュー構成物への対応を定義する．

コントローラ

　コントローラは「操作」を用いて以下の形式で記述する．

```
functions
   イベント名:『入力型列』* 対象物型 -> 対象物型 * 出力型
   イベント名 (入力列, 対象物) ==
```

```
let 入力列 x = 変換 (入力列，対象物)
in アプリケーションロジック (入力列 x，対象物)
```

コントローラでは，イベントの入力列をアプリケーションロジックの入力列に変換して，アプリケーションロジックを適用する．アプリケーションロジック（モデル）は本質的な概念として最も重要であり，コントローラの定義においてイベントの意味をアプリケーションロジックを用いて定義する．

4.3　抽象度

本稿では，抽象度として「ハードウェア非依存モデル」と「ハードウェアモデル」との関係を取り上げる．ハードウェアモデルでは，ハードウェア非依存モデルで記述した MVC モデルにおける「モデル」をハードウェアモデルで詳細化し，「ビュー構成物」と「イベント」を特定して，これらの間の関係を「詳細化関係」として記述する．「ビュー構成物」と「イベント」の定義は，上述の MVC モデルにおける「ビュー」と「コントローラ」を用いて定義する．
「モデル」の詳細化は以下の対応を用いて記述する．

```
functions
  モデル構成物対応:ハードウェア構成物型 -> モデル構成物型
  モデル構成物対応 (ハードウェア構成物) ==
    対応
```

この対応の定義が，ハードウェア非依存モデルとハードウェアモデルのインタフェースを規定する．

5　おわりに

本稿では，可読性の高い形式仕様を記述するための「形式仕様メタモデル」を MVC アーキテクチャの概念を用いて分析し，モデルに対応する「仕様モデル」を提案するとともに，ビューに対応する「仕様表現」の一例として，形式仕様言語 VDM-SL を用いた関数による記述のテンプレートを提示した．提案する仕様モデルは，対象概念の数学的な表現を「原始的な」原始ものと原始関連に集約し，「複合的な」複合ものと複合関連では，条件式や更新式などのの簡潔な基本構文とドメインの用語を用いて，可読性の高い記述を提供する．これらの概念は「形式仕様表現」に形式仕様言語に対応付けられる．特定の仕様記述言語によって記述されたテンプレートを用いることにより，形式仕様記述の支援を図ることができる．

本稿では，コントローラに対応する「仕様記述プロセス」について，具体的な言及はしていない．仕様の編集だけでなく，様々な開発局面における利用を想定したプロセスの検討は今後の課題である．

提案した形式仕様メタモデルの有用性，妥当性を実践的な事例を用いて検討することも今後の課題である．我々は現在，自動販売機の仕様書 [1] を事例として，形式仕様メタモデルの妥当性について議論しているが，今後はその結果から問題点や改善項目を抽出・整理し，モデルを洗練する予定である．

謝辞　本研究の一部は，JSPS 科研費 16K00110，2017 年度南山大学パッヘ研究奨励金 I-A の助成を受けて実施した．

参考文献

［1］ ASTER 自動販売機ハードウェア構成および販売者用機能仕様，http://aster.or.jp/business/contest/doc/2015tdc-v1_1.zip.
［2］ Fitzgerald, J. and Larse, P.G.: Modelling Systems, Cambridge, (2009).
［3］ Hall, J.A.: Seven Myths of Formal Methods, IEEE Software, 7(5): pp. 11-19 (1990).
［4］ 荒木啓二郎，張漢明：プログラム仕様記述論，オーム社 (2002).
［5］ 栗田太郎：携帯電話組込み用モバイル FeliCa IC チップ開発における形式仕様記述手法の適用，情報処理，Vol. 49，No. 5，pp. 506-513 (2008).

3次元満足度行列における層の数理モデル

Mathematical Model of the Layer in Three-dimensional Preference Matrix

佐藤 慎一 [*]

あらまし 本稿では，3次元満足度行列における「層」概念が数理的に定義され，層概念に基づいて定義される3次元満足度行列には値を持たない成分(空成分)が存在することが示される．その上で，空成分を除去した3次元満足度行列にする補完公理が与えられる．

Summary. In this paper, the 'layer' concept in three-dimensional preference matrix is mathematically defined, thereby it is proved that there can be the components each of which has not the value: 'empty component' in three-dimensional preference matrix. Furthermore, on that basis, axiom of supplement is given to make a three-dimensional preference matrix one without empty components.

1 はじめに

満足度行列は，ゴールモデル AGORA [2] の持つ属性の1つである．著者は，満足度行列を3次元に拡張した3次元満足度行列を提案し，その数理的な定義を与えた [3]．3次元満足度行列は，従来の満足度行列に奥行きを持たせたものであり，複数の満足度行列を重ねたものとして捉えることができる．そこで本稿では，3次元満足度行列における層の概念を数理的に定義し，層の持つ種々の特性を証明を通じて明らかにする．特に，層概念に基づく3次元満足度行列には値を持たない成分(空成分)が存在することを明らかにし，空成分を除去した3次元満足度行列が作成可能であることを示す．

本稿の構成は次の通りである．2節では，満足度行列および3次元満足度行列の定義が確認される．3節では，層概念に基づく3次元満足度行列の定義が与えられる．この定義において空成分が存在することが示され，空成分を除去する補完公理が与えられる．4節では，まとめと今後の課題が述べられる．

2 既存研究

2.1 満足度行列

満足度行列 [2] は，ゴールグラフ上の個々のゴールに対して設定される．満足度行列の成分は，「満足度」と呼ばれる．満足度は，ゴールが達成された場合に，ステークホルダが各々の立場から判断してどの程度満足するかの度合いを表す．この度合いは，-10 から 10 までの整数として定義される．ただし，ステークホルダ間の満足度の一致度合いを測定するため，自身の立場から評価するだけでなく，他のステークホルダならばどのような満足度を持つかを推測し，他のステークホルダの立場からの評価も行う．そのため，満足度は行列として個々のゴールに設定される．この行列が満足度行列である．満足度行列の例を図1に示す．満足度行列は，ステークホルダに顧客を含む．ここでは，ステークホルダとして利用者 (u)，経営者 (o)，開発者 (e) の3者を考えており，利用者と経営者が顧客に該当する．ゴール g の満足度行列 $\underline{P}(g)$ は，$|S|$ 行 $|S|$ 列の正方行列として，次の通り数理的に定義される [3]．

定義 2.1 (満足度行列).

$$\underline{P}(g) := \left(p_{s,s'}(g)\right)_{s,s' \in S} \tag{1}$$

ただし，S は異なるステークホルダを要素とする集合であり，s と s' は，個々の

---

[*]Shin'ichi SATO, 青山学院大学

$$
\begin{array}{ccc}
 & \begin{matrix} u & o & e \end{matrix} & \\
\begin{matrix} u \\ o \\ e \end{matrix} &
\begin{matrix} 8 & -7 & 0 \\ 10 & 10 & -10 \\ 5 & -10 & 0 \end{matrix}
\end{array}
$$

図1: 満足度行列の例. 各行のラベル u, o, e は, 評価者を表す. 各列のラベル u, o, e は, 被評価者を表す. u と o は顧客に該当する.

ステークホルダを表す $(s, s' \in S)$. $p_{s,s'}(g)$ は, s が s' の立場から設定した満足度を表す. 例えば, 図1の満足度行列は次の通りである.

$$
\underline{P}(g) =
\begin{array}{c}
\\ u \\ o \\ e
\end{array}
\begin{pmatrix}
p_{u,u}(g) & p_{u,o}(g) & p_{u,e}(g) \\
p_{o,u}(g) & p_{o,o}(g) & p_{o,e}(g) \\
p_{e,u}(g) & p_{e,o}(g) & p_{e,e}(g)
\end{pmatrix}
$$
$$
= \begin{pmatrix}
8 & -7 & 0 \\
10 & 10 & -10 \\
5 & -10 & 0
\end{pmatrix}
$$

また, 各行の満足度および各列の満足度は, 次の通り定義される [3].

定義 2.2 (満足度の行ベクトル).
$$
\boldsymbol{p}_s^{\mathrm{R}}(g) := \left(p_{s,s'}(g) \right)_{s' \in S} \tag{2}
$$

定義 2.3 (満足度の列ベクトル).
$$
\boldsymbol{p}_s^{\mathrm{C}}(g) := \left(p_{s',s}(g) \right)_{s' \in S} \tag{3}
$$

例えば, 図1の満足度行列の利用者 u の満足度の行ベクトルは, $\boldsymbol{p}_u^{\mathrm{R}} = \begin{pmatrix} p_{u,u}(g) \\ p_{u,o}(g) \\ p_{u,e}(g) \end{pmatrix} = \begin{pmatrix} 8 \\ -7 \\ 0 \end{pmatrix}$, 経営者 o の満足度の列ベクトルは, $\boldsymbol{p}_o^{\mathrm{C}} = \begin{pmatrix} p_{u,o}(g) \\ p_{o,o}(g) \\ p_{e,o}(g) \end{pmatrix} = \begin{pmatrix} -7 \\ 10 \\ -10 \end{pmatrix}$ である.

2.2 3次元満足度行列

ゴール g の3次元満足度行列は, 次の通り定義される [3].

定義 2.4 (3次元満足度行列).
$$
\underline{P}^3(g) := \left(\boldsymbol{p}_{\delta,v}(g) \right)_{\substack{\delta \in \mathcal{S} \\ v \in V}} \tag{4}
$$

ただし, $\mathcal{S}$ は, 同一の立場のステークホルダ (以下,「同一ステークホルダ」) の組を要素とする集合, V は, ステークホルダの立場上の観点を要素とする集合であり, 式(1)における S に等しい. $\boldsymbol{p}_{\delta,v}(g)$ は, ゴール g に対して, 同一ステークホルダの組 $\delta \in \mathcal{S}$ がステークホルダの立場上の観点 $v \in V$ から設定した満足度を表す[1].

図2に3次元満足度行列の例を示す. この3次元満足度行列は, 3つの同一ステークホルダの組 $u = \langle u_1, u_2 \rangle, o = \langle o_1 \rangle, e = \langle e_1, e_2 \rangle$ ($\mathcal{S} = \{u, o, e\}$) と3つの立場上の観点 u, o, e ($V = \{u, o, e\}$) を持つ2つの満足度行列からなる. 成分について見てみると, 例えば, $\boldsymbol{p}_{u,u}(g) = \begin{pmatrix} p_{u_1,u}(g) \\ p_{u_2,u}(g) \end{pmatrix} = \begin{pmatrix} 8 \\ 1 \end{pmatrix}$, $\boldsymbol{p}_{e,o}(g) = \begin{pmatrix} p_{e_1,o}(g) \\ p_{e_2,o}(g) \end{pmatrix} = \begin{pmatrix} -10 \\ 15 \end{pmatrix}$ である.

---

[1] 3次元満足度行列 (定義 2.4) は, 同じ立場の複数のステークホルダの存在を認める一方, ステークホルダの立場上の観点は, 立場ごとに一意に定まることを前提としている. この前提のもと, 同じ立場のステークホルダが1人しか存在しないために満足度行列 (定義 2.1) では同一視されている「ステークホルダそのもの」と「ステークホルダの立場上の観点」が, 3次元満足度行列では明確に区別されている [3].

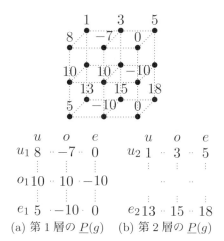

(a) 第1層の $\underline{P}(g)$ (b) 第2層の $\underline{P}(g)$

図2: 2層3次元満足度行列の例．紙面前面から順に，第 k 層 ($k \in \{1,2\}$) の満足度行列を表す．(a) は第1層の満足度行列，(b) は第2層の満足度行列．第1層の満足度行列は図1と同じ．第2層の満足度行列の各成分値は著者が任意に設定した．

3 提案手法

3次元満足度行列は，従来の満足度行列に奥行きを持たせたものであり，複数の満足度行列を重ねたものとして捉えることができる．そこで，重ねた順に，第 k 層 ($k \in \mathbb{Z}_{>0}$) の満足度行列と呼ぶことにする．この捉え方に基づき，n 層からなる3次元満足度行列を「n 層3次元満足度行列」と呼び，次の通り定義する．

定義 3.1 (n 層3次元満足度行列).
$$\underline{P}^{3,n}(g) := \left(p_{s,v}^k(g)\right)_{\substack{s \in S \\ v \in V \\ 1 \leq k \leq n}} \tag{5}$$

ただし，$p_{s,v}^k(g)$ は，第 k 層の満足度行列において s が v の立場から設定した満足度を表す．例えば，図2の2層3次元満足度行列では，第1層の (e,o) 成分は，$P_{e,o}^1(g) = P_{e_1,o}(g) = -10$，第2層の (u,e) 成分は，$P_{u,e}^2(g) = P_{u_2,e}(g) = 5$ である．

各層の満足度行列を要素とする n–組として n 層3次元満足度行列を定義することもできる．

定義 3.2 (n 層3次元満足度行列).
$$\underline{P}^{3,n}(g) := \left\langle \left(p_{s,v}^k(g)\right)_{\substack{s \in S \\ v \in V}} \right\rangle_{1 \leq k \leq n} \tag{6}$$

ただし，$\left(p_{s,v}^k(g)\right)_{\substack{s \in S \\ v \in V}}$ は，第 k 層の満足度行列を表す．例えば，図2の3次元満足度行列は $\underline{P}^{3,2}(g) = \left\langle \left(p_{s,v}^1(g)\right)_{\substack{s \in S \\ v \in V}}, \left(p_{s,v}^2(g)\right)_{\substack{s \in S \\ v \in V}} \right\rangle = \left\langle \begin{pmatrix} 8 & -7 & 0 \\ 10 & 10 & -10 \\ 5 & -10 & 0 \end{pmatrix}, \begin{pmatrix} 1 & 3 & 5 \\ 13 & 15 & 18 \end{pmatrix} \right\rangle$

となる．

定義3.1および定義3.2のいずれも第1層は 3×3 行列であり，正方行列であるという満足度行列の定義を満たす．一方，第2層は 2×3 行列であり，正方行列ではないため満足度行列の定義を満たさない．それ故，満足度行列を重ねたものにならないため，定義3.1および定義3.2は，いずれも層概念に基づく3次元満足度行列の定義としては不完全である．

n 層3次元満足度行列における層を次の通り定義する．

定義 3.3 (層).
$$L^n(g) := \left\langle l^k(g) \right\rangle_{1 \leq k \leq n} \tag{7}$$

ただし，$l^1(g), l^2(g), \ldots, l^n(g)$ は，それぞれゴール g の第 1 層から第 n 層を表す．このように，3 次元満足度行列では，層全体と個々の層を区別し，個々の層は「第 k 層 $(1 \leqq k \leqq n)$」と呼び，単に「層」とだけ呼ぶ場合は層全体を指すものとする．

層 $L^n(g)$ の要素数を「層数」と定義する．

定義 3.4 (層数)．

$$N\big(L^n(g)\big) := \big|\, L^n(g) \,\big| \tag{8}$$

$L^n(g)$ の定義式 (式 (6)) と $\underline{P}^{3,n}(g)$ の定義式 (式 (7)) を比較すれば，$L^n(g)$ と $\underline{P}^{3,n}(g)$ が同等である (これらの間に全単射が存在する) ことがただちにわかる．

系 3.1.

$$l^k : L^n(g) \ni x \mapsto l^k(x) = \big(p_{s,v}^k(g)\big)_{\substack{s \in S \\ v \in V}} \in \underline{P}^{3,n}(g) \tag{9}$$

(証明) 定義 3.2 および定義 3.3 による． $\square$

補題 3.1 (同一ステークホルダの組の次数の範囲)．

$$(\forall \delta \in \mathcal{S}) \left(1 \leqq |\delta| \leqq N\big(L^n(g)\big) \right) \tag{10}$$

(証明) 定義 3.1 または定義 3.2，および定義 3.4 による． $\square$

補題 3.2 (次数が層数に等しい同一ステークホルダの組の存在)．

$$(\exists \delta \in \mathcal{S}) \left(|\delta| = N\big(L^n(g)\big) \right) \tag{11}$$

(証明) 定義 3.1 または定義 3.2，および定義 3.4 による． $\square$

系 3.2 (層数)．

$$N\big(L^n(g)\big) = \max_{\delta \in \mathcal{S}} \big\{\, |\delta| \,\big\} \tag{12}$$

(証明) 定義 3.3 および定義 3.4 より $N\big(L^n(g)\big) = |\, L^n(g)\,| = n$．また，補題 3.1，補題 3.2 が各々成り立つことから，$(\forall \delta \in \mathcal{S})\,(\max\{\,|\delta|\,\}) = n$． $\square$

部分的に成分が存在しない満足度行列が n 層 3 次元満足度行列に現れる理由は，同一ステークホルダの数はステークホルダごとに異なり得るけれども，層数は同一ステークホルダの最大数となる (系 3.2) ためである．例えば，図 2 では，第 2 層に該当する経営者の同一ステークホルダは存在しないため，$\boldsymbol{p}_o^{\mathrm{R},2}(g)$ の成分は存在しない．本稿では，この存在しない成分を「空成分」と呼び ω で表すことにする．

定義 3.5 (空成分)．

$$\omega := \nexists p_{s,v}^k(g) \tag{13}$$

系 3.3 (n 層 3 次元満足度行列の空成分数)．

$$N_\omega\big(\underline{P}^{3,n}(g)\big) := \sum_{\substack{s \in S \\ v \in V \\ k \in n}} b_{s,v}^k(g) \ \text{s.t.} \ b_{s,v}^k(g) = \left\{ \begin{array}{ll} 1 & if \ p_{s,v}^k(g) = \omega, \\ 0 & otherwise \end{array} \right. \tag{14}$$

(証明) 定義 3.1 または定義 3.2，および定義 3.5 による． $\square$

本稿で「ベクトル」という場合には，n 次元実ベクトル空間 $\mathbb{R}^n (n \in \mathbb{Z}_{\geqq 0})$ の要素を指すものとする．そのため，空成分はベクトルの成分にならない．満足度行列の各行と各列はそれぞれベクトルである (定義 2.2，定義 2.3) ため，空成分は満足度行列の成分にもならない．そこで，n 層 3 次元満足度行列の成分が空成分である場合，その成分の満足度は 0 であるものとする．

以下，空成分が存在しない n 層 3 次元満足度行列を「補完 n 層 3 次元満足度行列」と呼び，n 層 3 次元満足度行列から空成分を除去して補完 n 層 3 次元満足度行列にすることを n 層 3 次元満足度行列の「補完」と定義する．n 層 3 次元満足度行列の各層は同一ステークホルダの最大数だけ存在 (系 3.2) することから，各層が正方行列となり満足度行列の定義を満足するためには，空成分を何らかの値に置換するしかない．満足度の定義から，空成分を置換する成分値の候補は，-10 から 10 までのいずれかの整数に限られる．満足度の定義から，この中で空成分に対応する成分値として適当なものは 0 のみである．それ故，ω を 0 で置換することは，n 層 3 次

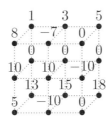

図3: 補完2層3次元満足度行列の例．図2の2層3次元満足度行列におけるすべての空成分が0で置換(補完)されている．

元満足度行列の唯一の補完方法といえる[2]．したがって，この補完は公理である．

公理 3.1 (n層3次元満足度行列の補完)．
$$S(\underline{P}^{3,n}(g)) := (\forall s \in S, \forall v \in V, \forall k \in n)\left(p_{s,v}^k(g) = \begin{cases} 0 & if\ \omega, \\ p_{s,v}^k(g) & otherwise \end{cases}\right) \quad (15)$$

公理3.1によって補完された図2の2層3次元満足度行列を図3に示す．

定義 3.6 (補完n層3次元満足度行列)．
$$\underline{P}^{3,n,S}(g) := \underline{P}^{3,n}(g)\ \text{s.t.}\ (\forall s \in S, \forall v \in V, \forall k \in n)(p_{s,v}^k(g) \neq \omega) \quad (16)$$

例えば，図3の補完2層3次元満足度行列は $\underline{P}^{3,2,S}(g) = \left\langle (p_{s,v}^1(g))_{\substack{s\in S \\ v\in V}}, (p_{s,v}^2(g))_{\substack{s\in S \\ v\in V}} \right\rangle$

$= \left\langle \begin{pmatrix} 8 & -7 & 0 \\ 10 & 10 & -10 \\ 5 & -10 & 0 \end{pmatrix}, \begin{pmatrix} 1 & 3 & 5 \\ 0 & 0 & 0 \\ 13 & 15 & 18 \end{pmatrix} \right\rangle$ である．

また，同一ステークホルダが設定した満足度のベクトルを次の通り定義する．これは，定義2.4における $\boldsymbol{p}_{\mathring{s},v}(g)$ の数理的基礎付けである．

定義 3.7 (満足度の奥行ベクトル)．
$$\boldsymbol{p}_{\mathring{s},v}^{\mathrm{D}}(g) := (p_{s,v}(g))_{s\in \mathring{s}} \quad (17)$$

例えば，図2の2層3次元満足度行列では，利用者が利用者自身の立場から設定した満足度の奥行ベクトルは，$\boldsymbol{p}_{u,u}^{\mathrm{D}}(g) = \begin{pmatrix} p_{u_1,u}(g) \\ p_{u_2,u}(g) \end{pmatrix} = \begin{pmatrix} p_{u,u}^1(g) \\ p_{u,u}^2(g) \end{pmatrix} = \begin{pmatrix} 8 \\ 1 \end{pmatrix}$，経営者が開発者の立場から設定した満足度の奥行ベクトルは，$\boldsymbol{p}_{o,e}^{\mathrm{D}}(g) = (p_{o_1,e}(g)) = (p_{o,e}^1(g)) = (-10)$ である．

補完n層3次元満足度行列には，存在しない架空の同一ステークホルダ(以下，「仮想同一ステークホルダ」と呼ぶ)に対応する満足度の奥行ベクトルの成分が含まれ得る．しかし，定義3.7は，実在する同一ステークホルダのみを考慮するため，補完により現れる0を奥行ベクトルの成分として含まない．これを含むようにするため，仮想同一ステークホルダを含む同一ステークホルダの組を定義し，それを元に補完3次元満足度行列における満足度の奥行ベクトルを定義する．

定義 3.8 (補完同一ステークホルダの組)．
$$\mathring{s}^{\mathrm{S}} := \langle s_k \rangle_{1 \leq k \leq N(L^n(g))} \quad (18)$$

ただし，層数 $N(L^n(g))$ は所与とする．例えば，図3における経営者の補完同一

---

[2]本稿の補完の対象となる3次元満足度行列は，次の2つの前提を満たすことが暗に仮定されている．(1) 任意の同一ステークホルダの組の要素に欠損はないこと，すなわち，個々の同一ステークホルダの組には，すべての同一ステークホルダが要素として含まれること．(2) すべての同一ステークホルダが必ず満足度を設定すること．したがって，補完対象となる3次元満足度行列において，「一部の同一ステークホルダしか満足度を設定していない」ために欠損している満足度の「補間」は，本稿の補完とは異なる点に注意されたい．なお，この補間を必要とする場合，本稿の補完を行う前段で行われる必要がある．本稿の補完は，「欠損」した満足度を補うためのものではなく，「存在しない」満足度を補うためのものである．

ステークホルダの組は $o^{\mathrm{S}} = \langle o_1, o_2 \rangle$ であり，同一ステークホルダの組 $o = \langle o_1 \rangle$ と異なり，実在する同一ステークホルダ o_1 に加えて，仮想同一ステークホルダ o_2 が要素に含まれる．

定義 3.9 (満足度の補完奥行ベクトル).
$$\boldsymbol{p}_{\delta^{\mathrm{S}}, v}^{\mathrm{D}}(g) := \left(p_{s,v}(g) \right)_{s \in \delta^{\mathrm{S}}} \tag{19}$$

例えば，図3の補完2層3次元満足度行列では，$\boldsymbol{p}_{u^{\mathrm{S}}, u}^{\mathrm{D}}(g) = \boldsymbol{p}_{u,u}^{\mathrm{D}}(g) = \begin{pmatrix} 8 \\ 1 \end{pmatrix}$ であり，利用者の同一ステークホルダの奥行ベクトルは，補完の前後で変わらない．一方，経営者の同一ステークホルダの補完奥行ベクトルは，$\boldsymbol{p}_{o^{\mathrm{S}}, e}^{\mathrm{D}}(g) = \begin{pmatrix} p_{o_1, e}(g) \\ p_{o_2, e}(g) \end{pmatrix} =$

$\begin{pmatrix} p_{o,e}^1(g) \\ p_{o,e}^2(g) \end{pmatrix} = \begin{pmatrix} -10 \\ 0 \end{pmatrix}$ であり，補完前の奥行ベクトル $\boldsymbol{p}_{o,e}^{\mathrm{D}}(g) = (-10)$ とは異なる．

系 3.4 (満足度の奥行ベクトルの次数).
$$\left(\forall \delta \in \mathcal{S}, \forall v \in V \right) \left(\left| \left\{ \pi_k \left(\boldsymbol{p}_{\delta,v}^{\mathrm{D}}(g) \right) \,\middle|\, 1 \le k \le |\delta| \right\} \right| = |\delta| \right) \tag{20}$$

ただし，$\pi_k \left(\boldsymbol{p}_{\delta,v}^{\mathrm{D}}(g) \right)$ は，$\boldsymbol{p}_{\delta,v}^{\mathrm{D}}(g)$ の第 k 成分への標準射影である．

(証明) 定義3.7による． □

系 3.5 (満足度の補完奥行ベクトルの次数).
$$\left(\forall \delta^{\mathrm{S}} \in \mathcal{S}^{\mathrm{S}}, \forall v \in V \right) \left(\left| \left\{ \pi_k \left(\boldsymbol{p}_{\delta^{\mathrm{S}}, v}^{\mathrm{D}}(g) \right) \,\middle|\, 1 \le k \le |\delta^{\mathrm{S}}| \right\} \right| = N \left(L^n(g) \right) \right) \tag{21}$$

ただし，$\mathcal{S}^{\mathrm{S}}$ は，補完同一ステークホルダの組を要素とする集合である．

(証明) 定義3.9による． □

4 まとめと今後の課題

本稿では，3次元満足度行列における「層」概念が数理的に定義された．その上で，層概念に基づく3次元満足度行列の定義が与えられた．従来の3次元満足度行列には，定義上，値を持たない成分 (空成分) は存在しない．しかし，層概念に基づく3次元満足度行列には，定義上，空成分が存在する．そこで，この空成分を除去する補完公理が与えられた．

今後の課題として，次の2つが挙げられる．

1. 品質メトリクスの精緻化
   要求仕様の品質特性を評価する指標である「品質メトリクス」[2] の定義式には，満足度行列の行ベクトルや列ベクトルの「平均」または「分散」が含まれている．3次元満足度行列からもこれらの統計量を算出することは可能である．そこで，今後の課題として，3次元満足度行列から算出される統計量に基づいた品質メトリクスを定義することによって品質メトリクスの精緻化を行うことが挙げられる．

2. 層の整列の数理モデル構築
   n 層3次元満足度行列を構成する層の順序には，定義上，何の制約もない．この順序に意味を与えることは，要求分析のための効果的な分析を可能にする．例えば，「影響度」[1] の順に層を整列すると，影響度の高い層は，影響度の低い層に比べてゴールの「実現可能性」について分析価値が高いものとなるであろう．そこで，今後の課題として，層の整列を数理的に基礎付けることが挙げられる．

参考文献

[1] Alexander, I. and Beus-Dukic, L.: *Discovering Requirements*, John Wiley & Sons, 2009.

[2] Kaiya, H., Horai, H., and Saeki, M.: AGORA: Attributed Goal-Oriented Requirements Analysis Method, *Proc. of the 10th Anniversary IEEE Joint International Conference on Requirements Engineering (RE'02)*, 2002, pp. 13–22.

[3] 佐藤慎一: *Vcn³(g)*: 満足度行列の3次元拡張による顧客のニーズに関する妥当性の拡張, 経営情報学会 *2017年春季全国研究発表大会予稿集*, 2017, pp. 99–102.

フィーチャモデルの記述の妥当性に関する考察

On Appropriateness of Feature Model Definition

岸 知二[*]　野田 夏子[†]

> **あらまし**　フィーチャモデルは可変性管理において広く使われるモデルの一つであるが，プログラム言語などと比べ，その記述の範囲や粒度には恣意性が入り易く，結果として記述の妥当性判断が難しい．本稿では，フィーチャモデルを他の成果物と関連付けて利用する状況において，その記述の妥当性を検討するための方法について考察する．

1　はじめに

　フィーチャモデル（以下 FM）[8]はソフトウェアプロダクトライン（以下 SPL）開発[4]における可変性管理などで使われる可変性モデルである．問題空間の可変性を表す上流工程の重要なモデルであるが，多くのソフトウェアモデルと同様，プログラム言語などに比べて記述の範囲や粒度の設定が難しく，例えばどこまで詳しく書けばよいのか，といった判断に迷うことがある．特に FM を本来のドメイン分析や理解という目的で使う際には属人性，恣意性は避けがたい側面がある．

　一方，FM をフィーチャ構成や製品の導出などの手段として利用する状況も増えている．こうした利用では，人間の理解目的の利用に比べて，記述量，複雑度，厳密性が増す傾向にあるため，記述の妥当性がより大きな問題となる．モデルの記述が不十分であると有用性が低下するし，記述が不必要に詳細であると定義や維持にコストがかかるからである．反面，こうした状況では相対的にその利用は手続き的あるいは機械的となるため，記述の範囲や粒度について一定の客観性を持った議論ができる．

　本稿では，利用目的に照らして必要十分な範囲の必要十分な粒度での記述を妥当な記述と考え，FM の記述が妥当であるかどうかを判断するための方法についての初期の検討結果を報告する．ここでは属人性の高い理解容易性といった側面は考慮せず，モデル操作に照らした無機的な側面から妥当性を議論する．2 章では FM を可変性解決に使う状況における記述の妥当性について考察する．3 章では記述の妥当性を判断する方法について提案する．4 章では提案に関する議論と関連研究に触れ，5 章でまとめを述べる．

2　FM の記述の妥当性

2.1　可変性解決

　FM は可変性モデルのひとつで，製品群の共通性・可変性を外部から観測可能なフィーチャに照らして表現するモデルであり，ドメイン理解や SPL 開発の可変性管理などに使われる．本稿では可変性管理の一部である成果物中の可変性解決を考える．可変性解決とは，特定の製品を開発する際に，成果物中の可変点にどのバリアントを適用するかを決定する作業である．例えば FM 中に稼働 OS として Linux と Windows という二つのフィーチャが定義されているとし，ソースコードという成果物中には Linux 用のコード

---

[*] Tomoji Kishi, 早稲田大学
[†] Nasuko Noda, 芝浦工業大学

片と Windows 用のコード片がバリアントとしてコンパイラ制御文を使って埋め込まれているとする．このとき FM 中で一方のフィーチャを選択した際に，対応するバリアント群を決定する作業である．

可変性解決の方法は多様だが，本稿では以下の方法で行うものとする．問題空間の可変性は FM でモデル化され，成果物中には可変点とバリアントが定義されているものとする．FM 中のフィーチャと対応するバリアントの関係はトレーサビリティリンク(TL)として定義されているものとする．可変性解決は，FM 上でその制約を満たすフィーチャ構成を得，その構成中のフィーチャに TL が定義されていれば対応するバリアント群を求め，それを踏まえ成果物に埋め込まれるバリアント群を得ることによってなされる．この際，例えば#ifdef 文と#else 文でバリアントが排他的に定義されるなど，成果物中でもバリアント間に制約が課せられることがあり，これを踏まえてバリアント群を決定する．

なお TL の定義は，構成管理ツールでの明示的な定義，ルール等での間接的・暗黙的な定義など多様だが，本稿ではその手段は問わない．ただしある時点においてどのフィーチャがどのバリアントと関連付けられているかは明確に定まるものとする．

2.2　記述の妥当性

可変性解決における FM の記述の妥当性について検討する．以下に妥当性について，いくつかの視点と観測を述べる．

■　関連付ける成果物への依存性

一般的には，ひとつの FM が複数の成果物の可変性解決に利用される．例えばひとつの FM をソースコードの可変性解決とテストデータの可変性解決に利用するという状況である．その際，FM の記述がソースコードの可変性解決には適しているが，テストデータの可変性解決には適していないということもありうる．したがって，妥当性検討においてはまず関連付ける成果物との関係性毎にその妥当性を分析的に検討し，必要ならそれらを踏まえて総合的な判断をすることが望ましい．

■　モデル要素の過不足

特定の成果物と関連付けて可変性解決を行うという作業を考えたとき，FM 中にはその作業には関わらないモデル要素が存在しうる．関わらないとはそのモデル要素が定義されていても定義されていなくても，その作業結果に何らの影響を及ぼさないという意味である．そうした関わらないモデル要素が多い場合，その FM は余分なモデル要素を含んでいることになり，妥当性に欠けると考える．逆に，成果物中に FM と関連付けたいバリアントがあるのに，対応するフィーチャがない場合，その FM は必要なモデル要素が不足しており，やはり妥当性に欠けると考える．可変性解決という作業が手続き的に行われる場合，こうしたモデル要素の特定も手続き的に行うことができる．本稿ではこうした妥当性を，FM の構造的な観点からの妥当性と呼ぶ．

■　FM と成果物の表現力（解像度）のバランス

FM 中ではフィーチャ構成に対する制約が定義されており，それにより正しいフィーチャ構成の数が規定される．成果物中のバリアントの選択に関しても前述したように制約があり，それにより正しいバリアントの構成数が規定される．FM から得られる潜在的なフィーチャ構成の数と，成果物から得られる潜在的なバリアント構成の数のバランスも妥当性に影響を及ぼす．

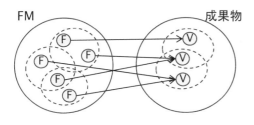 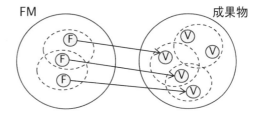

(a) FM中の正しいフィーチャ構成数が、成果物中の正しいバリアント構成数よりも多い場合

(b) FM中の正しいフィーチャ構成数が、成果物中の正しいバリアント構成数よりも少ない場合

図 1　FM と成果物中の正しい構成数のバランス

　直感的な図で説明をする．図 1 の(a)は FM 中の正しいフィーチャ構成数が成果物中の正しいバリアント構成数よりも多い場合である．この場合，正しいフィーチャ構成に対応するバリアント構成が存在しなかったり，あるいは異なったフィーチャ構成が結果的に同じバリアント構成に対応付けられたりすることになり，FM 側が過度の表現力（あるいは解像度）を持っていると言える．(b)は逆の場合であり，FM 側の表現力が不足していると言える．このように FM と成果物の表現力の違いから記述の妥当性を判断できる．本稿ではこうした妥当性を，FM の意味的な観点からの妥当性と呼ぶ．

3　妥当性検討の方法
3.1　全体像
　FM とそれに関係づけられる成果物が与えられたとき，可変性解決をするという目的に照らした FM の記述の妥当性を，以下の手順で検討する．
1. 成果物との関係の特定：妥当性の検討は，まず関係する成果物毎に分析的に行うという立場から，その FM が関連付けられている成果物を明らかにし，それらの成果物との間にどのような TL が定義されており，その TL に参加するモデル要素が何であるかを特定する．
2. 構造的な検討：手順 1 で特定されたモデル要素と，FM の構造に基づいて，対応する成果物の可変性解決に関わるモデル要素を特定し，モデル要素の過不足を調べる．
3. 意味的な検討：手順 2 で特定された可変性解決に関わるモデル要素からなる FM から得られるフィーチャ構成の数と，成果物から得られるバリアント構成の数を求め，表現力を調べる．
4. 上記に基づく検討：上記の作業結果を踏まえ，FM 記述の妥当性について検討する．
以下の節で，各手順について例題を用いて説明する．

3.2　TL に参加するモデル要素の識別
　図 2 の携帯電話の FM を例に，説明する．ここでは携帯電話の製品群の持つフィーチャとその間の制約が表現されている．この FM は，プログラム（ソースコード），パッケージ，設定定義の 3 つの成果物と関連付けられ，それぞれ製造時，出荷時，利用時に可変性解決がなされるものとする．
　対象とする成果物を決めることで，その成果物との間に定義される TL が識別され，それに参加するフィーチャを特定することができる．表 1 は各成果物との間の TL に参加するフィーチャを示したものである．

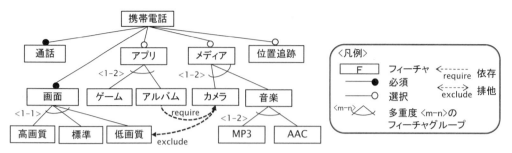

図 2 携帯電話の FM

表 1 成果物との TL に参加するフィーチャ

可変性の意味	TL に参加するフィーチャ	プログラム(製造時)	パッケージ(出荷時)	設定定義(利用時)
画面解像度	高画質, 標準, 低画質	✓		
アプリ種類	ゲーム, アルバム		✓	
メディア種類	カメラ, 音楽	✓		
音楽形式	MP3, AAC			✓
位置追跡有無	位置追跡			✓

3.3 構造的な検討：可変性解決に関わるモデル要素の特定

前手順で特定されたフィーチャを含むフィーチャ構成の決定に影響を及ぼす FM の部分を特定する．これは FM のスライシング[1]を行うことで特定できる．例えば，対象成果物をプログラムとした場合，プログラムの可変性解決に関わる FM 部分は図 3(a)のようになる．必須の通話フィーチャはバリアントに影響しないので削除する．もしもアプリ構成の選択は出荷時まで行えないという場合は，アプリ以下のサブ木は不要となる．(b)はパッケージの可変性解決に関わる FM 部分を示すものである．パッケージの時点では製造時の可変性解決が終わっていることを考慮すると，画面以下のサブ木は不要となる．カメラは決定済だがその有無を参照する必要があるため残される．

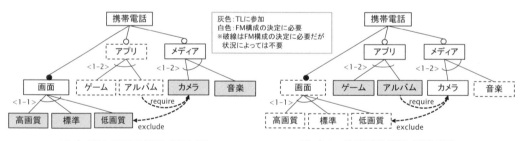

(a) プログラムの可変性解決に必要な部分 (b) パッケージの可変性解決に必要な部分

図 3 プログラムの可変性解決に関わる FM の部分

3.4 意味的な検討：FM と成果物の表現力の比較

プログラムの可変性解決という目的に照らした表現力を考える．TL 選択に直接影響を及ぼすフィーチャ（図 3(a)の灰のフィーチャ）の構成だけを考えると，図 3(a)のモデル部分から得られる構成は 7 通りある．一方プログラムが図 4(a)のように，バリアント間の制約が少ない構造になっているとすると選択可能なバリアント構成は 9 通りとなる．もしも(b)のように実は高画質でないとカメラが選べない構造になっているとすると 5 通

りとなる．パッケージの可変性解決での表現力を考えると，FM では TL 選択に直接影響を及ぼすフィーチャ（図 3(b)の灰のフィーチャ）の構成は 3 通りある．出荷時にゲームとアプリの二つからパッケージするのであれば，成果物側の構成も 3 通りとなる．

```
#ifdef HIGH
  <高画質処理>
#elif defined STANDARD
  <標準画質処理>
#else
  <低画質処理>
#endif

#ifdef CAMERA
  <カメラ処理>
#endif
#ifdef MEDIA
  <メディア処理>
#endif
```

```
#ifdef HIGH
  <高画質処理>
#elif defined STANDARD
#define NOCAMERA
  <標準画質処理>
#else
#define NOCAMERA
  <低画質処理>
#endif

#ifdef CAMERA
#ifndef NOCAMERA
  <カメラ処理>
#endif
#endif
#ifdef MEDIA
  <メディア処理>
#endif
```

(a) 制約のゆるいバリアント定義　　　　(b) 制約のきついバリアント定義

図 4　プログラムのバリアント例

3.5　上記に基づく検討

　まず構造的な観点から考える．プログラムの可変性解決だけが目的であれば，通話，音楽の了フィーチャ(MP3, ACC)，位置追跡といったフィーチャは使われない．前述したようにフィーチャ選択の順序によってはアプリ以下のサブ木も不要となる．またパッケージの可変性解決だけが目的である場合も，通話，音楽の子フィーチャ，位置追跡といったフィーチャは使われない．フィーチャ選択の順序を考えると画面以下のフィーチャも不要となる．もしも開発者に関わるプログラムとパッケージの両方の可変性解決に利用することが FM の目的であれば，これらを総合することにより，位置追跡，音楽の子フィーチャが利用されていないことがわかる．すなわち構造的な観点からは，FM 中のこれらのフィーチャは余分と判断される．

　次に意味的な観点から考える．プログラムの可変性解決だけが目的であれば，プログラムが図 4(a)の場合には FM と成果物それぞれから得られる構成の数は 7 と 9 であり，FM の表現力は 7/9 と小さいことになる．一方(b)の場合には 7/5 と大きいことになる．これらはそれぞれ，選択可能なバリアント構成に対応するフィーチャ構成が存在しない，あるいは正しいフィーチャ構成に対応するバリアント選択ができないなどという状況を引き起こしうる．従って意味的な観点からは，それぞれバランスが悪い．

　上記はあくまで成果物の可変性解決という目的に照らして，FM，成果物，TL の定義から機械的に判断した結果にすぎない．実際には人間の理解容易性や将来に対する考慮のためにモデル要素を余分に定義したり，設計上は自由に組み合わさる部品であっても製品企画上からの制約を FM で定義するため表現力を狭めたりするなど，様々な状況がありえる．しかし検討の出発点としてはあえてそうした属人的の高い側面を排して，無機的な状況をまず認識することが重要と考える．

4　議論と関連研究

　ソフトウェアモデルの記述の妥当性は重要な問題であり，例えば概念モデルの記述粒度に関する研究などもある[6]．ソフトウェアの妥当性はビジネス面を含め，それがどの

ように利用されるかに照らして理解することが重要であるが[10]，その開発に使われるソフトウェアモデルも同様であると考える．本提案ではモデルの構造を手掛かりとした利用面からの妥当性検討の方法について，初期の検討結果を報告した．FM を他の成果物との関係性の中で捉え，成果物毎にモデルの構造的，意味的な側面から妥当性を検討する点に特徴がある．本研究の背景には，モデルの大規模複雑化といった背景の中，許容されるコストの中でそれなりに有用性のあるモデルを構築したいという考え方があり，これは例えば不確かさへの対応[5]などと類似した問題意識に基づくものである．

　本稿では可変性解決に使われる FM を例に妥当性検討の方法を提案した．FM のスライシングや潜在製品数の導出は高計算量であるため，FM の規模が大きい場合には近似的に計算することが現実的である．著者らは本来 NP 困難である FM のスライシングを，フィーチャ数の 3 乗の計算量で近似する手法[9]を提案したが，本手法に適用可能である．

　FM のモジュール化の議論もされており，FM を横断的な関心事に対応付けてモジュール化するアスペクト指向 FM[2]などの研究もある．ある成果物の可変性解決という関心事は，他の成果物に対する関心事と横断的な関係を持つため，提案手法の手順 2 における，特定の成果物の可変性解決に関わるモデル要素群の特定は，その関心事に関わるアスペクト指向的なモジュール化，あるいはビューの分離と捉えることもできる．

　記述の抽象度という観点からは，例えばモデル検査における CEGAR[3]のような抽象度を繰り返しの中で洗練する手法などもある．本手法はまだ検討の初期段階であるが，モデルのリファクタリングなどの動的なプロセスの中で活用することも有用と考える．

5　おわりに

　提案した検討方法は，あくまで目的に照らしたモデルの現状を示すものであり，それを踏まえて FM をどのように修正すべきかを機械的に決定するものではない．例えば FM とプログラムの表現力が違う場合，FM を変更すべきなのか，プログラムを変更すべきなのかは，より上位の意図や目的を踏まえて判断すべきである．本手法を踏まえた，より上位の判断の枠組みの検討は，今後の課題である．

6　参考文献

[1] M. Acher, P. Collet, P. Lahire, and R. B. France: Slicing Feature Models. In Proc. ASE2011, pp.424-427, 2011.

[2] M. Boskovic, G. Mussbacher, E. Bagheri, D. Amyot, D. Gasevic and M. Hatala: Aspect-oriented Feature Models, In Porc. MODELS'10, pp.110-124, 2010.

[3] E M. Clarke, O. Grumberg, S. Jha, Y. Lu, and V. Helmut: Counterexample-guided abstraction refinement for symbolic model checking, Journal of the ACM, vol.50(5), pp752-794, 2003.

[4] P. Clements, and L. Northrop: Software Product Lines: Practices and Patterns. Addison-Wesley, 2001.

[5] D. Garlan: Software Engineering in an Uncertain World, FoSER'10, pp.125-128, 2010.

[6] B.Henderson-Sellers and C. Gonzalez-Perez: Granularity in Conceptual Modelling: Application to Metamodels, In Proc. ER2010, pp.219-232, 2010.

[7] C. Kaestner, S. Apel and K. Ostermann: The Road to Feature Modularity?, in Proc. SPLC 2011, volume 2, article No.5, 2011.

[8] K. Kang, S. Cohen, J. Hess, A.W. Novak and S. Peterson: Feature-oriented domain analysis (FODA) feasibility study. CMU/SEI-90-TR-21, 1990.

[9] 岸知二，野田夏子：近似化によるフィーチャモデルからの製品導出法，KBSE2016-41, pp.13-18, 2016.

[10] E. Simmons: The Usage Model: Describing Product Usage during Design and Development, SOFTWARE, May/June 2006, pp.34-41, 2006.

GSN を利用したゴール指向要求分析における要求間の依存性の検証手法に関する提案

A proposal for a verification method of dependency between requirements in goal-oriented requirements analysis using GSN

岡野　道太郎 * 　中谷　多哉子 †

あらまし　要求分析時に設計や実装に必要な要求を抽出することはソフトウェア開発において重要である．そして，要求抽出を行う際に，要求間の依存性を検証することにより要求抽出の不足を未然に防げる場合がある．本稿の目的は，要求分析において，要求間の依存性の検証を行う手法について提案することである．要求を抽出するのに，本稿ではＫＡＯＳを用いるが，ＫＡＯＳでは要求の依存性を記述することができない．そこでＧＳＮを用いてＫＡＯＳで行ったゴール分解を表現する．するとＧＳＮの特定の箇所を確認することにより，要求の依存性を検証することができる場合がある．その手法を提案する．また，提案手法に対して「酒屋倉庫問題」の事例を適用した結果を示す．

1　はじめに

　要求分析は，設計・実装・テスト工程に先立って行われるため，要求分析における要求の抽出不足は，後工程の設計や実装に影響を与える．そのため，要求分析時に設計や実装に必要な要求を抽出することはソフトウェア開発において重要である．そして，要求抽出を行う際に，要求間の依存性を検証することにより要求抽出の不足を未然に防ぐ場合がある．ここで「要求間の依存性」とは，要求Ａと要求Ｂがあり，要求Ａが実現しなければ要求Ｂを実現させることができない場合,「要求Ｂは要求Ａに依存している」とし,「要求ＡとＢの間に依存性がある」ものとする．仮に，要求Ｂが要求Ａに依存し，要求Ｂのみが要求分析中に抽出されて設計を行ったとすると，後の設計あるいは実装工程で要求Ａの実装が必要なことが判明し，要求Ａに対する予期しない開発工数が発生する可能性がある．しかし設計を行う前に要求間の依存性の検証が可能であれば，要求Ａの必要性を要求段階で知ることができ，予期しない工数発生を未然に防ぐことができる．

　本稿の目的は，要求分析において，要求間の依存性の検証を行うことで，要求の抽出不足を発見する手法について提案することである．要求を抽出するアプローチとして，我々はＫＡＯＳ [1] を用いてきた [2]．要求はシステムが達成する課題・目的に沿って抽出されなければならない．ＫＡＯＳは，システムの目的から要求までの関連が可視化できるため，要求抽出に向いているが，要求の依存性を記述することはできない．そこで我々はＫＡＯＳを活用しつつ要求の依存性を明示する手法について提案する．具体的にはＫＡＯＳによる要求分析をＧＳＮ [3] によって表現し，その結果，ＧＳＮの特定の箇所を検証することにより要求の依存性に問題がある箇所を指摘できる手法を提案する．また，提案手法に対する事例を示す．

　本稿の構成は以下のとおりである．まず第二章の「関連研究」で本稿に関する要素技術についての既存の研究と本稿との関連を示す．第三章の「提案手法」で本稿の提案手法について説明し，第四章の「事例」で本稿の提案手法を酒屋倉庫問題に適用し，第五章でその考察を行うとともに今後の研究課題について述べる．

---

*Michitaro Okano, 筑波大学大学院ビジネス科学研究科

†Takako Nakatani, 放送大学情報コース

2 関連研究

本章では，提案手法に関連する研究について述べると共に，既存の研究と本稿との関連について述べる．

2.1 KAOS

要求を抽出し，表現する手法には，i* [4] 等，様々なアプローチがある．本稿では，ゴール指向要求分析の一手法である KAOS を用いて要求抽出を行う．要求とは本来，開発するシステムが達成すべき目標に沿ったものであるべきである．KAOS は，はじめにシステムが達成すべき目標をトップゴールとして 1 つ挙げ，そのトップゴールを詳細化して，いくつかのサブゴールに分解し，さらにサブゴールを再度詳細化するというように，詳細化を繰り返す手法である．詳細化を繰り返すと，トップゴールでは多くの人が関わり，実現に複雑な過程を経るとしても，最終的には 1 人あるいは 1 システム（これをエージェントと呼ぶ）が満たせる程度のゴールとなる．このとき詳細化を終了し，末端ゴールをエージェントに対する要求とすることで要求が抽出できる．そして KAOS のゴール分解を可視化することにより，システムが達成すべき目標から要求までの関連を可視化することができる．システム開発の目標に沿った要求を抽出するために，本稿では KAOS を用いて要求分析を行っている．

2.2 ゴール

ゴールについて Lamsweerde [1] は，「エージェントの協調によって満足すべき意図を示した規範的な文」であるとしている．ゴールにはいくつかのタイプがある．大きく分類すると，ゴールはソフトゴールと振る舞いゴールに分かれる．そして，振る舞いゴールは達成ゴールや維持ゴール，回避ゴールに分かれる．ソフトゴールは，「レスポンスが 3 秒以内にあること」のような望ましい状態を量的に示したゴールであり，状態を評価する際の評価基準などを表現できる．振る舞いを表したゴールである「振る舞いゴール」のうち，回避ゴールは「悪いことは起こらない」という形のゴールであり，維持ゴールは「よいことが起こり続ける」形のゴールである．これら回避ゴール，維持ゴールは常にゴールの条件を満たさなければならないので，不変条件である．達成ゴールは，振る舞いを表したゴールの一種で，状態遷移の連続であると [1] では定義している．よって，達成ゴールは「状態 P から状態 Q へ状態への遷移が（いつかは）完了している」のように記述できる．このような状態遷移を $P \rightarrow \diamondsuit Q$ と Lamsweerde [1] は表現している．

このようにゴールのタイプは各種存在するが，本稿では達成ゴールのみを取り扱う．すなわち達成ゴールでトップゴールを記述し，詳細化されたゴールも達成ゴールの形になるように詳細化を行う．具体的な詳細化の手法は後述する．

2.3 詳細化

達成ゴール $P \rightarrow \diamondsuit Q$ の詳細化を，本稿では 2 つの方法で行う．一つは $P \rightarrow \diamondsuit Q$ のうち，状態遷移（$\rightarrow$）を分解するマイルストーン分解であり，もう一つは Q の要素を分解する要素分解である．

マイルストーン分解は [1] で述べられている．マイルストーン分解とは，P から Q への状態遷移が起こる過程において，マイルストーン M の状態を経るのであれば $P \rightarrow \diamondsuit M$ と $M \rightarrow \diamondsuit Q$ に分解できるとする分解法である．

要素分解 [5] は，P から Q への状態遷移が起こったとき，Q を分解する方法である．達成ゴール $P \rightarrow \diamondsuit Q$ において，P の状態を事前状態，Q の状態を事後状態とする．ここで状態とは，属性と属性値の組の集合であるとする．状態の「属性」とは，状態の様々な特徴であり，状態の「属性値」は，その特徴を示す値であり，1 つの数値や文字であることもあり得るし，複数の数値や文字であることも，また 1 つあるいは複数の状態であることもあり得る．本稿で述べる「要素」とは，この「ある

属性が取りうる属性値」を指す．要素分解は，Q がいくつかの要素 $\{Q_1, Q_2, \cdots Q_n\}$ から成り立つとき，状態遷移 $P \to \Diamond Q$ を $P \to \Diamond Q_1, P \to \Diamond Q_2, \cdots P \to \Diamond Q_n$ に分解し，必要ならばそれらに加え，$\{Q_1, Q_2, \cdots Q_n\} \to \Diamond Q$ という状態遷移も付加することもあるとする分解法である．$\{Q_1, Q_2, \cdots Q_n\} \to \Diamond Q$ という要素を加える例としては，「お皿の上にスパゲティが盛り付けてある」を分解するとき，「お皿がある」「スパゲティがある」に分解できるが，それらだけでは，お皿の「上に」スパゲティがあるかどうかわからない．そこで「お皿とスパゲティがある状態から，スパゲティをお皿の上に盛り付けてある」というゴールを追加して分解することが挙げられる．なお要素分解は，どの属性に着目するかによって様々に変わる．例えば，天候という属性の〔晴れ，雨〕という属性値の取りうる値に着目して，晴れの場合，雨の場合に分解することも考えられるし，車の「構成部分」という属性が〔車体の状態，タイヤの状態，…〕等を属性値として保持しているときに，構成部分に着目して車体とタイヤ等に分解することも考えられる．

2.4　要求の依存性と達成ゴールとの関係

　ここで，要求の依存性と達成ゴールについて考察する．考察するための例として，$P \to \Diamond Q$ をマイルストーン M で分割した $P \to \Diamond M$，$M \to \Diamond Q$ を用いる．本稿では，要求は達成ゴールで表現できるとした．そこで $P \to \Diamond M$ を要求Ａ，$M \to \Diamond Q$ を要求Ｂとし，要求Ｂの依存性について考察すると，要求Ｂが成立するには，事後状態 Q が成立することであり，そのためには，事前状態 M が成立していなければならない．成立していなければ事後状態 Q への状態遷移が起こらないからである．M が達成していることとは $P \to \Diamond M$ が成立すること，すなわち要求Ａが成立することである．よって要求Ｂは要求Ａに依存しているといえる．このように，要求の依存性を調べるは，要求を達成ゴールで表現したときに，事前条件が，ほかのゴールの事後条件になっているかを検証することによって，その要求間の依存性がわかる可能性がある．

　本稿では，この検証を行うことを目的としている．そしてその検証手法として GSN を用いることを提案する．

2.5　GSN

　GSN [3] は，保証のための構造化された議論の記述法であり，保証したいことをゴールとして挙げ，そのゴールをサブゴールに分解していく．分解するときの観点が戦略である．また議論する際の環境等の条件を前提として挙げる．サブゴールの分解を繰り返し，末端のゴールをエビデンスにより成立することを保証する．GSN は図示することができる．図2は GSN の例であり，長方形がゴール，角丸四角形が前提，円がエビデンス，平行四辺形が戦略である．

　本稿では，KAOS で表現できなったゴールに対する「依存性」を，GSN のゴールへの「前提」として記述する．これにより前提間の関係を検証することにより，末端ゴールである要求間の依存性を検証することが出来る．その手順について，詳しくは次章で述べる．

3　提案手法

　本章では，本稿の提案手法について述べる．提案手法は，KAOS によりゴール分解して要求を抽出し，そのゴール分解過程を GSN で表現する．その際，$P \to \Diamond Q$ の事後状態 Q を GSN のゴールに，事前状態 P を事後状態 Q に対する前提として記述する．すると前提 P は，他のゴールの事後状態 Q' になっているか，当然成立することでなければ，前提 P が成り立たず，ゴール $P \to \Diamond Q$ は成立しないことになる（この議論は「2.4 要求の依存性と達成ゴールとの関係」で行った）．このようにして，前提が他のゴールになっているかどうかを調べることにより依存性を検証するというものである．具体的には，以下の通りである．

1. KAOS により，システムが達成すべき目標を詳細化し，要求を抽出する．以下
   の手順で行う．
   (a) システムが達成すべき目標をトップゴールとして挙げる．
   (b) トップゴールを要素分解ないしはマイルストーン分解を用いて分解する
   (c) 分解された各ゴールを再度分解することを繰り返す
   (d) 繰り返した結果，1エージェントが達成可能な程度のゴールになったら、
       分解を終了し，そのゴールを要求とする
2. 上記で行ったゴール分解をGSNを用いて表現する．各ゴールP→◇Qに対し
   て，以下の操作を行う．
   (a) 事後状態Qを，ゴールのラベルとしてゴール上に記述する
   (b) 事前状態Pを，ゴールの前提として記述する
   (c) ゴール分割した方法（すなわち要素分解またはマイルストーン分解）と，
       分割した観点Xを「Xをもとに要素（マイルストーン）分解する」等の形
       で戦略に記述する
   (d) 要素分解の場合は構成要素を観点X=要素1,…,要素Nの形で，マイルス
       トーン分割の場合は状態遷移を，観点X=状態1→状態2→…→状態Nの
       形で，戦略の前提として記述する
   (e) 分割されたゴールを記述し，戦略から線を引く．
3. ゴールの依存性等を検証する．以下の手順で行う．
   (a) 依存関係の検証：Pは他ゴールの事後条件Q'や他システムが実現するゴー
       ルあるいは自然法則など当然成立する事柄であるか確認する
   次章では，「酒屋倉庫問題」に，この提案手法の手順を適用する．

4 事例

　前章の「提案手法」を「酒屋倉庫問題」に適用して確認する．酒屋倉庫問題は [6]
に記載されている「ある酒類販売会社」（以下酒屋と記す）における「受付係の仕
事（在庫なし連絡，出荷指示書作成，在庫不足リスト作成）のための計算機プログ
ラムを作成する」という問題である．なお，酒屋には倉庫係と受付係がおり，倉庫
係は入出庫，受付係は顧客（依頼者）からの出庫依頼受付，在庫不足時の顧客への
連絡と在庫不足リスト作成，在庫がある場合の出庫指示を行っている．

　提案手法に沿って，はじめに「KAOS により，システムが達成すべき目標を詳細
化し，要求を抽出する」．この作業は [2] の事例で行っており，そこで詳細は説明さ
れているので，本稿ではその手法，および成果を利用し，紙面の都合上，本稿で議
論する「帳票レイアウトが決まっている」に対して要素分解を行った部分のみを図
1に掲載する．

　次に図1に対して「GSNを用いて表現する」．GSNで表現したものが図2に
なる．

　ここでは，図1のKAOSの図が，図2のGSNの図へどのように変換されたかに
ついて説明する．まず，ゴールP→◇QはKAOSの図において，Qだけがゴー
ルラベルとして記述されている．そこでGSNも同様にゴールを作成し，GSNの
ゴールのラベルにKAOSのゴールラベルQを記述する．そして事前状態Pをその
ゴールの前提として記述する．さらにP→◇Qの分解方法（要素分解またはマイル
ストーン分解とその観点）を戦略に記述する．

　図2で記述されたGSNに対して「ゴールの依存性等を検証する」．本稿では前
述した図1中の「帳票レイアウトが決まっている」に対応する部分のGSNについ
て検証する．ここでは「L2→Q2出庫指示書のレイアウトが決まっている」につ
いて取り上げ，検証する．

　「L2→Q2出庫指示書のレイアウトが決まっている」の事前条件は，図2によ
ると，「出庫指示書の出力項目の求め方が決まっている」を含んでいる．これは，（図

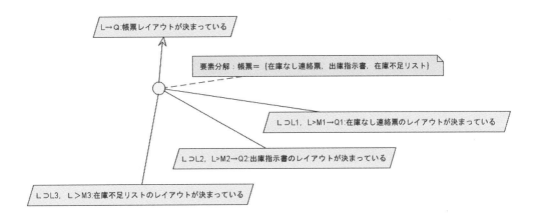

図1　酒屋倉庫問題のKAOSの図（詳細化した一部分）

示されてはいないが）「ゴールN2→L2　出庫指示書の出力項目の求め方が決まっている」の事後状態である．この事後条件は，「出庫指示書の出力項目」が｛注文番号，送り先名，コンテナ番号，品名，数量，空コンテナ搬出マーク｝であると [6] に記されているので，「注文番号の求め方が決まっている」等のサブゴールに要素分解できるはずである．しかし，注文番号の求め方は [6] に記されていないので決められない．出庫依頼時に付番することが可能と推測されるが，出庫依頼票と電話で出庫依頼を受けるため，それらを統合して1つの注文番号にするのか，どちらで受けたか判別できるようにコード化するのかは不明である．つまり，注文番号の要求抽出が不足しており，そのことを本手法によって発見できたといえる．

5　考察
5.1　評価
本稿の目的は，第一章で示した通り「要求分析において，要求間の依存性の検証を行うことで，要求の抽出不足を発見する手法について提案すること」である．この手法について第三章で提案し，第四章で提案手法を酒屋倉庫問題に適用して，「依存性等を検証」し，そこに問題がある場合（注文番号）を指摘することにより，要求抽出の不足を発見できた．よって本稿の目的は達成されたといえる．

5.2　今後の課題
本稿では，「依存性の検証」に関し，簡単な例を示したのみであるので，さらに多くの事例で検証する必要がある．

また，本稿では達成ゴール$P→◇Q$の→とQに着目したが，Pや◇はどのような役割を果たしているかについては議論していない．Pは要素分解が行うことが可能であり，◇は分解ではなく，達成にかかわる論点を含んでいるが，これらについての議論は，今後の課題となる．

参考文献
[1] Axel van Lamsweerde: "Requirements Engineering: From System Goals to UML Models to Software Specifications",Wiley,2009.
[2] 岡野道太郎，中谷多哉子：ゴール指向分析KAOSにおける依存性を考慮した要求抽出法の考察 -酒屋倉庫問題の場合，ソフトウェア・シンポジウム　2017
[3] Origin Consulting (York) Limited, on behalf of the Contributors "GSN COMMUNITY STANDARD VERSION 1", http://www.goalstructuringnotation.info/documents/GSN_

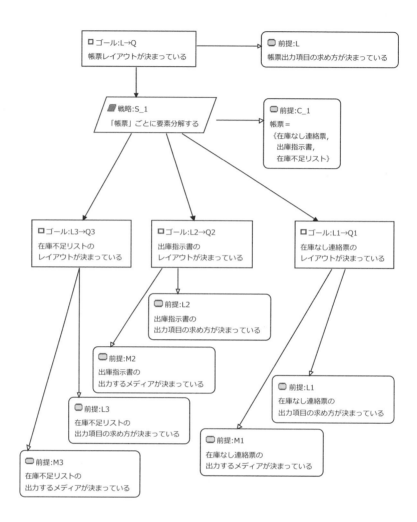

図 2 酒屋倉庫問題の GSN の図（図 1 に対応）

Standard.pdf, 2011.(2017/9/28 アクセス)
[4] *i* homepage*, http://www.cs.toronto.edu/km/istar/(2017/9/28 アクセス)
[5] 岡野道太郎・中谷多哉子:状態と状態遷移に着目したゴール指向要求分析手法の考察, 知能ソフトウェア工学研究会 (KBSE) , 電子情報通信学会技術研究報告：信学技報 Vol.116 No.493,2017,pp25–30
[6] 山崎利治：共通問題によるプログラム設計技法解説, 情報処理 Vol25 No9(1984).

顧客による要求記述の支援で用いる既存記述の分析
手法の検討

Analysis Method for Existing Descriptions Using to Support of
Describing Requirements by Customers

滝沢 陽三 * 小形 真平 † 岡野 浩三 ‡

あらまし
　本論文では，特定の組織・グループの自然言語記述に関する情報の蓄積・分析を，同じく特定組織・グループ内部の既存の要求記述を再利用することで，ドメイン分析とは異なる，記述表現の違いによって生じる固有の表現体系（本研究では「ムード」と呼称）を得るための手法について報告・議論する．筆者らの先行研究により既に開発が試みられている，記述改善のための辞書情報構築手法を流用した形をとっているが，公開されないことが多い内部資料としての要求記述の，要求者自身による再利用を想定する手法としてまとめ直している．追加の分析ツールと共に，複数グループに複数の既存記述を用いたツール適用を行った後，有用性について議論している．

1　はじめに
　要求定義はソフトウェアやシステムを開発する過程における最初の段階であり，顧客等の要求者が要求する機能や性能，条件などを定義する作業である．これらは，提案要求書（RFP）や仕様書といった形で定義されるが，その記述内容は過不足や曖昧性，矛盾などが含まれがちであり，そのままでは，後の開発に必要となる明確な要求や仕様として利用できない場合が多い．その大きな理由のひとつとして，要求者が要求を定義する主要手段である自然言語そのものが，そのような問題をもたらしやすい表現方法であることが挙げられる．もし，要求者が開発手法で用いられている表現手段（UML 等）に慣れ親しんでおり，要求を直接定義することができれば，上記のような問題が少なくなるだけでなく，定義された要求をその後の分析・設計段階にシームレスに伝えることが可能である．しかし，開発手法の表現手段は専門技術であり，通常は実務的な訓練を要する．このため，このような表現手段を用いた要求の明確化は，開発者側の要求獲得の一環として，初期の提案書等を踏まえた要求者との対話的なコミュニケーションによって行われるのが通例である [1] [2]．
　この問題を解決するため，本研究では，要求定義はあくまで顧客等の要求者自身が自然言語記述によって定義を行いつつ，自然言語処理技術を利用することで，要求者自身が記述改善を行える手法およびツールの開発を進めてきた [3] [4]．改善のために必要な情報は，要求記述として適切な文章表現 [5] や用語，ドメイン固有の記述追加のための各辞書情報として事前に用意され，必要に応じてツール参照される．各辞書情報は，既に活用されている既存の要求記述群から抽出・構築される．この抽出・構築ための手法は別に存在し，辞書構築ツールとして別途試作されている [6]．
　昨今の自然言語処理ツール [7] [8] [9] やコンピュータ性能の発展に伴い，上記支援ツールの実現は容易となり，既存記述に基づく辞書構築も，事前に明確な記述形式を定めることによって半自動的に行えるようになっている．しかし，より大規模かつ複雑な要求定義に対応するための辞書内容は多岐に渡るようになり，同一機能等を示す要求記述も多種多様な表現が見られるようになると，同一ドメインの用語や

---

*Yozo Takizawa, 茨城工業高等専門学校

†Shinpei Ogata, 信州大学

‡Kozo Okano, 信州大学

表現であっても，それらの不統一による曖昧性や語弊などが残るようになる．この結果，特定の要求者にとっては誤解のない明確な表現と捉えられる記述が，開発者や別の要求者にとっては曖昧であったり，別の意味として捉えられたりすることになる（例：「要求」と「要件」を同一と捉えるか否か）．本研究の辞書構築手法でこの問題を解決するためには，より多くの既存記述，特に，誤解や語弊を招いた事例を含む記述例の収集に基づく辞書情報抽出・構築が必要である．しかし，開発現場で定義された要求記述の収集や共有は，機密性・秘匿性の問題等で非常に困難である．研究・教材用として作成されるモデル仕様書の類も限られている．

この問題の解決策として，特定の要求者を構成する組織やグループ内で既存記述を蓄積・分析することで，表現等の理解や統一を図っていくことが考えられる．本研究では，この組織やグループの範囲に固有の表現体系として「ムード」という用語を定義しており，既にムードの違いに基づく表現の多様性などについて研究・報告している [10]．

本論文では，特定の組織やグループの表現体系（ムード）の蓄積・分析を，既存記述の特定組織・グループ内部での再利用のみによって行うこととし，そのために必要な分析手法を提案すると共に，試作ツールを複数の既存記述や異なる学生グループに適用することで，ムード単位での再利用が十分に行われるかといった有用性について議論する．分析手法については，既に開発を試みている [11] 記述改善のための辞書情報構築手法を流用した形をとり，追加の分析ツールを含めて今回の提案を示す．

2　関連研究との比較

自然言語記述を用いる手法としては，シナリオ分析等で用いる表現手段としての他，仕様と設計における共通の記述表現を調査・分析する [12] や，記述における用語不一致の検証を含む支援ツールの開発 [13] といった研究成果が存在するが，これらは主に開発者側の要求分析・検証の一環としてのものであり，顧客等の要求者側の要求定義そのものを扱っていない．要求者側の確認手段としてのみ自然言語を用いることが想定されていたり，開発者側が要求そのものを定義し要求者側に提示することで，開発者視点の上流工程における間違いやあいまい性を減らすことが主目的である．本研究では，あくまで要求者自身が開発手法を学ぶことなく利用できる自然言語 [14] によって要求定義・導出を行うことを前提とし，その支援システムとして，既存の要求記述から得た記述表現を基に要求を明確化していくという観点で進めている．要求者側特有の記述表現を蓄積・活用することで，開発者側が必要とするドメイン情報 [15] とは異なる，業務内容の表現方法を要求者自身が得られることが想定される．

ドメイン情報とは異なる手法としては，[16] 等で類語情報を基にした手法などが研究されているが，基本的にはドメイン分析を支援するための手法として提案されており，本研究の記述表現体系情報とは異なる．また，自然言語処理技術を用いた記述表現の書き換えといった研究 [17] [18] は，本研究におけるツール実装や記述表現の違いの種類を整理するための参考にはなるが，目的はあくまで読みやすさ／わかりやすさを意識した書き換えであり，記述表現の蓄積と活用という本研究の観点とは大きく異る．

3　提案するムード情報蓄積・分析手法

3.1　ムードの定義と役割

本研究で開発済みの辞書情報構築手法（ [11]）は，本研究で定義する前述の「ムード」という表現体系で既存の要求定義記述の言語情報を分析することで，特定の組織やグループを要求者とした，要求定義の記述改善のための表現情報を辞書として利用できるようにするためのものである．ムードの違いはあくまで表現の違いであ

り，客観的，すなわち，開発者側が要求者側の意図を適切に把握できるのであれば，指し示す意味が異なるわけではない．しかし，そのような意図の把握は記述のみを読んだだけではわからず，要求を記述する要求者側による表現選択・統一の傾向の把握が必要となる．一方で，そのような傾向は通常，要求者側が記述する際に特に意識して生み出しているわけではなく，単純に，今現在記述している際に都度判断しているに過ぎない．この傾向は，特定の要求者集団として維持されていても，構成員の一部が徐々に交替すれば，同一の意味内容が異なる記述表現にシフトしていく場合に特に問題となる．

たとえば，次のような記述例を想定する．なお，「(A|B)」は，同一ムード内であれば，AかBのいずれかが選択・統一される表現であることを示している．

- 要求仕様を以下に (示す | 述べる | 記述する).
- 水量の上限をユーザに (知らせる | 通知する).
- ロックが (取り消される | 解除される).

このような表現の違いは，開発に必要な情報として同一の意味であるか否かは，記述のみを読んだだけではわからないだけでなく，開発側が一方的に意味が同一もしくは異なると判断してしまう可能性ももたらす（一番目の例で言えば，要求者側にとってはいずれも同一のつもりで記述しても，開発者側が別の意味として仕様項目を分類していると捉える可能性もある）．もし，要求者側の従来の傾向を分析して得られたムード表現体系に基づき，表現の選択や統一による改善が今現在の要求記述において要求者自身によって行われ，かつ，開発者側がそのムード表現体系を参照することができるのであれば，上記のような問題は発生しないだろう．ムード単位の表現情報の蓄積・利用は，開発側（場合によっては，別の要求者集団）の一方的な解釈や補完を防ぐためのものという意味で，分野固有の用語や表現を明確にするドメイン分析とは意味や役割が大きく異なる．

このような情報の蓄積を行うためには，要求者側の構成員の変化という状況も考慮すると，多種多様な記述例を含む既存記述の収集・分析に基づくべきである．しかし，開発現場の既存要求記述が広く公開されることは非常に少なく，モデルやサンプル，教育活動の一環として入手するのが現状である．そこで本研究では，要求を記述する当事者である要求者自身がこの蓄積についても行い，既存記述を再利用していくことでムードの表現体系を維持し，要求記述を受け取り分析する開発者側が表現体系を判断材料に用いることを想定する．

3.2 蓄積・分析手法の定義と位置付け

前節で述べた背景を踏まえて提案する蓄積・分析手順を，本研究の既存手法等を含めて概観図として示したのが図1である．この図において，「用語辞書」は定義支援手法で用いるものとしての位置付けの他，ムードの考え方に基づき，既存記述の分析によって蓄積された表現選択情報によって再構成されているものでもある．

ここで，表現選択情報は用語辞書の構成だけでなく，既存記述の再利用を向上させるための，記述文書全体の取捨選択や，記述内容の統一を図るための修正に必要な情報としても用いることを想定している．実際には，前節の例のような選択肢を，特定の要求者グループがどのように選択しているかを，主に構成員の回答の重複率によって判断する．これにより，要求者側だけでなく，開発者側もムード範囲の傾向を把握するための情報として参照するのに十分な用語辞書として構成される．

4 試作ツールの概要と適用例

前述のように，今回提案する手法は本研究の既存手法の多くを流用しており，重複率計算と連動する部分をカバーするツールの追加開発を行っている．図2は，図1におけるWebページの例であり，特定の組織やグループの構成員の記述表現の選択情報を収集するための機能を，既存記述より半自動的にWebツールとして生成し

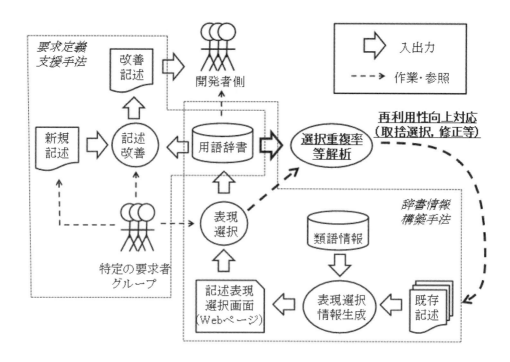

図 1 本研究で提案する手法のシステム構成（下線部は今回提案する手順に直接関わる範囲）

ている．なお，選択肢としては今回は全て述語の類語表現のみを対象とし，表示・生成・分析ツールは Scheme [19] で実現している．

今回用いた基となる既存記述は，同一学生グループ内で作成された RFP，および，「話題沸騰ポット」の仕様記述 [20] の一部である．これらを用いて得た述語表現や選択情報を解析することで，記述の特徴を調査する．表 1 は，後者の仕様記述から生成した述語表現の選択肢の例である．述語表現の選択肢の生成は生成システムにおける類語辞書に依存するが，今回は，Web で広く公開されている類語情報 [21] から抜粋して作成している．

表 2 は，情報工学分野の同一研究室内の大学学部 4 年および修士課程生で構成される 6 名によって試用された際の回答重複率，すなわち，どれだけ共通の述語表現を選択したかをツールにより自動的に計算して表として示したものである．

表 3 は，上記と同じ述語表現選択について，情報工学分野の高等専門学校本科 5 年で構成される 3 名によって試用された際の回答重複率である．

図 2 生成 Web ページの例

表 1　述語表現の選択肢の例

選択肢1	押す	満たす	熱する	使い
他選択肢	押下する	満足する	加熱する	操作し
選択肢1	加え	鳴らす	始める	続け
他選択肢	加算し	鳴動する	開始する	継続し

表 2　回答重複率 (1)（左：学生作成の RFP，右：「話題沸騰ポット」の一部）

	A	B	C	D	E	F		A	B	C	D	E	F
A	100	63	72	90	81	90	A	100	88	72	58	75	77
B	63	100	54	72	45	54	B	88	100	72	58	75	77
C	72	54	100	63	63	72	C	72	72	100	58	75	66
D	90	72	63	100	72	81	D	58	58	58	100	66	69
E	81	45	63	72	100	90	E	75	75	75	66	100	63
F	90	54	72	81	90	100	F	77	77	66	69	63	100

表 3　回答重複率 (2)（左：学生作成の RFP，右：「話題沸騰ポット」の一部）

	A	B	C		A	B	C
A	100	81	72	A	100	41	72
B	81	100	72	B	41	100	69
C	72	72	100	C	72	69	100

　上記結果からは，同一の既存記述を用いることによって，回答グループの構成や人数，知識背景といった特徴にどの程度依存しているかを見ることができる．前者表 2 では，同じ知識背景をもつと考えられるグループ内において，異なる傾向の選択を行っている者は 1 名（B）のみで，その学生グループ内では RFP 記述の修正なしに再利用できる可能性が高く，開発者側や別のグループから記述表現の傾向を知るための情報として活用することも期待できる．別のグループである表 3 でも，別グループで作成された RFP 記述であるにも関わらず重複率の高さが目立ち，少数規模でも既存記述の再利用可能性を判断できる．一方，モデル仕様書はいずれのグループでも全体的に回答重複率が低く，記述改善のための表現情報を抽出する際には，全面的な修正や類語表現の追加が必要であると考えられる．

5　まとめ・課題

　本論文では，要求者側の既存記述を再利用して特定組織・グループの表現体系（ムード）の蓄積・分析を行うための手法を示すと共に，支援システムの一部としてのツールの試作と試用について述べ，その有用性を議論した．今後の課題として，更に多くの要求記述を解析して有用性を裏付けることで実用性を検証していくと共に，述語表現以外の記述表現の違いに関する考察や，英語など日本語以外の記述の分析・考察も進めていきたい．

　今回の試作ツールは，要求記述の再利用という観点では，以前試作を進めた手動に近い分析方法 [10] よりも優れており，顧客等の要求者側が自身で表現体系の情報を蓄積する手段としては有用である．今後は，[22] 等を参考にした類語情報の充実や，ユーザインタフェースの更なる改良を進めつつ，多くの要求者側組織・グループの協力を得て，蓄積情報の検証と実際の記述改善の効果を確認していく必要がある．

　動詞句以外の記述表現の違いについては，表層的な違いに関する分析・考察が個別に必要となると思われる．これは，英語等の記述に対応させる場合も同様と考え

られ，より多様な類語情報を収集・分析すると共に，[23] といったネットワーク上で公開されている英語のサンプル要求記述の収集と併せて分析を進めていくことになるだろう．

謝辞 本稿の研究を進めるにあたり，信州大学工学部情報工学科岡野・小形研究室の学生には，提案依頼書の提供，試作ツールの試用，提案手法に関連する議論など，様々な形で数多くの協力を頂きました．ここに深く感謝いたします．

参考文献

[1] 情報処理学会ソフトウェア工学研究会要求工学ワーキンググループ:要求仕様書の品質に関する研究成果報告 (2007),
http://www.selab.is.ritsumei.ac.jp/~ohnishi/RE/
rewg-tr1v2.pdf (2016-10-13 参照).

[2] 中谷 多哉子, 中所 武司, 滝沢 陽三, 白銀 純子, 紫合 治, 佐伯 元司, 海谷 治彦, 大西 淳 :要求工学ワーキンググループ活動報告, 情報処理学会研究報告, ソフトウェア工学研究会報告,Vol.2015-SE-190,No.10,pp.1-8(2015).

[3] 滝沢陽三, 上田賀一:自然言語記述による要求仕様導出支援システムの提案, 情報処理学会論文誌,Vol.38,No.3,pp.626-633(1997).

[4] 滝沢陽三, 上田賀一:顧客によるソフトウェア要求定義のための方法論の考察, 情報科学技術フォーラム一般講演論文集,Vol.1,pp.111-112(2002).

[5] 滝沢陽三:A Guideline for Simplification of Requirement Description Specified by Customers, 茨城工業高等専門学校研究彙報,Vol.50,pp.7-12(2015).

[6] 滝沢陽三, 上田賀一:要求仕様導出支援システムにおける辞書構築手法, 情報処理学会研究報告, ソフトウェア工学研究会報告,Vol.1998-SE-120,pp.27-34(1998).

[7] MeCab: Yet Another Part-of-Speech and Morphological Analyzer,
http://taku910.github.io/mecab/ (2016-10-13 参照).

[8] 工藤 拓, 山本 薫, 松本裕治:Conditional Random Fields を用いた日本語形態素解析, 情報処理学会研究報告, 自然言語処理研究会報告,Vol.2004-NL-161,pp.89-96(2004).

[9] CaboCha/南瓜: Yet Another Japanese Dependency Structure Analyzer,
https://taku910.github.io/cabocha/ (2016-10-13 参照)

[10] 滝沢 陽三, 小形 真平, 岡野 浩三: 日本語表現の違いに着目した要求記述の分析と記述支援手法の改良, ソフトウェア工学の基礎 XXIII, 日本ソフトウェア科学会 FOSE2016, 近代科学社,pp.193-198(2016).

[11] 滝沢 陽三, 小形 真平, 岡野 浩三 : 日本語表現の違いに基づく要求記述改善のための辞書構築,電子情報通信学会技術研究報告, Vol.116, No.284, pp.13-18(2016).

[12] 若林丈紘, 森崎修司, 渥美紀寿, 山本修一郎:要求仕様書と設計書における語彙の差分に関する分析, ソフトウェア工学研究会報告,Vol.2015-SE-190,pp.1-6(2015)

[13] 位野木万里, 近藤公久: 要求仕様の一貫性検証支援ツールの提案と適用評価, SEC journal,Vol.13, No.1(2017).

[14] IEEE Std 830-1998: IEEE Recommended Practice for Software Requirements Specifications(1988).

[15] 大森洋一, 日下部 茂, 林 信宏, 荒木啓二郎:ドメイン用語辞書の再利用に向けたグループ化, 情報処理学会研究報告, ソフトウェア工学研究会報告,Vol.2013-SE-182,pp.1-8(2013).

[16] 加藤潤三, 佐伯元司, 大西 淳, 海谷治彦, 山本修一郎:シソーラスを利用した要求獲得方法, 情報処理学会論文誌,Vol.50,No.12,pp.3001-3017(2009).

[17] 近藤恵子, 佐藤理史, 奥村 学:「サ変名詞＋する」から動詞相当句への言い換え, 情報処理学会論文誌,Vol.40,No.11,pp.4064-4074(1999).

[18] 八木真生, 川村よし子:「サ変名詞+接尾辞『者』」をやさしい日本語へ書き換える:形態素 N-gram を使用した自動処理の検証, 日本語教育方法研究会誌,Vol.22,No.2,pp.62-63(2015).

[19] Gauche - A Scheme Implementation, http://practical-scheme.net/gauche/
(accessed 2016-10-13)

[20] 話題沸騰ポット要求仕様書第 7 版, 組込みソフトウェア管理者・技術者育成研究会,
http://www.sessame.jp/workinggroup/ WorkingGroup2/POT_Specification_v7.PDF
(2016-10-13 参照).

[21] Weblio 類語辞典, http://thesaurus.weblio.jp/ (2017-07-19 参照).

[22] 関口宏司:Wikipedia からの Solr 用類義語辞書の自動生成,
http://www.slideshare.net/KojiSekiguchi/wikipediasolr (2016-10-13 参照).

[23] RFP Library,TechSoup,http://www.techsoup.org/support/articles-and-how-tos/rfp-library
(accessed 2016-07-29)

企業向けWebアプリ開発時の利用を想定したソースコードから画面設計書を生成するツール
Screen Design Documents Creator

是木　玄太[*]　前岡　淳[†]

Summary. This paper introduces the tool that creates screen design documents from source code. These documents are useful to understand web application for enterprise.

1 はじめに

Webアプリ開発では，顧客要求に合わせて短期間で開発・修正を繰り返す必要があるため，ソースコード中心の開発が一般的となっている．企業向けのWebアプリ開発でもこの傾向は同様だが，大規模なプロジェクトでは，ソースコードを俯瞰理解するための設計書は依然として重要である．特に，初期のソースコードレビューや保守作業で利用価値が高い．しかし，手作業での設計書作成では，ソースコードの修正を設計書に反映する工数が大きく，設計書の陳腐化が起こりやすい。

本研究では，ソースコード中心による迅速な開発と，設計書の陳腐化抑制の両立を目的として，設計書自動生成ツールを提案する．特に，設計書のうちUI周りで仕様変更が起き易い画面設計書に着目し，ソースコードから画面設計書である画面遷移図及び画面レイアウト定義書を自動生成するツールを提案する．

2 提案ツール

本研究で提案する設計書自動生成ツールの概要を図1に示す．初期にラフな設計に基づいて実装を開始し，その後はソースコード中心で開発を進めるプロセスを想定する．提案ツールは，規約に従いソースコードを記述する事で，画面遷移図を自動生成，また画面の入出力項目，イベント項目，及び画面イメージを纏めた画面レイアウト定義書を半自動生成する．画面レイアウト定義書は一部自動生成出来ないところがあり，ユーザが補完する．

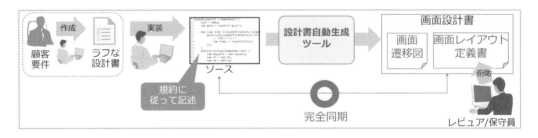

図1　提案ツールの概要

2.1　画面設計書生成のためのソースコード規約

ソースコード規約を図2に示す．画面遷移図に関して，フレームワークとしてAngular1.x及びui-router，言語としてTypeScript/JavaScriptの使用を前提とする．画

---

[*]Genta Koreki,（株）日立製作所　研究開発グループ　システムイノベーションセンタ
[†]Jun Maeoka,（株）日立製作所　研究開発グループ　システムイノベーションセンタ

面遷移図生成のため，画面定義を"\$stateProvider.state('画面ID')"で，画面遷移定義を"\$state.go('遷移先画面ID')"で記述する．また，画面レイアウト定義書生成のため，テキストエリア等の画面入出力 DOM 情報（属性値等）を，入出力項目として JSON ファイルに纏め，リンクやボタン等の画面イベント項目を，HTML ファイルの DOM に ng-click 属性を設定する事で定義する．

画面設計書		ソース規約	
設計書名	項目名	規約	対象ソースファイル
画面遷移図	画面定義	\$state.go('遷移先画面ID')	TypeScript/JavaScript
	画面遷移定義	\$stateProvider.state('画面ID')	TypeScript/JavaScript
画面レイアウト定義書	入出力項目	入出力のDOM情報（属性値等）を纏める	JSON
	イベント項目	ng-click属性をイベントのDOMに設定	HTML

図 2　ソース規約

2.2　ユーザによる画面レイアウト定義書の補完

画面レイアウト定義書の画面イメージは，ソースコードから自動生成出来ない．そのため，アプリを実行した上でユーザが画面キャプチャ等を取得する事で補完する．本提案ツールは，Selenium WebDriver を利用して，Web ブラウザを立ち上げた上で任意の画面のスクリーンショットを取得する機能を備えており，この補完作業を支援する．更に，画面イメージと，入出力項目やイベント項目を紐付けるために，これらの項目番号を画面イメージに挿入する機能を備えている．挿入した項目番号は，画面イメージの対応箇所へユーザがドラッグ＆ドロップする事で調整する．

2.3　生成される画面遷移図，及び画面レイアウト定義書

提案ツールにより作成した画面遷移図，及び画面レイアウト定義書を図 3 に示す．

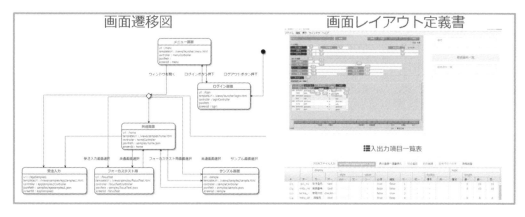

図 3　本ツールの画面遷移図，及び画面レイアウト定義書

3　おわりに

本稿では，ソースコードから画面設計書を生成する設計書自動生成ツールを提案した．本ツールによると，ソースコード中心の開発において，ソースコードの内容を正しく反映した設計書をいつでも参照可能となる．本ツールをソースコードレビューに適用した結果，概要理解に有用であるとの予備評価を得ている．

ソースコード編集操作履歴中のセンシティブな情報のマスキング

Masking Sensitive Information in Source Code Edit History

大森 隆行[*]

あらまし 本稿では，ソースコード編集操作履歴中にパスワードやプライバシー等に関連するセンシティブな情報が存在するという問題を指摘し，それらの情報を消去するためのマスキング手法を提案する．

1 はじめに

近年，ソフトウェア開発におけるソースコード編集履歴を記録，応用する手法について研究が行われている [1]．編集履歴を利用することで，開発途中の任意のコードの状態を復元することが可能となる．しかしながら，編集履歴には，開発者が共有・公開することを意図しないデータが含まれることがある．さらに，一度でも履歴中に記録された情報は，その後コード上で削除を行ったとしても，消去することができない．例えば，パスワードのようなセンシティブな情報は，ソースコード中に記述（ハードコーディング）することは望ましくないとされる．このため，一時的にそのような情報をハードコーディングしたとしても，コミット前に削除することが一般的である．しかしながら，履歴を共有する場合，初めから一切のハードコーディングが許されないため，開発者は長時間にわたり細心の注意を払ってコーディングを行う必要がある．また，ソフトウェア進化研究の観点から見れば，研究において使用した編集履歴にセンシティブな情報が含まれる場合，エビデンスとして公開することができないという問題もある．実際，これまでの研究でプライバシーに関する問題が指摘されている [2] [3]．このような状況を改善するため，本稿では，編集履歴中に存在するセンシティブな情報をマスキングするための手法を提案する．

2 本研究が対象とする問題

編集履歴記録ツールとして，OperationRecorder [4] を想定する（Fluorite [5] 等の文字列として操作を記録するツールを使用する場合もほぼ同様の議論が可能である）．OperationRecorder は，開発者が Eclipse 上で行った編集操作を記録する．出力される XML 形式の履歴ファイルには，各操作において挿入・削除された文字列，特定の時点でのソースファイルの中身がテキスト要素として含まれる．

センシティブな情報として，(1) ログインのためのユーザ名やパスワード等，漏洩することでセキュリティ上の問題が発生するもの，(2) 個人を特定できる氏名等のプライバシー情報を想定している．

特に開発者の名前に関しては，様々な形で履歴に混入する可能性がある．例えば，Eclipse の Javadoc 自動入力により，開発者の名前（ユーザ名）が自動的に挿入される．また，開発者がパッケージ名やクラス名に自らを特定できる情報を含めてしまうこともある．

一般的に，単に文字列が一致するかどうかを判定するだけでは，履歴中に存在する当該情報をすべて検出することはできない．一つの文字列の編集が複数の操作として記録される可能性があるためである．例えば，タイプミスのため，入力途中に文字列の削除操作が割り込むことがあり得る．この場合，入力文字列は 2 つの挿入操作に分割して記録されることになる．

類似文字列や途中まで入力した文字列の存在も問題となる．例えば，Omori と入

---

[*]Takayuki OMORI, 立命館大学 情報理工学部

力するべきところを Omoti と入力してしまった履歴が存在した場合，Omori の存在を隠すことができても，Omoti の存在から文字列の内容を推測されてしまう恐れがある．また，Omor まで入力した後，削除した場合等も同様である．

ソースコードを公開しない場合，クラスファイルから内容を特定される文字列リテラル等が情報漏洩の観点で問題となる場合があるが，編集履歴においては，クラスファイルに含まれないコメントも含めて，センシティブな情報が混入しないことが求められる．

上記のような状況において，センシティブな情報の除去を目指す．ただし，単純に削除すると，履歴中の編集位置情報に不整合が生じるため，当該文字列を長さの同じ別の文字列に置き換える（マスキングする）ことで解決する．これにより，マスキング後の履歴の再生 [6] や，復元コードのコンパイルも可能となる．

3　センシティブな情報のマスキング

履歴に含まれるセンシティブな情報を表現する特定の文字列を別の文字列に置換する．置換前後の文字列はユーザが与えるものとする．上述の通り，単純な文字列比較では不十分であるため，各操作において入力・削除された文字列の前後の文字列（コンテキスト文字列と呼ぶ）を利用する．この際，操作箇所前後のホワイトスペースを文字列切り出しの境界とする．削除に対するコンテキスト文字列は，削除文字列と削除直前のソースコードから，挿入に対するコンテキスト文字列は，挿入文字列と挿入直後のソースコードから，それぞれ生成する．コンテキスト文字列から特定の文字列を検索し，一致するものが見つかった場合，それを挿入・削除する編集操作を探し，置換対象リストとして記憶しておく．また，特定の閾値を用いて，類似文字列も検出する．レーベンシュタイン距離 (LD) が指定値以下の部分文字列を検出することで，同様にマスキングを行うことができる．"abcde"を"xxxxx"に置換する (LD 閾値 1) と指定した場合，"abCde"は，"xxCxx"に置換される．すべての編集操作に対して上記の処理が終了した後，実際に置換を行う．パッケージ名やクラス名に影響が及ぶ場合，対応するディレクトリ，ファイルの名前変更も行う．

4　今後の課題

現在，コンテキスト文字列の生成と，指定された文字の挿入・削除操作を特定する処理の実装は完了している．今後，実際にマスキング手法を実装し，実験を行うことで，手法を洗練する必要がある．現状の手法では，短い文字列のマスキングは誤検出が多くなるという問題があると予想される．コードの記述者自身がマスキングを行う場合でも，自らが入力したセンシティブな情報を全て覚えているとは限らないため，自動的にそれらを検出する手法の実現を目指す．

謝辞　本研究は JSPS 科研費 26730042 の助成を受けた．

参考文献

[1] 大森隆行，林晋平，丸山勝久：統合開発環境における細粒度な操作履歴の収集および応用に関する調査，コンピュータソフトウェア，Vol.32, No.1, pp.60–80, 2015.

[2] Vakilian, M., Chen, N., Negara, S., Rajkumar, B. A., Moghaddam, R. Z. and Johnson, R. E.: The Need for Richer Refactoring Usage Data, Proc. PLATEAU '11, pp. 31–38, 2011.

[3] Negara, S.,: Towards A Change-Oriented Programming Environment, Ph.D. Thesis, University of Illinois, 2013.

[4] 大森隆行，丸山勝久：開発者による編集操作に基づくソースコード変更抽出，情報処理学会論文誌，Vol.49, No.7, pp.2349–2359, 2008.

[5] Yoon, Y. and Myers, B. A.: Capturing and Analyzing Low-level Events from the Code Editor, Proc. PLATEAU '11, pp. 25–30, 2011.

[6] Omori, T. and Maruyama, K.: An Editing-Operation Replayer with Highlights Supporting Investigation of Program Modifications, Proc. IWPSE-EVOL '11, pp. 101–105, 2011.

実行トレース間のデータの差異に基づくデータフロー解析ツール

A Data-Flow Analysis Tool Based on Differences Among Execution Traces

神谷 年洋 *

> **あらまし** 本稿では，対象となるプログラムの入力データを変異させて実行トレースを取得することで実行トレース中にデータの差異を作り出し，その差異を解析することによりデータフローを解析する手法とその実装であるツールについて説明する．

1 はじめに

ソフトウェアの保守，特にデバッグやプログラム理解を目的とする動的解析手法が提案されている．既存研究には，デルタデバッギング [10] やスペクトラムベースの分析 [2] [3]，静的解析と動的解析を併用するハイブリッドなバグ位置特定の手法 [1] [8]，逆戻りデバッグによるデバッガ [9]，プロブレムの実行系列を視覚化するツール [7] などがある．特に，データフロー（以降「**DF**」）を解析する手法としては，オブジェクトを中心に DF を分析するオブジェクトフロー分析 [5]，不正な DF を検出する動的情報流解析 [6] などがある．

本稿では，実行トレース中に現れるデータの差異を解析することにより，DF を特定する手法 [4]，およびその手法を実装したツールについて説明する．この手法は，実行トレースを利用するデバッグにおいて（あるいはそのために必要となるプログラム理解に）応用することを想定し，(1) 多くの言語処理系で提供されている文や手続き単位のステップ実行デバッガ向けの API を通じて収集する実行トレース，すなわち，必ずしも細粒度の情報が含まれないような実行トレースを適用対象とし，(2) 複数の言語処理系や DB（データベース），通信を含むようなソフトウェアへの適用も念頭においたものである．

2 データの差異に基づくデータフロー解析手法

提案手法の基本的なアイデアは，実行される命令（文や手続きの呼び出し）が「全く同じ」であり，データ（入力や出力の値，変数の値）が異なる 2 つの実行トレースを用意し，それらの実行トレース中の対応する位置に現れるデータ（手続きの実引数や戻り値として）の「差異を調べる」ことで，プログラムの実行中にシステムの中でそのデータがどのように伝播していったかを特定するというものである．

提案手法の核となるステップは次のようになる．

(0) 対象プログラムを対象となる入力（やテストケース）を与えて実行して実行トレースを取得する（**対象実行トレースとする**）．

(1) 対象となる入力と差異が小さい入力データを生成して実行し，実行トレースを取得する（**変異実行トレースとする**）．

(2) 2 つの実行トレースの間で異なる命令が実行されている部分にラベルを付加した上で取り除く（すなわち，以下のステップでは同じ命令が実行されている部分のみを対象に解析を行う）．

(3) 2 つの同じ命令の実行列の中で，データの差異の部分それぞれから値のペアを作り，同じ値のペアの部分には同じラベルを付加する（すなわち，同じ DF 上にあるとみなす）．

---

*Toshihiro Kamiya, 島根大学大学院総合理工学研究科

(4) 一定の手順により生成した複数の変異実行トレースのそれぞれについて上記の
(1) から (3) を繰り返し，得られた DF を集積したものを最終的な解析結果とする．

上記のステップ (2) における 2 つの実行トレースから同じ命令の実行列を抽出する処理の概略は，コールツリーの根から順に幅優先で節点同士を比較していき，異なる手続き呼び出しが現れたら，その節点から葉まで（その節点を根とする部分木）は相違点とみなして取り除く．一般的には，プログラムの入力データが異なれば（そのデータを条件分岐の条件としている処理などにより）実行される命令が異なるため，トイプログラムではない実プログラムを対象とする場合には，この処理は必須となる．

上記のステップ (2) において付加するラベルは 1 つの変異実行トレースごとに 1 種類ラベルが生成されるため**変異効果ラベル**と呼ぶ．同様に，ステップ (3) において付加するラベルは，1 種類の値ペアごとに 1 種類のラベルが生成されるため**値ペアラベル**と呼ぶ．1 種類の変異効果ラベルに複数の値ペアラベルが対応する．

上記のステップ (4) において複数の変異実行トレースを利用する目的は，変異の大きさとラベルが付加できるデータのトレードオフを解決することである．変異実行トレースを生成する際に入力データの変異を小さくすることで，DF をより詳細に特定 (すなわち，特定の DF を他と区別することが) できるが，同時に，その差異によってカバーできる実行トレース中の DF は少なくなってしまうため，小さな変異を数多く用意することで，カバーできる DF を増やす．

3 ツール agm-dfl

提案手法を実装したツール `agm-dfl` は，Python で記述されたプログラムを対象として解析を行う．ツール自身も 3880 行の Python コードにより記述されている（実行トレース取得処理 1399 行，DF 解析処理 2481 行．2017 年 9 月 8 日現在）．解析した結果を表示するビューア機能 (CLI) により，(1) 実行トレース全体やラベルが付加された部分を選択して表示すること，(2) 値ペアラベルについては，テキストで表示可能な値については実際の値を出力すること，ができる．現在までに，最大 2 万 8 千行のプロダクトに対して適用実験を行ってきている．

謝辞 本研究は JSPS 科研費 16K12412 の助成を受けたものである．

参考文献

[1] Baah, G., Podgurski, A. , Harrold, M.: The Probabilistic Program Dependence Graph and its Application to Fault Diagnosis, IEEE TSE, 36(4), pp. 528-545, July-Aug 2010.

[2] Dallmeier, V., Lindig, C., Zeller, A.: Lightweight Defect Localization for Java. ECOOP '05, LNCS 3568, Springer-Verlag, pp. 528-550, July, 2005.

[3] Jones, J.A., Harrold, M.J.: Empirical Evaluation of the Tarantula Automatic Fault-Localization Technique, ASE '05, pp. 273-282, 2005.

[4] 神谷 年洋: 実行トレース間のデータの差異に基づくデータフロー解析手法の提案, 信学技報, 116(136), pp. 55-60, 2017-07.

[5] Lienhard, A., Greevy, O., Nierstrasz, O.: Tracking Objects to Detect Feature Dependencies, Proc. 15th Int'll Conf. Program Comprehension (ICPC '07), pp. 59-68, June 2007.

[6] Masri, W., Podgurski, A.: Algorithms and Tool Support for Dynamic Information Flow Analysis, J. Information and Software Technology, 51(2), pp. 385-404, Feb. 2009.

[7] 松村, 石尾, 鹿島, 井上: REMViewer: 複数回実行された Java メソッドの実行経路可視化ツール, コンピュータソフトウェア, 32(3), pp. 3_137-3_148, 2015-09.

[8] 中野, 大沼, 小林, 石尾: 動的データ依存集合の発生確率を用いた欠陥箇所特定支援手法の実装及び評価, 信学技報, 114(510), pp. 19-24, 2015-03.

[9] 櫻井, 増原, 古宮: Traceglasses：欠陥の効率良い発見手法を実現するトレースに基づくデバッガ, 情報処理学会論文誌プログラミング（PRO), 3(3), pp. 1-17, 2010-06.

[10] Zeller A., Hildebrandt, R.: Simplifying and Isolating Failure-Inducing Input, IEEE TSE, 28(2) pp. 183-200, Feb. 2002.

GotAPIを用いた予測システム構築手法の提案
A Method of Constructing Prediction Systems using GotAPI

長田 直也[*] 満田 成紀[†] 福安 直樹[‡] 松延 拓生[§] 鯵坂 恒夫[¶]

> **あらまし** 予測システム構築のためには多種多様な外部デバイスを統一的に扱う必要がある．そこでGotAPIを用いた予測システム構築手法を提案する．GotAPIは各デバイス用にプラグインを用意することで，統一のインタフェースでデータを制御することができるフレームワークである．

1 はじめに

予測システムは様々なデバイスやセンサと連携をとり，予測に必要なデータを取得し，結果を提示する．現在，デバイスやセンサに用いられている通信プロトコルは様々で統一されていない．これらの通信プロトコルを意識しながらシステムを構築していくことは困難である．そこで各デバイスにプラグインを用意することで統一のインタフェースでデータを制御することができるGotAPI [1] を利用して予測システムの実装を行おうと考えた．

2 GotAPI

GotAPIはWeb技術を使ってスマートフォンと外部デバイスの連携などを実装するフレームワークで，WebアプリやスマートフォンOS上で動作するネイティブアプリから，多種多様な外部デバイスにアクセスするためのインタフェースを統一することを目的としている．図1に示すように，スマートフォン内部ではGotAPI Serverと呼ばれるHTTPサーバが起動される．GotAPI ServerはRESTベースのAPIをアプリに提供し，レスポンスはJSONを採用している．

3 予測システムとGotAPI

筆者らが考案した予測システムの構成に対して，GotAPIを利用した実装手法を提案する．

図1 GotAPI のアーキテクチャ

---

[*]Naoya Nagata, 和歌山大学大学院
[†]Naruki Mitsuda, 和歌山大学
[‡]Naoki Fukuyasu, 和歌山大学
[§]Takuo Matsunobe, 和歌山大学
[¶]Tsuneo Ajisaka, 和歌山大学

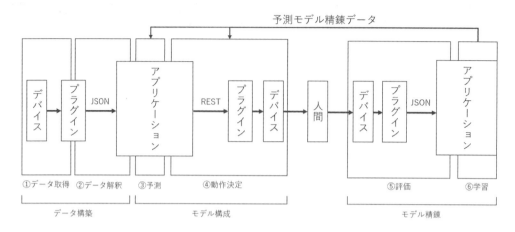

図 2　GotAPI を用いた予測システムの構成

3.1　予測システムの構成

予測システムを 6 つのモジュールで構成する．

1. データ取得モジュール　　4. 動作決定モジュール
2. データ解釈モジュール　　5. 評価モジュール
3. 予測モジュール　　　　　6. 学習モジュール

1 は外界から取得した生データを扱うモジュールである．2 はセンシングまたは入力された生データを意味のある加工データに解釈するモジュールである．3 は予測に関するモデルを扱うモジュールである．4 は予測モジュールの結果を受け，最適な動作を決定する部分である．5 は動作した結果がユーザにとってふさわしかったかどうかを評価するジュールである．6 は評価データを受け取り，それぞれの予測・動作モデルの精錬データを作成するモジュールである．

3.2　予測システムと GotAPI アーキテクチャ

GotAPI によって支援される部分は，図 2 に示すように，デバイスやセンサを利用して入出力と評価を行う 1・2・4・5 のモジュールである．1 ではデバイスから得たデータをプラグインに送り，デバイスごとのデータを統一的に扱えるようにする．2 で扱うデータには 2 種類あり，データに解釈を加える必要のないデータ（温度データなど）と解釈が必要なデータ（画像データ内の車の動きなど）がある．前者はプラグイン側で処理できるが，後者はアプリケーション側で処理する必要がある．4 はアプリケーション側の予測モデルから得られたデータを，統一的なインタフェースでデバイスに送るモジュールで，データを送るデバイスの決定も行う．5 では再び入力が行われる．

4　おわりに

GotAPI を用いて予測システムを構築するためには，予測システムが利用しやすいデータをプラグインでどのように構築すべきかが重要である．また，各モジュール間のつながりや，受け渡しされるデータの定義の仕方などを考える必要がある．

参考文献

[1] デバイス WebAPI コンソーシアム https://device-webapi.org/gotapi.html （2017 9/8 アクセス）．

テスト自動化におけるキーワード駆動の適用

Study of Applying Keyword Driven for Test Automation

加賀 洋渡*

あらまし ソフトウェア開発の規模が増大する中で，製品の品質を保ちつつ早期にリリースするためには開発効率向上が必須となる．テスト工程の効率向上としてテスト自動化が期待される一方，テストスクリプト作成工数の削減が課題となる．本研究では，キーワード駆動を適用したテストプロセスを検討した．

1 はじめに

開発工程において，テスト工程は開発規模に比例して長期化している．このような背景の中，手動テストによるオペミスや，デグレ確認時のテスト再実施に対してテスト自動化が期待されている．一方，開発現場においてテスト自動化を行う際，テスト担当者それぞれがテストスクリプトを個別に作成した場合，機能として同一の処理を重複して実装してしまう可能性がある．また，テスト自動化を分担して行う際には，テスト手順は理解しているが，手順に対する具体的動作を理解していない担当者においては，手順の詳細やコーディングに必要な情報を理解するコストが必要である．上記を解消し，テストスクリプト作成工数を削減するために，キーワード駆動 [1] を適用したテストプロセスを検討する

2 キーワード駆動

キーワード駆動は，テストにおいて実施する各手順 (キーワード) と，キーワードに入力するデータとを明確に分離し，キーワードの並び替えと入力するデータの変更でテストを表現する手法である．キーワード駆動を導入し，テスト実施前にキーワードを定義することで，キーワードと対応する処理のコーディングを分離できる．テスト担当者は，手順を理解している前提において，手順に対応する機能がキーワードとして用意されていれば，テストスクリプト作成における理解の範囲を限定でき，それらを並べるだけでテストを表現することができる．

3 適用後のテストプロセス

キーワード駆動を適用したテストプロセスと，キーワードの粒度を揃えるための，レイヤアーキテクチャを定義した [1]．本テストプロセスは，テスト担当者をキーワード利用者と，キーワードコーダーに分け，次の工程の通りに行う．

まずテスト担当者は Program Check List(PCL) を作成し，実施するテストの確認項目を明確にする (1)．次に，各 PCL の確認項目について，手順を確認し，各手順を担当者間でレビューする (2)．レビューにより，各手順を整理した後，キーワードを定義する (3)．この時，キーワードの粒度を揃えるために，コーディングする処理のレイヤアーキテクチャを設計する．レイヤアーキテクチャの設計はテストの熟練者が行うことが望ましい．レイヤアーキテクチャの例を示す．

- Test Case: PCL1 件に相当するもの．
- Operation: 1 手順に相当するもの．キーワードはこのレイヤとして定義する．
- Module: キーワードに対応する処理を構成する部品に相当するもの．

---

*Hiroto Kaga, 株式会社 日立製作所 システムイノベーションセンタ

設計したレイヤアーキテクチャを参照し，キーワード利用者に提供するキーワードとコーディングとを明確に分離する．設計したレイヤアーキテクチャとキーワードはテスト担当者間で共有し，作成しようとしているテストスクリプトが既存かどうかを常に確認する．キーワードを定義した後，キーワードコーダーが各キーワードに対応するスクリプトをコーディングする (4)．最後に，キーワード利用者がキーワードを並べて，テストスクリプトを作成する (5)．

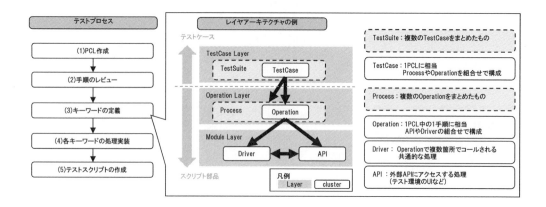

図 1　キーワード駆動を適用したプロセスとレイヤ

本研究では，担当者 2 人に対してキーワード駆動を適用したテストプロセスにより，テストスクリプトを作成し，その工数を記録した．キーワード駆動によるテストスクリプト作成で 139 件のテストに対して，32 人日でコーディングできた．また，キーワード駆動適用なしと，適用ありのテストスクリプト作成工数を見積もり比較した．キーワード駆動適用なしに比べ，適用ありでは 6 人日 (-15.8%) を削減できた．これにより，キーワード駆動適用によるテストスクリプト作成工数の削減が確認できた．

4　おわりに

テスト工程の効率向上を目的として，キーワード駆動を適用したテストプロセスを検討した．キーワード駆動は分担する人数やテスト数が多いほど，重複部分のコーディング工数削減が見込めるため，更なる効果が期待できる．今後はテスト担当者間でのテストスクリプトやキーワードの共有を円滑に行うシステムを検討する．

参考文献

[1] 29119-5-2016 - ISO/IEC/IEEE International Standard - Software and systems engineering – Software testing – Part 5: Keyword-Driven Testing http://standards.ieee.org/findstds/standard/29119-5-2016.html

CMMIのプロジェクト管理と支援区分に着目した PBLにおける定量的学習評価手法の提案

Suggestion of the Quantitative Learning Evaluation Technique in Project Based Learning, Paid Attention to Project Management and the Support Division of Capability Maturity Model Integration

日戸 直紘[*] 伊藤 恵[†]

あらまし PBL(Project Based Learning) において定量的学習評価は，課題の一つである．プロセス改善に着目し，PBL の学びが含まれるプロセスを評価・改善することで，より多くの学びを得られると考えた．本稿では，プロセスを評価・改善を実施するための，CMMI(Capability Maturity Model Integration:能力成熟度モデル統合) に基づいた定量的学習評価手法の提案と，その有効性について述べる．

Summary. The quantitative learning evaluation is one problem in PBL. We paid my attention to process improvement thought more learning to be provided by evaluating the process that learning of PBL was included in, and improving it. In this report, We express a process about the effectiveness for suggestion of the quantitative learning evaluation technique based on CMMI to carry out an evaluation, improvement.

1 はじめに

高度 IT 人材の育成が求められるなかで，PBL(Project Based Learning) が注目されている．PBL はその有効性から広く活用されているが，多くの報告で学習評価が難しいとされている．特に活動そのものを評価するのは難しく，学びを含むプロセスではなく，成果物を中心とした評価になっているなどの課題がある．

本研究では，PBL のプロセスを定量的に評価し改善までを行う，CMMI(Capability Maturity Model Integration:能力成熟度モデル統合) を活用することで，PBL のプロセスを定量的に評価する手法の提案とその有効性の検証を試みる．

2 関連研究

PBL の評価手法に関する研究は数多くされ，定量的評価手法の提案も行われている．しかし，PBL のプロセスに着目した評価手法や，PBL のプロセスそのものを評価・改善する手法は提案されていない．

3 提案手法

CMMI を活用することで，学習者自らが PBL のプロセスを定量的に評価し，改善を行うことでより多くの学びを獲得できる手法を提案する．より良いプロセスを実施したチームを定量的な結果で判定，成績評価にも活用できると期待できる．

CMMI とは，システム開発を行う組織がプロセスを管理・評価・改善するためのプロセス改善モデルである．品質や生産性の向上を目的とするプロセス改善が注目され，改善・効率化のためのフレームワークとして，多くの組織で利用されている．

本手法では，予備実験や各プロセス領域の分析を行い，より PBL に適したプロセス領域・改善プラクティスを検討していく．現段階では，プロジェクト管理区分と支援区分に分類されるプロセス領域に重点を置いた手法を提案する．

---

[*]Naohiro Hinoto, 公立はこだて未来大学 システム情報科学部 情報アーキテクチャ学科
[†]Kei Ito, 公立はこだ未来大学 システム情報科学部 情報アーキテクチャ学科

4 実験結果と考察

4.1 実験準備と方法

CMMIに基づいた評価手法の有効性と，ルーブリックによりCMMIの知識が無くとも評価できるかを検証するため，実験を行った．本実験は，CMMIのプロジェクト管理と支援区分に属する計7プロセス領域の評価指標と評価基準を記載したルーブリックを開発し，PBLにおける自らのプロセスを評価してもらった．2016年度に公立はこだて未来大学において実施したPBL「ミライケータイプロジェクト2016」の3チーム (チームA，B，C) を対象とし，計7名から協力が得られた．

4.2 実験結果

表1は，予備実験の評価結果を各プロセス領域の達成率，全7プロセス領域の平均達成率をチームごとに比較したものである．平均達成率では，チームA，C間で，26ポイント以上の差が出る結果となった．

表1 実験結果

プロセス領域	達成率		
	チームA	チームB	チームC
要件管理	86.67%	73.33%	53.33%
プロジェクト計画策定	75.00%	76.19%	64.29%
プロジェクトの監視と制御	100.00%	63.33%	53.33%
供給者合意管理	73.33%	0.00%	22.22%
測定と分析	42.86%	70.83%	33.33%
プロセスと成果物の品質保証	58.33%	66.67%	50.00%
構成管理	93.33%	66.67%	66.67%
平均達成率	75.65%	59.57%	49.02%

4.3 考察

考察にあたり，PBLを実施していた際のデータを比較していくと，チームAはプロジェクトが進むにつれ見積と実働工数の差が減少し，最終的にその差は0.3工数差の精度になった．それに対しチームB，Cは，ともに最終的に10工数前後の差が生じていた．スプリント終了時に行う振り返りの際の発生問題数も，チームAは減少しているのに対し，チームB，Cは大きな改善は見られなかった．

以上から平均達成率が高いチームの方がより良いプロセスや分析，改善が出来ていたことから，CMMIを用いた本手法の有効性は，極めて高いといえる．

予備実験時に合わせて実施したアンケートにおいて，全被験者が「評価項目・基準を理解できた」と回答したことから，ルーブリックにより評価項目・基準が明確になっており，CMMIの知識が無くとも本手法の評価は，可能であることがわかる．

5 まとめと今後の課題

本論文では，PBLの定量的学習手法について検討した．PBLの"学び"を評価するために，プロセスに着目し，プロセスを定量的に評価・改善するモデルである，CMMIを用いた手法を提案した．

実験の結果から，本学習評価手法の有効性の見通し，ルーブリックを用いたCMMIの知識に頼らない手法であることが確認できた．

今後は，プロセス領域の追加検討や，評価者がそのPBLに適した評価を行えるように，自由にプロセス領域を選択できる手法の検討なども行っていく．

形式手法を利用したスマートコントラクトの
設計と実装

Design and Implementation of Smart Contracts
Using Formal Methods

齋藤 新　天野 俊一　岩間 太　立石 孝彰　吉濱 佐知子 *

あらまし 複雑なアプリケーションの開発プロジェクトにおいては，参加者間で想定している仕様に食い違いが発生することが多い．本研究では分散台帳技術を利用した証券決済アプリケーションの開発ケースを紹介する．形式手法 Event-B を用いることにより，認識の齟齬をなくすとともに仕様を簡潔に定義することに成功した．

1　はじめに

　実業務における複雑なアプリケーションの開発においては，プロジェクトの参加者間で想定している仕様に食い違いがあり，それが実装後に明らかになることも多い．仕様の記述を自然言語で行うこと，事前・事後・不変条件を明確にしないこと，がその一因である．形式手法を用いることはそのような事態を回避するための解決策の1つである．

　本論文では，分散台帳技術を用いた証券決済アプリケーションの設計・開発に際して，形式手法 Event-B [1] を用いたケースを紹介する．これにより，業務アプリケーションの複雑な仕様が簡潔に記述できることならびに関係者間の仕様に関する認識の齟齬をなくすことができた．また，Event-B で開発を行う際に得られた知見などについても報告する．

2　分散台帳技術

　近年，分散台帳技術，もしくはブロックチェーン技術と総称される技術が注目を浴びている．非集中型の分散共有システムであり，耐改竄性・耐監査性に優れているなどの特徴を持つ．その1つである Hyperledger Fabric (以下，Fabric) について紹介する．Fabric は参加する各コンピュータ (ノードと呼ばれる) の状態を同期させる分散システムである．状態遷移を定義するコードはスマートコントラクト (Fabric ではチェーンコード) とよばれ，各ノードにインストールされる．クライアントはノードに対してトランザクションを発行することにより，チェーンコードを実行させその状態を変化させる．

3　Event-B

　Event-B は状態遷移機械をベースとした形式仕様記述・検証手法である．特定の条件が成り立つ場合に許される状態遷移をイベントとして定義することにより，システムの振る舞いを記述する．定義した不変条件が常に満たされることを証明することにより，システムが意図した通りに動作することを示す．このように Event-B の実行モデルは Fabric のそれとの親和性が高いため，今回のケースで採用することにした．

4　設計・開発事例

　本節では，Event-B を Fabric 上で動作する証券決済アプリケーション [2] に部分

---

*Shin Saito, Shunichi Amano, Futoshi Iwama, Takaaki Tateishi, Sachiko Yoshihama, IBM Research - Tokyo

的に適用した例を紹介する．以下，適用した2つの機能について説明する．

4.1 決済のネッティング処理

まず，取引について売り手と買い手がその内容が正しいか照合する．両者が合意すると，対応する決済 (買手からの現金決済および売手からの証券決済) のレコードが作られる．作成された決済レコードは標準では即時処理されるが，決済方法としてネッティングを指定した場合は処理されずに蓄積され，決済当局がネッティング開始を指示した場合にまとめて決済処理が行われる．

このネッティング決済の仕様は複雑であるため形式的な仕様記述を行った．その際のシステムの不変条件は「清算機関のそれを除くすべての証券口座および現金口座の残高は0以上である」「システム内に存在する現金の総額が一定である」などとした．仕様を参加者間で共有して理解に齟齬がないことを確認するとともに，決済レコードの作成処理ならびにネッティング処理の前後で不変条件が満たされることを検証した．

4.2 配当処理

本アプリケーションの配当処理の仕様は以下の通りである: 「指定した日の23:59時点の証券残高をもとに，計算された配当金を指定した日に入金する」．ただし，過去の日を入金日に指定することはできないなどの条件が複雑であり，手作業で作成した仕様は多数の場合分けからなる複雑なものであった．この仕様を形式的に記述することによってそれらの条件が半自動的に導出され，仕様作成の労力が軽減できた．

5 考察

Event-B は状態遷移ベースのシステムをモデル化することに向いている．集合論に基づいた表記法は，特定のプログラミング言語に依存することなく状態や条件を簡潔に記述できるという利点がある．一方で，仕様を実装に落とし込む際には，集合およびその上の演算を適切にデータ型およびその上の操作などに書き換える必要があり，その際にバグが混入する可能性がある．また，Event-B は状態機械の合成に対応していない．たとえば分散アルゴリズムの検証などにおいてシステムをI/Oオートマトン [3] の合成として記述する場合がある．このような大規模なシステムの検証を行うためには合成を手動で行う必要があり，Event-B の欠点の1つであると考える．また，時相論理的な性質の検証にも標準では対応していない．ProB という振る舞い検証のためのサードパーティ製ツールが提供されているが機能は十分とは言えない．

6 まとめ

形式手法 Event-B を利用して，分散台帳技術を用いた証券決済アプリケーションの設計および開発を行った事例を紹介した．また，開発から得た知見について議論した．

参考文献

[1] Jean-Raymond Abrial. *Modeling in Event-B: System and Software Engineering.* Cambridge University Press, New York, NY, USA, 1st edition, 2010.

[2] 近藤真史, 保坂豪, 土井惟成, 山藤敦. 金融市場における分散型台帳技術の活用に係る検討の傾向. JPX ワーキング・ペーパー Vol. 20, 株式会社日本取引所グループ, 2017.

[3] Nancy A. Lynch. *Distributed Algorithms.* Morgan Kaufmann Publishers Inc., San Francisco, CA, USA, 1996.

Webアプリケーションのクライアントサイド開発におけるソフトウェア設計モデルの適用

UML Modeling for Client-side Development of Web Applications

榊原 由季[*] 満田 成紀[†] 福安 直樹[‡] 松延 拓生[§] 鯵坂 恒夫[¶]

あらまし 近年，Webアプリケーション開発においてクライアントサイドに実装される機能が増大しているが，そのための設計モデルが十分に考えられていない．本研究では，HTMLとJavaScriptを組み合わせて実装されたDHTML（Dynamic HTML）を対象として，UMLモデルの適用方法を検討する．

1 はじめに

Webアプリケーションのクライアントサイド開発には，HTMLやJavaScriptといった複数言語の連携によって実装するという特徴がある．近年，クライアントサイドに実装される機能が著しく増大しているが，現状のWebアプリケーション開発において，クライアントサイドの設計モデルが十分に考えられているとは言えず，ソフトウェア設計技術を適用することが難しくなっている．クライアントサイドの機能を適切に表現する設計モデルを考案することができれば，ソフトウェア設計技術を適用できるようになると考えられる．そこで，本研究ではWebアプリケーションのクライアントサイドのUMLモデル適用方法を検討する．

2 提案手法

UMLモデルを適用するにあたり，ソフトウェア開発でよく使用されるクラス図の構成方法を考えた．クラス図の主要素となるクラスの作り方として，次の3つの方法を考案した．

- HTMLの構造から見たクラス
- JavaScriptの処理対象として見たクラス
- JavaScriptの処理をモジュール化するクラス

考案した方法をDHTMLの簡単なサンプルページ[1]に適用し，それぞれのクラス図を作成した．

2.1 HTMLの構造から見たクラス

HTMLの構造から見たクラス作成の方法では，HTMLをJavaScriptから独立した存在として捉える．また，JavaScriptもひとつの大きなクラスとして捉える．HTMLはそれ自身の構造を表現する木構造を持ち，構造の変化もHTMLの範囲で閉じて実現される．HTMLとJavaScripの間の関係は最上位レベルでのみ持つことになる．

これは，従来のサーバサイド開発におけるViewとControllerの関係に近く，サーバサイドに重点を置いたMVC設計モデルとの接続性が良いと考えられる．しかし，HTMLとJavaScripの連携する部分を関係として直接表現できないため，クライアントサイドにおけるモデルとして表現できる要素は少ない．

---

[*]Sakakibara Yuki, 和歌山大学大学院

[†]Mitsuda Naruki, 和歌山大学

[‡]fukuyasu Naoki, 和歌山大学

[§]Matsunobe Takuo, 和歌山大学

[¶]Ajisaka Tsuneo, 和歌山大学

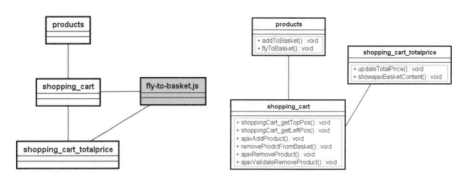

図 1 JavaScript の処理対象　　図 2 JavaScript の処理をモジュール化

2.2　JavaScript の処理対象として見たクラス

JavaScript の処理対象として見たクラス作成の方法では，JavaScript の処理対象となる DOM 要素に着目し，DOM 要素間の関係をクラス図でモデル化する．ここでも JavaScript は HTML から独立したクラスとして捉えるが，処理対象となる DOM 要素クラスとの間に，直接的な関係を持つことができる．

この方法を用いてサンプルページのクラス図を作成すると，図 1 のようになる．これは，現状のインタラクティブな Web アプリケーションを作る際の開発者が持つイメージに近いクラス図だと考えられる．しかし，JavaScript 側の構造と DOM 要素側の構造が分離しているため，モジュール性が低い．

2.3　JavaScript の処理をモジュール化するクラス

JavaScript の処理をモジュール化するクラス作成の方法では，これまで HTML とは独立して扱ってきた JavaScript の処理を HTML 側のクラスに分散させる．JavaScript の処理を，その処理対象となる DOM 要素のクラスのメソッドとして分散させる．

この方法を用いてサンプルページのクラス図を作成すると，図 2 のようになる．JavaScript の処理を関連する HTML 要素のクラスのメソッドとして分散させたことにより，他の方法と比べモジュール性が高くなり，クライアントサイドでのソフトウェア設計技術の適用もしやすいと考えられる．しかし，JavaScript の処理を分散させる基準がいくつか考えられ，その中で適切なものを選ぶ必要がある．また，サーバサイドの開発との接続をどのように実現するか検討する必要がある．

3　考察

現段階では，考案したクラス作成方法を単純な DHTML サンプルページに適用しただけであり，どの方法が適切であるのか十分に議論することができない．より複雑な DHTML 記述や，サーバサイドも含んだ Web アプリケーションに考案方法を適用し，検証する必要がある．

現時点ではクラス図の構成方法のみを検討しているが，鷲崎らは Web アプリケーションのソースコードからステートマシンを抽出する研究を行っている [2]．この研究を参考に動的モデルの構成方法も検討することができると考えられる．Web アプリケーションのクライアントサイドにおいて適切な UML モデルを作成できれば，リファクタリングなど，既存のソフトウェア設計技術が適用できるようになる．

参考文献

[1] DHTML & AJAX アイデア見本帖, http://www.shoeisha.com/book/hp/dhtml/, 2017-09-13 参照.

[2] 前澤悠太, 鷲崎弘宣, 本位田真一, インタラクションに着目したステートマシン抽出による Rich Internet Apllications の欠陥発見の支援, 情報処理学会論文誌, Vol.54, No.2, pp.820–834, 2013.

ソースファイルに対する保守作業者の精通度評価について──トピックモデルを用いた評価法の検討──

On An Evaluation of A Maintainer's Familiarity with A Source File—A Study of A Topic Model-Based Approach—

矢野 博暉 * 阿萬 裕久 † 川原 稔 ‡

あらまし 本論文は，ソースファイルの保守を行う保守作業者について，その作業者の対象ソースファイルに対する精通度に着目している．保守作業者が過去に開発・保守に携わったソースファイルに対して（自然言語処理分野で広く知られている）トピックモデルを適用し，各作業者がどういったソースファイルの開発・保守に精通しているのかを定量的に評価する手法の提案を行っている．

1 はじめに

　一般にソフトウェアシステムは，機能の拡張や追加・変更並びにバグ（フォールト）の修正を繰り返しながら発展していく．言うまでもなく，バグの無いシステムであることが理想ではある．しかしながら，ソフトウェアの開発が人間の知的作業である以上，現実にはヒューマンエラーの発生，ひいてはバグの混入を完全に排除するのは難しい．保守作業でも同様であり，プログラムの更新時に新たなバグを混入させてしまうことも珍しくない [1]．

　バグ混入（あるいは潜在）の可能性を評価するため，従来からメトリクスを活用した研究が数多く報告されている [2]．プログラムや変更内容についてさまざまな有益な特徴が研究されているが，近年ではそこに携わった開発者に関する研究も注目されるようになってきている [3], [4], [5]．ソースファイルが新規に開発された後，そのファイルが継続的に同じ開発者によって保守されていくとは限らない．保守（発展）の過程において（それまで当該ファイルを開発・保守してきた人物とは）別の人物がそのソースファイルに修正を加えることも考えられる．新たな開発者が登場して開発プロジェクトに貢献することは，そのプロジェクトの健全な発展・継続の一助になる [6] が，同時にバグ混入のリスクを高める可能性も否定できない [7]．ただしこれが，新たな開発者の参画を否定する意味ではないことに注意されたい．上述のリスクは，当該開発者の当該ソースファイルの内容に対する精通度合いによって大きく変わると思われる．つまり，どういった場合にはリスクが高く，より慎重なレビューが求められるのかを明らかにすべきと考える．そこで本論文では，リポジトリから入手可能な開発・保守履歴を使って，開発者のソースファイルに対する精通度を定量化する手法を提案する．

2 トピックモデルを用いた評価法

　いま，一つのソースファイルを一つの文書ととらえ，そのソースファイルを開発した人物や編集した人物を，その著者や編集者と考える．多数のソースファイル（文書）を集め，それらからトピックモデル [8] を構築することで，どの人物（著者，編集者）がどういったトピックのソースファイルに携わっているかを定量的にとらえることができる．これを利用することで，各開発者の各ソースファイルに対する精通度を評価しようというのが本論文での提案である．概要を図1に示す．

---

*Hiroki Yano, 愛媛大学大学院理工学研究科

†Hirohisa Aman, 愛媛大学総合情報メディアセンター

‡Minoru Kawahara, 愛媛大学総合情報メディアセンター

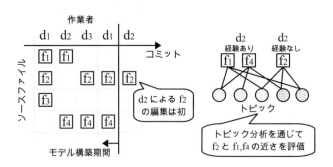

図 1 提案内容の概要

図 1 では，モデル構築期間内に 3 人の作業者 d_1, d_2 及び d_3 が 4 個のソースファイル f_1, f_2, f_3 及び f_4 の開発・保守を行っている：d_1 は 1 番目と 4 番目のコミットで 4 個すべてのソースファイルに携わっている．d_2 は 2 番目のコミットで f_1 と f_2，d_3 は 3 番目のコミットで f_2 と f_4 の開発・保守をそれぞれ行っている．

そして，モデル構築期間終了後，d_2 は初めて f_2 の保守を行っている．これが本論文で評価対象として注目している作業である．d_2 は f_2 の変更を行うのは初めてではあるが，過去に f_1 と f_4 には携わったことがある．それゆえ，f_2 の内容が f_1 または f_4 と近いようであれば，d_2 は f_2 関連の内容に多少なりとも精通していると考えることができる．ここでいう"近さ"として，コードクローンといった観点から類似性を評価することもできるが，識別子名やリテラルの観点からも類似性を評価できるよう，我々はトピックモデルを活用することを提案する．トピックモデルを用いることで，二つのソースファイル間でのトークン集合の一致度のみならず，共起する第三のトークン集合の作用による類似性も評価できるという利点がある [8]．

3 おわりに

本論文では，トピックモデルを活用したソースファイル間の類似性評価，並びにそれに基いた保守作業者の各ファイルに対する精通度評価法の概要を述べた．現在，提案手法のバグ予測への応用について検討を行っているところである．

謝辞 本研究の一部は JSPS 科研費 16K00099 の助成を受けたものです．

参考文献

[1] Jones, C.: *Applied Software Measurement: Global Analysis of Productivity and Quality*, McGraw-Hill, 2008.

[2] 畑 秀明, 水野 修, 菊野 亨：不具合予測に関するメトリクスについての研究論文の系統的レビュー，コンピュータソフトウェア，Vol.29, No.1 (2012), pp.106–117.

[3] Rahman, F. and Devanbu, P.: Ownership, Experience and Defects: A Fine-Grained Study of Authorship, in *Proc. 33rd Int'l Conf. Softw. Eng.*, 2011, pp.419–500.

[4] Bird, C., Nagappan, N., Murphy, B., Gall, H. and Devanbu, P.: Don't touch my code!: examining the effects of ownership on software quality, in *Proc. 19th ACM SIGSOFT Symp. and 13th European Conf. Foundations of Softw. Eng.*, 2011, pp.4–14.

[5] Posnett, D., D'Souza, R., Devanbu, P. and Filkov, V.: Dual ecological measures of focus in software development, in *Proc. 35th Int'l Conf. Softw. Eng.*, 2013, pp.452–461.

[6] Aman, H., Burhandenny, A.E., Amasaki, S., Yokogawa, T. and Kawahara, M.: A Health Index of Open Source Projects Focusing on Pareto Distribution of Developer's Contribution, in *Proc. 8th IEEE Int'l Workshop on Empir. Softw. Eng. in Practice*, 2017, pp.29–34.

[7] 山内 一輝, 阿萬 裕久, 川原 稔：コード行数に基づいた開発者の貢献度とそのエントロピーを用いた OSS プロジェクトの分析，電子情報通信学会技術報告，Vol.116, no.127, 2016, pp.131–136.

[8] 奥村 学（編），佐藤 一誠：トピックモデルによる統計的潜在意味解析，コロナ社，2015.

ランキング上位者のプログラミング作法の評価

Evaluation of Programming Habids of High Ranking Programmers

大西 臣弥* 門田 暁人†

あらまし 本研究では，プログラミング教育に役立てることを目的として，オンラインジャッジシステムの一つである Aizu Online Judge (AOJ)のランキング上位者のプログラミング作法を評価することで，熟練者であっても順守されていない作法を明らかにする．

1 背景と目的

今日，プログラミング能力を高めるために，多くのプログラマが Aizu Online Judge (AOJ)[1], TopCoder, atCoder, PKU Online Judge 等のオンラインジャッジシステムを利用している．これらのシステムでは，提出されたプログラムの正しさをテストケースに基づいて評価する．これらのシステムにより，初心者プログラマは，様々なアルゴリズムを用いて仕様通り動作するプログラムを作成できるようになることが期待される．

ただし，オンラインジャッジシステムでは，いわゆるプログラミング作法については評価されない．プログラミング作法は，プログラムの可読性，保守性，安全性等を向上させる技術を含んでおり，特にバージョンアップが繰り返されるような大規模ソフトウェアの開発において必須となる．そのため，小規模なプログラムを書けるようになったプログラマに対しては，プログラミング作法についても何らかの評価を受けることで，自らのプログラミング能力を高めていくことが望ましい．

本研究では，AOJ 上のプログラムを，静的解析ツール PMD を用いて解析し，様々なプログラミング作法の順守・非順守の実態を明らかにする．これにより，初心者が順守できていないプログラミング作法や，熟練者であっても順守できていない作法を明らかにすることで，プログラミング教育に役立てたい．本稿では，研究の第一歩として，AOJ におけるレーティング上位者（ランキング 1 位から 100 位まで）のプログラマが作成したプログラムを対象とし，プログラミング作法の順守度を分析する．

2 分析の試行

分析対象とするプログラムは，AOJ におけるレーティング 1 位から 100 位までのプログラマが作成した次の条件に当てはまるものである．

(1) ソースコードが公開されている（一般に閲覧権限がある）こと．

(2) Java で書かれていること．

上記の条件で AOJ からデータを取得した結果，31 名から 1301 件のプログラムを収集できた．データ取得にあたっては，Python による Web スクレイピングを行った．データ取得日は 2017 年 9 月 1 日である．

プログラミング作法の評価のために，静的解析ツール PMD[2]バージョン 5.7.0 を用いた．プログラミング作法を規定する解析ルールは「java-design」を用いた．Java-design ル

---

* Takaya Onishi,岡山大学工学部情報系学科

† Akito Monden, 岡山大学大学院自然科学研究科

ールセットには 54 のルールが定義されている．1 つ以上のルール違反（すなわち，プログラミング作法の非順守）が検出されたものは 30 ルールあった．紙面の都合上，そのうち上位 10 ルールとそれぞれの Priority（1 が最も高く，5 が最も低い）および非順守率を表 1 に示す．ルールの詳細については，PMD の Web サイトにおける解説[3]を参照されたい．

　表 1 より，最も順守されていないのは UseUtilityClass である．これは，static method しか持たないクラスは utility class とせよ，という作法であるが，今回は対象とするプログラムが短いため，非順守は必ずしも問題とはならない．次に多いのは FieldDeclarations ShouldBeAtStartOfClass であり，これは，フィールドの定義はメソッドの定義よりも先にクラスの先頭において実施せよ，という作法である．プログラム可読性の観点から，本作法は重要といえる．UseVarargs は，メソッドの最後の引数を Object[] args ではなく Object… args のようにすることを検討せよというもので，priority は 4 と高くない．可変引数であればこのように変更すべきであるといえる．次に非順守率が高かった ConfusingTernary は，if-else 文において if 条件式を否定的なもの（not equal など）にしてはならないという作法である．否定的な条件による判定はコードの可読性を下げる恐れがある．また，実装時の順序付けの問題を解決できるので，順守すべき作法である．次の AvoidReassigningParameters は priority が 2 と高いにも関わらず非順守率は 6.8%であった．これは，メソッドの引数として渡された変数に対し，その変数値を参照する前に値を再定義するな，という作法である．これは順守して当然とも考えられるため，順守されていないことは問題である．

　今後は，今回の結果についてより詳細な分析を行っていくとともに，ランキング下位者についても同様の分析を行う予定である．また，Java-design 以外のルールセット（例えば，セキュリティに関するルールセット）を利用し，より多様なプログラミング作法についても評価を行っていく予定である．また，評価結果に基づいて，優先的に学習・指導すべきプログラミング作法を明らかにしていきたい．

表 1　順守されていない上位 10 種類のプログラミング作法

プログラミング作法	Priority	非順守プログラム数	非順守率 (%)
UseUtilityClass	3	946	72.7
FieldDeclarationsShouldBeAtStartOfClass	3	166	12.8
UseVarargs	4	124	9.5
ConfusingTernary	3	96	7.4
AvoidReassigningParameters	2	89	6.8
PositionLiteralsFirstInComparisons	3	89	6.8
SwitchStmtsShouldHaveDefault	3	39	3.0
AvoidDeeplyNestedIfStmts	3	26	2.0
GodClass	3	26	2.0
SimplifyBooleanReturns	3	20	1.5

3　参考文献

[1]　Aizu Online Judge: Programming Challenge, http://judge.u-aizu.ac.jp/onlinejudge/
[2]　PMD An extensible cross-language static code analyzer, https://pmd.github.io/
[3]　PMD Java – Design, https://pmd.github.io/pmd-5.5.1/pmd-java/rules/java/design.html

GitHub 上のプログラマ名鑑の作成に向けて

Toward Making a Programmer Directory for GitHub

池本 和靖* 門田 暁人†

あらまし 本研究では，GitHub 上で活躍する各プログラマの特性（技術，能力，経験，担当など）を記したプログラマ名鑑システムの開発について検討する．本システムでは，プログラマのランキング機能，検索機能，推薦機能等を提供することを検討している．

1 研究の目的とアプローチ

今日のソフトウェア開発は，多数の開発者からの自発的な提案（プルリクエスト，パッチ投稿など）に基づいて進めるソーシャルコーディングと呼ばれる開発形態が広まっており，その代表的なプラットフォームとして GitHub が利用されている[1]．GitHub は 2000 万件を超える Git リポジトリをホスティングしており，参加する開発者は 100 万人を超える．このような開発形態においては，プロジェクトの成否・盛衰は，プロジェクトに参加する開発者の人数，能力やクリエイティビティに依存する．そのため，各プロジェクトでは，多数の開発者を惹きつけ，かつ，既存の開発者を逃さないことが重要となる[4]．一方，開発者にとっては，GitHub の活躍履歴が自らの能力を示すエビデンスともなり，個人のキャリアアップにもつながる．近年では，「GitHub 採用」と呼ばれるソフトウェアエンジニア採用方式を採用している会社もあり，GitHub アカウントとリポジトリの情報が採用選考に用いられている．

このように，能力のある開発者がソーシャルコーディング活動を通して高い評価を得てキャリアアップを実現できることは好ましいことであるが，評価する側にとっては，GitHub 上の活動を調査し，正しく評価することは容易ではない．GitHub 上の活動には，プログラムを書く以外にも issue に対する対応やコミットやプルリクエストに対するコメント付けなど様々な活動があり，それらを把握することは容易でない．また，活動の質（例えば，プルリクエストが採用されたのか等）の評価も容易でない．さらに，多数の開発者の中で各人がどの程度のレベルに位置しているのか，といった評価も容易でない．

そこで，本研究では，GitHub 上で活躍する各プログラマの特性（技術，能力，経験，担当など）を記したプログラマ名鑑を提供するシステムの開発を目的とする．本システムは，評価したい特定の開発者の能力や特性を知るためのみならず，特定の能力を持ったエキスパート開発者を探したいといった場合にも役立つと期待される．プログラマにとっても，様々な評価尺度により評価され，技術領域ごとのランキングが公表されることで，貢献者が広く周知されることとなり，モチベーション向上の効果が期待される．

また，本システムに検索機能や推薦機能を付与することで，例えば，「Python で 1 万行以上のコーディング経験があり，プルリクエストを出した経験が 20 回以上，かつ，その採用割合が 50%以上のプログラマ」，「Java で 1 万行以上のコーディング経験があり，バグ修正経験が 10 回以上，かつ，その平均修正日数が 10 日以内のプログラマ」といっ

---

* Kazuyasu Ikemoto,岡山大学工学部情報系学科
† Akito Monden, 岡山大学大学院自然科学研究科

た検索を行うことができれば，必要とするエキスパートを探し出すことが容易になると期待される．

　一方，開発者コミュニティやプロジェクトにとっては，「1 年以内の参入者のうち，プルリクエストを出した経験が 5 回以上あるが，一度も採用された経験のないプログラマ」のように，検索によって初心者プログラマを特定することができれば，周りの開発者による支援を行うことで，コミュニティの発展に貢献できると期待される．

　本システムの設計検討のための GitHub データの分析を行うために，本研究では，MSR 2014 Mining Challenge Dataset[2]として公開されている，GHTorrent dataset[3]のサブセット（90 プロジェクト）のデータセットを用いる．GHTorrent は GitHub 上の全イベントを取得し，データベースに蓄積しているが，データサイズが極めて巨大（圧縮された状態で 60GB を超える）なため，本システムの設計検討の段階においては Mining Challenge Dataset を用いることにした．なお，GitHub から直接，GitHub 上の活動についての過去の履歴を取得することは，GutHub API の制約もあり困難である．

2　　データ分析の施行

　MSR 2014 Mining Challenge Dataset は，MySQL および MongoDB 形式でデータが公開されている．本データセットは，開発者ごとにデータが集計されているのではなく，commit, fork, pull request, comment など，アクティビティごとにデータが集計されている．本稿では，データ分析の施行として，プルリクエストに関するデータを開発者ごとに集計したものの一部を表 1 に示す．表 1 は，merge された pull request の数が多い上位 5 名の開発者を示している．開発者によって pull request が merge される率が 79%～94% とばらついていることが分かる．

　今後は，様々な観点からデータ分析を行い，システムの設計を進めていく予定である．

表 1　プルリクエストに関するプログラマランキング

	# Pull request	# Merged pull request	% Merged pull request
Patrik Nordwall	478	450	0.94
Arun Agrawal	418	345	0.84
Paul Phillips	427	336	0.79
Jason Zaugg	403	322	0.80
Viktor Klang ($\sqrt{\ }$)	342	314	0.92

3　　参考文献

[1] 門田暁人,"ソフトウェアリポジトリマイニングのすすめ", 日本ソフトウェア科学会第 33 回大会, チュートリアル, Sep. 2016.

[2] MSR 2014 Mining Challenge Dataset, http://ghtorrent.org/msr14.html

[3] The GHTorrent project, http://ghtorrent.org/

[4] K. Yamashita, Y. Kamei1, S. McIntosh, A. E. Hassan, N. Ubayashi, "Magnet or Sticky? Measuring Project Characteristics from the Perspective of Developer Attraction and Retention, Journal of Information Processing," Vol. 24, No. 2 pp. 339-348, 2016.

分岐条件に基づく関数呼出し簡略化による記号実行のパス爆発抑制手法

The Method for Suppressing Path Explosion in Symbolic Execution by Simplification of Function Calls Based on Branch Conditions

大林 浩気[*]　鹿糠 秀行[†]　鈴木 哲也[‡]　岡本 周之[§]

Summary. This paper proposes a method that automatically generates test input values for programs which have function call by using symbolic execution. This method suppresses path explosion of symbolic execution and generates high coverage test input values.

1 はじめに

ソフトウェアテストにおいて，記号実行技術を応用してテスト入力値を生成する方法が知られている．記号実行技術には，プログラムの分岐数が増えるにつれ実行パス数が爆発的に増大するパス爆発の問題がある [1]．これに対し，関数呼出しを簡略化することで記号実行時のパス爆発を抑制する手法 [2] が提案されているが，従来手法には関数の戻り値が後続の条件分岐に影響する場合にその分岐を網羅する入力値を生成できない問題があった．本稿ではこの問題を解消する方法を含めた記号実行におけるパス爆発抑制手法を提案する．

2 関数呼出し簡略化による記号実行のパス爆発抑制手法

記号実行のパス爆発抑制手法として文献 [2] が提案されている．これは，関数の呼出し命令を入力値と出力値による条件分岐に置換しプログラムを簡略化した上で記号実行を行う．これにより，下位関数の記号実行が省略され，上位関数の記号実行時のパス爆発を抑制できる．以下に従来手法の流れを示す．

(1) 対象プログラムの関数呼出し関係を解析する
(2) 呼出し関係下位の関数を記号実行して入力値を生成する
(3) (2) で生成された入力値を用いて関数を実行し，入力値に対する出力値を得る
(4) (2) と (3) で得られた入力値と出力値を利用して，呼出し関係上位の関数内の関数呼出しを条件分岐に置換し，記号実行により入力値を生成する

従来手法は，下位関数の戻り値が上位関数の後続の条件分岐に影響する場合，(2) と (3) においてその分岐の網羅に必要な下位関数の入力値と出力値が必ずしも得られず，(4) で置換を実施した際に通過しえない実行パスが発生し，記号実行によってその実行パスを通過する上位関数の入力値を生成できなくなる問題があった．

例として，図1左上のプログラムを対象とする場合を考える．このプログラムでは，関数 funcA の内部で関数 funcB を呼出しており，funcB の戻り値は変数 z に代入されている．その後に，z==100 を条件式とする if 文，すなわち，funcB の戻り値に影響する条件分岐が存在する．(2) を実施すると，funcB の入力値として，例えば (x, y)=(10, 10), (-10, 10) が生成され，(3) でそれぞれの入力値に対応する出力値として 20, -100 が得られたとする．このとき，(4) において funcA 内の funcB 呼出し命令を (2) と (3) で得られた入力値と出力値による条件分岐に置換すると図1右のプログラムになる．しかし，この置換後のプログラムでは，条件分岐 if(z==100)

---

[*]Hiroki Ohbayashi, (株) 日立製作所 研究開発グループ

[†]Hideyuki Kanuka, (株) 日立製作所 研究開発グループ

[‡]Tetsuya Suzuki, (株) 日立製作所 システム＆サービスビジネス統括本部

[§]Chikashi Okamoto, (株) 日立製作所 システム＆サービスビジネス統括本部

の箇所でz=100となりえないため，記号実行によりz==100が真となるような実行パスの入力値を生成できない．

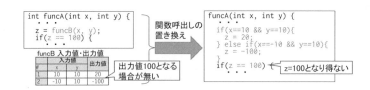

図1　従来手法の問題点

3　分岐条件に基づく関数呼出し簡略化

前章で問題とした下位関数の戻り値が上位関数の後続の条件分岐に影響する場合に，予め上位関数内の分岐条件を考慮して実行パスを網羅するために必要な下位関数の入力値と出力値を記号実行で生成できるようにして解決する方法を提案する．提案方法では (2) の手順の前に以下の (a) から (c) の手順を実施する．
(a) 上位関数内の下位関数の呼出し命令をダミー変数に置換する
(b) ダミー変数を記号値として上位関数を記号実行し得られる具体値を，下位関数から取得したい出力値として固定する
(c) 下位関数の return 文の直前に (b) で得た下位関数の出力値を条件とする条件分岐を挿入する

(a) から (c) の例を図1左上のプログラムを用いて説明する．(a)：図2左のように funcA の内部の funcB の呼出し命令 funcB(x, y) をダミー変数 funcB に置換する．(b)：funcA を記号実行して，funcB の具体値として例えば 100 と -10 を得る．これら具体値には，funcA 内の分岐網羅に必要となる funcB の戻り値 100 を含んでいる．(c)：図2右に示すように funcB の return 文の直前に，(b) で得た 100 と -10 を条件とする分岐文を挿入する．

これにより，(2) で funcB の入力値として，また，(3) で funcB の出力値として funcA の分岐網羅に必要な値を得ることができる．なお，(4) は (a) の置換や (c) の挿入を元に戻して実施する．

図2　提案手法の実行例

4　おわりに

本稿では，記号実行時に分岐条件を考慮した関数呼出し簡略化を行うことにより，関数の戻り値が後続の条件分岐に影響する場合においても，実行パスを網羅するテスト入力値の生成を可能とする記号実行のパス爆発抑制手法を提案した．

参考文献

[1] Cadar, C., Sen, K.: Symbolic Execution for Software Testing: Three Decades Later, Communications of the ACM 56(2), 82-90 (2013)
[2] 廣葉貴寛, 高田眞吾: 記号的実行によるテストケースの自動生成に関する研究, 情報処理学会第73回全国大会講演論文集, 6L-5, (2011)

異なるカリキュラム重複運用によるPBL習得スキルへの影響の一調査

A Survey of Skills Acquired in PBL Influenced by Overlapped Operation of Multiple Educational Programs

伊藤 恵* 松原 克弥† 奥野 拓‡ 大場 みち子§

あらまし 著者ら所属大学において従来より実施している学部向け PBL と，PBL を中心とした新規の情報技術人材育成カリキュラムを重複して運用している．同カリキュラムを受講しつつ PBL に参加する学生と単に学部向け PBL だけに参加する学生とが一緒になってプロジェクトを遂行している．本研究では，両者の間で PBL における行動，習得スキル，成果などにどのような違いがあるのか調査分析する．

Summary. In our university, a compulsory PBL subject has been conducted for undergraduate students. Moreover, new educational program for ICT engineer development is conducted overlapping with the PBL. So, some students pariticipate both new program and the PBL, the other students participate the PBL only. We try to research and analyze the differences between them in terms of their behavior, acquired skills and achievements in PBL.

1 はじめに

情報系大学でも実践的教育の一つとして Project-Based Learning(以下 PBL) が注目されている．一方で単なる ICT スキルだけでなく社会に役立つシステムデザイン力の習得を意図して，情報系学生にも User-Centered Design や Service Design などの学習が期待されている．著者ら所属大学では2002年度から行われている学部3年生対象の通年必修 PBL「システム情報科学実習」[1] に加え，2012年度から実施した大学院生向け「分野・地域を越えた実践的情報教育協働ネットワーク」事業の知見を活かし，2016年度から開始した「成長分野を支える情報技術人材の育成拠点の形成」事業 [2] に基づき，2017年度から同じ学部3年生向けのカリキュラム (以下 enPiT2) を実施することとなった．

2 カリキュラム重複運用による PBL 実践

著者ら所属大学では，従来の PBL と独立して enPiT2 の PBL を実施するのではなく，enPiT2 カリキュラムのうち PBL 以外の独自科目のみを新設し，従来の PBL の中に enPiT2 としての実施項目を盛り込み，両カリキュラムを overlap した形で単一の PBL を実施することとした (図1)．その結果，従来の PBL 科目のいくつかのプロジェクトに enPiT2 を受講する学生 (enPiT2 受講生) と受講しない学生 (通常学生) が混在することになった．本研究では enPiT2 受講生と通常学生とが同じ PBL 科目を受講する中，その行動，習得スキル，成果にどのような違いがあるかを調査分析する．

---

*Kei Ito, 公立はこだて未来大学

†Katsuya Matsubara, 公立はこだて未来大学

‡Taku Okuno, 公立はこだて未来大学

§Michiko Oba, 公立はこだて未来大学

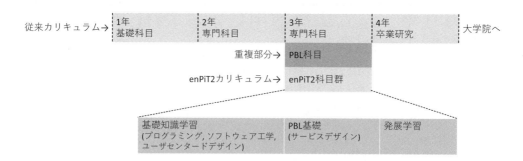

図1 従来カリキュラムと enPiT2 カリキュラムの重複運用

2.1 2つのカリキュラム

著者ら所属大学の学部カリキュラムにおいて，3年次に通年必修の PBL 科目が開講されており，すべての学部生がこの科目を履修する．一方 enPiT2 は，学部3年生を主たる対象とし，PBL を中心とした科目群であるが，この PBL 部分を従来カリキュラムの学部 PBL と重複して実施することとした．

学部カリキュラムにおける PBL 科目の位置づけは 1,2,3 年次の基礎/専門科目を踏まえつつ，社会の問題発見，問題解決にチームで取り組み，その成果を報告書やポスターを通じて発表することで，プロジェクト活動を実践的に学ぶ場である．enPiT2 では，基礎知識学習や PBL 基礎で学んだ知識や習得したスキルを活用し，発展学習に当たる PBL で地域社会に役立つシステムやサービスをデザインする．

2.2 対象学生

2017 年度に必修通年 PBL を受講する学部3年生239名が23のプロジェクトに分かれてプロジェクト活動をしているが，このうち enPiT2 を受講しているのは10名であり，彼らはこの PBL の3つのプロジェクトに所属しているため，この3プロジェクトをデータ収集及び分析の対象とする．対象となる3プロジェクトの所属学生数は A プロジェクト12名 (うち enPiT2 受講生4名)，B プロジェクト15名 (同3名)，C プロジェクト13名 (同3名) である．

2.3 データ分析

対象としている学部 PBL 科目で提出を義務付けられている学習目標，週報，学習ポートフォリオなどの個人提出物や，議事録，報告書，成果発表ポスターなどのチーム単位での提出物からデータを収集し，分析を行う．これらのデータとは別に対象プロジェクトの担当教員へのヒアリングや，受講学生へのアンケート調査も行う予定である．

謝辞 本研究の遂行には成長分野を支える情報技術人材の育成拠点の形成 enPiT2 の支援を得ている．

参考文献
[1] 公立はこだて未来大学プロジェクト学習, https://www.fun.ac.jp/edu_career/project_learning/, 2017 年 9 月 14 日アクセス.
[2] 高度 IT 人材を育成する産学協働の実践教育ネットワーク, http://www.enpit.jp/, 2017 年 9 月 14 日アクセス.

E-mailデータマイニングに基づく適任開発者の推薦手法の検討

A method for recommending appropriate developers based on e-mail data mining

福井 克法* 大平 雅雄†

あらまし 本研究は，e-mail データを用いることで要件定義，設計，コーディングなど，ソフトウェア開発の各工程に関与したすべての開発者を対象とした適任開発者の推薦手法を提案する．

1 はじめに

近年，ソフトウェアのニーズが高まると同時にソフトウェア開発が大規模化している．大規模なソフトウェアを短納期で開発するためには，プロジェクトに適任の開発者を割り当てることが重要である．しかし，大規模なソフトウェア開発現場では，各開発者が今までに関わったプロジェクトを把握することは難しい．そのため，プロジェクトに適任の開発者を割り当てらず，開発を円滑に行うことができない可能性がある．また，企業が開発案件を提案する際に開発者の知識や経験を生かせず，案件を逃してしまうといった問題がある．

既存研究 [1] [2] では，ソースコードの変更履歴に着目しモジュール単位での適任の開発者を推薦する手法が提案されている．しかし，実際のソフトウェア開発では要件定義や設計の開発工程が存在する．要件定義や設計を行う開発者は，プロジェクトの全体像を把握しておく必要があるため，開発経験が豊富な開発者であることが望ましい．既存手法ではソースコードの変更履歴にのみ着目しているため，要件定義や設計などに関わっているソースコードを変更しない開発者を考慮できていない．本研究では，要件定義や設計などソースコードを変更しない開発者も含めたプロジェクト単位での適任開発者の推薦手法を提案する．

2 提案手法

ドメイン用語から特定のプロジェクトの適任開発者を推薦することを目的とする．ドメイン用語とは，特定のプロジェクト内で使われる特徴的な用語のことを指す．

2.1 データソースの選択

ソフトウェア開発において頻繁に利用されるコミュニケーションツールの一つとしてメーリングリストが存在する．メーリングリストは全工程の開発に関わっている開発者が使用するため，既存手法では考慮されていなかったソースコードを変更しない開発者も対象とすることができると考える．本研究では特に，開発者同士のe-mail でのやりとりに着目する．開発者同士のe-mail には，その開発者が今までに関わった開発に関するドメイン用語が含まれていると考えられる．開発者がe-mailで使用するドメイン用語を抽出することで，開発者が今までにどのようなプロジェクトに関わったかを把握することができ，プロジェクトに対する適任の開発者を推薦することができると考える．

---

*Katsunori Fukui, 和歌山大学

†Masao Ohira, 和歌山大学

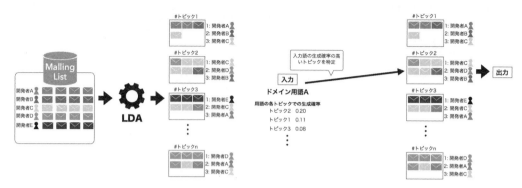

図 1　ドメイン用語の抽出処理　　　図 2　入力用語から推薦開発者を出力する処理

2.2　E-mail 分類とドメイン用語の生成確率の算出

E-mail から特定のプロジェクトのドメイン用語と関連する用語を抽出するために，LDA (Latent Dirichlet Allocation) [3] を用いる．LDA を適用した概要を図 1 に示す．LDA では各単語には潜在的なトピックが存在すると想定しており，各 e-mail を構成単語に応じて，指定した数のトピックに分類することができる．同じトピックに分類される e-mail は関係性が深い内容の e-mail である可能性が高い．また，LDAでは各トピックの構成用語の生成確率を抽出することができる．構成用語の中にはドメイン用語や関連語も含まれていると考えられる．

2.3　開発者推薦手順

入力のドメイン用語から開発者を推薦する概略図を図 2 に示す．まず，2.2 節で作成したトピックの中で，入力のドメイン用語の生成確率が最も高いトピックを特定する．特定したトピックには，入力のドメイン用語に関する内容の e-mail が分類されていると考えられる．次に，トピックに分類されている e-mail の件数を開発者ごとにスコアリングする．スコアが上位の開発者を入力ドメイン用語に関する開発に適任の開発者として推薦する．

3　おわりに

本研究では，要件定義や設計などソースコードを変更しない開発者も含めたプロジェクト単位での適任開発者の推薦手法を提案した．今後は複数のプロジェクトのメーリングリストを組み合わせたデータに対して提案手法を適用し，本手法の有用性を示す．また，ドメイン用語の抽出方法を改善することで精度の向上を目指す．

謝辞　本研究の一部は，JSPS 科研費（基盤 (A): JP17H00731, 基盤 (C): JP15K00101）による助成を受けた．

参考文献

[1] Audris Mockus and James D. Herbsleb. Expertise browser: A quantitative approach to identifying expertise. In *Proceedings of the 24th International Conference on Software Engineering*, ICSE '02, pp. 503–512, New York, NY, USA, 2002. ACM.
[2] Romain Robbes and David Röthlisberger. Using developer interaction data to compare expertise metrics. In *Proceedings of the 10th Working Conference on Mining Software Repositories*, MSR '13, pp. 297–300, Piscataway, NJ, USA, 2013. IEEE Press.
[3] David M. Blei, Andrew Y. Ng, and Michael I. Jordan. Latent dirichlet allocation. *J. Mach. Learn. Res.*, Vol. 3, pp. 993–1022, March 2003.

時系列モデルを用いた遅延相関分析の評価

Evaluation of time-delayed correlation analysis using time series model

蘆田 誠人 * 大平 雅雄 †

あらまし 本研究の目的は，従来の相関分析をベースとし時間の遅延を考慮した遅延相関分析と時系列モデルとの比較評価することである．本稿では，比較及び評価の方法について述べる．

1 はじめに

ソフトウェア開発の現場では，プロジェクトを定量的に管理することが必要不可欠となっており，定量的なプロジェクト管理を目的としたソフトウェア開発データの計測及び分析が行われている．ソフトウェア開発データの分析手法の代表例として，相関分析が挙げられる．相関分析では同時点での事象 A-B 間の相関係数を求めているが，実際のソフトウェア開発では事象 A が発生してからある程度遅延して事象 B が発生することもあり得る．例えば，開発要員を増やしたとしても生産性に寄与するには一定程度の時間を要するなどといった関係は，従来の相関分析では事象 A-B 間の関係を正確に捉えることが難しい．相関分析の欠点を補完することを目的として，山谷らは遅延相関分析 [1] を用いて従来の相関分析との比較評価 [2] を行っている．遅延相関分析とは，時間的順序関係を考慮した相関分析の手法である．ただし，[2] では従来の相関分析以外の時系列データ分析手法との比較がなされておらず有用性が十分明らかになっているとは言い難い．そこで本研究では，遅延相関分析の有用性を検討するために時系列モデルとの比較を行う．

2 時系列データ分析

本章では，本研究で用いる時系列データ分析の手法（遅延相関分析及び時系列モデル）について説明する．

2.1 遅延相関分析

遅延相関分析とは，2 つの時系列データを用意し，時間を遅延させながら観察される関係を探る分析手法である．遅延相関分析のイメージを図 1 に示す．遅延相関分析では，一方の時系列データを説明変数，もう一方の時系列データを目的変数とし，説明変数の一定期間の平均値と目的変数の変化量の間の相関を求める．

まず，説明変数及び目的変数の時系列データの処理を行う．説明変数の処理には加算係数を用いる．加算係数とは説明変数の値を平均する期間のことを指す．説明変数の一定期間の平均は加算係数の値に従って求める．e_i を時刻 i における説明変数の値，e_j を時刻 j における説明変数の値，e_{ij} を説明変数の値の平均とすると，e_{ij} は式 (1) で表される．

$$e_{ij} = \frac{e_i + e_{i-1} + \cdots + e_j}{i - j + 1} \tag{1}$$

目的変数の変化量は目的変数の値の差分を求めることで導く．時刻 n における目的変数の値を r_n，時刻 n における，目的変数の変化量を r_{nn} とすると，r_{nn} は式 (2) で表される．

$$r_{nn} = r_n - r_{n-1} \tag{2}$$

次にスピアマンの順位相関を用いて相関係数を算出する．

---

*Makoto Ashida, 和歌山大学

†Masao Ohira, 和歌山大学

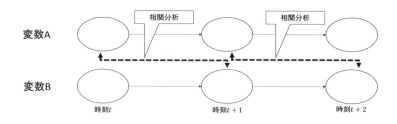

図 1 遅延相関分析のイメージ

最後に，各パラメータの値の最適な組み合わせを求めるために，最大相関係数の更新を行う．出力された最大相関係数，並びにパラメータ値により，説明変数がどれくらいの期間変化すると，目的変数にどれくらい遅延して影響を与えているかについての情報が得られる．

2.2 時系列モデル

時系列モデルとは，過去のデータから現在のデータを予測するモデルのことを指す．時系列モデルを用いて分析するには，データは定常でなければならない．定常とは確率的な変動の性質が時点に依存せず一定である確率過程のことである．

時系列モデルの代表的な例として，AR (Auto Regressive：自己回帰) モデルがある．基本式は式 (3) に示す．

$$Y_t = \sum_{k=1}^{p} a_k Y_{t-k} + \epsilon_k \tag{3}$$

Y_t は時点 t におけるデータの値，a_k はデータに対してのパラメータ値，ϵ_k はそのデータの誤差値を表している．パラメータ値は，パラメータ推定で用いられるユールウォーカー法を適用して算出する．

3 評価方法

本研究では，AR モデルをはじめとして様々な時系列モデルとの比較を行う時系列モデルを適用した際，自己相関係数が出力される．自己相関係数は，ある時系列データにおいて，過去のデータと時間をずらしたデータでの間での関連性があるかどうかを表す指標である．自己相関係数を用いて，遅延相関分析で出力された結果を比較し，評価を行う．

4 おわりに

時間の遅延を考慮した遅延相関分析の有用性を明らかにするために，遅延相関分析と時系列モデルの比較実験を行う．また，現在は 2 変数間の関係を分析するだけに留まっているが，将来的には複数の説明変数を用いて遅延を伴う関係についても分析できるようにしたいと考えている．

謝辞 本研究の一部は，文部科学省科学研究補助金（基盤（A）：JP17H00731，基盤 (C): JP15K00101）による助成を受けた．

参考文献

[1] 竹内裕之, 児玉直樹, "生活習慣と健康状態の時系列データ解析手法の開発", Proc. 3rd Forum on Data Engineering and Information Management(DEIM'08), E1-5, 2008
[2] 山谷陽亮, 大平雅雄, パサコーンパンナチッタ, 伊原彰紀, "OSS システムとコミュニティを目的としたデータマイニング手法", 情報処理学会論文誌 vol.56, No.1 , pp59-71, Jan 2015

初学者によるワイヤレスセンサネットワーク構築における無線通信方式選定手法の検討

A Study on Wireless Communication Selection Method for Wireless Sensor Network Systems

高野 幹 * 小口 真澄 † 外山 祥平 ‡ 平山 雅之 §

あらまし 無線通信モジュールが安価かつ容易に入手なりつつあり，個人での IoT システム開発が可能となってきている．IoT システム開発では適切な無線通信方式の選定が必須であるが，初学者にとってはハードルが高い．そのため，本研究では初学者向けの無線通信方式選定手法を駐輪場ナビゲーションシステム（以降、駐輪場ナビ）での選定を例にして検討を行う．

1 はじめに

現在，無線通信モジュールが安価かつ容易に入手が可能となりつつある．それに伴い，個人レベルにおいてもワイヤレスセンサネットワークの開発が可能となってきている．しかし，ワイヤレスセンサネットワークを利用した IoT システムの構築を行うためには，自身が開発を行うシステムの要件を理解し，現在ある様々な無線通信方式の中から，適切な方式を選択することが求められ，初学者による IoT システム開発のハードルを高める一因なっていると考えられる．

そのため，本研究では，私たちが開発した駐輪場ナビを例に，無線通信方式選定の際の要点となった要素や知識を挙げ，初学者が同様の開発を行う上で円滑に進めることが出来る選定手法を検討する．

2 駐輪場ナビシステム概要

既存の駐輪場では様々な駐輪場管理システムがあり，満車情報などは提示されていることが多い．しかし，1つ1つのスペースにおける空き状況が提示されていることは少なく，利用者が空きスペースを探す必要がある．本システムは，駐輪場を利用する際に円滑な駐輪を促すとともに，他所の駐輪場と連携して1つでも多くの自転車を駐輪できることを目的としている．本システムは駐輪場のラックに赤外線センサと Xbee 無線子機を設置し，センサで駐輪の有無を判別する．そして，USB ポートに Xbee 親機が接続された Raspberry Pi へ，無線通信によって駐輪情報を送信する．送信された駐輪情報は，シリアル通信によって取得され，データ処理を行うその情報を，web ページ上にアップロードすることで，ユーザへの提示が行われる．

3 無線通信方式とそのネットワーク形態

IoT システムにおける代表的な無線通信方式として，「M2M/IoT 教科書」[1] では，Bluetooth, Wi-Sun, ANT/ANT+, Wifi, Z-Wave, Zigbee の6つの方式が挙げられている．しかし，本手法では初学者を対象とするため，6つの方式の内の，Bluetooth, Wifi, Zigbee の3方式に限定して行う．前述した3方式のスペックを以下の表1に示す．

---

*Miki Takano, 日本大学理工学部

†Masumi Koguchi, 日本大学理工学部

‡Syouhei Toyama, 日本大学理工学院

§Masayuki Hirayama, 日本大学理工学部

表1　表1 無線通信方式スペック

規格名	通信距離	通信速度	消費電力	最大接続数	ネットワーク形態
Bluetooth	~100m	~1Mbps	100mW	7	p2p, メッシュ
Wifi	~100m	~450Mbps	1000mW	32	p2p, メッシュ
Zigbee	~120m	~250kbps	40mW	65536	p2p, ツリー, メッシュ, スター

4 無線通信方式選定手法について

ここでは前述の駐輪場ナビ開発での経験を基に，無線通信方式選定の過程を3つのステップに大別して整理する．

Step-1 システム規模の把握

無線通信方式の決定を行うために，実現するシステムの規模の把握を行う．それぞれの無線通信方式には通信距離や最大接続台数といった制約が存在するため，開発するシステムの規模を把握する必要がある．駐輪場ナビでは100台程の規模の駐輪場を対象としたシステムと定めたため，管理台数としては100台前後，各無線機器からの通信距離は100m程が必要であるとした．また，複数の無線子機から親機へと情報の集積を行うため，ネットワーク形態としては，メッシュ型を利用できるものが適すと考えた．

Step-2 データ通信に必要となるスペックの把握

無線機器同士において，どの程度のデータ量をやり取りするかの把握を行う．各通信方式には，通信距離や最大接続台数と同様に通信速度の制約が存在する．そのため，各無線機器が通信するデータ量と，想定する接続台数との総合が，通信量のキャパシティを超えないよう注意する必要がある．駐輪場ナビでは，設置場所を把握するための各無線機器のアドレスと，自転車の車輪が赤外線センサを遮っているかどうかを表す2進数の情報の二つが必要となる．データ量としては数バイトの文字列の送受信をするため，通信速度は低速で十分だと考え，数百台規模の管理を行ったとしても通信量のキャパシティは超えないと考えた．

Step-3 無線通信方式の選定

Step-1-2において整理した情報を基に，3つの無線通信方式から1つの選定を行う．

本システムでは上記の要素を基に，100台以上の最大接続台数を持ち，速度は比較的低速であるが，通信距離は120m程，メッシュ型のネットワーク形態を利用可能なZigbee規格を選定した．

5 まとめ

本研究では，駐輪場ナビを例に無線通信方式選定の要素を挙げ，初学者向けの無線通信方式選定手法を検討した．上記に示したステップからも読み取れるように，無線通信方式選定には様々な評価判断ポイントとその判定に関わるノウハウが必要になる．今後は更に様々なIoTシステムの無線通信方式選定について，それらに関する要件や選定根拠などの調査・収集を行い，評価判断のポイントやノウハウを含めてIoT無線通信選定手法として，より汎用的な手順としての整理を進めるとともに，妥当性の評価を行っていく．

参考文献

[1] 稲田 修一（監修），富田 二三彦（編），山崎 徳和（編）:M2M/IoT 教科書，インプレス社,2015

概念モデル設計学習における類似度に基づいた学習者への自動フィードバックツールの初期評価

Preliminary Evaluation of Automated Feedback Tool based on Similarity in Conceptual Modeling

一戸 祐汰 * 橋浦 弘明 † 田中 昂文 ‡ 櫨山 淳雄 § 高瀬 浩史 ¶

Summary. In this paper, we propose a tool which implements semi automatic evaluation method of conceptual modeling. We experiment and confirm usefulness of the tool. In addition, we find improvement of the tool.

1 研究の背景と目的

システムの設計時に用いるクラス図は自由な記述が可能なため，設計者によって成果物が異なる．このような特徴は，特にモデル設計の演習問題を実施した場合，初学者が教授者から十分なフィードバックを受けることができない一因となる．教授者は，模範解答と表現が異なるが意味が類似した単語 (以下別解) を考慮しながら評価する必要があり，これに多大な時間を労するからである．本研究の目的は，初学者へフィードバックを返すことを支援するツールを開発することである．

2 ツールに実装する評価手法

本研究では教授者の評価を支援することで，フィードバックを返すことを実現する．また，ツールへの入力値は模範解答と初学者の答案それぞれの要素名とする．出力値は適合率 (Precision) と再現率 (Recall) から求めた調和平均 (F-measure，以下 F 値) とする．本研究で評価対象とする概念モデルの要素は，「クラス名」，「属性」，「関連」の 3 つと定義する．評価手法の流れを以下に示す．
1. 初学者の答案から模範解答と一致しない要素を抽出する．
2. 一致しない要素を教授者が確認し，別解と認める場合は模範解答に追加する．
3. クラス名，属性，関連ごとに F 値を算出し，これを類似度とする．
4. 3 で算出した F 値を評価対象となったモデルと共に時系列順に記録しておき，その結果を初学者にグラフとしてフィードバックする．初学者はこれを任意の時点で受け取ることができる．

グラフによるフィードバックは，初学者が自身の答案を模範解答に近づけるために用いる．

3 実験

本研究で開発したツールを利用することで，効果的なフィードバックが行えているかを確認するために，日本工業大学工学部情報工学科 3 年生の 4 名を被験者として実験を実施した．概念モデルの記述には UML におけるクラス図を利用し，その記述ツールとして，田中ら [2] が開発した KIfU を利用した．被験者は概念モデリングについての知識が十分でなかったため，実験直前に 20 分程の解説を行った．

実験の流れは，まず KIfU による通常のモデリングを行い，その後，モデリング

---

*Yuta Ichinohe, 日本工業大学大学院

†Hiroaki Hashiura, 日本工業大学

‡Takafumi Tanaka, 東京農工大学大学院

§Atsuo Hazeyama, 東京学芸大学

¶Hiroshi Takase, 日本工業大学

の過程（F 値と成果物の推移）についてツールからフィードバックを受けながらなるべく F 値が高くなるように修正する作業を行った．なお，実験は全ての被験者で同時に行っているが，被験者同士は相談等を行うことはできず，独力で問題に取り組んだ．表 1 に通常のモデリングの評価結果と修正後の評価結果を示す．

表 1　ツールの利用による F 値の変化

	被験者 A		被験者 B		被験者 C		被験者 D	
	通常	修正後	通常	修正後	通常	修正後	通常	修正後
操作回数	84	68	83	55	58	10	99	11
クラス名の F 値	0.80	0.60	0.43	0.33	0.44	0.75	0.67	0.73
属性の F 値	0.60	0.74	0.48	0.47	0.57	0.80	0.47	0.79
関連の F 値	0.55	0.31	0.00	0.15	0.20	0.25	0.31	0.67

4　考察

　表 1 から被験者 C,D の 2 名については F 値が向上していることが分かる．これは，ツールからフィードバックを得たことにより，自力でモデルの誤りを修正することができたためであると考えられる．また，被験者 A,B については，F 値に向上が見られない項目もあったが，操作回数は前述の被験者 C,D と比較して大きな値となっている．これは，評価を向上させようと被験者らは何らかの試行錯誤を行ったが，残念ながら F 値の向上に結びつかなかったためであると考えられる．

　実験終了後に本研究で開発したツールに関するアンケートを行った結果，以下のような意見が寄せられた．

- 折れ線グラフから，クラス図全体を見直すきっかけとなった（被験者 B）
- 折れ線グラフの結果から，関連について見直すことができた（被験者 C）
- 折れ線グラフの横軸とクラス図の作成過程を照合することが煩雑（被験者 D）

　被験者 B,C からは見直しに役立つという意見があったが，被験者 B については F 値に向上が見られないため，初学者の実感と，実際のモデリングの評価結果については乖離があることが明らかになった．また，被験者 D からは F 値が向上したにも関わらず，ツール操作が煩雑であることが指摘された．これは，F 値の推移のグラフから，評価対象となったモデルを探し出し，グラフ上のある 2 点間のモデルの差分を自動的に求める機能がツールに備わっていなかったためであると考えられる．

5　まとめ

　本稿では，著者らが考案したツールを実現し，有用性を確認するための実験を行った．実験結果から，本研究で開発したツールを利用することで，効果的なフィードバックを行うことができる可能性と，現状不足している機能が明らかになった．今後はツールを改良すると共に，実際の講義等に適用し，その効果を確認していきたい．

謝辞　本研究の一部は JSPS 科研費 JP17K00475 の助成を受けた．

参考文献

[1] 一戸 祐汰, 橋浦 弘明, 田中 昂文, 櫨山 淳雄, 高瀬 浩史, "クラス図の類似度に着目したソフトウェア設計評価手法の研究," 2017 年信学会総合大会論文集, p.115, 2017.
[2] 田中 昂文, 橋浦 弘明, 櫨山 淳雄, 古宮 誠一, "クラス図作成演習における学習者の編集過程の細粒度分析," 信学技報, Vol.114, No.501, pp.13-18, Mar. 2015.

機械学習を用いた自動解消のためのコンフリクト再現と教示データ生成

Conflict Reproduction and Data Label Generation for Automatic Repair Using Machine Learning

七海 龍平[*]　伊藤 恵[†]

あらまし　複数人での開発現場においてバージョン管理システム（以下，VCS）の利用は必要不可欠なものとなっている．VCS におけるマージ操作において，コンフリクトの発生は重大な問題である．本研究では，機械学習を用いてコンフリクトを自動解消する手法の提案を試みる．

Summary.　To use VCS is a essential at the software development site of multiple persons. In the merge operation of the version control system, occurrence of conflict is a serious problem. In this research, we try to propose a method to automatically repair conflicts that using machine learning.

1　はじめに

VCS におけるマージ操作では，コンフリクトと呼ばれる重大な問題が発生する可能性がある．Phillips らの研究によると，ブランチとマージに関してプロジェクト管理者にアンケート調査を行った結果，回答者のうち 54 ％がマージ操作における最重要課題はコンフリクトであると回答している [1]．この結果から示されるようにコンフリクトはソフトウェア開発において大きな課題の一つとなっている．

本稿では，オープンソースソフトウェア（以下，OSS）の開発履歴を学習データとし，機械学習を用いてこれらの現在手動で解消されているコンフリクトを自動で解消するための試みについて，コンフリクトの再現と，教示データ作成の報告する．

2　関連研究

Zirgler の研究結果から，同時に変更されたファイルの数，ブランチ上のコミットの数などのブランチに関わるデータがコンフリクトを予測するためのよい指標であることが分かる [2]．Zirgler の研究では，機械学習を用いてソフトウェア開発プロジェクト内でブランチ間の潜在的なコンフリクト発生を予測し，早期マージなどの対策を行うことを目標とした．結果として特定の条件下でC言語によって書かれたリポジトリに対して，ランダムフォレストで学習したモデルが 94.8 ％の確率でコンフリクトを予測することができたと報告されている．

3　自動解消へ試み

現在，コンフリクトの発生を予測するための研究は多くされているが，発生したコンフリクトを自動で解消するための研究は十分に行われていない．本研究では，機械学習を用いたコンフリクトの自動解消を試みる．使用する機械学習の手法は複数選択することを想定しており，各手法で予測モデルを作成した後，自動解消の精度を比べる予定である．本研究では，ランダムフォレスト，ロジスティック回帰，単純ベイズ分類器の3種類で比較する．

---

[*]Ryuhei Nanaumi, 公立はこだて未来大学 システム情報科学部 情報アーキテクチャ学科

[†]Kei Ito, 公立はこだて未来大学 システム情報科学部 情報アーキテクチャ学科

3.1 ランダムフォレストによる予測モデル

まず，最初にランダムフォレストによる予測モデルの作成を行う．ランダムフォレストは複数の決定木の結果を合わせて，分類や回帰分析を行うアンサンブル学習である．ランダムフォレストを最初に行う理由としては各特徴量の寄与度が分かりやすく，その後に行う2種の機械学習の予測モデル作成の参考になると考えたためだ．

3.2 学習データセット

本研究で利用するデータセットには，GitHub上で管理されているOSS開発プロジェクトの開発履歴を使用する．OSSの開発リポジトリに対して，フォーク操作を行うことで，リポジトリをコピーする．フォークにより自分のリモートリポジトリへコピーした開発データを，ローカルへダウンロードしクローンを作成する．この時クローンされるデータはソースコードなどのファイルデータだけではなくこれまでの開発履歴のデータもクローンされる．開発履歴のデータを利用することで，プロジェクト内で今までに行った全マージ操作を再現できる．そのため過去に起こったコンフリクトの再現も可能である．

右図1は，学習データ収集の流れを表したフローチャートである．クローンしたリポジトリ内で，作成したシェルスクリプトを実行することで自動でコンフリクトが再現され，各種データを収集することができる仕組みになっている．

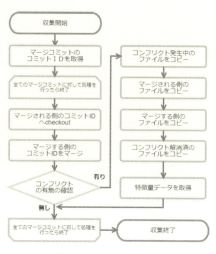

図1　データ収集のフローチャート

4 教示データの作成

本章では，教示データの作成について記述する．Gitでは，コンフリクト解消時にどのような操作を行ったかを判別するための機能はサポートしていない．そのため，収集した学習データに対する教示データを作成するための仕組みを作る必要がある．コンフリクト修正時には，コンフリクトが発生した箇所以外のソースコードを変更するケースが多々あり，単純に差分を抽出するだけでは判別することができない．そのため，まず，コンフリクトが起こった箇所の上下の行をキャッシュし，コンフリクト修正後のファイル上でキャッシュした行の間を検索する．その後，コンフリクトが起こった箇所と，検索した間の行を比較することで修正時の操作を判別した．

5 おわりに

本稿では，機械学習を用いたVCSにおけるコンフリクトの自動解消への試みについて，データ収集と収集したデータから教示データの作成までを報告した．今後は，収集した学習データをもとに，ランダムフォレストによるコンフリクト自動解消システムの構築と評価を行っていく．

参考文献

[1] Shaun Phillips, Jonathan Sillito, R. W.: Branching and Merging: An Investigation into Current Version Control Practices, *ICSE'11*, (2011), pp. 21–28.
[2] Thomas Ziegler : GITCoP: A Machine Learning Based Approach to Predicting Merge Conflicts from Repository Metadata, 2017.

ストレッチ計測システムの開発及び移植性の検討
Development and portability of stretch measurement system

金子 亮介[*] 吉田 廉[†] 小川 優[‡] 平山 雅之[§]

あらまし 我々はストレッチの有効性を評価するシステムの開発を行なっている．本研究では Arduino をベースとしたこのシステムを他のマイコンに移植する際の経験を踏まえ，組込みシステムの移植に関する課題について検討をした．

Summary. We have developed a system to evaluate the effectiveness of stretching. In this research, we investigated and examined the problem of transplanting to another microcomputer based on Arduino.

1　目的

ストレッチは同一方法であっても個人差が大きく，ストレッチ方法や実施時間により効果に差が現れやすい．このため我々は簡易的な組込みシステムを用いてストレッチの効果を評価する装置を開発している．この開発では Arduino を用いてプロトタイプの開発を進めているが，費用面や将来的な機能性，信頼性の向上を考えると，PIC マイコンなどの他のマイコンへのシステムの移植が必要である．本研究ではこれを念頭に置き，Arduino から PIC マイコンへのシステムの移植の際に考慮すべき事項を検討した．

2　システム概要

本システムはサポーターに曲げセンサを搭載したウェアラブル型ユニットとなっており，ストレッチ実施者の測定部位の中心に垂直方向に装着して，ストレッチの際の筋肉の伸長具合の変化を測定する．なお，本研究では測定部位は太腿に焦点を当てている．

測定では，ストレッチ実施前の直立状態における筋肉の状態，ストレッチ実施中における筋肉の状態を各々計測し，両者の比較を行う．計測データは csv ファイル形式で microSD カードに保存され，表計算ソフトを用いてグラフ化することによりデータの閲覧を行なうことができる．グラフから，ストレッチによる効果差を判断し，ストレッチ実施者にとってより良いストレッチ方法を把握することが可能となる．

また，具体的な筋肉の伸長を把握したい場合には，計測値の変化から筋肉の垂直方向の変化量を求め，ポアソン比を用いて筋肉の平行方向の変化，つまり筋肉の伸長量を求めることもできる．図1は，本システムを用いてストレッチを計測した際の曲げセンサの抵抗値の変化を表したグラフである．ストレッチ実施前の状態は基準線として橙色で表示，ストレッチ実施中の値は青色で表示してある．

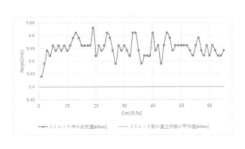

図1　ストレッチの計測例

---
[*]Ryosuke Kaneko, 日本大学理工学部
[†]Ren Yoshida, 日本大学理工学部
[‡]Yu Ogawa, 日本大学大学院理工学研究科
[§]Masayuki Hirayama 日本大学理工学部，日本大学大学院理工学研究科

3 システムの移植性について

本研究においては，学習性の良さからプロトタイプを Arduino を用いて行なった．しかし，本システムの製品化ないし複数個作成することを考慮した場合，費用生産性の観点から PIC マイコンなど他のプロセッサを利用することが望ましい．その際にはシステムの移植が必要となるが，プロセサごとの条件などの違いから，ソフトウェアをそのまま移植してもほとんどの場合動作しない．今回はストレッチシステムの移植を通じて，以下の 3 点が大きな課題となることを確認した．

- マイコンの周辺デバイスへの対応本システムの場合，microSD カードへの読み書きには，4 つピンが必要で，512Byte 単位で行われている．読み書きためのライブラリが移植先に存在しない場合があり，自作しなければならない．また曲げセンサならばセンサ値取得には 10bit 長の A/D 変換機能が必要である．
- OS やプログラム言語への対応 Arduino は OS を搭載していないため，PIC へ移植する際はタスク管理に注意が必要である．プログラム言語でいえば，PIC では delay() 関数は変数指定できない，用途が決まっている関数名 (interrupt() 関数) といった，プログラム言語の仕様上の問題がある．
- 割り込み処理いったリアルタイム処理への対応割り込みピンやクロック周波数が合っているか，割り込み処理やタイマといった CPU に依存する箇所とそうでない箇所を分ける必要がある．

このように，組込みシステムのベースとなるハードウェアプラットフォームを変更する際には，システムで実現する機能構成に付随する制約を考慮し，必要な工夫を施すことが求められる．しかし，周辺デバイスがソフトウェア実装に与える制約や利用するプロセサ特性によるソフトウェアへの影響などを把握するためには相応の経験が必要となる．一方で，このような点を考慮した上でのソフトウェアの工夫点・留意点としては体系的な議論と整理が十分とは言えない．本研究ではこれらの点を考慮し，より多様な組込みシステムの移植事例を調査することで，プロセサ変更に伴うソフトウェア移植に関する留意点やソフトウェア構造面の工夫点を整理していくことを考えていきたい．

4 まとめ

本研究では曲げセンサを応用したストレッチ効果評価装置に関するシステム移植について，考慮・工夫した点などを振り返り，システム移植時の課題を整理した．今後はストレッチ計測装置以外の様々な組込みシステムの移植についても調査を加え，異なるプロセサへのプログラム移植性についての知見を整理し，組み込みシステムの移植に関する方法論を検討していきたい．

5 参考文献

[1] Stretching?? Is it useless? Science of Running(https://goo.gl/BHNteQ) (2017 年 9 月 15 日)

[2] 谷沢真, 飛永敬志, 伊藤俊一：短時間の静的ストレッチングが柔軟性および筋出力に及ぼす影響, 理学療法—臨床・研究・教育 21：51-55,2014

[3] 中村雅俊, 池添冬芽, 武野陽平, 大塚直輝, 市橋則明：筋硬度計で測定した筋のスティフネスと受動的トルクおよび筋の伸張量の関連性, 理学療法学第 40 巻第 3 号 193-199 項 (2013 年)

共同作業における概念モデル洗練支援ツールの試作

A Support Tool for Refining Conceptual Model in Collaborative Design

丸山 美咲 * 小形 真平 † 岡野 浩三 ‡ 香山 瑞恵 §

あらまし 共同作業によりユースケース単位で分割した概念モデル（クラス図）群を洗練支援するために，異なる複数のクラス図を統合し，図上での洗練を支援し，その内容を統合元の各図へ反映するツールを提案する．また，提案ツールの潜在的な有用性を示すために，ライントレースロボットのソフトウェア開発を題材として作成された初期的な概念モデルや最終的な設計クラス図の差分を定量的に示し，その特徴を報告する．

1 はじめに

オブジェクト指向開発の初期段階では，開発者がユースケースモデルと概念モデル（クラス図）を一貫するように作成することがある．一般に概念モデルではユースケース全体で必要な要素を統合的に記述する．しかし，ユースケースが多量な場合，各ユースケースと概念モデル要素との対応関係を管理することは難しく [1]，要求変更などで後からその対応関係を正確に特定することは容易ではない．

この実用的な解として，Boronat らはユースケース単位で独立した複数のクラス図を記述することを挙げている [1]．そして，そのような部分モデルを分担による共同作業で作成する場合，担当者の異なるモデル間で同一であるべきクラスに異なる名称が与えられてしまうなどの不整合が生じうるため，その確認や洗練が必要である．

この背景から，Boronat ら [1] や Mehra [2] はクラス図の統合または複数の図の差分に対する強調・合成の支援手法を提案している．しかし，概して，部分モデル間で不整合が生じた際の確認をグラフィカルな図上で行う機能と，3 つ以上の部分モデルを一度に扱う機能を併せ持つ方法はない．前者の機能は不整合な部分を適切に修正するためにその周辺要素を確認するに重要であり，後者の機能は 2 つよりも多く存在しうる部分モデルを真に合成してよいかどうかを判断するに必要である．

そこで本研究では，その両機能を併せ持つ，部分モデルで構成された概念モデルの洗練支援ツールを提案する．本稿では，提案ツールの潜在的な有用性を示すために，ライントレースロボットのソフトウェア開発を題材として作成された初期的な概念モデルや最終的な設計クラス図の差分を定量的に示し，その特徴を報告する．

2 動機例題

表 1 に，ET ロボコン [4] のソフトウェア開発を題材に，C やユースケースモデル，クラス図の基礎知識を持つ情報工学科生 4 名グループが作成した初期概念モデルと最終設計クラス図の差分概要を示す．変更作業の種類は，名称変更，継承関係の削除，属性の移動，誘導可能性や関連端名，多重度の変更があった．また，初期概念モデルで部分モデル群と統合モデルとの差分を調査したところ，その間で名称が不一致であったクラスは 6 種あり，属性と関連で 1 種ずつ存在した．なお，最多で 4 つの異なる名称が 1 種のクラスに与えられていた．以上のように，開発過程での多数の変更や，部分-統合モデル間で生じる不一致から，その洗練支援は重要と言える．

---

*Misaki Maruyama, 信州大学

†Shinpei Ogata, 信州大学

‡Kozo Okano, 信州大学

§Mizue Kayama, 信州大学

表1 初期概念モデル（概モ）と最終設計クラス図（設ク）の差分概要

要素種別	概モ総数 (のみ)[個]	設ク総数 (のみ)[個]	概モ設ク共通 (変更)[個]
クラス	21(2)	31(12)	19(4)
属性	5(1)	14(10)	4(2)
関連	14(9)	23(18)	5(5)

"概モ総数 (のみ)" は，概念モデルの全要素数と，括弧でそこにのみ登場する要素数を示す．"概モ設ク共通 (変更)" は，2 図間で変更のない要素数と，括弧で名称などに軽微な変更があった要素数を示す．

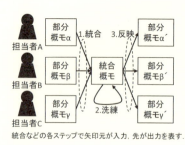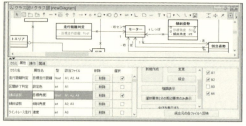

図1 提案ツールの概要

3 ユースケース単位に分割された概念モデルの洗練支援ツール

提案ツールはモデリングツール astah [3] のプラグインとして Java で試作した．図1左に提案ツールの入出力概要を示す．提案ツールは，全てまたは一部の担当者が同一環境で同期的にレビューを行う際に用いる．統合ステップでは，入力された全ての部分モデル（部分概モ）が持つ全てのクラス，属性，汎化を含む関連を全て統合する．その際，統合モデル（統合概モ）の各要素に，元の部分モデルのファイル（ユースケース）名と，そのときの識別子を与える．識別子とは，その要素を一意に識別する値で，たとえば属性ではクラス，属性名，型の組とする．また，ファイル間で識別子が文字列で完全一致した要素は統一し，それ以外は統一せず混在させる．

洗練ステップでは，要素の追加・変更・削除は図1右の図上か下部の表形式エディタで行い，複数要素の統一は表形式エディタで対象要素を選択して行う．なお，"該当ファイル" 欄が部分モデルを示し，必要に応じて開発者が変更する．また，多量の部分モデルを統合した際は図が煩雑になりうることから，選択した要素と周辺要素のみを表示する機能を提供する．反映ステップでは，元の部分モデルを複製し，それごとに統合モデルとの差分から反映内容を決定する．追加・変更・削除はそれぞれ，識別子の有無，識別子と統合モデルの内容の比較，図要素の有無で判断する．

4 まとめ

本稿では，共同作業による概念モデルの部分モデルを洗練支援するためのツールを提案した．今後は，参加者実験による提案ツールの有用性の評価を行う予定である．

謝辞 本研究は JSPS 科研費 JP16H03074 の助成を受けたものです．

参考文献

[1] A. Boronat, et al.: Formal Model Merging Applied to Class Diagram Integration, In Electronic Notes in Theoretical Computer Science, Vol. 166, pp.5-26, 2007.
[2] A. Mehra, et al.: A Generic Approach to Supporting Diagram Differencing and Merging for Collaborative Design. In Proc. of ASE '05, pp.204-213, 2005.
[3] Change Vision, Inc., *astah professional*, http://astah.net/, (2017-9-16 参照).
[4] 組込みシステム技術協会: ET ロボコン 2017, http://www.etrobo.jp/2017/, (2017-9-16 参照).

レクチャーノート／ソフトウェア学43
ソフトウェア工学の基礎 XXIV

© 2017 吉田　敦・福安直樹

2017年11月30日　初版発行

編　者　　吉　田　　　敦
　　　　　福　安　直　樹

発行者　　小　山　　　透

発行所　　株式会社　近代科学社

〒162-0843　東京都新宿区市谷田町2-7-15
電話 03-3260-6161　　振替 00160-5-7625
http://www.kindaikagaku.co.jp

ISBN978-4-7649-0553-5

定価はカバーに表示してあります.